工程系统分析
与探索研究论文集

赵少奎　著

中国宇航出版社
·北京·

图书在版编目(CIP)数据

工程系统分析与探索研究论文集/赵少奎著.—北京：中国宇航出版社，2010.6
ISBN 978-7-80218-754-2

Ⅰ.①工…　Ⅱ.①赵…　Ⅲ.①航天系统工程—文集　Ⅳ.①V57—53

中国版本图书馆CIP数据核字(2010)第110211号

责任编辑　马　航　刘亚静
责任校对　祝延萍　　封面设计　03工舍

出版发行　中国宇航出版社
社　址　北京市阜成路8号　　邮　编　100830
(010)68768548
网　址　www.caphbook.com / www.caphbook.com.cn
经　销　新华书店
发行部　(010)68371900　　(010)88530478(传真)
(010)68768541　　(010)68767294(传真)
零售店　读者服务部　　北京宇航文苑
(010)68371105　　(010)62529336
承　印　北京智力达印刷有限公司
版　次　2010年6月第1版　　2010年6月第1次印刷
规　格　880×1230　　开　本　1/32
印　张　17.75　　字　数　492千字
书　号　ISBN 978-7-80218-754-2
定　价　80.00元

作 者 简 介

赵少奎　高级工程师、研究员，航天技术与工程系统工程专家，1992 年获政府特殊津贴。

1964 年毕业于哈尔滨军事工程学院导弹工程系；同年分配到中国运载火箭技术研究院（原国防部第五研究院一分院）总体设计部工作。在航天系统工作期间，负责我国第一种自行研制的弹道导弹改进型的总体设计工作，任原第七机械工业部导弹系统定型试验队总体组组长；负责我国第一种洲际火箭的总体设计，是导弹系统的主管总体设计师，参与了多种运载火箭和航天运输系统的方案论证工作，是国家“863”航天领域天地往返运输系统专家组技术组成员，获全国科学大会奖和多项国防科学技术成果奖。1989 年 12 月调入第二炮兵总体论证所，负责型号发展研究与采办技术管理工作。在第二炮兵工作期间，担任某型号导弹系统的技术负责人（同型号总师）、某型号导弹系统定型试验队总体组组长等工作，获多项国防科技成果奖。现兼任中国高科技产业化研究会常务理事与海洋分会常务理事，上海交通大学特聘研究员。

在长期的工程实践中，积累了丰富的理论知识和实践经验，著述颇丰。发表 70 多篇学术论文和英、俄文译文；主要著作有《工程系统工程导论》、《导弹与航天技术导论》、《×××××战略导弹》；作为第二作者完成了《航天技术概论》、《国防科技》等著作；作为主要撰稿人参与了《钱学森与现代科学技术》、《军事装备管理学》和《创新思维学引论》等著作的编写工作。

谨以本书献给

中华人民共和国成立60周年

新中国工程系统建设的战友们

序

当今世界工程科学技术的发展，特别是军事工程技术的发展，伴随着信息技术的广泛应用，推动着现代武器装备系统进入了“一体化军事装备系统”建设阶段，即“军事装备体系”建设的新时代。使现代复杂工程系统的开发进入了以若干单项高新技术突破为支撑，以“综合集成”为主要创新手段，以高度社会化研究与开发活动为主要组织形式，以复杂工程系统开发与运用的科学管理为主要特征的新阶段。可以预见，系统科学，特别是复杂巨系统工程的理论和方法将获得越来越广泛的应用。

随着科学技术的飞速发展，在复杂工程系统，特别是复杂武器装备系统的开发过程中，系统的社会需求与科学技术发展、社会资源支持能力之间的矛盾愈发显得突出。在工程系统的开发过程中，我们必须优先考虑并解决工程系统开发过程中经常遇到的发展环境预测、系统开发决策分析以及其他复杂性问题。由于工程的系统性、社会性、综合性和复杂性问题成为突出的问题，因而出现了所谓的“宏大工程（Macroengineening）”的概念。这类工程，如我国的载人航天工程、三峡工程、青藏铁路工程和正在开发中的诸多宏大科研工程等基本上都是复杂系统，甚至是复杂巨系统。对它们的开发与建设只能在相关领域科学技术的支撑下，通过整体思维，借助现代系统科学的分析、综合与统筹来加以解决，这样工程的系统分析与探索研究就愈发突显其重要性了。与工程实施的具体技术问题相比较，处理这类问题就如同处理数学运算中整数与小数的关系，如果在工程开发的过程中，把这类问题疏忽了或搞错了，犹如数学运算中把整数位算错了，小数位算得再精确，也难以弥补由此可能造成的损失。这类问题通常属于多学科、多工程专业的系统分析与探索研究问题。工程开发过程中的社会性、系统性问题成为复杂工程系统开发工作中的突出矛盾，导致无论是对于采办方，还是研制方，都在工程系统开发与实施的过程中，缺乏一批能够对复杂工程系统的开发与实施决策进行全面的系统分析，并能从总体上把握、运筹并解决问题的人才。诚如负责原子弹、氢弹、弹道导弹和阿波罗登月等重大工程项目的美国政府、军方和工业部门的负责人和科学家们，在总结他们工程开发的经验和教训时明确地指出：**“无论工业界，还是军方、政府，都要把注意力放在发现懂技术、善管理、工作能力强的人才身上，他们能够巧妙地处理洞察力和工程判断力之间的关系。我们最缺乏的是能够从总体上考虑，并对复杂工程问题进行背景分析，从总体上处理问题的人才。对复杂工程系统，最需要的是系统分析，我们需要一批有能力和技术经历的人才”**。

系统分析与探索研究能力是以深厚的多学科理论修养为基础，是在复杂工程系统开发实践的过程中经过千锤百炼逐步形成的。我们需要培养一大批能够对复杂工程问题进行系统分析与研究、从总体上思考、把握、谋划并能够妥善处理问题的人才，当前我们更需要出版一些既有一定理论高度，又有扎实实践基础的系统分析与研究的著述。作为长期参与我国导弹和航天系统分析与探索研究工作、在我国运载火箭技术研究院总体设计部工作多年的老战士，我欣慰地看到作者这本《工程系统分析与探索研究论文集》的出版。本人与文集作者共事多年，作者是我国导弹与运载火箭第一代六年制总体设计专业的毕业生，长期在运载火箭技术研究院总体设计部和部队总体论证单位从事复杂工程系统开发与采办的系统分析与探索工作，作为多个型号的主管总体设计师，亲身参加了我国第一种自行研制的弹道导弹和第一种洲际火箭的总体设计工作，在科研、生产与试验第一线从事过多种导弹、运载火箭的发展研究、总体设计和采办技术管理工作，在40多年导弹与运载火箭系统研究与工程开发的实践中，参与过我国大型运载火箭和载人航天“天地往返运输系统”的发展论证工作，通过不同类型导弹、航天运输系统的发展研究与工程开发实践，积累了较为丰富的工程系统分析与研究经验。本文集收录了作者40多年来公开发表的部分工程系统分析与探索研究论文和报告，对从事工程系统分析与探索的科技人员和管理干部进一步理解工程系统分析与探索研究工作的重要性、系统分析与研究工作的主要内容以及如何开展工程系统分析与探索研究工作会有所启发和帮助。本文集既有一定的理论功底，又有比较扎实的实践基础，在我国工程系统分析和探索研究方面是一本不多见的论著，因此，向广大读者，特别是从事复杂工程系统分析与探索研究的科技人员和管理干部推荐此书。

谢光选

2009年8月25日

前　言

工程系统开发与管理的重要任务之一是适时地做出对工程开发与实施具有重要影响的技术决策，诸如工程系统发展与立项决策、工程开发最优总体方案的抉择，以及考虑周全、切实可行的工程系统生产计划、试验与鉴定计划、技术保障计划以及系统开发的风险管理计划的制订等。

工程开发决策是一个永攀高峰的系统分析与探索研究过程，涉及到工程系统开发工作的方方面面：包括制订工程发展战略与规划，进行工程立项研究与决策，采办方与研制方共同确定工程开发的总要求，筹划工程系统开发工作的优先保障序列，选择能够满足工程开发要求的总体设计、生产、试验和综合技术保障方案，以及决定工程开发是否可以转入下一个研制阶段等。工程开发的系统分析与探索研究工作是一项多学科、多工程专业的综合分析与研究过程，对于我国导弹与航天系统而言，通常称其为总体论证与总体设计工作。

在我国导弹与航天事业发展的50多年中，不乏工程系统分析与探索研究的范例。诸如20世纪50年代，在新中国刚刚建立，百业待兴，经济、科学和工业基础十分薄弱的条件下，通过对国家发展的背景与需求的系统分析，钱学森院士独具慧眼地提出优先发展我国“航空工业（实际为‘导弹与航天事业’）的建议书”，推动了我国航天事业的建立与发展；60年代，集众多航天领域专家、科学家的智慧，为探索、研究我国弹道导弹和运载火箭的发展途径，由谭忠愚研究员执笔写出著名的“8年4弹”发展规划的第一稿*，促进

* 卜雨亭著，中国科学院院士——谢光选，金城出版社，2008.5，第61~62页。

了我国第一代弹道导弹和运载火箭技术的发展；70年代，在我国运载火箭技术发展转型的关键时期，通过对我国运载火箭技术发展和建立较为独立、完整的运载火箭技术体系的需求分析，由火箭技术研究院总体部的科技人员首先提出发展我国高能上面级运载火箭的建议和技术方案，为独立自主地发射我国同步定点轨道卫星和形成今天的“长征3号运载火箭系列”奠定了基础；70年代到90年代初，在我国第一代洲际火箭长达20多年的发展和定型方案论证过程中，通过实事求是、科学的系统分析与探索研究工作，提出了一系列有创见的改进与定型试验方案，为领导正确决策提供了科学依据；90年代以来，经过一代航天人多方案、多技术途径的发展论证，我国“863”天地往返运输系统专家组首席科学家钱振业研究员等通过广泛、深入的调研与系统研究，明确地提出了我国载人航天应采取“飞船起步，平稳发展”的战略构想，把我国载人航天事业引入了正确的发展道路……*。从“航空工业建议书”到我国载人航天“飞船起步，平稳发展”的战略构想的提出，我们应当站在国家发展战略的高度进行全面、实事求是的总结。

复杂工程开发的系统分析与探索研究工作是一项多学科、多工程专业的综合分析与研究过程，我们需要培养一大批能够对复杂工程问题进行系统分析与研究、从总体上思考并解决问题的人才，当前更需要出版一些既有一定理论高度，又有比较深厚实践基础的系统分析与探索研究的著述。本人自1964年4月到1989年12月，在运载火箭技术研究院总体部总体室工作，1989年12月至今在部队武器装备发展论证总体单位从事总体论证、总体设计和采办技术管理工作，有幸参与了我国多种型号导弹和航天系统的发展研究和开发过程的系统分析与探索研究工作。这里选择其中部分已经公开发表的系统分析和研究论文及报告，按照研究报告与论文所讨论问题的

---

* 钱振业、杨广耀等，中国载人航天发展战略，国务院发展研究中心国际技术经济研究所，1990. 10。

范围和性质分为8个部分，以“工程系统分析与探索研究”文集的形式出版。其中第一部分：总论——从工程大系统的角度、比较广阔的领域讨论了系统分析与探索研究的广泛问题；第二部分：工程系统发展研究——讨论了工程系统发展研究的职责、内容和基本方法；第三部分：导弹与航天系统总体设计——侧重于弹道导弹和运载火箭系统设计有关问题的分析和研究；第四部分：导弹与航天系统试验研究——重点讨论弹道导弹和运载火箭试验的程序和方法；第五部分：武器装备采办技术管理——从武器装备采办方的角度讨论工程系统开发过程中的系统分析与探索研究工作；第六部分：系统工程——收集了作者讨论系统工程有关的论文和研究报告；第七部分：钱学森科学思想研究——钱学森科学思想的核心内容之一是系统科学思想，这部分收集了作者研究钱学森科学思想的心得和体会；第八部分：导弹与航天科技译文选——收集了作者自1975年以来发表的有关美苏导弹与航天技术研究报告的译文。限于作者的工作经历和水平，本书只能是作者、包括与同事们从事工程系统分析与探索研究点滴收获的初步综合和概括，遗漏或不妥之处在所难免，请同行专家、学者不吝赐教。谢光选院士在百忙之中审阅了大部分书稿，第二炮兵装备研究院凌福根研究员审阅了全部书稿，他们提出了中肯、宝贵的修改意见。对他们的帮助、支持和鼓励，作者在此表示诚挚的谢意。

鉴于本书从航天大系统的角度出发，对复杂工程系统开发的系统分析与探索研究诸多方面的工作进行了讨论，内容比较丰富，对航天专业的本科生、研究生和相关领域的科技工作者也会有所裨益。如果本书的出版能为研究生层次的读者提供一些启示和帮助，将是作者的最大欣慰。

作 者

2009年8月22日

目　录

第一部分　总论

第二部分　工程系统发展研究

第三部分　导弹与航天系统总体设计

第四部分　导弹与航天系统试验研究

第五部分　武器装备采办技术管理

第六部分　系统工程

第七部分　钱学森科学思想研究

第八部分 导弹与航天科技译文选

第一部分　总论

对我国现代工程科学技术发展的思考

〔摘　要〕本文在概要地讨论了科学技术发展历程的基础上，阐述了“系统科学”、“复杂性科学”对现代工程科学技术发展的重要作用，并论述了我国工程科学技术发展中值得重视的几个问题。

〔关键词〕工程科学技术　系统科学　复杂性科学

1　前言

在科学技术发展的历程中，人类对客观世界的认识，经历了由单要素（物质）、双要素（物质、能量）到三要素（物质、能量和信息）的发展历程[1]；在研究对象的形态上，经历了由简单系统、复杂系统的分解和简化到直接面对复杂系统开发的发展历程；在自然观、方法论上，经历了机械论的分解、还原，马克思主义世界观、唯物辩证法的确立，向分解基础上综合、系统化、一体化方向发展的历程；在科学技术的研究方式上，经历了由个体、分散研究，向社会化、高度社会化方向发展的过程。研究要素的多元化、研究对象的复杂化、研究方法的综合化，以及科学技术活动的社会化、一体化发展，使工程开发活动由低层次要素管理向高层次一体化管理方向发展，推进了科学技术开发由经验走向科学的发展进程。科学技术开发管理的科学化，已经成为科学技术发展，特别是现代工程科学技术发展，务必从理论和实践上应当优先解决的战略性课题。从某种意义上讲，一个国家的经济落后，科学技术落后，军事装备落后的根本原因是现代科学思想意识的落后、管理上的落后。

当今世界处于以新材料、新能源和生物技术为基础，以信息技术为主导，以复杂高新技术工程系统开发为重要特征的新技术革命时代。现代高新技术复杂工程系统的开发与建设，呈现出长周期、全局性战略谋划和综合应用各相关领域科学技术新成就的特征。系统发展研究，系统综合、权衡、优化与科学管理已经成为实现现代工程系统开发目标和国家现代化建设可持续发展目标的关键性环节。从国家现代化建设的整体目标出发，思考、探索解决现代高新技术复杂工程系统开发与建设的技术与管理问题，已经成为当今世界工程科学技术发展和工程系统建设的核心问题之一。在钱学森院士的倡导和科学实践指导下，我国系统工程的理论研究与实践已经取得世人瞩目的成就，我们在学习、借鉴国外先进科学技术的同时，面对世界范围内的科技发展已经走向“复杂与综合”的大趋势，应当系统地总结我们自己的经验与教训，摆脱工程科学技术发展历程中形成的传统观念的束缚，认清世界科技发展的新形势，充分发挥我国人才、智力、政治和在重大工程领域具有自己工程实践的优势，抓住“科教兴国”的历史性机遇，在对我国与世界各国现代化建设的历史进程进行理性、科学思考的基础上，下决心从“经验”走向科学，从人治逐步走向法制，从简单思辨走向现代管理科学——系统科学和复杂性科学的理论研究与工程实践，以系统科学与复杂性科学的理论为指导，把我国工程科学技术发展和现代化建设事业真正纳入到科学开发、管理的轨道，使我们能够更加明智、更加有预见性地组织、运用好我国的有限人力、物力、财力和智力资源，实现我国社会主义现代化建设事业可持续发展的目标，应是工程科学技术发展共同关心的课题。

2 科学与技术发展历程的回顾与展望

在与自然界斗争的历史长河中，人类不断思考、探索、创新，产生了认识客观世界的科学理论与改造客观世界的工程技术，使人类对社会、自然界的认识不断深化，改造社会与自然的能力不断增强，人类一步一步地走向现代文明。纵观人类科学与技术发展史[2-4]，可以概略地绘成图 1-1-1 所示的基本图景。

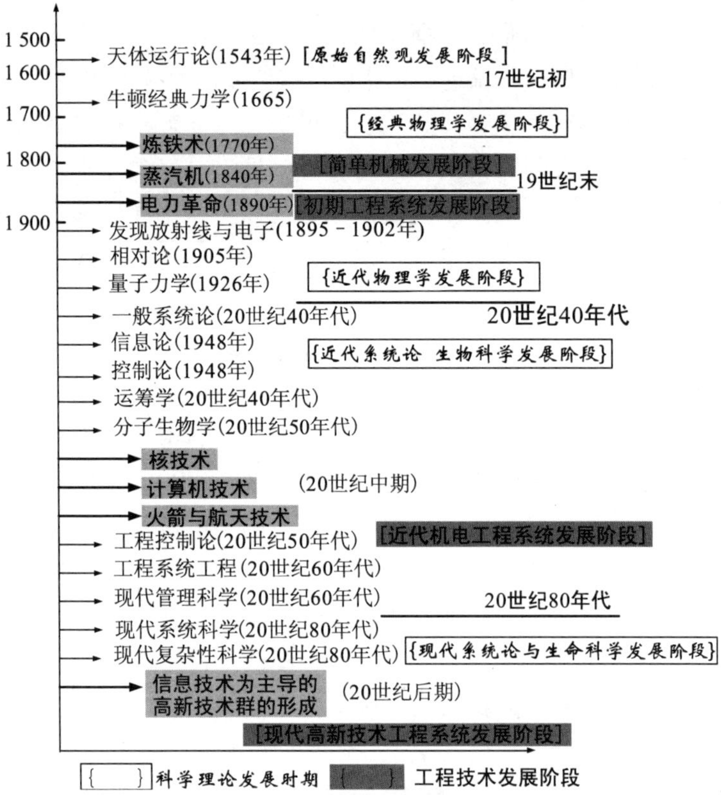

图 1-1-1 科学与技术发展的基本图景

人类对自然界的认识，在有限认识能力的制约下，从原始自然观开始，由无知、盲目崇拜神灵到一步一步形成科学的自然观，从宏观世界的探索到逐步走上微观世界的研究，从微观世界的研究，发展到更高层次的宏观与微观世界的科学探索历程，走过了经典物理学发展时期、近代物理学发展时期、近代系统论与生物科学发展时期，即将迈入现代系统论与生命科学发展的新阶段。人类改造社会与自然的工程技术，从使用原始工具到应用简单机械装置发展阶段、初期工程系统发展阶段到近代机电工程系统发展阶段，目前即将进入现代高新技术机电、信息一体化复杂工程系统的发展阶段，走过了漫长的发展历程。当今世界，人类对社会与自然界的认识，正在面临新的突破。按照钱学森院士的分析与判断，在近代系统论研究、系统工程实践，特别是大系统理论开发的基础上，面临着系统科学和复杂性科学研究的新阶段。当今科学家在对微观世界、宏观宇宙和生命科学等领域探索、研究的基础上，将会产生超越“近代物理学理论和近代生物科学理论”的新进展，人类正在推进这一科学技术的发展进程，系统科学和复杂性科学的理论指导与工程系统工程的理论与实践正在发挥越来越重大的作用。

3 科学技术革命与工程科学技术的发展

在人类社会的发展进程中，科学技术的最新进展，几乎无不首先应用于军事，并推动着军事工程技术突飞猛进地发展。纵观世界军事工程技术的发展史，可以概略地绘成图 1－1－2 所示基本图景[2－4]。

可以毫不夸张地说，工程技术应用理论、方法体系的建立与发展，是伴随着武器装备从近代向现代工程系统发展的进程而逐步建立、完善起来的。在人类的历史上，科学、技术革命的进程推动着军事革命的发生与发展。人类对木材、石材、铜和铁的应用，经历了漫长的冷兵器发展阶段。火药的发明，炼铁、炼钢技术的出现，推动了以火药技术为代表的技术革命，产生了以线膛枪、线膛炮为标志的热兵器发展阶段；伴随着工业革命，化学能与电力的发明，引发了以电力为中心的技术革命，推动了以坦克、飞机等武器装备为标志的火力加机械化的武器装备发展阶段；20 世纪中期，随着原子弹、火箭和计算机技术的相继问世，近代系统科学和系统工程理论、方法的形成，推动了以导弹核武器、新型战机等为标志，近代机电工程系统为代表的武器装备系统发展阶段；20 世纪 80 年代以

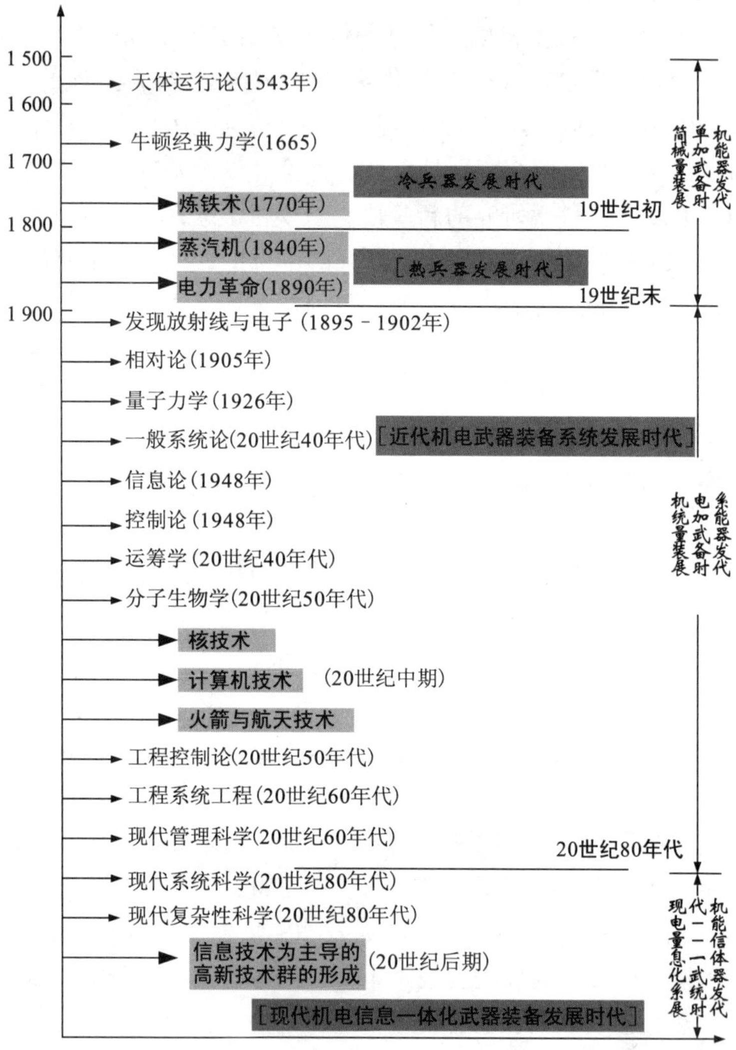

图 1－1－2　科学技术革命与军事工程技术的发展

来，初步形成了以信息技术、新材料技术、新能源技术和生命科学为基础，新概念武器、航天技术和生物技术为突破口，包括微电子、新材料、新能源、生物技术、空间技术和海洋技术等的高技术群，并且随着现代系统科学的形成与发展，正在推动着以精确制导武器、信息武器和新概念武器为代表的现代机电、信息一体化的复杂武器装备系统的问世，世界已经走向以材料、能量、信息一体化发展为标志的高技术武器装备发展的新时代。综观世界范围军事工程技术的发展，可以概要地划分为简单机械加能量的武器装备发展时代、机电系统加能量的武器装备发展时代和现代机电、能量、信息一体化的武器装备发展时代（参见图1-1-2）。

在现代高新技术工程系统开发的过程中，工程系统的社会性、系统性、综合性和复杂性成为突出的问题，出现了所谓“宏大工程(Macro engineering)”的概念，这些工程基本上都是复杂系统或复杂巨系统，它们的开发与建设只能借助于整体思维来解决，系统科学和复杂性科学应运而生，系统科学和复杂性科学的理论，将成为观察和处理复杂工程系统的有力工具，成为推动世界各国工程科学技术发展和现代化建设的强大武器，系统科学与复杂性科学的理论与实践对现代工程科学技术发展具有全局性的指导作用。

4 工程科学技术发展与现代化建设需要理论创新

历史的经验值得重视：1776年3月9日，苏格兰人亚当·史密斯发表了著名的《国富论》，根据这部巨著提出的经济学原理，英国制定了相应的经济政策，导致了英国经济的腾飞，政治与军事的崛起。在大西洋彼岸，美国把亚当·史密斯的《国富论》与托马斯·杰斐逊的《独立宣言》同时付诸实践，创造了北美大陆政治和经济同时起飞的奇迹[6]。

面对世界已经进入复杂系统开发、组织和运行管理为重要特征的新时代，面对越来越复杂的世界，越来越复杂的现代工程系统，工程科学技术的发展不能仍然停留在传统工程专业理论与实践画定的范围内。对现代高新技术复杂工程系统的开发与建设，在需求确定的过程中，要求我们务需面对复杂工程系统的发展环境预测与中长期规划（参见图 1－1－3），这里讲的发展环境预测与中长期规划，不是指 5 年、10 年，而是 20 年、30 年或更长时间。显然，这种社会需求环境、科技发展环境、经济制约和其他相关环境等的科学预测是十分复杂和困难的，已经远远超出传统工程科学研究的范畴。目前西方发达国家通常是采取组织跨行业的国家最高水平的科学家、工程系统专家、相关领域的工程技术专家和领域专家，按照严格的工作程序[4,14,15]，共同进行较长周期的碰撞与滚动式的研究来完成。在现代工程系统的物化过程中，工程系统的社会化、系统化、综合化和复杂化发展已经是现实的大趋势。

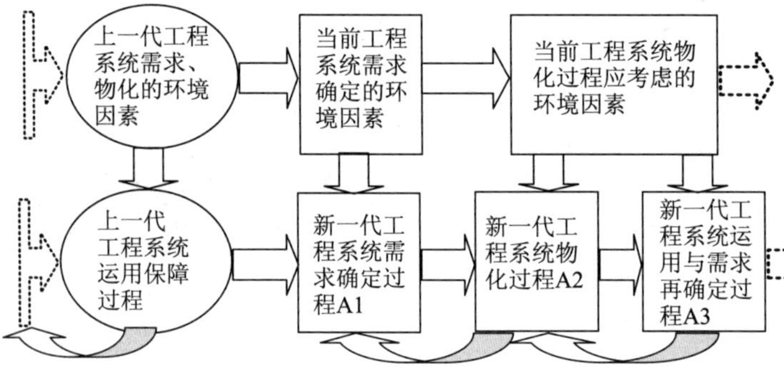

图 1－1－3　现代复杂工程系统开发过程示意图

在现代工程系统的研制过程中，我们必须面对多学科、多工程的综合与信息一体化问题（参见图 1－1－4 和参考文献［4］），并需优先解决工程系统开发过程中经常遇到的复杂的系统性和社会性问题（参见图 1－1－3、图 1－1－4 和参考文献［4，14］）。这些问题与工程实施过程中的具体技术问题相比，通常如同数学运算中的整数与小数的关系，如果在开发过程中对工程的系统性、社会性问题疏忽了或搞错了，如同数学运算中，把整数位算错了，小数位算得再精确，也难以补偿工程开发可能造成的损失。解决这些现代工程系统开发的战略性问题，需要借助于系统科学和复杂性科学理论与实践的创新[4,5,7]。

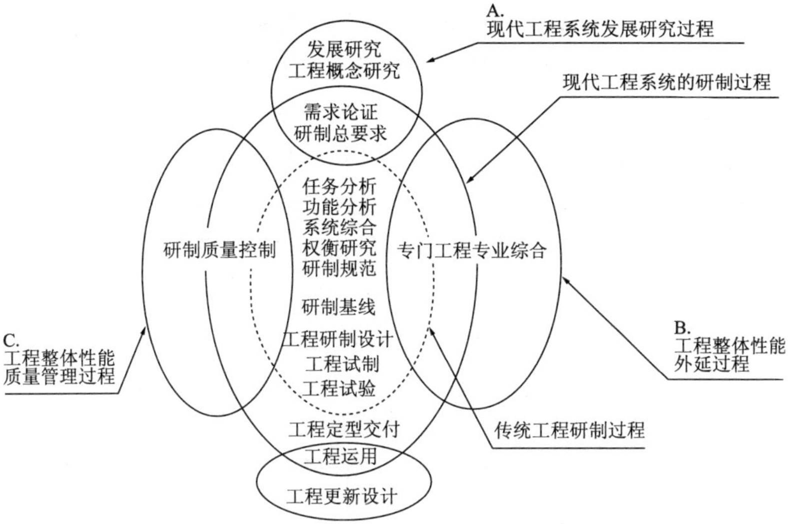

A. 发展研究形成的研制指南
- ☆发展战略
- ☆发展规划
- ☆发展计划
- ☆立项论证报告，含
  - ①任务目标
  - ②任务约束与保障条件
  - ③技术性能与使用要求
  - ④相关工程系统的接口要求
  - ⑤工程研制程序等

B. 专门工程专业综合的主要因素
- ☆可靠性
- ☆维修性
- ☆安全性
- ☆电磁兼容性
- ☆生产性
- ☆测试性
- ☆生存性
- ☆运输性
- ☆价值工程
- ☆人机环工程
- ☆综合技术保障工程
- ☆贮存工程
- ☆包装工程
- ☆电子战特性
- ☆计算机资源
- ☆标准化
- ☆保密性
- ☆寿命周期费用
- ☆系统总体特性

C. 系统研制质量控制的主要指导性文书
- ★系统工程管理计划 SEMP
- ★技术要求分配单 RAS
- ★工程研制规范 EDS 与技术状态基线 CBL
- ★接口控制文件 ICD
- ★工作分解结构 WBS
- ★工作说明报告 SOW
- ★可靠性与维修性计划 R&MP
- ★综合技术保障计划 ILSP
- ★风险管理计划 RMP
- ★人机环工程计划
- ★软件开发计划
- ★电磁兼容控制计划
- ★试验与鉴定总计划 TEMP
- ★生产性计划 PEP
- ★权衡研究报告 TSR
- ★其他设计相关文书

图 1－1－4　现代复杂工程系统的研制过程

社会主义现代化建设的现实要求我国工程技术人员在对世界工程科技发展、我国国情和国家现代化建设出现的新问题进行分析、研究的基础上，结合我国的实际进行理论创新，首先应在大思路上解决好“桥与船”的问题，建立起现代工程系统发展研究与物化过程的科学的总体框架[4,5,7,14]。推进现代工程科学技术的发展，在很大程度上取决于我们是否敢于和善于在理论和实践中创新。能不能进行工程科学技术理论与实践的创新，已经成为一个现代国家在世界范围内的经济与科技竞争中能否取得立足之地的关键性因素。

恩格斯说：“一个民族要站在科学的最高峰，就一刻也不能没有理论思维。”但是，回顾建国 50 年来我国的科学技术发展史，在经济、军事和社会等重大领域，我国科技界在理论思维上究竟有多少创新？虽然有马寅初的“人口论”、孙冶方的“价值与价值规律学说”等，但是，这些都没有能够及时、有效、充分地发挥理论思维的指导作用，从而导致国家重大决策的失误，其损失是难以挽回的。

钱学森院士在系统工程的理论和实践中，勇于探索，提出了一系列有创见的理论思维[5,7-10]，在我国导弹和航天领域取得了世人瞩目的成就。历史告诉我们：在社会、经济和科技发展的过程中，在具有前瞻性和战略性重大问题的决策过程中，如果能够形成科学的决策机制和良好的民主氛围，能够接受科技界富有创新思想的决策咨询，我国的现代化建设事业就可以少走弯路，能够取得事半功倍的效果。否则，难以避免会走弯路，甚至造成重大决策的失误。但是，在我国学术界，直到看到美国人 20 世纪 80 年代以来开展“复杂性科学”研究[7]，并取得重大进展之后，才对“系统科学”的价值有所理解……这不能不引起我们的思考。进行理论创新，不仅需要脚踏实地的科学态度、不畏艰险的科学精神，更需要有充分的自信心、超人的勇气和智慧，要敢于在“没路的地方践踏出来，从长满荆棘的地方开辟出来”，敢于在洋人还看不到、讲不清楚或不能结合我国国情讲清楚的领域有所突破。关键的问题是敢于在理论上创新，善于用科学的方法去实践。加大“系统科学”、“复杂性科学”和“系统工程理论”的研究力度是加速我国社会主义现代化建设事业的需要，势在必行。我们寄希望于我国的工程院能够在“系统科学”、“复杂性科学”和“系统工程理论”等领域的研究与实践中发挥更加充分、具体的指导、组织、协调和推进作用，用院士团队及其能够团结的科技力量，创新思维形成的高水平、战略性科学研究成果和高屋建瓴的决策咨询意见，实实在在地推进我国社会主义现代化建设事业的进程。我国工程院定位于我国最高咨询性学术机构，历史的责任要求工程院应从更广阔的视角研究、认识，并推进现代工程科学技术的发展，遵循现代工程科学技术发展的客观规律，应用系统科学的手段，在我国重大工程的决策咨询中承担起国家赋予的光荣而艰巨的任务。

5 科学管理是推进社会主义现代化建设的法宝

回顾满清“洋务运动”的失败，政治腐败、管理混乱是其根本的历史和社会根源。我们目前有些行业所生产的产品质量低劣、成本高昂的直接原因是缺乏科学管理，没有形成程序化、标准化和科学的生产管理环境。在混乱的状态下，是难以创造出奇迹的。在现代科学技术环境条件下，只有自觉地运用系统科学的理论和方法，才能在复杂工程系统开发的进程中，实现从无序向有序、高质量、高效率、低风险方向的转变。这已为西方发达国家重大工程系统开发的实践所证实，也为我国导弹和航天事业的实践所证实。

亚当·史密斯在《国富论》中不厌其烦地宣传“劳动生产力的最大改进……看来是劳动分工的结果”，并且举出“销轴”生产的生动实例说明劳动分工对创造生产奇迹的关键作用[6]。但是，亚当·史密斯没有能够看到今天的科学技术发展，没有能够把工厂内部的分工与社会分工明确地加以区分，没有形成管理科学的完整构想。在今天看来，严格的社会分工关系到社会、经济、军事和重大工程系统开发等方面的科学管理[4,5]，是提高工程开发效率的捷径，创造工程奇迹的基础，应当是一种有预想、有计划、有组织，并且应当是符合科学技术发展规律的社会组织行为，是“系统科学”研究的重要内容之一[4,5,11]。但是，面对现代社会化大生产，我们常常看到的仍然是“作坊式”或所谓“一竿子插到底”的落后管理模式，在国家机关、企事业单位管理和重大工程项目开发等工作中，管理工作分工仍然较为混乱，职责不够明确，权利就是一切的状态仍然随处可见，没有真正形成决策层、决策管理层、决策实施层分工明确、协调运筹的科学管理模式，计划与技术管理职责不清，容易形成管理机构臃肿、内部扯皮、科技人才不能充分发挥作用的弊病，甚至产生人浮于事和滋生腐败等问题。如何提高我国社会主义建设事业的管理工作效率、从根本上铲除腐败的根源，还有许多工作要做。工程院作为国家级“重大社会、经济发展的最高咨询性学术机构”，是否可以有组织、有计划地开展国家管理、企事业管理，特别是重大工程发展与实施管理的诊断与咨询工作，充分发挥工程院对国家重大社会、经济问题实施权威性决策咨询的作用？作者认为值得认真研究。

当今世界复杂高新技术工程系统的开发，呈现出长周期、全局性战略谋划，综合运用各相关领域科学技术新成果的典型特征，系统发展研究，系统综合、权衡、优化与科学管理已经成为越来越十分突出的问题，从国家现代化建设、高新技术工程系统开发与建设的整体目标出发，思考、探索解决国家现代化建设的技术与管理问题，已经成为当今世界科技发展的核心问题之一。诚如马宾老先生最近指出的“在钱学森创新建立系统科学理论与实践的具体指导下，经济系统工程和工程系统工程在我国都得到了重大发展[4]”，我们在学习、借鉴国外先进科学技术的同时，应当系统地总结我们自己的经验与教训，发挥我国人才、智力、政治和在重大工程领域具有自己工程实践的优势，推动我国系统工程理论的发展。作者认为，工程院工程管理学部应当责无旁贷地承担起推进我国工程系统工程理论与方法体系建设的责任，在社会与经济管理、创新激励机制的改革和我国有限工程技术人才的合理使用等具有全局性的战略决策问题上，发挥工程院无法取代的权威性专家群体的决策咨询作用。

6 科学、合理地使用人才与推进“创新激励机制”的改革

小平同志谆谆告诫我们：我党根本的思想路线是“实事求是”，并强调指出：“党的十二届三中全会通过的《中共中央关于经济体制改革的决定》中，十条都很重要，但其中最重要的是第九条，就是‘尊重知识，尊重人才’，概括起来就是这八个字[13]。”对人才重要性的认识应当说已经没有什么问题了，但是，对人才内涵的认识和合理使用的问题不能说已经解决了。在我国，人才浪费仍然是最大的浪费，关键的问题还是科学的评价、认识人才和实事求是的使用人才的问题。

根据工程系统工程的理论研究，我们把从事工程技术工作的人才分为工程领域专家、工程技术专家和工程系统专家三类[4]。专家工作的性质和任务不同，对他们的知识结构、工程素质、思想和心理素质，以及世界观和方法论等方面的要求是不同的[4]。随着科学技术的发展，科学技术门类的划分越来越细，当今学科总数已达6 000多门[12]。以导弹与航天技术领域为例，目前工程技术专业门类已经超过300个[4]。随着高新技术复杂工程系统开发向纵深发展，不仅要求科技工作高度专业化，而且要求不同专业之间密切协同，因此，出现了以解决工程开发系统性、社会性问题为主要职责的综合性科技人才，我们称其为“工程系统专家”。他们不仅需要掌握比较全面的专业知识，具有丰富的工程实践经验，而且必须具有良好的思想与心理素质，灵活、善于协同的工作能力，在解决重大、复杂工程系统开发与管理工作的过程中，他们越来越发挥举足轻重的决策分析与决策管理的作用。他们的培养与相对单一学科、专业人才相比，难度较大，时间较长。因此，务必对工程技术人才的内涵和使用的

特殊性进行具体、深入的研究。在美国国家科学顾问委员会里，面对复杂的决策咨询问题，常常发生大名鼎鼎的领域专家、学者型顾问提不出象样决策咨询意见的情况[11]，这是十分正常的。实事求是地讲，面对复杂的社会、经济、军事和现代工程技术问题，要求只有某一专业或学科知识，没有广博的社会和科技知识，丰富的工程实践经验，没有深厚的逻辑思维根底、正确的世界观与方法论的领域专家、学者提出象样的决策分析意见是勉为其难的事。因此，对于工程技术领域人才的使用，不应当简单地谈年轻化和老专家，应当对工程领域专家、工程技术专家和工程系统专家有相应的培养与使用政策。当今世界已不是爱迪生发明“电灯泡”的时代，“综合”已经成为当今时代创新的突出特征。面对高新技术复杂工程系统开发和越来越复杂的社会与经济环境，应当借鉴西方发达国家的成功经验，实事求是地制定工程技术人才的使用政策，对于不同学科、专业，不同的工程任务，应当合理地组织人才队伍。无论是老专家，还是科技新秀，都应扬长避短，用其所长，在可能的情况下，充分发挥他们的知识特长、智慧与经验。作者认为：我国相关管理部门应特别关注工程系统专家与工程技术专家的培养与使用问题，并以高度的爱国主义责任心热情地关心他们，充分地发挥他们的作用。

根据党和政权建设的要求，党政领导干部与机关干部工作的特点，党中央提出培养和造就一大批中青年领导干部，即干部年轻化的政策是十分必要的。但是，对于科学技术领域，特别是相对复杂的综合性科学技术学科和专业，简单地提倡年轻化是不明智的。在我国特定的历史条件与有限人才资源的情况下，从长远发展来看，不解决好有限工程技术人才合理使用的政策与策略问题，把策略与政策弄混淆了，对我国科技事业发展和社会主义建设事业是十分不利的，如果处理不好，会发生人为的、不应出现的损失，直接影响国家的科技、经济发展。借鉴工业发达国家培养和使用工程技术人才的成功经验，在工程技术人才的培养和使用等问题上向中央提出具有真知灼见的决策咨询意见，是关系到我国社会、经济、军事和科技事业发展，特别是高新技术复杂工程系统长远发展、建设的战略性决策问题，工程院高屋建瓴的决策咨询意见是行政机构无法取代的。

当前工程技术领域，特别是复杂工程系统开发的科研成果评定的真实性、公正性仍然存在诸多问题：用钱买成果者有之，虚报成果者有之，机关和领导干部占用成果完成者名额者有之……还有些地方形成了所谓“成果评定专业户”……他们可以使应评的成果进不了“考场”，使不具备或只是一般性的科技成果评上较高的成果奖，而且难以甚至无法纠正。因此，如果对现行工程技术成果的评定办法不进行认真、有冲破阻力决心和创新思路的改革，将严重挫伤有良知的科技人员的积极性，在很大程度上失去调动广大科技人员为祖国科技事业献身、进行科技创新，使确有事业心、责任心和创新才能的一代新人不断涌现的促进作用。

工程院士大都是我国工程技术界的佼佼者，他们中的多数人对创新成果完成过程的艰辛有亲身的体会，对通过成果评定发现出类拔萃科技人才的作用有深刻的认识，对工程技术成果评定的真实性、公正性、成果与成果完成者的关系，以及成果评定程序的严肃性与定期清理成果的重要性有清醒、深刻的理解，他们最有资格和能力推动“创新激励机制”的改革。在院士大会上，中央领导语重心长，希望院士们用更大的精力关心年轻科技人才的健康成长，进一步完善科技成果评定管理机制，对引导一大批青年科技人才走上攀登科技高峰的正路，促进年轻科技人才的健康成长，具有十分现实和重大的战略意义。工程院在这方面发挥权威性的决策咨询作用，必将有利于促进我国创新激励机制的改革，进一步推动我国工程科学技术事业的健康发展。

参 考 文 献

[1] 周吉，陈文．管理哲学——系统学[M]．上海：上海交通大学出版社，1985. 11.
[2] 霍绍周．系统论[M]．北京：科学技术出版社，1988. 8.

[3] 潘永祥,李慎,阮慎康,等. 自然科学概论[M]. 北京:北京大学出版社,1986.6.
[4] 赵少奎,杨永太著. 工程系统工程导论[M]. 北京:国防工业出版社,2000.3.
[5] 钱学森,许国志,王寿云. 组织管理的技术——系统工程[N]. 北京:光明日报,1978-9-27(1).
[6] 顾蒙洁. 憧憬与探索[M]. 北京:中国标准出版社,1999.9.
[7] 钱学森,等. 论系统工程[M]. 长沙:湖南科技出版社,1988.6.
[8] 钱学森. 现代科学的结构[J]. 哲学研究,1982(3).
[9] 钱学森,王寿云,柴本良. 军事系统工程:系统工程与科学管理文集(三). 北京:国防科委情报资料所,1979.8.
[10] 钱学森,于景元,戴汝为. 一个科学新领域——开放的复杂巨系统及其方法论//中国大型工程管理文集. 武汉:华中理工大学出版社,1993(11-23).
[11] (美)米歇尔·沃尔德罗普. 复杂——诞生于秩序与混沌边缘的科学[M]. 陈玲,译. 北京:生活·读书·新知三联书店,1997.4.
[12] 宋健. 现代科学技术基础知识[M]. 北京:科学出版社与中共中央党校出版社,1996.5.
[13] 武汉市委宣传部. 改革落后的干部选拔制度[N]. 北京:人民日报,1999-2-9(5).
[14] (美)弗雷蒙E卡斯特,詹姆士E罗森茨威格. 科学、技术与管理[M]. 柴本良,华棣,李盛昌,等译. 北京:国防工业出版社,1979.5.
[15] 郑开昭,王东,兰鲁闽,等. 无形的杠杆[M]. 北京:解放军出版社,1988.6.

(本文由作者与军事科学院杨永太研究员合作，发表在《中国工程科学》第3卷第1期，2001.3：22~30)

工程系统开发复杂性的讨论

〔**摘　要**〕在讨论了复杂武器装备系统的发展研究、开发性科研工程和特殊复杂环境工程开发的复杂性问题的基础上，提出了处理复杂性问题系统论方法的总体思路。

〔**关键词**〕工程系统　复杂性　还原论　系统论

李世辉先生几年前提出“工程系统开发的复杂性”命题[1,2]，笔者经长时间思考，结合对以往工作的分析研究，认为至少有三类工程问题应纳入复杂性科学问题的范畴来讨论：一是现代复杂武器装备系统的发展研究；二是复杂的开发性科研工程，特别是前无古人的开发性科研工程；三是特殊复杂环境工程。

1　现代复杂武器装备系统的发展研究

在与自然界斗争的历史长河中，人类不断思考、探索、创新，产生了认识客观世界的科学理论与改造客观世界的工程技术，使人类对社会、自然界的认识不断深化，改造社会与自然的能力不断增强，一步一步地走向现代文明。

在人类社会发展的进程中，科学技术的最新成果，几乎无不首先应用于军事，并推动军事工程技术的迅猛发展。纵观世界军事工程技术的发展史（参见图1－1－2），当今世界军事工程技术的发展已经进入现代机电、能量、信息三元素一体化的武器装备系统发展的新时代。

军队重点发展什么武器装备，采取什么途径、步骤与对策，已成为军队，乃至国家领导人谋求国家安全的指导方略，为此，对武器装备的发展战略、武器装备体系及其发展规划提出了新的要求。现代高新技术复杂武器装备系统的开发与建设，呈现出长周期、全局性战略谋划、综合应用各相关领域科学技术新成果的特征。从国防现代化建设的整体目标出发，探索现代高新技术复杂武器装备系统的发展决策与建设的技术和管理问题，已经成为当今世界工程科学技术发展和工程系统建设的重要课题之一。

现代战争已由传统的单一兵种或几个兵种对抗，演变为海、陆、空、天、电五维空间多兵种协同的交叉对抗，发展为敌对双方以武器装备为物质基础的作战体系的较量。现代战争条件下，所谓敌对双方作战体系，即是针对具体作战单元，由武器装备体系、作战指挥系统、政治工作系统、后勤保障系统、后方支援系统和作战部队等组成的作战力量整体[6]，见图 1－2－1。

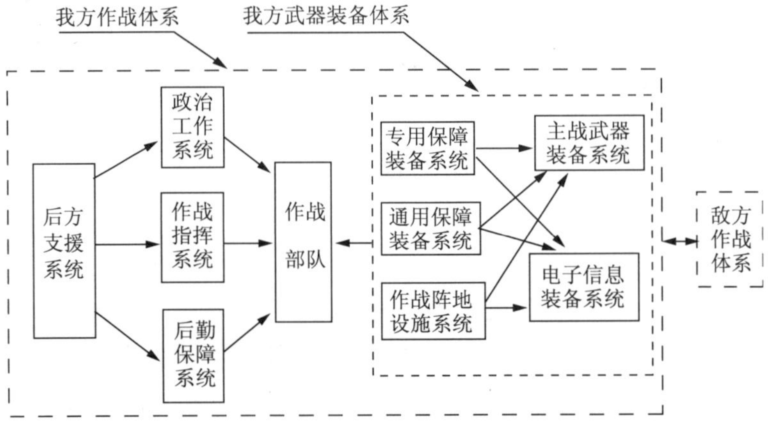

图 1－2－1　敌对双方作战体系组成框图

现代战争条件下，所谓武器装备体系，系指为完成一定的作战任务，由功能上相互联系、相互作用的多种武器装备系统，通过信息技术组成的更高层次的系统（system of systems），形成敌对双方作战对抗的物质基础，见图 1－2－2。从未来作战要求与武器装备开发的角度看，武器装备体系可划分为战斗装备系统和保障装备系统两大类。前者又可划分为主战武器装备与综合电子信息装备系统；后者又可划分为专用保障装备、通用保障装备和作战阵地设施三大系统。

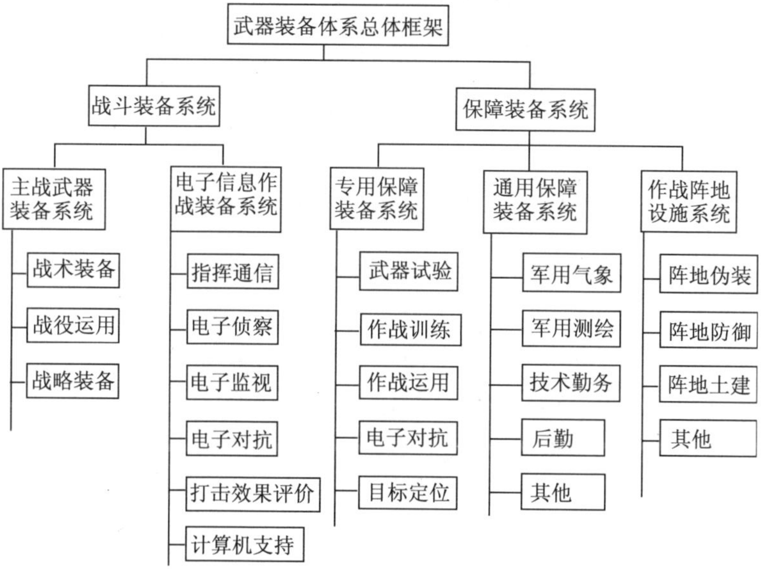

图 1－2－2　武器装备体系总体框架

当今世界已进入以复杂工程系统开发、组织和运行管理为重要特征的时代，面对复杂的世界、复杂的现代工程系统，工程科学技术的发展，不能继续停留在传统工程理论与实践画定的工程研制过程的狭小范围内（参见图 1－1－4）。对现代高新技术复杂工程系统的开发与建设，特别是现代高新技术复杂武器装备系统的开发与建设，在需求确定的过程中，必须面对复杂的发展环境预测与中长期规划（见图 1－2－3）。

这里讨论的发展环境预测与中长期规划，不是指 5 年、10 年规划，而是指 20 年、30 年或更长时间的规划。显然，这种对社会需求环境、科技发展环境、经济制约条件及其他相关环境因素的科学预

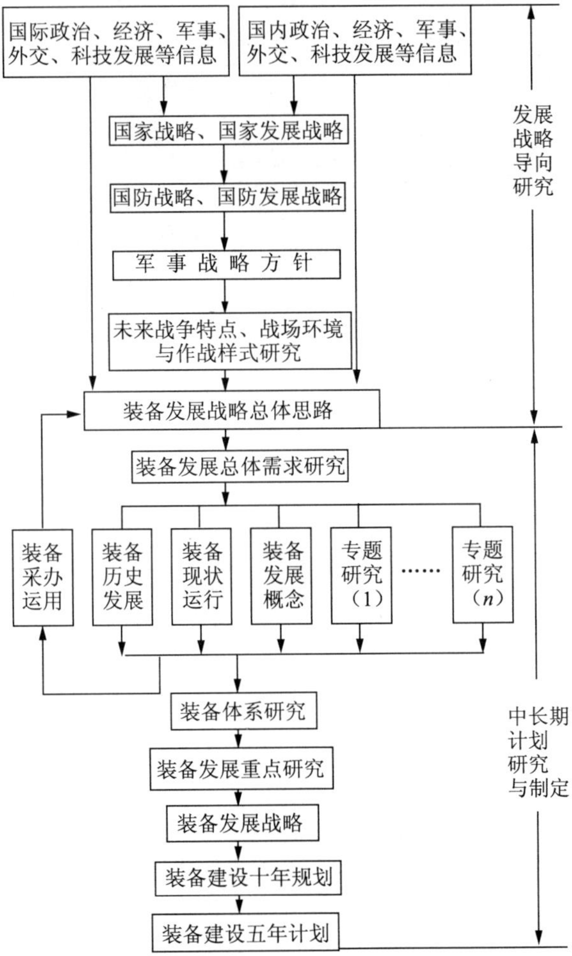

图 1－2－3　武器装备发展战略与中长期规划研究、制定的程序

测是一个长期、非线性的动态发展过程，具有很大的不确定性，远远超出传统工程科学研究的范畴。20 世纪 60 年代以来，西方发达国家通常是组织跨部门跨科学技术层次的最高水平科学家、工程系统专家、工程技术专家，按照严格的工作程序[5－8]，共同进行较长时间的碰撞与滚动式的研究来完成。为适应当代科学技术的发展，利用信息科学与计算机技术的最新成果，发达国家建立了一系列“武器装备体系发展论证（或作战）实验室”，把现代武器装备系统建设推向新的发展阶段。

在现代工程系统的物化过程中，工程系统的社会化、系统化、综合化和复杂化已成为发展的大趋势，必须面对多学科、多工程专业的综合与信息一体化问题，首先要解决工程系统开发过程中经常遇到的复杂发展环境预测与发展决策问题。这些问题与工程实施过程中的具体技术问题相比，如同数学运算中的整数与小数的关系；在开发过程中，若疏忽了工程发展环境的系统性、社会性，犹如数学运算中算错整数位，小数位再精确，也与事无补。解决现代工程系统开发的问题，需要借助于系统科学理论与实践的创新[1,5,7,9]。

武器装备发展战略与中长期规划的制定是一个复杂的研究与决策过程，既要考虑国家发展、国防战略目标与国家科技、工业水平和资源的支持能力，又要研究可行的技术途径与对策。能力与需求之间总是有很大差距，任何国家都要冒一定的风险，关键在于谁能更科学地预测未来，更充分、更有效地利用有限的资源，谁的对策、谋略更高一筹。说到底，国与国竞争的本质是潜在对手之间智慧与综合国力的较量[5,6,8]。

现代条件下，任何个人和单一职能部门都无法全面掌握影响制定现代武器装备系统发展战略所涉及问题的全部细节，都难以准确地制定武器装备的发展战略。借鉴世界各国武器装备发展研究的成功经验，结合我国的实际，笔者提出了按图 1－2－3 和图 1－2－4 所示的发展研究的基本程序与组织体制。

利用当代信息技术革命的最新成果和体系对抗形成的战场环境模型，建立人机交互、以人为主的装备体系论证决策支持系统，进行武器装备发展战略、武器装备体系与发展规划的研究与制定，是对武器装备发展研究进行变革的必然结果，武器装备体系发展论证（作战）实验室计划应运而生，已成为当今世界军事强国推进武器装备现代化建设的重要手段。

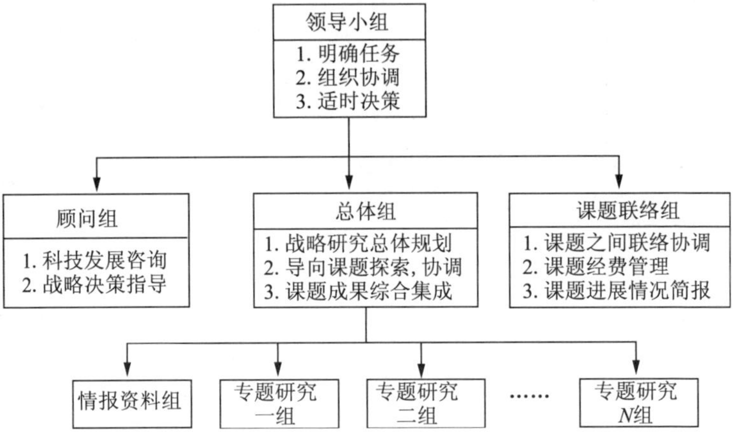

图 1－2－4　装备建设宏观谋划研究与论证组织结构

总结我国航天事业发展和社会主义建设事业管理的经验教训，20 世纪 80 年代初，钱学森明确提出："凡现在不能用还原论处理的，或不宜用还原论方法处理的问题，而要用或宜用新的科学方法处理的问题，都是复杂性问题。"[1] 复杂性问题研究不仅要定性分析，还要定量研究。钱学森进一步提出"把科学理论、经验知识和专家的判断力相结合，通过半理论、半经验的方法处理复杂系统的决策问题"的基本思路。在创建"系统学"的过程中，1989 年，钱学森院士提出研究开放的复杂巨系统的方法论——"从定性到定量综合集成法"，又称为"综合集成技术"或"综合集成工程"[1]，其实质就是把专家体系、数据与信息体系以及计算机体系相结合，构成一个高度智能化的人机结合系统，研究、解决复杂系统，包括武器装备发展战略、体制、规划和计划研究与制定的科学决策问题。这种"系统论"方法，把人的思维、思维的成果，人的经验、知识、智慧，以及各种情报、资料和信息加以集成，用结构化的方法逐步逼近非结构化的复杂系统决策问题，从多方面的定性认识逐步上升到能够实施决策的定量认识[1,5]。

1992 年以来，钱学森院士进一步提出"从定性到定量综合集成研讨厅体系”的构想[1]，是解决复杂系统决策问题运行机制的创新，开创了人机结合、人网结合的新途径。“综合集成研讨厅体系”，实际上是“综合集成方法”的实践形式。在武器装备发展战略、体制、规划和计划研究与制定过程中，运用这套方法，建立新的运行机制，将为我国未来武器装备发展的宏观谋划增添新的活力[5,6]。借鉴国外武器装备发展计划管理的新经验，运用钱老提出的“综合集成方法”与“综合集成研讨厅体系”的理论与实践创新，大力推进我军武器装备体系论证重点实验室的建设，是我军在新时期的重大课题。

2 关于开发性科研工程

笔者以我国首批太平洋火箭试验准备工作中海上试验区与试验禁区的划定为例进行讨论。

2.1 问题的提出

1974 年 5 月，笔者向军委 718 工程和国防科委领导汇报我国洲际火箭太平洋试验方案时，钱学森副主任明确指出：力争在新中国成立 30 周年大庆前后进行我国洲际火箭全程试验，目前的试验方案基本可行，但是，火箭海上试验区一定要比美苏初期试验水平高，试验区要小，封锁时间要短[10]。

钱老高瞻远瞩，指明了我国洲际火箭太平洋试验准备工作的方向，但是，任务是非常艰巨的。试验区与试验禁区参见图 1-2-5 和图 1-2-6。

我国发射的第一枚运载火箭命中海域示意图

我国在 1980 年 5 月 18 日上午发射的第一枚运载火箭，准确地命中目标海域。这是目标海域示意图。

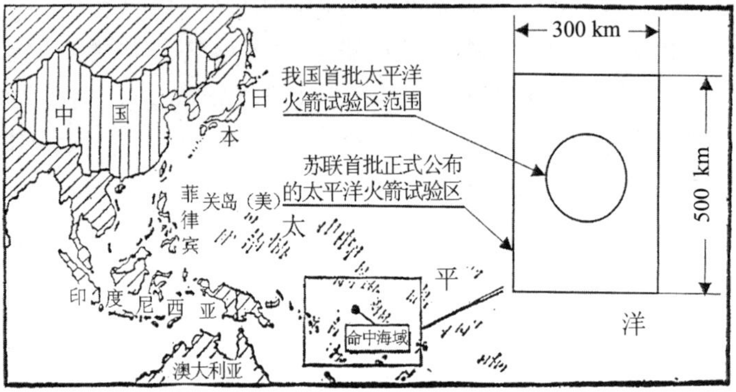

图 1－2－5　我国洲际火箭试验禁区（《人民日报》1980 年 5 月 9 日）

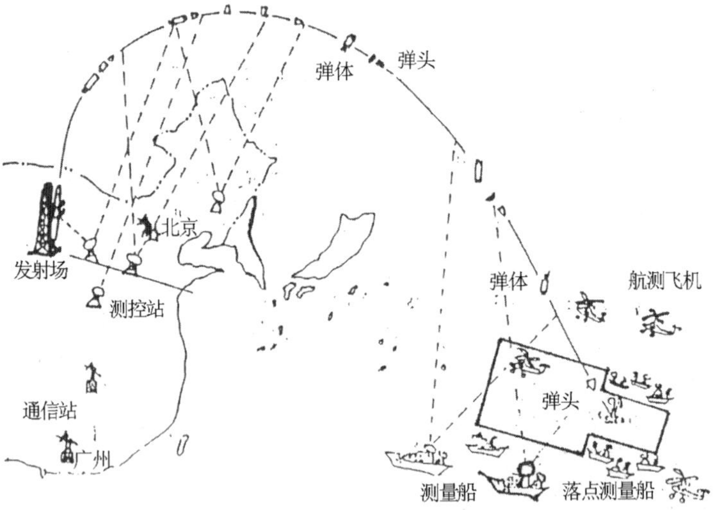

图 1－2－6　我国太平洋火箭试验区与测控系统布置

2.2 外国人的做法与对我们的挑战

对于远程、洲际导弹的试验考核与鉴定，美苏都立足于在公海上进行全程试验。太平洋、大西洋几乎是美国的“内海”，选择与划定试验区对美国人几乎没有任何约束；而苏联进行第一次太平洋火箭试验时，事先不宣布，以后各批次海上试验区如表1-2-1所示[11]。

表1-2-1 苏联太平洋火箭试验各批次海上禁区

批次	通告时间	结束时间	型号	射程/km	发数	范围/km	说明
0			东方号	12 500	1~2		1959年发射，发射前未公告
1	1960-01-08	1960-02-02	东方号	12 500	2	500×300	首次公开导弹试验，弹头落入试验区
2	1960-06-29	1960-07-08	新型多级	13 000	2	320×190	美国人两架巡逻机跟踪，未看清弹头再入时是否损坏
3	1961-09-11	1961-10-30	改进型多级	>12 000	8	290×320	10月7日发射的火箭装有新型制导系统，可能是“环球火箭”
4	1962-10-16	1962-10-18	新方案多级	>12 000	2以上	210×210 600×300	首次使用两个试验区
5	1963-05-12	1963-07-11	改进型多级	>12 000	4以上	320×260	
6	1963-11-29	1964-01-24	改进型多级		1以上	330×310	
7	1964-08-01	1964-12-30	新型多级		1以上	半径120	首次使用圆形试验禁区
8	1965-01-10	1965-02-02	新型多级	13 000	1以上	半径120	
31		1975-06-07	SS-18	9 200	2	半径240	美国范登堡号测量船跟踪侦察，弹片落到范登堡号测量船上
37	1977-12		潜地导弹	7 400	4以上	~半径90	从白海的潜艇上发射的潜地导弹

我国当时不具备在公海上进行全程试验的条件，按照试验计划，到1979年底，可以进行6~8发洲际导弹国内特殊弹道的短程飞行

试验。如何通过短程飞行试验信息确定我国首次太平洋火箭试验区与试验禁区，既要保障试验船队安全，又不伤及试验禁区外的外国船只和人员，还要比美苏初期试验水平高，对我国科技人员提出了挑战。

2.3　还原论方法的困惑

导弹射击总误差包括制导误差和非制导误差，我国当时的洲际导弹，非制导误差所占份额很小，主要是制导误差。制导误差中方法误差较小，主要是制导工具误差。

制导工具误差包括制导系统测速（加速表）误差与基准（陀螺）误差，见图 1 –2 –7。

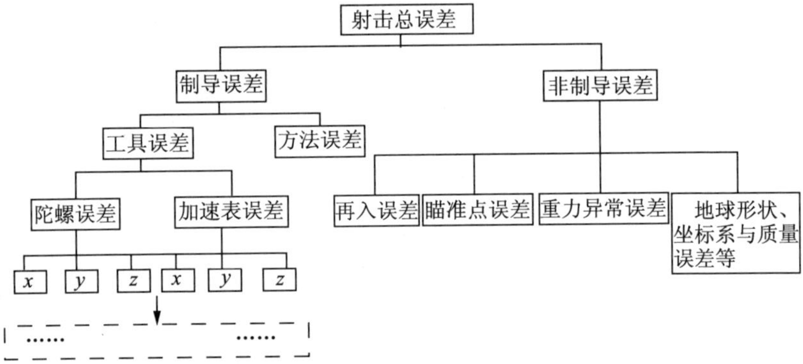

图 1 –2 –7　导弹射击总误差分解图

制导误差可以通过导弹飞行试验遥测、外测数据进行数学处理获取：

$$\Delta W = W_{yc} - W_{wc}$$

式中　W_{yc}——导弹飞行的遥测数据；

W_{wc}——导弹飞行的外测数据。

略去遥测的系统误差，事先扣除外测的系统误差或作为误差项进行分离，可以得到

$$\Delta W = \Delta W_{cs} + \Delta W_{jz} + \eta = \Delta W_{gj} + \eta$$

式中 η——遥测、外测系统的剩余随机误差；

ΔW_{cs}——测速误差；

ΔW_{jz}——基准误差；

ΔW_{gj}——工具误差。

从理论上得到上述结果并不难，但解决这一问题却遇到了重重困难：

1）我国测量系统研制滞后，测量系统测得的数据，其可靠性与精度都难以满足精度分析的要求。

2）导弹制导误差分析方法有待试验验证，虽然当时提出了诸如贝叶斯法、岭估值法、超椭球法、主成分法、改进主成分法和特征根估计法等，但是，可靠性不能令人满意，特别是难以得到试验的进一步验证。

3）特殊试验弹道获得的制导误差转换到正常武器弹道上，也存在转换方法与可靠性问题。

4）在全程飞行试验前，即使默认所有飞行试验的测量数据都可靠，最多也只能获得6~8发特殊弹道数据，供精度分析用的信息仍然很有限。

因此，采用在还原论指导下的精度分析方法解决这一工程问题遇到了难以克服的困难。

2.4 从定性判断到定量综合分析决策

对于开发性、特别是前无古人的开发性科研工程，常常遇到研究对象原始信息十分不足的难题，用还原论指导下的现代科学技术方法遇到难以克服的困难。为此，我们采取了扩大研究对象母体的办法，把相关的研究对象都作为原始信息源，在广泛收集、分析相关原始信息的基础上，走一条从定性判断到定量综合决策的道路。

首先，收集我国所有弹道导弹型号正常武器弹道飞行试验的实测数据进行统计分析，得出东风型号横向射击误差很小，而且多远弹的统计规律。考虑到我国东风型号导弹控制系统研制的继承性和设计方法的一致性，对我国洲际火箭命中精度的理论设计做出了定性估计，对洲际火箭的弹头试验区做出了定性判断。然后，通过理论分析与统计预测相结合的办法，确定了导弹弹头与弹体落点的中心点距离 L，并且通过对洲际火箭国内特殊弹道试验区的实际勘测，初步确定了洲际火箭的弹体残骸散布区，见图 1－2－8。在此基础上进行综合集成，形成我国首批洲际火箭太平洋试验弹着点试验区与试验禁区的决策支持意见，给出了半径为 65 ~ 70 n mile 的试验禁区（参见图 1－2－5），被采纳付诸实施。

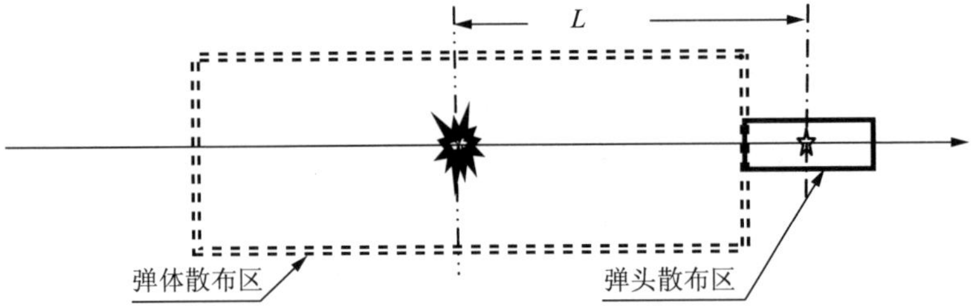

图 1－2－8　导弹头体散布区示意图

3　关于特殊复杂环境工程的开发

笔者以隧道围岩—支护系统为例进行讨论。

隧道围岩—支护系统（地下工程），其周边环境通常是不连续、非均质、各向异性、非线性和流变性的介质，每一点上的力学参数不同，复杂多变，通常均属未知。以往的地下工程设计与施工，应用基于还原论的岩石力学理论进行分析预测，结果往往与实际情况相差甚远。隧道围岩—支护系统设计中的周边环境稳定性分析预测，属于工程系统开发中的复杂性问题，用现代科学技术方法遇到了难以克服的困难。为了解决隧道围岩—支护系统稳定性分析预测问题，李世辉先生提出了“典型信息法”，很好地解决了这一工程系统开发的难题，对开发特殊环境工程系统的理论与实践做出了贡献[2]。

3.1 当代岩石力学的困惑

岩石力学属于技术科学，在传统上被认为是固体力学的一个分支，因此，通常沿用力学方法，即“实验室力学试验”加“数学分析”的方法进行研究。岩石力学的研究对象——岩体是地质体的一部分，是经历长期地质构造运动形成的极其复杂的介质，其复杂性因施工扰动而更趋复杂。力学的简化和岩体的复杂构成了岩石力学的主要矛盾，因此，面临岩石力学研究的两大前沿课题：岩体的机理模型与力学参数难以确定[2]。几十年来，虽经许多科技工作者努力攻关，并多有进展，但始终未能从根本上予以解决。

在两大前沿课题的困扰下，至今岩石力学理论分析结果与实际情况往往相差甚远。例如，1994 年对小浪底水利枢纽地下厂房围岩稳定性的岩石力学分析，国内某知名大学的研究报告称，“稳定性非常好，大部分处于弹性状态”；另一重点大学的研究结果则是“稳定性很差，大部处于塑性状态”，二者结论完全相反[2]。几十年来，世界各国的地下工程技术规范、指南都把理论分析置于辅助地位，而把工程类比的经验方法放在首要地位[2]。在这一领域里，以还原论为基础的现代科学技术方法处于尴尬境地，看不到根本解决问题的希望。

3.2 典型信息法的工程实践

为了有效地解决坑道工程围岩稳定性分析预测的难题，李世辉先生曾试用各种理论方法、经验方法与监控量测技术，均以失败告终。在山重水复疑无路的困境中，李世辉偶然想到毛泽东倡导的调查研究方法——“从研究典型着手”和“一般与个别相结合”的方法。既然这种方法能有效地解决复杂的社会问题与战争问题，为什么不能试用于解决复杂的科学技术问题？于是决心尝试引入人文科学和社会科学的"从典型到一般的方法"，并与半经验半理论方法有机结合，提出了"典型信息法假说"[2]。

典型类比分析法是典型信息法实践的第一步，1985 年李世辉初步研制完成 BMP84 程序，这是常用的一种应用形式。1988 ~ 1989 年，李世辉受小浪底水利枢纽设计单位委托，应用试验洞实测资料进行位移反分析，与实测资料符合较好，首次完成了工程验证，并进一步修改完成了 BMP84A 应用程序。此后，经过数以百计的工程应用证明，典型信息法坑（隧）道围岩稳定性分析预测可信度的统计值不低于 90%，有关论文两次发表于 EI 收录的国际岩石力学学会刊物《国际岩石力学与矿业科学学报》[2]。

变形速率比值判别法是典型信息法的又一种应用形式[2]。在广东西部沿海高速公路猫山隧道地质勘探中，少量钻孔都打在坚硬完整的部位，而施工中发现软弱围岩居多，曾三次发生险情。第一、二次险情中，施工单位应用变形速率比值判据，及时预报险情，采取相应的加强支护措施，使工程化险为夷。第三次险情中，由于施工主管单位不接受根据典型信息法做出的险情预测，1999 年 7 月 9 日 20 时发生了 720 m^3大塌方，耗时 2 月余，耗资 100 余万元才予以排除。猫山隧道工程实践对于变形速率比值判据的科学性和实用性从正反两方面做出了严格的检验[2]。

4　从还原论到系统论方法的发展

对于我们这些从院校门走出来的科技人员，基本上都是被还原论洗过脑筋的，在工作中遇到科学技术难题时，很自然地会选择图 1 - 2 - 9 所示的解决问题的思路。

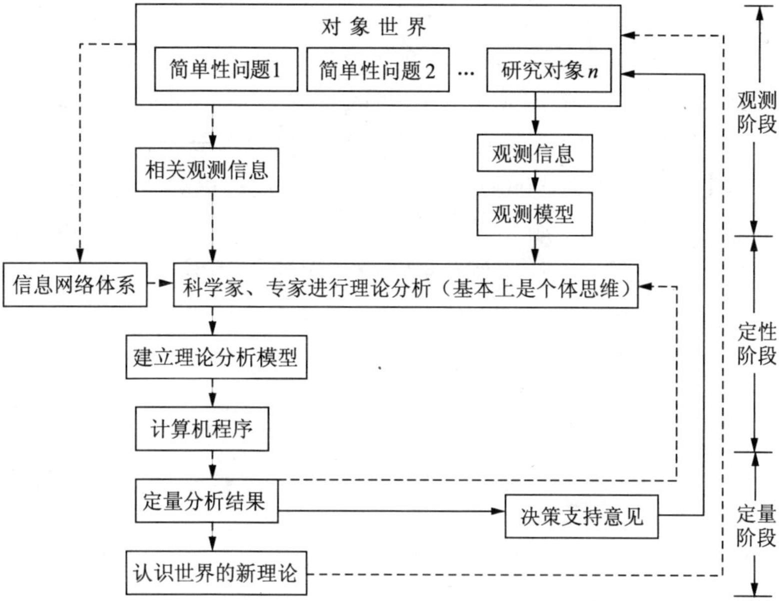

图1－2－9 还原论研究、处理问题的基本思路

如前所述，当遇到复杂性问题而走投无路时，我们会学习、思考并探索新的攻克难题的办法。结合过去的工作经验，研究钱学森在《创建系统学》中提出的“从定性到定量综合集成法”，形成了图7－5－5所示的研究、处理复杂性问题的总体思路，复杂性问题往往迎刃而解或很容易找到解决问题的方向或思路。

5 结语

从图7－5－5中可以看出，应用系统论的方法对复杂性问题进行研究，信息采集不仅仅针对研究和管理对象本身，而是与研究和管理对象相关的整个客观世界，极大地扩充了珍贵的原始信息源；对复杂巨系统研究和管理的方法通常采用人机交互、以人为主的方式，以结构化的分析方法为基础，通过从定性到定量多层次、多循环的分析、综合、集成，逐步实现对复杂性问题的认知涌现，在此基础上提出以定量研究结果为基础的决策支持意见，并进而实现认识世界理论的升华；复杂巨系统研究的管理运行机制，通常是在“从定性到定量综合集成研讨厅”的技术环境中进行，实施总体（论证）部指导下的学科专业研究与系统综合集成相结合的运行机制，实现了对复杂性问题研究、管理体制与运行机制的创新。因此，可以说，系统论是采用“以人为主、人机结合、仿真支持下的人机交互方式”进行复杂性问题研究的总体思路。系统论是在研究对象总体、认识客观世界方法，以及认识与改造世界的运行机制上对还原论与整体论的发展和创新，而还原论、整体论方法实质上是系统论方法的一种特殊形式，系统论方法含盖了还原论与整体论方法，是还原论与整体论方法的辩证统一。

参考文献

[1] 钱学森. 创建系统学[M]. 太原:山西科学技术出版社,2001.
[2] 李世辉. 复杂性工程技术问题研究实践与科学方法论思考[J]. 中国工程科学,2002,4(11):71-81.
[3] 霍绍周. 系统论[M]. 北京:科学技术出版社,1988.
[4] 潘永祥,李慎,阮慎康,等. 自然科学概论[M]. 北京:北京大学出版社,1986.
[5] 赵少奎,杨永太. 工程系统工程导论[M]. 北京:国防工业出版社,2000.
[6] 杨永太,赵少奎. 国防科技. 军事科学出版社,2003.
[7] (美)弗雷蒙·E·卡斯特,詹姆士·E·罗森茨威格. 科学、技术与管理[M]. 柴本良,华棣,李盛昌,等译. 北京:国防工业出版社,1979.
[8] 郑开昭,王东,兰鲁闽,等. 无形的杠杆[M]. 北京:解放军出版社,1988.
[9] (美)米歇尔·沃尔德罗普. 复杂——诞生于秩序与混沌边缘的科学[M]. 北京:生活·读书·新知三联书店,1997.
[10] 赵少奎. 飞向太平洋的洲际火箭[J]. 航天杂志,1999(增刊):44-46.
[11] 赵少奎. 苏联在太平洋上的火箭与导弹试验[J]. 靶场与试验技术,1979,(2):21-43.

（本文发表在《中国工程科学》第7卷第2期，2005.2：1～9）

中国导弹、航天事业五十年

〔摘　要〕记述了新中国成立后，在十分困难的条件下，在正确政策和科学理论的指导下，党中央高瞻远瞩地做出了发展我国导弹、航天事业的重大决策，我国导弹、航天事业从无到有、从小到大的发展历程；也记述了我国导弹、航天事业的开拓者们50年来忘我拼搏、无私奉献取得的震惊中外的伟大成就；以科学发展观和系统科学理论为指导，总结历史经验，展望未来，从总体上对我国导弹、航天事业的发展进行了对策思考。

〔关键词〕导弹　航天　科学发展观　对策思考

2006年10月8日，是中国导弹、航天事业创建50周年纪念日。对于人类历史而言，50年是短暂的一瞬；但是，对于中国的导弹、航天事业，则是值得我们认真回顾和总结的重要历史进程。或许我们能够从中得到一些建设创新型国家的重要启示，汲取到一种无形的力量。可以说，中国导弹、航天事业的50年，是艰辛创业的50年，惊心动魄的50年，科学技术思想创新发展的50年和航天事业取得辉煌成就的50年。

1　中国导弹、航天事业的崛起

人类的航天活动是从火箭技术的发明与运用起步的。我国著名科学家钱学森说过，“中国最早发明了火箭，这是世界公认的。我们的祖先发明了火箭，这是我们民族的光荣”[1]。但是，由于中国经历长期的封建统治，中国人的聪明才智受到极大的压抑，使我国的科学技术在近代落伍了。中国的航天事业真正得以起步并蓬勃发展，是在中华人民共和国成立后的50年。

新中国成立后，当时的美国政府网罗东亚和东南亚国家的反动政府，在我国东南部构筑了一个“新月形”的军事包围圈，凭借美国人手里的核武器对中国进行核讹诈和核威胁。1950年，美国政府以“联合国军”的名义发动了朝鲜战争，战火烧到鸭绿江边……企图把新中国扼杀在摇篮中[2]。朝鲜战争使党中央进一步认识到：新中国要生存、要发展，必须发展自己的国防尖端技术，拥有自己有效的自卫核力量。新中国的领导人当时把发展国防科技、创建高等军事院校、研制导弹核武器作为当务之急。1952年，党中央把正在朝鲜战场兼任中国人民志愿军副司令员（代司令员）的陈赓大将召调回国，任国防部副部长、副总参谋长，后来又任命为国防科学技术委员会（以下简称“国防科委”）第一副主任，负责创建哈尔滨军事工程学院，并参与管理我军国防现代化建设事宜。

1953年，我国开始第一个五年计划，到1956年，已初步建立了一系列新的工业部门。这一时期，钱学森、郭永怀等爱国科学家纷纷挣脱帝国主义国家政府的羁绊，从海外归来；新中国自己也培养了一批批科技人才，为我国发展国防尖端事业创造了必要的条件[2]。

1956年1月，毛泽东在最高国务会议上指出：“我国人民应该有一个远大的规划，要在几十年内，努力改变我国在经济和科学文化上的落后状况，迅速达到世界上的先进水平。”[2]为此，在周恩来、陈毅、李富春、聂荣臻等党和国家领导人的直接领导下，国务院成立了科学规划委员会。1956年春，组织数百名科学家，经反复研究、论证，制定了《1956至1967年科学技术发展远景规划纲要（草案）》，提出了“重点发展，迎头赶上”和“以任务带学科”的方针，确定了以发展原子能、火箭和喷气技术、电子计算机、半导体、自动化、精密机械、仪器仪表等新兴技术为主的57项重点任务[2,4]。

1955年12月，时任哈尔滨军事工程学院火箭武器教授会主任的任新民教授和金家骏、周曼殊一起，向中央军委提出发展我军火箭武器和火箭技术的建议，中央军委十分重视。1956年1月20日，彭德怀元帅主持中央军委会议，讨论当时负责我军装备建设的万毅将军提出的“关于研究与制造火箭武器的报告”，当即表示，“苏联帮助，我们去学习”，“苏联不帮助，我们也要自己研究”。

1956年2月27日，在叶剑英和周恩来的推动下，钱学森提交了《建立我国国防航空工业的意见书》，对如何发展我国的导弹航天技术，从组织、科研、设计、试验到生产等方面提出了组织国家规模高科技工程的总体思路和实施方案[2,5]。在当时我国经济还十分困难，工业基础和科学技术也很薄弱的情况下，为了把有限的人力、物力、财力集中到最重要、最急需、最能影响全局的方面，并力争取得突破，党和国家决定重点发展以导弹、原子能为代表的尖端技术，因此，很快批准了钱学森的意见书。

为了切实保证我国火箭和喷气技术发展规划的实现，1956年4月，成立了航空工业委员会（简称“航委”），聂荣臻元帅任主任。同年5月，周恩来主持中央军委会议，讨论了聂荣臻代表航委提出的“建立我国导弹研究工作的初步意见”，并确定由航委负责组建国防部导弹管理局（国防部第五局）和导弹研究院（国防部第五研究院，简称“五院”）[2,3]；10月，“五院”成立，任命钱学森为首任院长，全面负责我国导弹、航天工程的实施，开始了我国导弹、航天事业的创业历程。中央为五院制定了“自力更生为主，力争外援和利用资本主义国家已有的科学成果”的建院方针[2,6]。建院之初，面临的困难是巨大的，中国航天事业的开拓者在艰难中奋争，先后组建了导弹总体、空气动力、发动机、弹体结构、推进剂，控制系统、控制元件、无线电、计算机、技术物理等10个研究室，并确定从地地弹道式导弹、地空导弹和无人驾驶飞机三个方面入手开展研制工作。1957年11月，五院在原10个研究室的基础上，成立了第一、第二两个分院，分别承担导弹总体、发动机和控制系统的研制任务。到1961年，五院已建成3个分院。1964年，“型号配套，自成体系”的型号体制应运而生，为我国开展地地、地空和海防导弹的研制工作奠定了基础[2,7]。

1958年5月17日，毛泽东在人类第一颗人造地球卫星发射成功仅仅半年之后，在党的八届二次会议上坚定地发出了“我们也要搞人造卫星”的号召，表达了中华民族具有自立于世界民族之林的勇气和决心[4,6]。同年8月，国务院科学规划委员会把发射人造卫星的任务列入发展规划，命名“581”任务，由中国科学院承担，为此成立了由钱学森任组长的“581”组和上海机电设计院，开展空间物理研究、探空火箭研制和人造卫星单项技术研究工作，取得了一系列科研成果[3,6]。1965年，在五院的基础上，成立了第七机械工业部(1982年更名为航天工业部，目前分成航天科技和科工两个集团公司)，统筹协调、管理我国的导弹与火箭研究、设计、试制、生产和基本建设工作。同年，中国科学院成立了科学仪器卫星设计院，启动了我国第一颗人造卫星的研制工作。1968年2月20日，国家决定把分散在各部门的卫星研究、设计、试制、生产和试验机构统一组织起来，成立了由钱学森为第一任院长的中国空间技术研究院，进一步加速了我国航天事业的发展[2,7]。

我国的导弹、航天事业是在国内经济十分困难、国际上对我进行严格封锁的情况下起步的。为了捍卫刚刚建立的社会主义新中国，开拓者们默默地进行艰辛的探索、研究。在党和国家正确政策的指导下，经过航天事业领导和全体员工，特别是科学家、技术专家和科技人员的忘我拼搏、无私奉献、艰苦奋斗，仅仅10多年时间，我国就组建了学科专业齐全，研制、生产、试验工作配套的导弹、航天产业体系，走过了我国导弹、航天事业从仿制到自行研制的既艰辛又光辉的历程，成功地研制出一系列地地、防空和飞航导弹武器系统与航天器。我国导弹、航天计划的实施，有力地带动了我国相关科学技术和制造工艺技术的发展，抢占了世界高科技产业发展的制高点，增强了我国的综合国力，使我国跻身于世界国防高科技发展国家的行列[2,7]。

尖端技术，特别是国防尖端技术，具有高度的综合性和技术复杂性，必须依靠全国各有关部门和地区的协作与支援，建立一个有权威的高瞻远瞩的决策机构。为此，1962年11月，党中央决定成立以周恩来为主任，各有关方面负责人参加的中央专门委员会（简称

“中央专委”），负责领导我国的国防尖端事业。在中央专委领导下，我国的导弹核武器、航天事业形成了钱学森院士十分推崇的既高度集中，又高度民主的决策管理机制，以史无前例的高速度向前发展[2,3,7]。七机部成立后的10年，随着北京基地的充实和加强，各三线基地和上海基地的相继建成并逐步形成规模，航天发射场和地面测控网陆续建成，我国航天工业系统的大规模建设任务已基本完成，建成了独立自主和比较完整、配套的科研、工业体系，成为国家科学技术发展、国防建设和国民经济发展的一支重要力量。

2 中国导弹、航天事业的成就

我国国防尖端科技事业走过的50年历程，是在党中央、国务院、中央军委和老一辈革命家的领导下，自力更生，艰苦奋斗，团结协作，不断取得举世瞩目成就的光辉历程。在这充满艰难险阻的50年里，我国航天事业的开拓者们在旧中国留下的白纸上绘出了一幅幅多彩多姿的画图，走出了一条适合我国国情的导弹、航天事业的发展道路。笔者仅对我国导弹、航天发展史上比较重大的、具有里程碑意义的事件做一简要的回顾[2-10]。

2.1 两弹结合试验成功，确立了我国的导弹核大国地位

我国的液体燃料火箭技术的发展，走的是从仿制到独立研制的道路。仿制的目的是使我国火箭技术队伍尽快掌握自行研制的技术，独立自主地开发导弹、航天技术，尽快建立具有我国特色的研究、试制和试验的科研体系[3]。

1960年，中国导弹研制进入自行设计阶段。经过专家反复论证，最终确定以东风二号中近程导弹作为独立研制的第1个型号。自行设计需要大量的原始资料。但是，当时国内仅有P-2导弹资料和为数不多的情报资料，远远不能满足自行设计的需求，中国航天开拓者们就是在这样的条件下迈出了自行研制弹道导弹的第一步。

1964 年 10 月，我国原子弹爆炸成功，但是，帝国主义大国不以为然，它们说，中国有弹，没有枪（导弹）；有了导弹也打不远，打不准。1964 年 6 月 29 日，我国自行研制的东风二号导弹已经在酒泉发射场点火升空，试验成功。1966 年 10 月 27 日，在我国本土西部地区预定的弹着区准确地进行了导弹核武器的联合试验（参见图 1－3－1），取得圆满成功[3,7]。同年 12 月，东风二号甲导弹武器系统通过国家特种武器定型委员会的鉴定，定型投入批量生产，正式装备部队。我国两弹结合试验的成功，东风二号甲导弹武器系统正式装备部队，不仅开创了世界导弹核武器在国家本土进行联合试验的先河，打破了超级大国的核垄断，而且使我国成为名副其实的导弹核大国。目前，我国已拥有多种型号近程、中程、远程、洲际弹道导弹，以及各种类型的战术导弹，为军队的装备现代化建设作出了重要贡献。

图 1－3－1　东风二号甲导弹实施两弹结合试验

2.2　“东方红”乐曲响彻环宇，中国人进入了空间时代

人造地球卫星是现代尖端科学技术的重要标志之一。1965 年 8 月，中央专委根据我国科学技术、国民经济发展的需求和航天技术的实际能力，原则批准了中国科学院《关于发展我国人造卫星工作规划方案的建议》。1965 年 11 月，初步确定了第一颗人造地球卫星的总体方案。1967 年 12 月，正式命名第一颗人造地球卫星为东方红

一号。它的具体任务是：测量卫星本体飞行中的工程参数、探测空间环境、奠定卫星轨道测量和无线电遥测的技术基础[6]。

1970 年 4 月 24 日 21 点 35 分，我国长征一号火箭将东方红一号卫星准确发射到预定轨道，卫星昼夜不停地向全世界播送“东方红”乐曲和遥测信号，宣布中国已进入了太空（参见图 1－3－2）。东方红一号卫星的发射成功，在我国航天史上具有划时代的意义，它揭开了中国航天活动的序幕，标志着中国已经成为世界上第 5 个具有自行研制和独立发射人造地球卫星能力的国家，在国际上引起了强烈的反响，极大地提高了我国的国际地位。

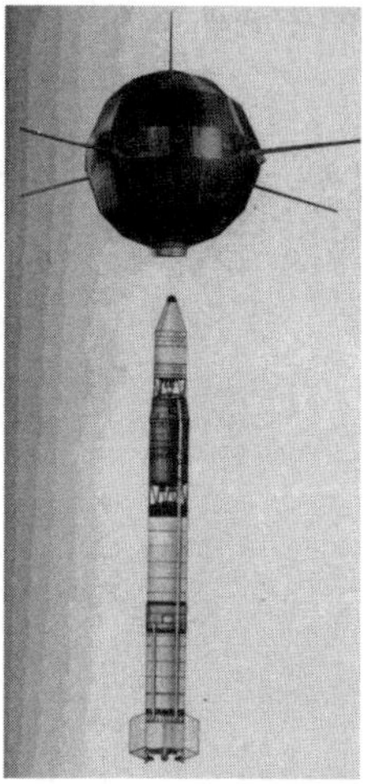

图 1－3－2　东方红一号卫星

2.3　洲际火箭飞向太平洋，我国初步建立了战略核威慑力量

1965 年，按照我国火箭技术发展规划，运载火箭技术研究院在各有关部门的协同和支援下，开始研制中远程、远程和洲际火箭，我国火箭技术进入了新的发展阶段。1971 年 9 月，在酒泉发射场进行了第一次洲际火箭的飞行试验，获得基本成功。这是我国继原子弹、氢弹、导弹核武器试验和人造地球卫星发射成功之后，在尖端科学技术领域取得的又一重大成就，它表明我国液体火箭技术又登上了一个新的台阶，并为发射重型卫星奠定了坚实的技术基础。

根据洲际导弹研制与定型工作的需要，我国决定向太平洋海域发射远程运载火箭。在公海进行火箭试验，要求火箭试验区要小、试验区封锁时间要短、回收舱落点要精确，发射时间要准确，还需要布设海上测控、试验系统…… 因此，技术要求很高。在国防科工委的统一组织下，经过相关单位的共同努力，于 1979 年底完成了试验的一切准备工作。1980 年 5 月 9 日，新华社受权发布公告：中华人民共和国将于 1980 年 5 月 12 日至 6 月 10 日，由中国本土向南太平洋南纬 7°0′、东经 171°33′为中心，半径 70 n mile 圆形海域发射运载火箭。1980 年 5 月 18 日，我国向南太平洋海域发射的远程火箭准确地击中预定海域，试验任务圆满完成（参见图 1－3－3）。正如钱学森 1975 年就指出的“洲际火箭全程试验是我国建国以来最大规模的科学试验，具有重大政治、军事和科学意义，是一次打破美苏两霸核垄断的实际行动”。这一试验在世界范围内引起强烈反响：美联社评论说，“它将是中国第一次进行洲际弹道式导弹的正式试验，它可以发射到苏联各地，并达到美国西部……这是朝制造同美苏相同的洲际核武器迈出的重要一步”；联邦德国《总汇报》指出，“由于中国有了洲际导弹，中国就在大国的力量游戏中打出了新牌……北京实际上对两个超级大国有了免疫力，无论谁进攻中国，就必须估计到中国核导弹打击给自己力量造成的削弱”。

图 1－3－3　东风五号运载火箭飞向太平洋

2.4　运载火箭形成系列，建立了独立、完整的航天运载体系

我国的液体推进剂运载火箭的发展经历了从无到有，从小到大，从仿制到独立研制，从单级到多级，从近程到远程、洲际，从重点发展导弹武器到重点发展航天运载系统的道路，取得了一系列重大成就，不仅为增强我国国防实力作出了重要贡献，而且为我国航天事业的发展，带动相关学科和产业的进步，创造了条件，奠定了基础。

长征一号是发射我国第一颗人造地球卫星的三级运载火箭，总体和分系统都采用了诸多新技术，突破了许多新材料、新工艺，达到或接近20世纪60年代的国际水平。长征一号运载火箭的研制成功，揭开了我国航天活动的序幕。

我国研制洲际弹道导弹之初，就把发射低轨道重型卫星的任务纳入了发展计划，并在20世纪60年代末，把发射载人飞船的任务也列入了研制规划。1970年开始了长征二号两级运载火箭的研制，1975年11月26日，长征二号运载火箭成功地发射了我国第一颗返回式卫星。此后，又多次连续成功地发射了一系列返回式卫星。在长征二号运载火箭的基础上，又研制了长征二号C、D、E等运载火箭。长征二号F火箭是在长征二号E的基础上，为发射神舟号载人飞船而研制的大推力、高可靠性运载火箭。2003年10月15日，杨利伟乘坐的神舟5号飞船，就是由长征二号F火箭送上太空的。

长征三号运载火箭是为发射我国第一颗地球静止轨道通信卫星研制的。它是一种上面级采用液氢/液氧推进剂的三级运载火箭。1984年4月8日，首次发射试验通信卫星获得圆满成功。该火箭具备了将1 400 kg的卫星送入远地点为36 000 km转移轨道的运载能力。长征三号运载火箭发射成功，使我国成为世界上第三个具有液氢/液氧运载火箭、第五个具有发射地球静止轨道卫星能力的国家。1990年4月7日，我国成功地利用长征三号火箭为国外卫星公司发射了亚洲一号通信卫星，我国的运载火箭从此进入国际商业发射服务市场。在长征三号运载火箭的基础上，我国又成功地研制了长征三号A、长征三号B和长征三号C等运载火箭，使我国具有发射当代不同重量地球同步轨道卫星的能力，在世界商业发射服务市场占有一席之地。

长征四号是航天科技集团上海航天局负责研制的运载火箭。1981年9月20日，长征四号火箭的前身——风暴1号运载火箭一次发射将3颗物理探测卫星——实践2号、实践2号甲和实践2号乙卫星成功地送入各自的运行轨道，实现了“一箭三星”。1988年9月7日，长征四号运载火箭首发成功，将实验型气象卫星风云一号送入太阳同步轨道。

适应我国航天技术发展和国外航天发射服务的需求，我国已经研制成功长征二号、长征三号和长征四号系列运载火箭（参见图1－3－4），不仅在国际航天发射市场上占有一席之地，更重要的是，我们已经建立起适应我国航天事业发展需要的、独立的、比较完整的航天运载体系，目前正在研制、开发运载能力更大、更经济的新型运载火箭，我国航天运载体系的建设进入了新的发展阶段。

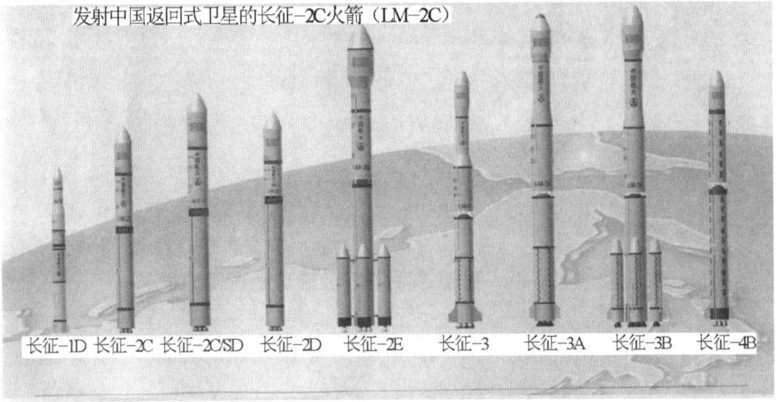

图1－3－4　我国长征运载火箭系列

2.5　卫星从太空归来，我国成为第三个具有卫星回收能力的国家

1975年11月26日，在酒泉卫星发射场，长征二号运载火箭携带着我国耗时10年研制的第一枚返回式遥感卫星，穿云破雾，进入预定轨道。卫星在太空中遨游两天，绕地球飞行47圈，于11月29日按计划返回祖国大地，带回了大量可见光照片和很有价值的遥感资料（参见图1－3－5）。到1985年10月，我国连续成功地发射了7颗返回式卫星，前6颗用于遥感技术试验，第7颗用于国土普查。遥感卫星收集到的大量资料在我国的国土普查、资源勘测、大地和

海岸测绘、城市规划、森林开发、铁路选线和环境保护等领域，发挥了重要作用。我国卫星回收技术的发展和成功运用，使我国成为继美、苏之后世界上第三个掌握卫星回收技术的国家。

图1-3-5 我国返回式卫星成功地返回地面

2.6 海龙腾空，我国弹道导弹研制实现了新的突破

潜艇水下发射导弹武器系统隐蔽性好、生存能力强，极具突击能力，是现代导弹武器系统中最具战略威慑能力的武器系统之一。潜地弹道导弹武器系统的研制涉及到核潜艇、固体推进剂弹道导弹、专用计算机、航海、导弹水下发射等多学科科学技术，研制难度大。20世纪50年代，只有美苏两个超级大国进行了潜地弹道导弹武器系统的研制。为了国家安全，维护世界和平，在50年代末，我国决心研制潜艇水下发射的导弹武器系统。考虑到潜地弹道导弹武器系统对国家长远安全战略的重大意义，毛泽东曾坚定地指出“核潜艇一万年也要搞出来”[7]。自1982年起，我国在东海进行了一系列潜地弹道导弹水下发射试验，并取得成功（参见图1-3-6）。

这一成就使我国一举成为世界上第5个拥有独立研制和装备潜艇水下发射导弹能力的国家，弹道导弹研制和部队装备建设从此进入新的阶段，大大增强了我国的战略核威慑力量。通过潜地弹道导弹——核潜艇的研制，造就了一支导弹—核潜艇的科研、试验、生产的专业队伍，建成了我国比较完整的导弹——核潜艇科研、试验、生产体系，推进了我国一大批相关高新技术的发展和产业化的进程，为研制和发展新一代导弹——核潜艇打下了坚实的基础。

图 1－3－6　我国潜地导弹发射成功

2.7　通信卫星一举成功，我国航天技术进入卫星应用时代

从古人用烽火传送信息、驿车递送邮件的时代，进入当今的电子通信时代，人类在信息传递手段上经过了重大的变革。为了适应军事、经济社会发展的需求，20 世纪 70 年代末，国家和军队通信部门迫切希望我国的通信卫星尽早问世，改变我国通信技术落后的面貌。

1975 年 3 月 31 日，中央军委常委会议讨论了《关于发展我国卫星通信问题的报告》。不久，党中央和毛泽东就批准了该报告。从此，我国卫星通信工程，即“331”工程（包括通信卫星、运载火箭、测控系统、发射场和地面站五大系统）正式列入国家计划[3,6]

（参见图 1－3－7）。其中通信卫星被命名为东方红二号。经历 9 年联合攻关，我国攻克了诸如液氢/液氧发动机技术、卫星远地点发动机点火技术、通信转发器与天线技术、统一载波测控系统和整星管路密封技术等重重难关，终于在 1984 年 4 月 8 日，用长征三号大型运载火箭成功地发射了我国第一颗试验通信卫星。4 月 16 日 18 时 27 分 57 秒该星定点于东经 125°赤道上空，星上仪器工作良好。同年 5 月 14 日，通信试验结束，正式交付使用。

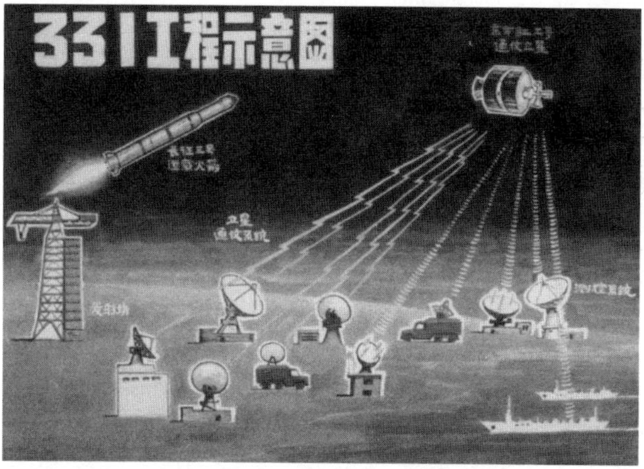

图 1－3－7　通信卫星工程示意图

在试验通信卫星发射成功的基础上，1986 年 2 月 1 日，我国又成功地发射了东方红二号实用通信广播卫星，卫星于 2 月 20 日准确定点在东经 103°赤道上空，立即进行了通信、广播和电视传输试验，效果良好，不久投入正式使用。近 20 多年来，我国还发射了一系列国土资源普查、气象、导航、海洋监测和大容量通信等专门用途的卫星，我国航天技术发展进入了应用卫星、卫星应用的新时代。

2.8　载人航天谱新篇，我国航天事业进入了新的发展阶段

20 世纪 60 年代中期，在党中央的正确领导下，按照“八年四

弹”的宏伟规划，我国弹道导弹与运载火箭研制与试验工作进展顺利。1966 年 3 月底，在国防科委的组织下，把研制宇宙飞船的规划提上日程。1970 年 7 月，毛泽东亲自批复了我国发展载人航天技术的报告[11]。1971 年 4 月，80 多家单位、400 多名航天专家云集北京，对发展我国载人航天技术问题进行了深入讨论，进一步明确了我国的载人航天工程的发展设想。时任国防科委副主任的钱学森将载人飞船命名为曙光一号，计划在 1973 年底发射升空[11]。但是，在那个经济困难的“动乱时期”，国家拿不出更多的钱来支持和发展载人航天事业。最终只能把“载人航天的事暂停一下，先处理地球上的事”[11]。1975 年 3 月，国防科委正式宣布曙光号载人飞船工程计划暂停。

1986 年，我国制定了跟踪世界高技术前沿发展的“863”计划，载人航天计划随之展开，我国航空航天界围绕天地往返运输系统、载人空间站及其空间应用的主题开展了高层次、深入的概念研究工作。当时我国航空、航天部门和相关高等院校对航天飞机、空天飞机和载人飞船等技术方案进行了全面、深入的探讨，经历了三年时间多途径、多方案论证，论证的焦点是：从我国的国情出发，我国的载人航天技术究竟应当从何起步、怎样发展？1986 年 9 月 8 日，我国“863”航天领域“天地往返运输系统专家组”首席科学家钱振业在广泛调研、深入分析的基础上，首先提出：我国载人航天应当采取“飞船起步，伺机发展”的发展战略，最终被中央采纳。1992 年 1 月，中央专委正式批准载人飞船工程立项。1992 年 1 月至 6 月，航空航天部又组织空间技术研究院对载人飞船技术方案进行了长达半年时间的可行性论证，正式提交了“载人飞船技术经济可行性论证报告”；中央政治局常委扩大会于同年 9 月 21 日正式批准了这个报告。自此，我国载人飞船工程正式启动。

2003 年 10 月 15 日上午 9 时，我国航天员杨利伟乘坐神舟 5 号飞船顺利启航，飞向太空，并胜利归来，实现了我国人民的飞天梦想（参见图 1 –3 –8）。2005 年 10 月 12 日 09 时 00 分，我国航天员费俊龙、聂海胜乘坐神舟6号载人飞船进行了新的攀登，实现了多人、多天太空飞行，经过5天太空翱翔，完成了预定的太空探测与试验任务，胜利返航，掀开了我国航天史新的一页，使我国载人航天计划进入新的发展阶段。

图1-3-8　我国神舟5号飞船飞向太空

回顾我国载人航天走过的30年发展历程，诚如载人航天工程总设计师王永志院士在北京航天城组织的庆祝大会上指出的，“实践充分证明，中国载人航天选择了一条正确的发展道路”，是我国载人航天计划取得成功的基础和关键。它集中了我国航天领域科技人员的智慧，凝聚了成千上万人的心血，使我们深刻地认识到，现代工程科学技术的发展已经进入了以若干单项高新技术突破为支撑，科学地“综合集成”为主要创新手段，社会化、高度社会化研究与开发活动为主要组织形式，复杂高新技术工程系统的发展研究、研制与运用的科学管理为主要特征的新时代。在现代工程系统的开发过程中，必须面对多学科、多工程专业的综合与信息一体化问题，优先解决工程系统开发过程中经常遇到的复杂发展环境预测与科学决策等关键问题。这些问题与工程实施过程中的具体技术问题相比，犹如数学运算中的整数与小数的关系。如果在开发过程中对工程的系统性、社会性问题疏忽或搞错了，如同数学运算中，把整数位算错了，小数位算得再精确，也难以弥补工程开发可能造成的损失。试想，在20世纪90年代初，如果我们跟随当时国外航天发展的潮流，搞“航天飞机”，那就不是我国载人航天“起点高一点、还是低一点”的问题了……[12]解决这些对现代宏大工程开发具有战略意义的问题，需要借助于系统科学和现代管理科学的理论与实践的创新[13-20]。

3　瞻望中国导弹、航天事业

50年前，在我国科学技术与工业基础还十分落后的条件下，钱学森院士和他的战友们开创了我国导弹、航天科技事业。近50年来，在钱老的倡导和科学实践指导下，我国的导弹、航天事业和系统工程理论研究与实践取得世人瞩目的重大成就，为我们推进创新型国家建设提供了宝贵经验。近20多年来，钱老总结我国航天科技研究、决策管理的实践经验，吸取国外同行研究与实践成果，“从工程技术走向科学论”，潜心研究系统科学，提出了颇具特色的系统工程理论和方法[13,14,19]，并且从把握现代科学技术与经济社会发展的总体趋势入手，提出了“宇宙五观世界”、“现代科学技术体系结构”、“社会主义建设体系结构”、“开放复杂巨系统的概念和从定性到定量综合集成法”与“大成智慧学”[13,14,19]等一系列理论、方法的创新，并且在探寻复杂科学技术问题研究、我国社会主义现代化建设的组织形式与运行机制的过程中，提出了“从定性到定量综合集成研讨厅体系与总体设计部体系”的构想，建立了结构完整的系统科学理论与实践的总体框架，为推进科学发展观、创建社会主义和谐社会、推进我国社会主义现代化建设事业指明了前进方向。我们在学习世界各国先进文化和科学技术的同时，要十分重视和加强对我国优秀传统文化、钱学森系统科学思想、理论、方法的研究和宣传，要从建国50年来我们在一些重大科研和工程领域的成功实践中吸取智慧和力量，要从我国五千年文明和优秀传统文化中吸取智慧和力量，走出一条中西文化优势互补、相互融合，适度突出中国特色的自主创新之路，这样做，我们建设创新型国家的道路才会越走越宽阔。

回顾历史，值得我们自豪的是：我国航天战线没有辜负党和人民的重托，不仅在航天科技领域创造了奇迹，而且积累了发展科技事业的宝贵经验、增长了知识和信心。展望未来，我们更需要的是以科学发展观为指导，用科学的理论从50年的经验中提炼出中国人新的智慧和发展谋略[13-20]，应对任重而道远的明天。

我们还必须清醒地认识到，在相当长的时间内，对比科学技术发达国家，我们在专业技术上仍然有相当大的差距，我国载人航天技术与实现空间产业化的目标还相距甚远，深空探测还刚刚起步，尚未迈出探月的第一步……今后的任务十分艰巨，道路相当漫长，需要几代，甚至几十代航天人持续不懈的奋斗。

总结历史经验，我们是否应在国家战略和系统科学理论的指导下，制定一个符合我国国情的远景发展规划（不是5年、10年，而是20年、30年、50年，甚至更长时间的科学发展规划）和目标明确、可操作的分步骤的实施方案[13,16,17,19]？

我们是否应以科学发展观为指导，总结我国航天事业50年的经验和教训，逐步建立符合我国实际的科学、民主、高效的航天发展管理体制和决策运行机制，为我国航天事业和国家经济社会发展作出新的贡献[13,15,18,19]？

我们是否应继承、发扬钱学森院士倡导和开创的航天系统工程和系统科学事业，进一步推进具有中国特色的导弹、航天事业的理论与技术建设[13,14,18-20]，为进一步推进我国航天事业和国家经济社会发展作出航天人的新贡献？

我们是否应实事求是、排除阻力，建立更加有利于科技自主创新、有利于航天科技事业持续发展的人才评价、激励和使用机制，实实在在地推进以高层次和高技能人才为重点的航天科技队伍建设[13,19,21,22]？

我们是否应继续发扬老一辈无产阶级革命家倡导的、老一辈科技工作者身体力行的“自力更生，艰苦奋斗，大力协同，无私奉献，严谨务实，勇于攀登”的航天精神[2,3,7]，以科学发展观为指导，务实地推进我国导弹航天事业的发展，不断取得航天事业的新成就……

致谢：反映我国导弹、航天事业成就的图片选自航天系统的宣传图册和有关资料，这里不便一一指明出处，仅向有关制作者致谢。

参考文献

[1] 叶永烈．飞天梦——目击中国航天秘史[M]．上海：上海科学普及出版社,2003.
[2] 张钧．当代中国的航天事业[M]．北京：中国社会科学出版社,1986.
[3] 中国宇航学会．辉煌的中国航天[J]．航天杂志,1999年增刊．
[4] 航天工业部征文办公室．航天事业三十年[M]．北京：宇航出版社,1986.
[5] 赵少奎．钱学森与中国航天科技事业[A]．钱学森与现代科学技术[M]．北京：人民出版社,2001:77－107.
[6] 王希季．20世纪中国航天器技术的进展[M]．北京：中国宇航出版社,2002.
[7] 谢光．当代中国的国防科技事业(上)[M]．北京：当代中国出版社,1992.
[8] 钱振业．航天技术概论[M]．北京：宇航出版社,1991.
[9] 褚桂柏．航天技术概论[M]．北京：中国宇航出版社,2002.
[10] 沈元,任新民,季文美,等．中国大百科全书·航空航天[M]．北京：中国大百科全书出版社,1985.
[11] 朱增良．飞天梦圆[M]．北京：华艺出版社,2003.
[12] 赵少奎．中国载人航天“飞船起步”的战略思考[J]．中国工程科学,2004,6(2):8－12.
[13] 钱学森．创建系统学[M]．太原：山西科学技术出版社,2001.
[14] 上海交通大学．智慧的钥匙——钱学森论系统科学[M]．上海：上海交通大学出版社,2005.

[15] 赵少奎．现代化建设理论与管理机制的创新[J]．中国工程科学,2002,4(8):26－33.

[16] 赵少奎,杨永泰．对我国现代工程科学技术发展的思考[J]．中国工程科学,2001,3(1):22－30.

[17] 赵少奎．工程系统开发复杂性的讨论[J]．中国工程科学,2005,7(2):1－9.

[18] 赵少奎．系统工程——组织管理技术的创新[A]．创新思维学引论[M]．北京:高等教育出版社,2005:298－316.

[19] 钱学森,等．论系统工程[M]．长沙:湖南科技出版社,1988.

[20] 赵少奎．钱学森与航天系统工程//钱学森科学贡献暨学术思想研讨会文集[M]．北京:中国科学技术出版社,2001:229－237.

[21] 赵少奎,李世辉．从源头上保护创新[J]．中国工程科学,2003,5(11):88－92.

[22] 赵少奎．对我国工程科技人才育用战略的思考[J]．中国工程科学,2006,8(1):p1－5.

（本文发表在《中国工程科学》第8卷第11期，2006.11：39～47）

对我国工程科技人才育用战略的思考

〔**摘　要**〕从世界工程科学技术发展的大趋势与部队装备建设的实际出发，依照科学发展观，对我国科技人才问题，特别是我国工程科技人才的分类、现状、需求，以及21世纪科技人才的培育和选用等问题做了战略性评述。

〔**关键词**〕科学发展观　工程科技人才　科技人才育用战略

1　科学发展观与21世纪世界发展的大趋势

2004年6月，胡锦涛总书记在两院院士大会上适时、明确地向我国科技界和广大科技人员提出了深化、落实科学发展观的任务。国务院发展研究中心王梦奎主任将科学发展观概括为“以人为本，统筹城乡、区域、经济与社会、人与自然、国内发展与对外开放（简称“五个统筹”），实现社会全面、协调、可持续发展”[1]。从而为制定我国工程建设和部队装备建设的科学发展观指明了方向。以人为本的科学发展观，坚持人才是第一资源的思想，把积极培育、激励、用好人才，创造更加健康、和谐的社会环境，作为科技发展和人才管理的重要目标；把最大限度地激发广大科技人员的聪明才智和创新潜能，促进国家经济社会和国防现代化建设事业全面、协调、可持续发展作为基本国策。

21世纪世界范围的科技与经济社会激烈竞争的重要表现是：从争夺自然资源发展到重点争夺知识和人才资源，特别是争夺高层次创新人才。如果说20世纪上半叶世界范围内竞争的主题是“战争”，20世纪下半叶竞争的主题是“经济”，那么，21世纪上半叶竞争的主题将是“科技”，科学技术将成为工程开发与经济社会发展的主要驱动力，科技创新人才将成为竞争的焦点[1]。

当今世界工程科学技术的发展，特别是军事工程技术的发展，伴随着信息技术的飞速发展和广泛应用，推动装备建设迈入了构建“一体化军事装备系统”，即“军事装备体系建设”的新时代。与之相适应，科学方法论必将迎来“还原论”与“整体论”相结合、向“系统论”发展的新的历史阶段。现代工程技术的发展已经进入以若干单项高新技术突破为支撑、“综合集成”为主要创新手段，社会化、高度社会化研究与开发活动为主要组织形式，复杂工程系统开发、建设与运用的科学管理为主要特征的新时代[2,3]。

中国社会科学院的专家们研究指出，目前世界上主要可利用的资源是[4]：

1）世界银行存款中的8 000亿美元游资；

2）100多万项成熟的先进技术和专利，并以年均15%的速度递增；

3）40亿信息单元的信息向外界发放，并以年均约20%的速度递增；

4）各类高层次资深科学家、专家200余万，构成最紧缺的人才资本。

随着世界经济全球化，科学技术迅猛发展，经济社会发展的竞争将不断激化，世界各国主要靠人才、靠科技创新制胜。如果我们不下决心改变和纠正违背科学发展规律的人才观和人才管理机制，不有效地遏制在总体上阻碍科技进步，特别是原始性科技创新的所谓“反伪”潮流，采取坚定、积极、有效的措施，创造科技发展的和谐社会环境，大力推进科学的人才育用与激励战略，我国的社会、经济、科技、军事等领域的发展将会长时期处于十分被动的局面。

2 工程科技人才的分类

从部队装备建设和工程开发的实际出发，根据工程系统工程的研究与实践，可以把从事工程科技专业技术工作的人才划分为领域专家、工程技术专家和工程系统专家三大类[2]。所谓领域专家，是指相对单一学科、专业的专家。以导弹、航天工程为例，包括空气动力学专家、轨道分析专家、载荷分析专家、姿态控制系统和精度分析专家，以及可靠性、维修性、安全性、保障性和软件工程等学科、专业领域的专家，他们具有所从事学科、专业领域造诣很深的系统知识和创造力；所谓工程技术专家，包括结构设计专家、火箭发动机设计专家、地面设备设计专家，以及控制系统、遥测系统、外测系统等工程设计专家，他们应具有所从事学科、专业领域相当深度和广度的专业知识、工程经验和解决实际工程问题的能力；工程系统专家是肩负工程开发不同层次全局性管理和系统设计、运筹、组织和协调的战略型专家，在工程实施的顶层，通常担任工程总设计师或总指挥的职责；主管工程某一分系统研制或某一方面计划管理的负责人，通常称为主任设计师或工程分系统指挥；负责协助工程项目总负责人、分系统负责人进行工程系统总体设计、系统运筹、技术协调的工程系统人员，通常称为主管总体（或称“系统”）设计师，这类专家不仅应具有所从事工程技术领域相当深度和广度的专业技术知识、工程经验和创造力，还应具有相应的思想素质，正确的世界观、方法论和组织协调能力[2]。

当今世界，科学技术飞速发展，工程系统开发和实施过程中的社会性、系统性问题成为突出的课题。无论是武器装备的采办方，还是研制方，在工程开发与实施过程中，最缺乏的是一批能够对复杂工程问题进行深入、全面系统分析，并从总体上考虑、解决问题的人才。诚如美国负责原子弹、氢弹、弹道导弹和阿波罗登月等重大工程项目的主要负责人和科学家们在总结他们的经验教训时所指出的：**“不论工业界，还是军方、政府，都要把注意力放在发现懂技术、善管理、工作能力强的人才身上，他们能够巧妙地处理洞察力和工程判断力之间的关系。我们最缺乏的是能够从总体上考虑，并对复杂工程问题进行背景分析，从总体上处理问题的人才。对复杂工程系统，最需要的是系统分析，我们需要一批有能力和技术经历**

的人才。"[5]

古人云，"千军易得，一将难求"。在现代复杂工程系统的开发过程中，对工程开发的概念研究、技术途径和总体方案论证能够提出具有举足轻重的创新思路的总体论证人员，特别是较高层次的工程采办与研制负责人，应当是对工程采办与研制工作发挥重大作用的"将才"与"帅才"。因此，对处于工程决策、协调器位置上的工程系统人员提出了越来越高、越来越严格、越来越明确的要求是明智之举。

3 21世纪我国科技人才的需求与现状

面对科学技术发展的总趋势，21 世纪将是一个在交叉、边缘学科与专业最易创新和出成果的时代，人才需求的总趋势是面向一专多能型、创新型、通才型、未来型、应变型、开拓型和国际型等高层次人才。今后几年，美国将短缺 85 万高层次科技人才，日本短缺 20 万，德国短缺 10 万……[4]我国工程科技人才的现状基本上是：初中级人才多，高层次人才较少；继承性人才多，创新型人才较少；单一学科、专业人才多，跨领域、跨学科的综合型人才少；工程实施型人才多，复杂工程总体论证、战略谋划型的高素质科技人才更少。

总之，了解、掌握一个行业、一个部门、一个学科或专业信息的人才较多；掌握一个部门、一个学科或专业系统知识的人才较少；具有创新思维、理论和智慧的综合型、战略型人才就更少，"小专业大专家"现象司空见惯，成为普遍的社会现象[6]。具体地讲，出一般性科技成果，完成汇编性著述的人才较多，能够填补学科、专业空白，完成学科、专业系统知识著述的人才较少；能够组织领导工程实施的一般性科技人才较多，在复杂工程系统开发与技术攻关过程中有所发现、有所创造，并能够做出创新理论贡献的科技管理人才就更少。

在现代复杂工程系统的开发过程中，我们必须面对多学科、多工程专业的综合与信息一体化问题，优先解决工程系统开发过程中经常遇到的发展环境预测和其他复杂性问题。这些问题与工程实施过程中的具体技术问题相比，如同数学运算中的整数与小数的关系，如果在工程开发过程中对工程的系统性、社会性问题疏忽或搞错了，犹如把整数位算错了，小数位算得再精确，也难以补偿工程开发可能造成的损失。因此，重大工程系统的概念设计、技术途径选择与总体方案（包括前无古人的重要试验方案）的提出，往往不仅具有原始创新性质，而且对工程的实施和开发效益具有决定性影响。诚如美国著名科学家在总结他们重大军事装备研制的经验教训时指出的[5]，对重大装备概念设计、技术途径或总体方案提出创新、正确的开发思路或反对意见，比提出工程系统一整套既定的技术要求更能有效地促进人们采取更加创造性的态度，去设计一个新的工程系统。在我国导弹与航天事业的发展过程中，对于通信卫星运载方案和我国航天运载体系建设技术途径的激烈论争；对于载人航天是飞船起步，还是搞航天飞机的激烈论争；对于洲际导弹发展“两步走”及其试验方案的激烈论争；对于第一代洲际导弹研制要不要进行、如何进行全程试验的长时间争论；第二代战略导弹发展的跌宕起伏历程……以及由于决策正确带来的重大科技、社会效益，决策不够高明产生的重大损失和遗憾，等等，都可以充分说明这一问题的重要性。

面对越来越复杂的现代社会，越来越复杂的现代工程系统，我们必须把重大工程系统的概念研究、技术途径与总体方案论证提高到战略的高度，进行深层次、创造性的研究。过去在跟踪国际科技发展的思想指导下，对具体工程实施工作做得多些，也奖励得多些，这是必要的。但是，如同在文艺界，如果只奖励“歌手”，是难以真正促进文艺事业的繁荣的。面对 21 世纪全球科技和经济社会发展的挑战，我们应当高度重视和尊重科学技术发展的内在规律性，从国际科学技术大奖的深刻内涵中得到启示，把工程科技奖励的重点逐步向科学技术理论发现、技术创新与发明，以及产生重大效益的工程概念研究、技术途径与总体方案论证等创造性领域倾斜。不能只满足于跟踪国际先进水平与只关心工程的实施过程，还需要用更大的注意力去关心科学技术发展的深层次问题，培养一批从事复杂工程系统和经济社会发展研究的高层次科技人才，并用相应的政策激励他们，从根本上创造尊重科学、尊重知识、尊重人才的和谐社会环境，推进我国科技创新，特别是从源头上推进自主与原始性科技创新，以利于我国科技事业健康、快速发展，促进现代化建设事业全面、协调、可持续的发展。

4 21世纪人才测评定位的转变

为了适应21世纪科技和经济社会发展的实际需求，对人才测评定位应有新的观念。

目前国外人才测评倾向于下述因素[4]：形象、素质魅力；气质魅力；学识魅力；品德魅力；能力魅力；亲和魅力；思维魅力；创新魅力；应变魅力；以及语言表达和决断魅力。因此，注重特长、优势、经历、才能、品质和诚信的综合考核。

必须清醒地认识到：人才的质量远比数量更重要。一个国家和部门的科技创新和发展，在很大程度上取决于是否具备有突出贡献和潜能的尖子人才，应当采取长周期、连续性的政策和妥善的办法去评价、识别、激励并用好人才。从我国目前人才现状的实际出发，对人才测评定位应向注重才干、品德、知识、智能、创新意识和实际贡献等方面倾斜。

对高层次科技人才的测评，关键问题是他们做过什么；从发展来看，他们能做什么。因此，首先应当关注他们的知识层次，即分清他们是信息层次、系统知识层次，还是智慧层次上的人才，以及他们的工作实绩。在培养、选拔高层次工程专业技术人才时，主要应看其在工程科学技术工作中的实质性贡献和著述水平，不宜实施短周期的定量考核。要着重审查被选对象有没有自己学科、专业领域的系统知识，特别是有影响的著述，有没有在本学科、本专业领域比较重大工程或课题全过程的研究经历，特别是自主创新或原创性成果。

在工程科技领域，长期以来在人才评价工作中，主要看被评审人的科技成果等级、名次和数量，基本上是以“职务、职称”论英雄。重大工程成果的完成人长期以来多定位于项目的主要组织管理者，而工程开发关键技术方案的提出者或对突破关键技术做出创新贡献的科技人员往往很难排上名次。应当借鉴国际上科技大奖和院士评选的经验，在工程科技人才的评价工作中，主要审查其在科技成果完成过程中的实质性贡献，特别要看有没有自主创新或原创性的科研成果，有没有相关学科、专业的著述，以及著述的层次、水平和科学价值。总之，关键问题是要着重考察科技人才的知识层次和科技创新实绩。或许可以这样说：只有当国家和相关人才管理部门真正把对重大科技成果的实质性贡献和著述的科学技术价值作为评价、识别、激励、选用高层次科技人才的主要硬指标，并形成科学的、可监控的管理机制之时，我国“人才强国战略”才真正逐步落到了实处。

5　21 世纪的用人之道

总的思路是用其所长、避其所短；一看知识；二看智能；三看创新实绩；四看诚信品德[4]。选用人才的方法和手段应当是：通过公平竞争，发现人才；通过教育，培训人才；通过激励，发挥人才的潜能；通过公开、公平、公正的科学方法选用人才；通过各种渠道，不拘一格地录用人才。从国家科技、经济社会发展和国家最高利益出发，应当特别重视不要人为地形成在狭小的圈子内选人的倾向，防止因所谓的“政治问题”或非本质问题，牺牲或排斥对高素质创新人才的使用。历史的经验告诉我们，发生这类问题对国家科技进步和经济社会发展的影响和损失极大。中国科技界应当认真分析华罗庚、陈景润、爱因斯坦等著名科学家的成才道路，充分认识到只有创造健康、和谐的社会环境，才有利于优秀人才脱颖而出。

面对21世纪全球范围的科技与经济激烈竞争的局面，一个工程科研单位，应当首先重视一专多能型领导和战略型专家的选用，其次是创新智能型中级管理和科研人员的选用，而后是熟练技能型、运作型人才的选用。人员结构应逐步提升前者的比例，逐步接近1∶3∶5可能更趋合理。

6 结语

中国的科技事业在党中央“科教兴国”战略方针的指引下，近年来取得了很大进展，但是，跻身世界一流的原创性科技成果仍然屈指可数。中国的科技人员吃苦耐劳，很有创造性。如何评价与识别人才，用什么样的政策去激励人才，用什么样的政策和策略培育和用好人才，是关系国家兴衰的重大问题。应当在科技界和决策部门加强尊重人才为荣，压制、排斥人才为耻辱的舆论与道德观念的宣传，强化相应的监管机制，逐步形成发现、重用人才的伯乐受重奖，压制、排斥人才的人受重罚的监管机制。

科学技术是民族振兴的动力源泉，创新是社会发展的主要推动力，人才是最宝贵的战略资源，高素质创新人才是迎接21世纪世界范围激烈竞争的重要保障。国家和相关部门，应有针对性地进一步完善我国人才管理运行机制等社会环境建设，完善科技成果评定、人才评价、激励与使用机制，开创我国工程科学和人才管理工作发展的新局面。

致谢：钱学敏教授、苗东升教授、钱振业研究员和李世辉先生仔细审读了本文初稿，提出了宝贵的意见，谨致谢忱。

参 考 文 献

[1] 王梦奎. 新的发展观:背景和政策取向[N]. 中国经济时报,2004 - 10 - 27(5).

[2] 赵少奎,杨永太. 工程系统工程导论[M]. 北京:国防工业出版社,2000.

[3] 赵少奎. 对我国现代工程科学技术发展的思考[J]. 中国工程科学,2001,3(1):22 - 30.

[4] 林文匡.21世纪人事管理与创新人才育用战略//现代人事管理新技术与人才发展战略操作实务高级研讨会文集[C],2004.

[5] (美)弗雷蒙·E·卡斯特,詹姆士·E·罗森茨威格. 科学、技术与管理[M].柴本良,华棣,李盛昌,等译. 北京:国防工业出版社,1979.

[6] 张恺之,谢阳举. 哲学与跨学科研究[J]. 西安交通大学学报,2004,(3):11 - 20.

（本文发表在《中国工程科学》第8卷第1期，2006.1：1～5）

从源头上保护原始性创新

〔摘　要〕本文从我国工程实践中引出科技创新存在的一些实际问题，提出创新是科技发展的基本动力，论述了保护科技创新的基本原则，提出鼓励科技创新的新思路，并且提出了改革科研立项评审制度的一些建议。

〔关键词〕创新　管理体制　运行机制　仲裁机制　评审制度

1　问题的提出

20 世纪 70 年代，在我国首批洲际导弹太平洋试验准备的过程中，开展了海上测控船队的研制工作，命名为“七一八工程”。其中有一个十分重要的项目，即“弹着点测量系统”，它的成功与否，在很大程度上关系到我国首批洲际导弹全程试验测控系统准备与实施的成败。但是，由于当时主管测控系统研制的专家没有能够从洲际导弹全程试验的基本保障条件出发，认真落实测控系统的总体需求、有针对性地解决关键技术问题，对“弹着点测量系统”的研制重视不够。而且测控系统的研制采用了跟踪国外相关技术的指导思想，不能结合我国的实际进行创新，造成花了很多人力、物力研制的水声测量系统遇到难以克服的困难。

1）对座底水声测量系统的工作环境调研不够充分，试图在太平洋中找到一个有无人小岛依托的试验区，解决测量系统的自身定位问题，实际上这是不可能实现的；

2）由于当时国内技术水平的制约，我国研制的座底水声测量系统只能在 2 千米水深以内平坦的水域使用，在太平洋中难以找到适合这种座底水声测量系统正常工作的适当试验海域。

在这种情况下，作为全程试验工作的主管总体设计单位，我们从试验系统的全局出发，跨越技术分工的界限，对洲际导弹全程试验弹着点测量技术方案进行了广泛调研，在海军海上打靶确定炮弹命中点思路的启发下，提出了“船载弹着点水柱测量雷达”的技术方案。按照“向阳红五号”船的舰桥高度，采用通用的船用导航雷达进行分析，得出的初步结论是：只要适当提高雷达转数和测量距离，就有可能实现洲际导弹全程试验弹着点的测量任务。但是，测控系统主管部门的专家不肖一顾，明确表示，这是根本不可能的，其理由如下：

1）国外根本没有这种测量系统；

2）我们的洲际导弹弹头击水后，会不会产生水柱，水柱有多高，能停留多长时间，谁说得清楚?

3）即使方案可行，从研制雷达做起，时间也来不及。

就这样被测控系统主管部门的专家连续否定了三次。1978 年我们已经发现美国人也在进行同类弹着点测量系统的试验，1979 年初在“北京测控会议”上，对弹着点测量方案仍然争持不下。面对只有一年的技术准备周期，当时的国防科委科技部四局李国枢局长果断决策：你们总说别人提的方案不行，那你们拿出一个可行的方案啊！你们拿不出来，我看就按这个“船载弹着点水柱测量雷达”的技术方案做。在这种情况下，才结束了争论，开始了“船载弹着点水柱测量雷达”的研制工作，但是，争论已经花去了两年多的宝贵时间。

在系统工程理论、方法的指导下，参照意大利研制“茵地果”地空导弹系统的成功经验[1]，利用现有的落区打捞船和当时已投入使用的“船用导航定位系统”，改进现有的海军船用雷达，加上目标显示、记录系统，通过近海试验，很快研制成功了一个“船载弹着点测量”的新系统。主要依靠这一测量系统获得了精确的弹着点测量数据，完成了我国首批洲际导弹太平洋试验的弹着点测量任务[2]（参见图 1 -5 -1）。可见，科技创新是科技发展的基本动力，但是，创新往往与传统势力发生尖锐的矛盾，某些领域专家往往习惯于他们熟悉的知识和技术，缺少创新的勇气，成为阻碍科技事业跨越式发展的障碍，这是需要我们引起足够重视的问题。

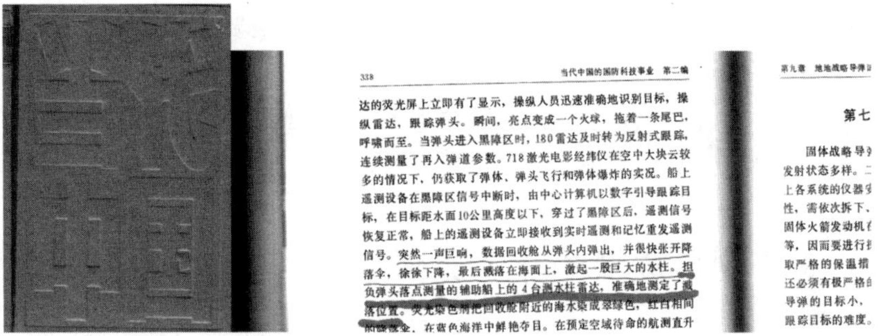
338　当代中国的国防科技事业　第二编

达的荧光屏上立即有了显示，操纵人员迅速准确地识别目标，操纵雷达，跟踪弹头。瞬间，亮点变成一个火球，拖着一条尾巴，呼啸而至。当弹头进入黑障区时，180雷达及时转为反射式跟踪，连续测量了再入弹道参数。718激光电影经纬仪在空中大块云较多的情况下，仍获取了弹体、弹头飞行和弹体爆炸的实况。船上遥测设备在黑障区信号中断时，由中心计算机以数字引导跟踪目标，在目标距水面10公里高度以下，穿过了黑障区后，遥测信号恢复正常，船上的遥测设备立即接收到实时遥测和记忆重发遥测信号。突然一声巨响，数据回收舱从弹头内弹出，并很快张开降落伞，徐徐下降，最后溅落在海面上，激起一股巨大的水柱。担负弹头落点测量的辅助船上的4台测水柱雷达，准确地测定了溅落位置。荧光染色剂把回收舱附近的海水染成翠绿色，红白相间的降落伞，在蔚色海洋中鲜艳夺目。在预定空域待命的航测直升

第九章　地地战略导弹

第七

固体战略导
发射状态多样。
上各系统的仪器
性，需依次拆下、
固体火箭发动机
等，因而要进行
取严格的保温措
还必须有极严格
导弹的目标小，
跟踪目标的难度。

图1－5－1　《当代中国》关于水柱雷达测量成功的介绍

据我们所知，北京化工大学王迪兴高工有一个理论与技术双重创新的发明[3]，有可能使我国以更少的代价，改变我国在信息技术领域的被动局面。他发明了一种全新原理的多功能运算器，可通过功能互补改变个人电脑的基础性能。这一发明不仅有可能避开我国微电子技术与操作系统受制于人的现实，还可以在相容现有软硬件技术的基础上，以最少的代价、用最短的时间赢得市场的主动权。相比之下，这很可能是一个可以改写IT技术领域游戏规则的原创性技术。

人们会问，这样一个已经取得多项发明专利的技术[3,4]，为什么多年来得不到国家的立项资助呢？在现行的科研管理体制和运行机制条件下，原创性科研项目往往很难立项或得到基金支持，误评或简单出局的情况时有发生。其根本原因是现行的国家资助项目评审制度及其运行机制不够完善：一是现有评审制度在某种程度上限制了创新项目的提出；二是即使提出了创新项目，在领域专家占统治地位的评审体制与运行机制条件下，常常面临简单出局的命运；三是出局以后没有相应的申辩、仲裁机制；四是非职务发明事实上很难得到资助。因此，提倡科技创新，必须在各个环节上有一整套完

善的保护、培育及推进创新项目启动，并能够展开公平竞争的新思路、新举措。

搞一个实质性的原始创新项目本来就十分困难，如屡遭误评或简单出局，不仅对创新人本身是重大打击，更主要地是扼杀一项有重大意义的原始性创新，有可能对国家、民族科技与经济发展产生严重后果。因此，有必要就这一问题展开一些讨论，这就是我们下面要讨论的话题。

2　关于科技立项的评审原则

（1）少数服从多数的评审原则容易扼杀原始性创新

对于原创性科研课题的评审，少数服从多数的评审原则并不明智、正确。因为原创性科技成果，很少以多数人承认起步，因此，应充分尊重少数人的意见，对于有截然相反意见的评审项目，应向学术界公开，在充分听取项目申请人意见的基础上，通过“学术研讨厅”的方式充分发扬学术民主，提出新的评审运作思路。

（2）科技项目评审首要的是创新原则

重大科技项目的立项一定要立足于与强国竞争，是否有重大现实或潜在效益的基础上。因此，首要的条件是总体上有无竞争能力。对于新思想、新思路，没有条件创造条件也要上，不能急功近利，只求短期效应。科技立项的首要条件应当是创新，不能仅仅是跟踪，更不能以不失败为原则，应以创新为主，跟踪为辅。创新项目，特别是原始性创新项目，通常事先得不到权威机构的认可，因此，立项评审不应加入人为的限制条件，许多创新思想、理论和发明往往是圈外的小人物提出来的，类似条条框框曾经阻碍了许多创新成果破土而出，我们都有过亲身的经历。

3 鼓励科技创新要有新思路

（1）对重大项目应引入竞争机制

在立项与方案阶段，重大项目应采取两种或多种反差较大的方案同时做，在方案进行到关键决策点时，再根据项目进展情况优胜劣汰。这样做似乎浪费一些资金，但是，从长远和全局上看，实际上是明智的做法，国外重大国防项目通常是这样做的。一个平庸的项目少一个无关大局，而真正具有重大带动作用的原创性项目漏掉一个，损失则可能是无法估量的。最主要的是在全球竞争的舞台上争得了宝贵的时间，为国家出重大科研成果创造更多的机遇，对国家来讲，有百利而无一害。招投标做法虽然也引入了竞争机制，但是，难以保证不扼杀创新。通常创新理论、方法和技术并不是由条件优厚者提出，凡是创新项目，在客观条件上多处于不利地位，只有同时采用反差较大的多种方案，才有可能根除创新项目简单出局的局面。

（2）建立相应的科技创新管理机制

我国评审专家多是领域专家，而重大项目往往是综合性、跨学科项目。在这种情况下，科技管理部门在评审专家与项目申请专家之间应当严格保持中立。爱因斯坦早就指出："阻碍人们认识进步的不是未知的世界，而是已有的知识。"事实上许多专家代表的往往是过去，并不代表未来。在原始性创新项目面前，真正的权威往往是那些敢于提出新思想、新技术、新方案的小人物，而不是那些靠传统技术、传统理论，甚至个别靠头衔吃饭的"专家"。建议逐步建立结构合理的评审集体，包括有突出成就的高层次综合性科学家、工程系统专家；确有成就的科技管理专家；有开创性贡献的相关领域专家，他们不仅是专家，还应是具有宽广胸怀、高度责任感和国家观念的伯乐。

4　关于科技立项的评审制度

1）要严格防止出现评审专家也是已经立项的相关项目主持人或参与者的现象。“考官与考生”同时赴考，难免导致不公正的“判卷”结果。

2）凡是项目申请人和项目申请单位的专家，原则上不应作为当年相关项目的评审专家，建立必要的回避制度，有利于避免因亲疏关系和门户之见导致误评。

3）应该从制度上保证项目评审专家以诚信为本，不懂的项目允许弃权。对某些原创性的科研项目，专家不懂是很正常的事，但是，在实际评审过程中，几乎没有人承认自己不懂，更没有弃权者，其结果是可想而知的。

4）职能部门避免失职，最重要的是要聘请名副其实的专家参与项目评审。职能部门应当要求评审专家充分了解所评项目，给评审专家一个再学习的机会。同时要给项目申请人充分的答辩机会，评与被评的双方要有充分地沟通，以利于保证评审的质量。

5）避免先入为主，对小人物提出的反主流项目，特别要防止一棍子打死。当年罗马教皇烧死布鲁诺时，就是以捍卫真理的面目出现的，当时是何等的名正言顺、义正词严！然而历史是无情的，事实证明：“权威”并不等于真理。

6）所有创新项目，本质特征就是反传统，往往与传统理论与技术形成尖锐的对立。这对每一位评审专家来讲，不仅需要有深厚的前瞻性科学知识和智慧，而且更需要有公心、胆识，有否定自己的勇气与胸怀。面对反传统项目，职能部门的态度十分重要，对于有争议的项目，一定要保持公正、中立与谨慎的态度。

5 关于仲裁制度

（1）对误评要有完善的仲裁机制

出现误评是客观存在，即使像诺贝尔奖这样经严肃评审的大奖，还不止一次出现误评。因此，不承认误评就像不承认有腐败现象一样，当务之急是要建立一整套防止误评的仲裁机制。避免创新理论、方法和技术项目的误评，必须有健全的法规保障，评错了应追究评审主持人的责任。出现误评，要通过仲裁机制解决，使申请人有充分申诉、申辩的机会。并应有申诉复审或听证制度，避免形成少数专家垄断的局面。

“高考”采用封闭评卷，计算机送档等办法保证在一定条件下的公平竞争；体育、文娱比赛，采用评委当众亮分，去掉一个最高分、一个最低分的办法力争比赛公平。科技项目立项与科技成果评定的公正性如何保证？我个人的看法是：重大项目的评审应尽量公开，在不涉及泄密的情况下，可吸收有关方面人士参加，增加项目评审的透明度。只要公开了申请文件及有关评审意见，自有明辩是非者。对争议不妨展开讨论和争鸣，给持不同意见者以充分表达意见的机会，以利于充分发扬学术民主。

（2）职能部门应该始终保持独立的裁判地位

从主导思想上讲，职能部门应该给项目申请人与评审专家平等地位，尤其是在项目申请人提出不同意见时，职能部门不能因为专家是自己请的，就先入为主偏听偏信评审专家的意见，职能部门不能成为项目误评的助理，而应该始终保持独立的裁判地位。因为凡是原始性创新，往往都涉及专家不太熟悉的领域，这时真正的专家可能是项目申请人，而不是评审专家。如果只以参评专家意见为依据，漠视申请人的意见，是不客观的，对项目申请人也是不公平的。依靠专家，不是只依靠参评专家，而是要依靠专家群体，包括项目申请人。

（3）应有的独立仲裁机制

对于有争议的项目，应有独立的仲裁机制，这样做有利于避免学术腐败及不正当竞争，也有利于充分发扬学术民主。

6 结语

在现实生活中，产生一个有价值的原始性创新确实是很不容易的事，而在源头上扼杀一个原始创新，又实在是太容易了！因此，在十六大精神的鼓舞下，作者呼吁科技界，特别是工程科学技术界行动起来，推动进一步健全我国的科技创新管理机制，携手创造一种有利于科技创新转化为现实生产力的良好社会环境，把党中央“尊重知识、尊重人才”的伟大号召真正落到实处，从根本上推进振兴中华的伟大事业。

参考文献

[1] 赵少奎，杨永太．工程系统工程导论[M]．北京：国防工业出版社，2000. 3.
[2] 谢光．当代中国的国防科技事业[M]．北京：当代中国出版社，1992. 6.
[3] 中华人民共和国专利局．中国专利技术博览会“金奖”：一种具有多值态的多功能运算装置，1998. 4.
[4] 中华人民共和国专利局．发明专利证书——准多值逻辑开关网络及智能机，1994. 5.

（本文发表在《中国工程科学》第5卷第11期，2003. 11：88 ~ 91）

第二部分　工程系统发展研究

中国航天运载技术发展的决策思考

〔**摘　要**〕在对世界范围运载火箭技术发展做全面回顾与展望的基础上，结合我国的实际，对我国运载火箭技术的发展战略进行了讨论，提出了我国运载火箭技术的发展思路和决策建议。

〔**关键词**〕航天运载技术　发展战略　决策思想　国情　目标　建议

1　回顾与展望

现代运载火箭问世已有70多年的历史，但是，作为空间开发的航天运载器仅仅走过30多年的历程，纵观世界范围的发展，大致经历了以下四个发展阶段，当前正处于关键性的发展时期。

1.1　第一阶段——初期发展阶段的运载火箭

典型运载火箭见图2－1－1所示。第一阶段，各国主要以国家安全和科学探索为目的，以导弹武器为基础，研制低地球轨道的一次性运载火箭，这一阶段的特点是导弹武器的发展促进了人类初级阶段的空间活动，它是一个国家科学和军事实力的象征。

1.2　第二阶段——过渡发展阶段的运载火箭

随着卫星实际应用范围的扩大，以商业服务、国家安全和发展空间科学技术为目的，航天大国竞相发展高轨道卫星运载火箭，出现了一批以高能上面级为特征的新型运载火箭，典型代表是宇宙神——阿金纳、阿里安火箭和中国的长征3号火箭及苏联的质子号运载火箭，这是处于过渡发展时期的运载火箭，见图2－1－2。航天运载火箭开始与导弹武器分道扬镳，形成独立的航天运载器体系。

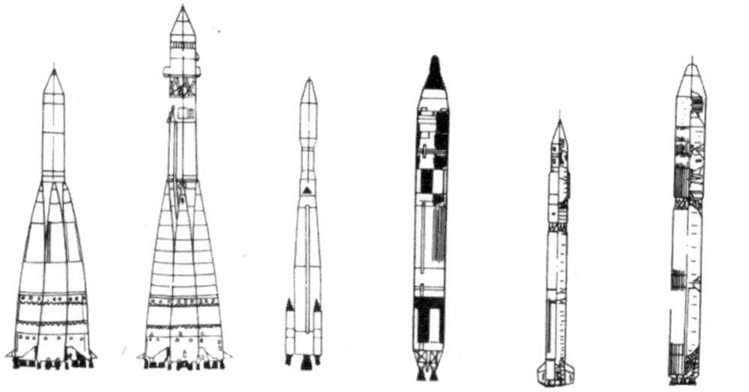

	卫星号	东方号	雷神-德尔它E	大力神2	长征1号	长征2号丙
起飞质量/t	265.70	287.0	75.0	185.0	80.0	191.0
低轨道能力/kg	1 300	4 370	700	3 700	600~750	2 500
同步转移轨道能力/kg			150			
服务时间/a	1957	1960	1965	1964	1991	1982

图 2－1－1　初期发展阶段的运载火箭

这一阶段的运载火箭都是在当时本国第一代弹道导弹的基础上发展起来的，空间活动是以国家安全和科学探索为主要目标，是一个国家科学研究与军事实力的象征，也是大国的重要标志之一。

1.3　第三阶段——独立发展阶段的大型运载火箭

随着空间产业目标的逐步明朗化，人进入空间的需求更为迫切了。为了满足发展空间科学技术、空间产业和国家安全的需求，航天大国竞相研制高性能大型航天运载工具，相继提出并发展了一批以氢氧技术为基础，以捆绑模块式组合为特征的大型航天运载火箭，其典型代表是一级半结构型式的 H－2、阿里安 5 和能源号运载火箭，见图 2－1－2。当前，世界航天正处于这一发展时期，各国都不失时机地采用先进技术，特别是先进的推进技术，参与这场国际竞争。中国是犹豫、徘徊，还是迎难而进，需要决断。

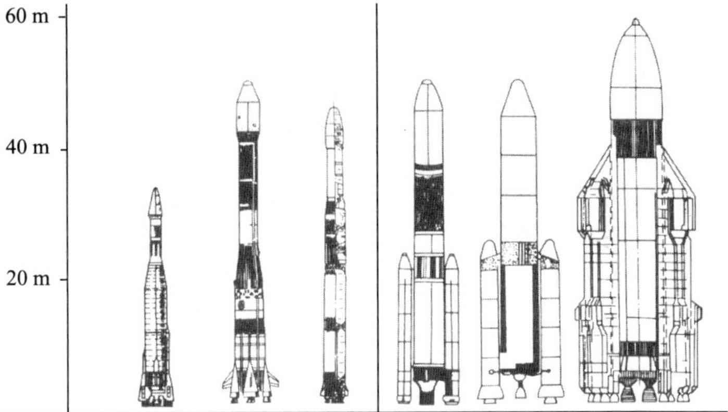

	宇宙神-阿金纳	阿里安1	长征3号	H2	阿里安5	能源号
起飞质量/t	123.0	200.0	202.0	255.0	731.0	2 000.0
低轨道能力/kg	2 270	4 850		10 000	21 000	100 000

图 2-1-2　过渡与独立发展阶段的运载火箭

1.4　第四阶段——空间产业阶段的航天运载器

随着21世纪的到来，空间开发逐步向实用化和产业化方向发展，降低发射成本和提高经济效益成为航天运载技术发展的首要课题。空间活动的增加，特别是一次性有毒化学燃料火箭发射的增加，空间垃圾和大气化学污染已经成为进一步开展空间活动的障碍。为适应下一世纪空间技术发展和国际竞争的需要，研制低成本、高可靠性、无污染、高性能、能重复使用的航天运载器是大势所趋。美国第一代可部分回收的航天飞机已经迈出了第一步；第二代航天飞机（亦称“航空航天飞机”或“空天飞机”）和可回收的单级入轨运载火箭的问世，将迎来人类航天技术发展的新时代。

2 发展战略

回顾历史可以看出，航天运载技术发展的总趋势是：

1）摆脱导弹武器发展的束缚，向建立独立的大型航天运载系统的方向发展；竞相采用新技术，特别是先进的推进技术，采用模块组合式方案研制高性能、低成本、高可靠性、有竞争能力的运载火箭系列。

2）氢氧级芯级、一级半型式的大型运载火箭是20世纪末，21世纪初载人飞行的主要运载工具，在这种运载器基础上，衍生出的运载系列将具有巨大的竞争潜力。

3）一次性运载与重复使用的航天运载器并用的局面，将持续到21世纪初。21世纪必将是无污染、低成本、高性能和能重复使用的航天运载器时代。

中国航天技术发展的主要问题是经费紧缺，技术比较落后，至今尚未形成明确的发展战略和长远规划，对此提出下述初步建议。

（1）确立目标

面对国内需求和国际竞争，从中国现实条件和长远发展需要出发，制定有针对性的三步走对策。第一步，到1995年之前，在不做大的经费投入的前提下，主要针对20世纪90年代中期以前国内应用卫星的需求，兼顾国际合作，完善长征系列运载火箭；第二步，2010年前后，集中主要力量，加速发展先进的、有发展前途的推进技术和配套运载技术，在20世纪末或21世纪初提供能与日本的H－X系统竞争的运载火箭系列，奠定21世纪航天运载技术发展的基础；第三步，21世纪中期，突破重复使用航天运载技术，迎接下一世纪空间产业时代国内需求和国际竞争的到来。

（2）确定战略

立足国内需求，面向世界发展，制定以20世纪末、21世纪初对航天技术的需求和国际竞争为目标的中国航天运载器发展战略，形成近、远期技术发展相衔接，主战场与高技术发展相结合，既能突出重点、加强预研、缩短战线、提高投资效益、快出成果，又能促进航天运载技术加速发展，尽快缩短与先进国家的差距，奠定下一世纪腾飞基础，走具有中国特色、浓缩运载技术发展步骤的道路。

3　决策思想

面对竞争的世界，要研究航天运载技术发展的竞争对策，当前有下述几个问题值得重视。

（1）国外的主要经验是什么

日本、西欧和苏联的动向已趋明朗，集中力量研制高性能、无污染、高可靠性，有发展前途的一次性大型运载火箭，技术特征是氢氧芯级，一级半结构型式，并以此为基础，用模块组合的途径，用最短的研制周期形成各种档次运货和载人运载火箭系列。美国人走回头路，苏联人走弯路的教训值得借鉴。

（2）中国的国情是什么

就存在的问题而言，主要是航天经费紧缺，航天技术与先进工业国家之间的差距正在扩大。必须正视这一事实，想方设法扼制这一发展势头。历史要求中国应当从发展的眼光做出明智的长远规划，狠下决心，突出重点，缩短战线，加强关键性技术预研，尽可能少花钱，走近路赶上去。

（3）竞争战略的焦点是什么

集中到一点应当是“以我为主”。争取国际合作，也应认真研究对手。美国人在论证制定高技术发展战略[3]时指出：要了解对手，这一点同制定某项特定的战略一样重要，研究对手是值得做的事情。又说：如果双方都在长时间的大量消耗资源，你能否让对手以你更喜欢的方式分配他的资源？美国能够让他们去干那些他们乐意干，而我们又不介意的事，……试图使竞争对手恰恰在其投资达到顶峰之时成为过时的武器（技术）。

回顾过去，中国是有教训的，不能为近利迷失前进的方向，被人家牵着走上一条中国人最承受不起的拼消耗、拉大技术差距的道路。要不要和如何发展“长征”2号E火箭？要从国家发展战略的全局需要和我国航天运载体系发展的总体需求出发进行思考和决策。

（4）加速发展中国航天运载技术的关键是什么

1）必须狠下决心压缩第一步的投资规模。面对经费不足的现实，有所失，才能有所得。

2）把有限的财力、物力、人力集中到发展有前途的大型运载火箭上。这是承上启下的一步，丧失时机，中国航天运载技术的发展将出现十分困难的局面。

3）只有把大型运载火箭研制与发展下一世纪重复使用的航天运载器相衔接，才能做到缩短战线，节省经费投入，压缩研制周期，实现航天运载技术腾飞的目标，其中，关键是选准推进技术的突破口。

4）加强关键性技术预研，才能缩短差距，为浓缩发展阶段创造条件，取得竞争的资格。就目前认识看，关键性运载技术是高性能、有发展前途的推进技术，全功能控制系统以及捆绑技术。

5）一种运载方案是否可取，要看它是否是一个有前途、有潜力的系统。总之，要把有限的财力花在能产生最大、最长远效益的地方。

6）严格地讲，运载器的可靠性主要是设计出来的。更确切地说，航天运载器的可靠性是试验出来的。不能为了短暂的可靠性，牺牲长远的可靠性，要尽力使有前途的系统早日投入试验。

4 决策建议

根据前述发展战略和决策思想，提出几点不成熟的意见。

1）制定航天运载技术发展的优先保障序列。根据中国发展航天运载技术的总体规划，请有关单位各自提出单项技术发展的立题报告，报告至少应包括目标论证，投资强度预测、研制进度预测、经济与技术效益分析。系统抓总部门应根据上级批准的航天运载技术发展战略和决策思想，进行综合评审，几经反复制定出发展中国航天运载技术的优先保障序列，作为决策机关的工作依据。

2）借鉴国外经验。面对国内外需求和中国航天技术投资强度的限制，应下决心研制有前途、高性能、高可靠性的大型运载火箭系列，以低地球轨道，运载能力为 10 ~ 15 吨，一级半结构型式的捆绑运载火箭为基本型。

3）尽早选准我国航天运载的发展方向。应加速氧/烃、氢/氧和氢/氧/烃类主动力系统概念论证的进程，尽早决策我国航天运载主动力系统的发展定位。

4）捆绑运载火箭的助推级，可考虑分两步走。第一步利用现有的常规火箭；第二步发展高性能、无污染的助推级火箭，以利于分散技术难点和投资强度。

5）应开展大直径运载火箭的专项研究。首先应对工艺改造、运输、发射系统投资规模做出可信的预测，根据投资环境的可能，尽早决策 2000 年前的大运载方案。

6）对长征 2 号 E 研制的必要性和在西昌新建大型运载火箭发射工位的合理性做进一步论证。

参考文献

[1] 先进运载工具的发展方向．国外导弹与航天运载器，1987(9).
[2] 美国 1995 年及以后的大型运载火箭．国外导弹与航天运载器，1987(8).
[3] 美国制定高技术的战略方针．航空技术，1987(9).
[4] 鸣远．国外大型运载火箭方案述评．国外导弹与航天运载器，1987(8).

（本文发表在“中国航天发展战略探讨”编辑委员会出版的《加速发展中国航天事业研讨会文集》第 1 卷，1991. 10：425 ~ 434）

中国载人航天“飞船起步”的战略思考

〔摘　要〕报告对我国载人航天的概念研究、技术途径论证和决策过程进行了分析与小结，并提出我国发展现代宏大工程应站在国家发展的全局上进行深层次的战略思考。

〔关键词〕载人航天　飞船起步　技术途径　战略思考

在全国上下欢庆我国神舟五号飞船载人飞行圆满成功的喜庆时刻，作为在20世纪60年代末曾受命用我国正在研制中的洲际导弹的运载工具探索发射曙光号飞船的可行性；20世纪80年代中后期，曾参加国家“863”天地往返运输系统专家组技术组工作，直接参与了我国载人航天发展技术途径探索的科技人员，心情更加不能平静，引起了深深地思考。

1　我国为什么要搞载人航天

发展一项投资规模大、研制周期长、技术复杂，甚至会对生态环境、社会发展产生重大影响的大型工程系统，毫无例外，在世界各国都会引起激烈地争论，如我国的“三峡工程”、“南水北调工程”，以及美国的“弹道导弹防御系统工程”等。从20世纪50年代起，美国的“弹道导弹防御系统工程”持续争论到今天，仍然反对声不绝。

究竟为什么世界上的工业发达国家，甚至像印度、巴西这样的发展中国家，都要投入巨额资源，冒很大的风险，致力于发展载人航天工程呢？这是对人类科学技术及其产业化进程非线性动态发展的长周期预测问题，属于宏大工程系统开发过程中的复杂性问题，是载人航天概念研究的关键问题，因此，它既是世界各国科学家面对人类发展必须回答，而又难以准确回答的问题。回顾我国近 30 年的载人航天探索历程，可否做如下小结[1,2]。

（1）载人航天具有诱人的经济发展和商业前景

世界各国航天领域专家普遍预测，空间工业化将成为人类重要的空间活动，当前首先寄希望于利用微重力、高洁净的空间环境，进行新材料、贵重药品等的开发和规模生产，形成航天产业发展的第三大领域。在半导体和晶体、金属和合金、玻璃和陶瓷，以及贵重药品、生物技术和能源开发等领域具有可观的发展潜力，从宏观上讲，“载人航天”必将把人类发展推进到充分利用太空环境资源进行物资开发的新阶段。回顾 18 世纪人类刚刚认识电的情形，100 年前，莱特兄弟首次实现驾机飞行的时候，谁会预见到“电的应用”和“航空技术的发展”会对人类今天的生活产生如此巨大的影响呢！可以预见：50 年、100 年或稍长一些时间之后，“载人航天技术”将对人类未来产生更加深远的影响。

（2）载人航天是国家科技和经济发展的一种龙头产业

我国载人航天工程包括七大系统：航天员系统、有效载荷系统、载人飞船系统、运载火箭系统、陆地发射系统、测控系统和返回着陆系统。每个系统的研制都涉及到众多新材料、新的元器件和仪器设备的开发，进而推动若干新工艺、新技术、新的学科专业的产生和发展，由此推动一大批高技术学科、专业和产业部门向更高的水平发展，带动一个国家高技术产业化和国民经济的腾飞。

（3）载人航天存在巨大的军事潜力

军事应用一直是美国和苏联载人航天发展的重要推动力。他们先后在飞船、空间站和航天飞机上进行了大量的可见光、电子侦察和其他军事应用的探索性试验研究，苏联还曾利用空间站进行过激光、粒子束和动能武器等相关试验，显然载人航天是美国和苏联战略武器系统发展的重要组成部分，而且这种军事潜力正在通过技术的发展和演进过程逐步被释放出来。我国发展载人航天如同发展核武器一样，我们的目标是打破少数国家在太空的垄断地位，最终遏止和阻止空间军备化，用我们的实际行动推进人类共同和平利用太空。因此，我国发展载人航天是全人类的和平福音。

（4）载人航天事业可以明显地提高国家的国际地位和威望

发展载人航天，有助于人类对地球和宇宙空间的了解，在广泛的技术领域推进国家的科技进步，增强国家的经济实力和国家安全技术的进展，从而在提高国家科技力、经济力、防务力量和社会凝聚力的基础上，极大地提高国家的国际地位和威望。过去 40 年中，我国仅用不到美国 1/50 的经费投入，取得了令世人瞩目的成就，不仅推动了我国科技事业的巨大发展和进步，也增强了民族的自尊心、自豪感和凝聚力，对稳定周边环境、保卫世界和平，提高国际地位发挥了不可取代的作用。

（5）载人航天将为空间科学和深空探测任务的发展提供重要的综合技术支持

载人航天可为空间科学研究、深空探测任务提供一个高水平的在轨服务平台。人在空间的直接观察和判断是载人航天的独特功能，人机结合的在轨控制和操作，可以支持高质量、特殊的空间观测和试验任务，对空间科学和深空探测任务的发展提供有效的综合技术支持。

2 多种载人航天发展技术途径的论证

1987 年 4 月，国家“863”天地往返运输系统专家组向国内具有载人航天技术论证能力和优势的近 60 个单位发出了参加载人航天技术途径论证的招标通知。

有关单位共提出 11 种天地往返运输系统技术方案[2,3]，经专家组技术组汇总，专家组评审，确定如图 2 – 2 – 1 和表 2 – 2 – 1 所示的五种技术方案[2]进入决策评审。

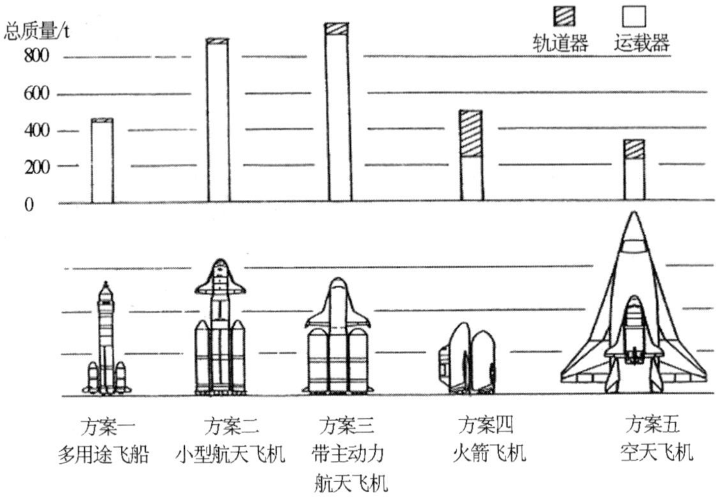

图 2－2－1　天地往返运输系统技术方案

表 2－2－1　天地往返运输系统技术方案

	方案一	方案二	方案三	方案四	方案五
方案名称	多用途飞船系统	小型航天飞机系统	有主动力航天飞机系统	二级垂直起飞火箭飞机	二级水平起降空天飞机
运载工具	运载火箭	运载火箭	运载火箭	火箭飞机	高超音速载机
轨道器	飞船	小型航天飞机	带动力的轨道器	轨道器火箭飞机	轨道器载机
起飞方式	垂直	垂直	垂直	垂直	水平
着陆方式	可控翼伞着陆	水平着陆	水平着陆	水平着陆	水平着陆
重复使用部分	返回舱	小型航天飞机	带动力的轨道器	轨道器火箭飞机	轨道器载机

续表

	方案一	方案二	方案三	方案四	方案五
乘员人数/个	2～3	3	5	3	3
寿命/（次数/年）	30/15（返回舱）	40/15	30/16	50/15	60/15
关键技术	环境控制技术	⇦	⇦	⇦	⇦
	生保系统技术	⇦	⇦	⇦	⇦
	交会对接技术	⇦	⇦	⇦	⇦
	航天员救生技术	⇦	⇦	⇦	⇦
	防热结构	⇦	⇦	⇦	⇦
	返回控制技术	飞行控制技术	⇦	⇦	⇦
	可控翼伞着陆技术	高超音速动力（热）	⇦	⇦	⇦
		结构材料技术	⇦	⇦	⇦
		防热结构材料	⇦	⇦	⇦
		有翼再入技术	⇦	⇦	⇦
			重复使用烃类火箭发动机	重复使用氢氧火箭发动机	
					机身——进气道一体化设计

3 载人航天发展的战略思考

1981年4月12日，美国哥伦比亚号航天飞机首飞成功，紧随其后，1988年11月15日，苏联暴风雪号航天飞机升空[5,6]，一时间在世界范围内掀起了一股航天飞机热浪。20世纪80年代中后期，正值我国载人航天技术途径论证进入决策阶段的关键时刻，航天飞机的热浪推动着国内外航空航天界争先效仿，引起载人航天技术途径的激烈争论。争论反映人们对载人航天现实目标认识上的差异，也反映了不同国家、国内不同单位从不同角度、站在不同的位置，以不同的知识结构和不同的思维方式，对载人航天发展应当走一条怎样道路的深刻思考。这对承担我国载人航天发展的组织、管理和决策支持责任的国家“863”航天领域专家组和天地往返运输系统专家组的工作具有很大的促进作用，促使他们站在国家发展全局的高度，从更深的层次上就如何实现我国载人航天平稳起步进行战略思考[2,4]。

通过充分研究，我们认为，美国模式的航天飞机[5,6]除在航天技术的某些部分有所突破，并对未来天地往返运输系统的发展有所借鉴外，对我国并不具有更多的现实意义。因其技术超前，技术十分复杂而变得十分昂贵和脆弱，实际上是追求经济的天地往返运输系统的失败。苏联效法它研制暴风雪号航天飞机，仅仅是根据“美国有的，我们也要有”的思维逻辑犯的一个教条主义错误。

我们有些单位提出的可部分重复使用的小型航天飞机，基本上是欧洲小型航天飞机“Hermes”[5,6]的翻版，欧洲试图利用其研制大型客机和战斗机的航空技术优势，研制可部分重复使用的小型航天飞机，是为其尽早建立载人航天系统的过渡手段，并非其追求的可长期使用的、经济的天地往返运输系统。因此，它既不代表未来载人航天的发展方向，从我国国情出发，也不具有效法的价值。

工业发达国家于1986年前后，掀起一股开发技术上更先进、经济上更加实惠的天地往返运输系统的热浪，如英国的“霍托”、德国的“桑格尔”和美国的空天飞机等[5,6]。但是，这些努力到底需要多少投入？需要多长研制周期？技术上能否突破？开发前景究竟如何？都是近期难以预测的问题，所以，我们认为：真正经济、先进的天地往返运输系统，人类还在探索之中。

在进行我国载人航天天地往返运输系统决策支持研究的过程中，我们坚持采取既要有所作为，但是，又不能脱离我国的国情，操之过急的原则；尽量选择一条在低强度投入的条件下，用现实可行的技术，逐步实现建立我国独立自主、可靠、有效的载人航天系统的总体思路。为此，在决策我国载人航天天地往返运输系统技术途径的时候，面对我国载人航天初期现实、有限的空间研究和试验需求，借鉴国外的经验和教训，应采取积极而又稳妥的发展战略。

依据上述战略思考，我国"863"天地往返运输系统专家组首席科学家钱振业研究员于1986年9月8日，在中国宇航学会运载专业委员会第二次学术年会上，明确提出我国载人航天应采取"飞船起步，伺机发展"的战略[4]。面对世界载人航天的挑战和发展机遇，中国不能坐视，但是，也不能大搞。飞船起步，平稳发展，进可攻，退可守，万无一失。进，可在2010年前后初步形成我国载人航天的完整体系，迎接世界载人航天技术发展与产业化进程的挑战；退，可作为综合航天平台和大型对地观测卫星的技术基础，有助于促进和推动应用卫星系统和卫星应用的发展。

4 载人航天，飞船起步，伺机发展的战略决策

面对我国载人航天工程多种技术方案的激烈竞争，国际上掀起的新一轮载人航天技术途径探索的热浪，如何审时度势、统揽全局，适时地做出正确的决策，成为决策支持研究者与决策者实施工程科学管理的首要任务，而科学管理的核心是适时、正确的决策。

随着科学技术的飞速发展，现代工程系统，特别是现代大型开发性复杂工程系统的决策，仅凭决策者的知识、经验和判断力已经十分困难，即使是对于学识渊博的工程技术专家和著名的科学家，也越来越显得力不从心。因此，人们试图在多方案论证的基础上，走一条从定性到定量综合决策的道路。先采用20世纪50年代兰德公司提出的所谓"专家调查法"，请相关领域的高水平专家做出定性

的判断，然后试图用正在开发中的“高技术工程系统概念论证阶段的决策支持系统”[7]进行定量综合决策支持研究。当1988年7月由国家“863”天地往返运输系统专家组组织10多位卓有成就的老专家用“专家调查法”进行认真评审后，意想不到的是专家们竟得出了相当一致的定性判断。在这一基础上，我国“863”航天领域专家组形成了共识，并向国家领导人做了汇报，1992年1月，中央专委适时地做出了果断的决策，批准了载人飞船工程正式立项研制。

载人飞船工程的立项研制，充分体现了国家在重大决策过程中既要遵循科学化、民主化的程序和运行机制，也要防止无休止的争论，避免毫无意义的内耗，体现了国家决策机关的职责和决策功能，有力地推动了我国载人航天事业稳步地朝着2000年前后实现载人航天，2010年或稍后一段时间里，建立一个初具规模的自主、完整、实用的载人空间站体系的总体目标前进。也使我们进一步认识到，对于复杂系统的决策，应当采用正确的方法、有效的运行机制和管理体制才能做好，民主决策是国家管理、重大工程决策和人类文明发展符合科学规律的一种运行机制，决不仅仅是一种形式。20世纪80年代末，钱学森院士提出“从定性到定量的综合集成”方法，进而又明确实施这套方法的运行机制是“从定性到定量的综合集成研讨厅体系”，运用这套方法的组织机构是“总体论证、咨询部”（或称“总体设计部”、“总体部”）[8,9]，这是一整套完整、科学地处理复杂系统和复杂巨系统决策问题的方法和有效的运行机制，是我们前进的方向。

5 结语

从1968年5月钱学森院士组织领导制定我国“人造卫星、载人航天发展规划”，利用正在研制中的我国第一种洲际导弹的运载工具进行发射曙光号载人飞船的可行性探索，20世纪80年代中后期进行我国载人航天概念研究和技术途径论证，到今天神舟五号载人飞船傲游太空，圆满回收，我国载人航天走过了30年技术途径探索、发展研究和飞船起步的开发历程，诚如载人航天工程总设计师王永志最近在“中央心连心艺术团”组织的联欢会上中肯地指出：“实践充分证明中国载人航天选择了一条正确的发展道路”，它集中了成百上千人的智慧，凝聚了成千上万人的心血，使我们深深地认识到：现代工程科学技术的发展已经进入了以若干单项高新技术突破为支撑，“综合集成”为主要创新手段，社会化、高度社会化研究与开发活动为主要组织形式，复杂高新技术工程系统的发展研究、研制与运用的科学管理为主要特征的新时代[7,8]。在现代工程系统的物化过程中，工程系统的社会化、系统化、综合化和复杂化发展已经是现实的大趋势。在现代工程系统的开发过程中，我们必须面对多学科、多工程专业的综合与信息一体化问题，并需优先解决工程系统开发过程中经常遇到的复杂发展环境预测问题。这些问题与工程实施过程中的具体技术问题相比，通常如同数学运算中的整数与小数的关系，如果在开发过程中对工程的系统性、社会性问题疏忽或搞错了，如同数学运算中，把整数位算错了，小数位算得再精确，也难以补偿工程开发可能造成的损失。试想，如果在20世纪90年代初我们跟随当时国外航天发展的潮流，决策搞“航天飞机”，今天会是什么结果？解决这些对现代宏大工程开发具有战略性的问题，需要借助于系统科学、工程系统工程和现代管理科学理论与实践的创新[7,8]。

复杂工程系统的发展战略研究是工程开发与建设的宏观指南，是在国家战略、国家发展战略指导下，寻求工程系统发展方向、发展目标、发展重点、发展途径与全局性对策的重要环节。面对越来越复杂的现代社会，越来越复杂的现代宏大工程，我们必须把重大工程的发展研究提高到战略的高度，从国家发展全局和可持续发展的高度，进行战略思考。我们过去对指导某些具体工程的研制管理研究得多些，这是必要的，今后仍然要抓紧，但是，面对21世纪世界范围的科学技术发展和经济全球化的挑战，仅仅关心具体工程研制的局部目标和相关问题已经不够了，我们需要研究更大范围、更高层次的战略，需要培养一批高层次的从事发展研究的科技人才，把专家体系与现代计算机体系、情报和信息网络体系结合起来，利用系统思维进行战略概念、战略层次与战略体系的研究与深层次的思考，以利于我们能够像钱学森院士所期望的那样，更加高瞻远瞩地推进我国社会主义现代化建设事业健康、有序、可持续的发展。

参 考 文 献

[1] 戚发轫．载人航天技术及其发展[J]．中国工程科学,2000,2(1):1－6.
[2] 863－204 主题专家组．大型运载火箭及天地往返运输系统可行性及概念研究综合报告．1989. 7.
[3] 赵少奎．我国论证中的天地往返运输系统方案汇编．863－204 主题专家组技术组,1988. 8.
[4] 钱振业,杨广耀,等．中国载人航天发展战略,国务院发展中心国际技术经济研究所,1990. 10.
[5] 航天工业部一院十九所．天地往返运输系统(一)~(六),1987. 9~1989. 7.
[6] 上海航天局八〇七研究所．国外运载火箭与航天飞机资料汇编．1990. 6.
[7] 赵少奎,杨永太．工程系统工程导论[M]．北京:国防工业出版社,2000. 3.
[8] 钱学森．创建系统学[M]．太原:山西科学技术出版社,2001. 11.
[9] 于景元,涂元季．钱学森对系统科学和系统工程的贡献[C]//钱学森科学贡献暨学术思想研讨会文集．中国科学技术出版社,2001. 12.

（本文发表在《中国工程科学》第 6 卷第 2 期，2004. 2：8~12）

武器装备发展战略研究的基本思路

〔摘　要〕在综合研究国内外战略研究的有关著述的基础上，对武器装备发展战略研究的基本思路进行了初步探讨，结合世界范围的新军事革命形势，提出了加强战略研究的建议。

〔关键词〕武器装备　发展战略　基本思路

1　武器装备发展战略研究的任务

20 世纪 80 年代中期以来，以信息技术为龙头的高技术群的形成，正在以雷霆万钧之势推动着一场人类历史上范围更加广泛，内容更加深刻，影响更加深远的新军事革命的兴起。面对这场新军事革命的浪潮，对我国科技强军、质量建军提出了挑战……迎接挑战是我们无法回避的历史责任。

武器装备发展战略研究的主要任务是寻求武器和作战配套装备发展的目标、重点、途径与对策，研究的领域和范围涉及面广，要求研究工作更加面向未来，能够更加科学地预测未来战争的需求和武器装备发展的变化趋势，有更大的预见性和创造性。

2　武器装备发展战略研究的基本内容

1958 年，美国经济学家赫希曼在《经济发展战略》一书中首次提出了“发展战略”的概念，其基本内涵是：

1）经济增长目标；

2）经费（资源）分配；

3）发展途径与对策。

20 世纪 70 年代，联合国制定了“10 年发展计划”，专家称之为“国际发展战略”，我国经济学家同时开始使用“发展战略”一词，意为“中长期发展规划”。

到了 80 年代，我国制定长期发展规划——“2000 年的中国”，称之为“中国长远发展战略研究”，1985 年，中央军委制定军队长远建设规划——称之为“2000 年的中国国防”，在世界上第一次正式提出了“国防发展战略”的概念。综合研究国内外有关学者的论述[1-5,11]，对武器装备发展战略研究的内容可以概括为：

1）正确地制定发展战略研究的实施方案；

2）科学地预测未来的战争形势、主要对手的武器装备发展形势、未来战争的战场环境、战争特点和作战样式；

3）依据总部明确的军事战略方针，从实战需求出发明确武器装备发展的总目标；

4）在多方案、多途径比较过程中逐步形成分阶段的武器发展目标与发展重点；

5）建立分阶段武器装备发展的指标体系；

6）结合国家科学技术水平、工业生产能力和资源支持能力进行定量化地决策分析与综合权衡；

7）提出武器装备的发展途径与对策建议。

3 武器装备发展战略研究的基本程序

纵观世界各国，对于武器装备发展战略研究而言，其核心问题是：

第一，在科学地预测未来的战争形势与发展趋势、主要对手的武器装备发展形势与发展趋势、未来战争的战场环境、战争特点和作战样式的基础上，形成武器装备实战需求的目标与发展重点；

第二，在国家战略、国家安全战略的指导下，从未来战争需求、国家科技、工业水平和资源支持能力的实际出发，形成武器装备现实可行、可操作的发展途径与对策。

1961 年 44 岁的运筹学家麦克纳马拉就任美国国防部部长，在兰德公司经济学家希契等人的帮助下，他充分利用数量经济学和系统分析的研究成果，建立了“规划—计划—预算系统（PPBS）”，以后，美国武器装备发展战略的研究与制定工作逐步走上了“定性与定量相结合”的科学轨道，经过近 30 年不断地完善和改进，形成了如图 2 – 3 – 1 所示的武器装备发展战略研究与制定的基本程序，很值得我们学习、研究与借鉴。

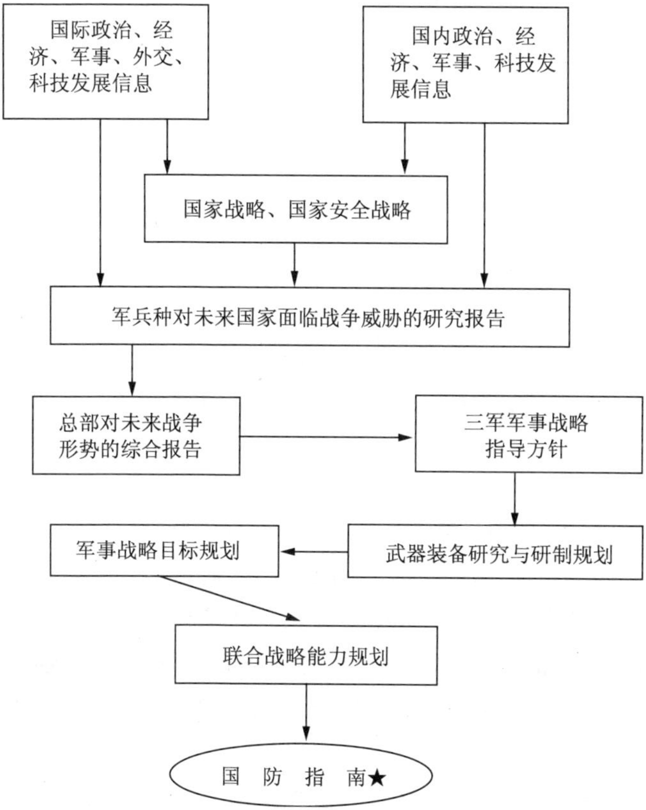

图 2 – 3 – 1　美国武器装备发展战略研究与制定的基本程序

★国防指南，实际上是美国的军队建设规划，包括武器装备建设规划指南

4 对武器装备发展战略研究的建议

未来战争形势、主要对手武器装备的发展趋势，以及战场环境、战争特点和作战样式的转变，都对武器装备的发展提出了新的要求，为此，我们必须从部队军事战略和武器装备发展战略上转变思路，才能适应新形势下的军事斗争准备。

（略）

5 结语

“第二次世界大战”后爆发的战争，特别是海湾战争的实践表明，人类战争的发展比人们想象的要快得多；作战样式的变化，比人们预料的要复杂得多。沿着惯性发展，主要从身边接触到的事务出发去研究武器装备的发展，很容易变得视野狭小，缺少预见性，落后于世界军事技术的发展。弄得不好，会走冤枉路，花冤枉钱，贻误大事。中央军委新时期的军事战略方针已经明确，我军首脑机关已经登上了新时期建军的航程，现在的问题是我们如何才能紧紧跟上，在部队建设和武器装备发展的研究工作中，把身子也转到新时期建军的轨道上。

在短时间内大规模的国际性战争打不起来的情况下，和平发展时期的国防建设应着眼长远，着眼增强国防潜力，从增强国防实力和潜力的接合部入手。在有限军费投入的条件下，要求武器装备发展战略研究更加具有创造性、更加具有远见卓识，应当能够更加科学地预测未来战争的需求，更加合理地分配有限的资源。仅仅是多方面地提出战争需求难以形成一个可操作、现实可行的武器装备发展战略。武器装备发展战略应当是把对未来战争需求的科学预测和对国家有限资源的合理分配结合起来的有远见、可操作、比较现实的武器装备发展规划、计划的指南。

参考文献

[1] 刘继贤,等. 国防发展战略概论[M]. 北京:国防大学出版社,1989.
[2] (美)丹尼斯·德鲁,等. 国家安全战略的制定. 北京:军事科学出版社,1991.
[3] 总参情报部. 美国制定军事预算的 PPBS 方法. 1986.
[4] 郑开昭,等. 无形的杠杆[M]. 北京:解放军出版社,1988.
[5] 北京系统工程研究所. 美国兰德公司学者讲学资料汇编. 1988.
[6] 王保存,董海燕. 麦克纳马拉军事改革的功过得失[M]//国防发展战略思考. 北京:解放军出版社,1987.
[7] 糜振玉,陈维民. 利益·环境·目标[M]//国防发展战略思考. 北京:解放军出版社,1987.
[8] 徐光裕,等. 核战略纵横[M]. 北京:国防大学出版社,1987.
[9] (苏)波格丹诺夫. 美国军事战略[M]. 北京:解放军出版社,1985.
[10] 高春翔. 新军事革命论[M]. 北京:军事科学出版社,1996.
[11] 杨德志,宦乡. 国防发展战略思考[M]. 北京:解放军出版社,1987.

（本文发表在“第二炮兵科学技术委员会”编辑出版的《科技研究》1998.1：9~11）

武器装备发展研究的内涵、程序与方法

〔摘　要〕本文通过对武器装备发展研究的讨论，重点探讨了武器装备发展研究的主要任务、程序和方法。

〔关键词〕武器装备　发展战略　发展研究

1　武器装备发展研究的内涵

自“第二次世界大战”以来，随着科学技术的飞速发展，导弹、核武器等技术先进、系统复杂的武器装备的相继问世，武器装备对未来战争、战略的影响更加突出。导弹、核武器等复杂武器系统的研制周期较长，经费投入较高，研制风险较大，而且直接关系到国家长远安全和国际地位，这就迫使世界各国，特别是大国的领导人和军队领导人高度重视国防科技和武器装备发展战略的研究与制定。军队重点发展什么样的武器装备，采取怎样的发展途径与对策，成为军队领导人，甚至国家领导人十分关注的重大决策问题，因此，必须把重大武器装备的发展研究提高到战略的高度来研究。过去我们对指导具体装备的采办管理研究得多些，这是必要的，今后仍然要抓紧。但是，仅仅局限于这方面研究已经不够了，需要研究更高层次的武器装备发展问题，才能适应我军现代化建设和二炮部队建设的需要。

综合研究国内外学者的有关著述[1-4]，结合我国的实际情况，作者认为武器装备发展研究的主要任务是：

1）科学地预测未来的战争形势、科学技术发展趋势和主要对手的武器装备发展形势，以及未来战争的战场环境、战争特点和作战样式；

2）依据新时期的军事战略方针，从实战需求出发，明确武器装备发展的总体思路和军事需求总目标；

3）在多方案、多途径研究、比较的过程中，逐步形成分阶段的武器装备发展目标与发展重点；

4）在多方案、多途径比较的过程中建立分阶段的武器装备发展的指标体系；

5）结合国家科学技术水平、工业生产能力和资源支持能力进行初步定量化的综合、权衡与决策研究，进一步明确武器装备的发展目标和重点，以及技术发展和资源支持的现实可行性；

6）面对我国国防建设的特定历史环境，从我国国情、军情出发，在充分调研的基础上，提出武器装备发展应采取的具体技术途径与对策建议，编制武器装奋发展规划、计划，并在总部批准的发展规划、计划指导下，开展预先研制与专项工程立项论证研究工作。

2　战略的制定、运筹与实施

战略研究的主要任务是指导武器装备发展战略、规划与计划的制定、筹划与实施[5]。

2.1　战略的制定

战略制定的关键是研究战略形成的要素与战略形成过程的规律。

（1）影响战略形成的主要因素

任何系统的发展，都是过去系统和当前系统发展的延续与创新，因此，系统过去和当前的发展状况，必然影响未来系统的发展。总结、研究系统的历史发展和当前的发展状况，吸取过去系统发展战略中的合理部分，排除历史发展中不合理、不和谐的问题，是制定发展战略必须考虑的重要因素。

系统是具有特定目标、功能和结构的实体，战略的制定必须服从、服务于系统的使命和作战效能要求，必须与其发展环境和系统内部状态相适应，因此，系统的发展目标与其发展环境是制定战略的主要依据。

系统发展的内部状态，包括对应战略层次涉及到的科技、资源、人才、历史背景，甚至现行政策和领导者的指导思想，以及他们的知识结构和个人素质等因素，都会成为制定战略必须考虑的要素。

（2）战略形成的一般规律

战略的形成通常有两种形式：其一是有意识、有组织地提出和制定的战略；其二是在系统的发展过程中，自发形成的某种战略。前者是一种有明确目标、有组织、有领导的综合研究过程，通常首先由领导提出系统发展研究的任务，战略研究人员通过对系统发展历史的总结，对现状的分析和对系统未来发展环境与需求的预测，逐步科学、合理地明确系统的发展目标、发展重点，以及正确的实施途径与对策，为系统发展明确了方向。在此基础上，通过对话与研讨，逐步正式确定系统的目标、重点和发展方略，形成战略决策。目前世界各国多采用“规划—计划—预算方法（PPBS）”（参见参考文献［1，7］与图2－6－3）或相类似的方法进行武器装备发展战略研究与制定工作。后者是在系统的发展过程中，通过一个一个具体的实施决策，逐渐形成的某种战略。它随着武器装备的发展进程，不自觉的逐步明朗化而形成的战略。过去在相当长的历史进程中，世界各国军兵种武器装备的发展状态基本上是如此，对未来战争需求缺少深思熟虑、远见卓识的战略研究，因此，难以形成军队建设可持续发展的局面。

2.2 战略的筹划

（略，参见下一篇《战略研究探索》）

2.3 战略的实施

（略，参见下一篇《战略研究探索》）

3 武器装备发展研究的基本方法

战略研究涉及的学术、专业领域范围广泛，面对动态、多方面的复杂环境因素，任何单一部门都难以甚至无法掌握制定战略涉及到的全部或大部分学术、专业领域的知识。因此，应建立相对稳定、专业比较配套、与领导机关工作密切协调的高层次的专家工作队伍。通常应采取跨部门的组织形式，开展长期、动态、滚动式的研究，才能做好这项工作。以美国武器装备发展研究为例，他们由国家、军队、相关工程公司和民间研究机构（包括兰德公司、布鲁金斯学会和有关大学的专题研究组）形成四个层次的战略研究网络体系，组成成百上千不同层次的专题研究组，依据各个研究群体的优势开展各自擅长的专题研究，综合起来形成全方位的武器装备发展战略的研究体系。美国兰德公司、布鲁金斯学会虽然是民间的研究机构，但是，在美国国家和武器装备的发展研究中具有举足轻重的地位。战略研究应当根据总体与专业技术发展研究的特点，按照系统工程研究与专业技术研究既分层次，又相互结合进行，并采取经常交流、碰撞的研究机制，使战略研究具有必要的完整性、创造性和科学预见性，适应武器装备长远发展建设的需要。

借鉴国内外发展研究的成功经验和方法，战略研究应具有通畅的管理渠道；畅通的信息通道；称职、配套的研究队伍和必要的工作条件，形成与发展研究任务相适应的发展研究组织体系[6,7]（参见图1－2－4），组织体系的核心是战略研究领导小组、顾问组和战略研究总体组。应充分利用国内外相关领域专家和部门的研究成果，采取小核心、大外围的研究机制，在较高的层次上开展武器装备发展战略的研究工作，这是做好现代武器装备发展研究工作的捷径和必由之路。

参 考 文 献

[1] 杨德志,宦乡,等. 国防发展战略的思考[M]. 北京:解放军出版社,1987.

[2] (美)丹尼斯·德鲁. 国家安全战略的制定[M]. 王辉青,等译. 北京:军事科学出版社,1991.

[3] 刘继贤,等. 国防发展战略概论[M]. 北京:国防大学出版社,1989.

[4] (苏)波格丹诺夫. 美国军事战略[M]. 李静杰,等译. 北京:解放军出版社,1985.

[5] 汪宗洛. 系统工程理论方法与应用[M]. 北京:高等教育出版社,1992.

[6] 赵少奎. 对二炮战略研究的建议[J]. 科技研究,1998.

[7] 赵少奎,杨永太. 工程系统工程导论[M]. 北京:国防工业出版社,2000.

(本文发表在“第二炮兵科学技术委员会”编辑出版的《科技研究》2000.2:2~4)

战略研究探索

〔摘　要〕本文对战略研究的概念、战略层次的划分、战略体系与战略层次的关系，以及战略研究的基本内容进行了探讨。

〔关键词〕战略研究　战略层次　战略体系　总体战略　发展战略　部门战略

1　战略的概念和特性

“战略”一词源于战争实践，并长期运用于军事领域，其内涵是指导战争全局的方略。随着社会活动的发展，特别是军事活动的发展，战略概念也在不断演进和发展，战略概念的发展表现为内涵和外延的扩展，内涵的扩展表现在战略概念的内容不断得到充实和丰富。在当今世界，军事战略的概念已经扩展为在战争准备与实施过程中对军事、政治、经济、外交和科技等诸多领域的综合运用。战略概念的外延表现已从军事领域转变为具有诸多领域的普遍性概念，从单纯的军事概念扩展到国家的政治、经济、科技、教育、外交和国防等各个重要领域，是一个国家在其重要社会领域内追求的基本目标及实现其目标所采取的全局性的方略。

战略概念的基本特性主要表现为：

1）全局性——战略既统管较大的和独立的领域，又统筹该领域的各个方面和各个阶段，是在时间和空间上谋划全局的方略。

2）长期性——战略应是一个较长历史时期内的行动指南，不是为某一或几件近期发生的事件制定的短周期的行动策略。其着眼点不是当前，而是未来，具有长期性和相对稳定性。

3）层次性——根据战略目标的重要性，战略目标的制定应分清轻重缓急，在时间上应划分为近、中、远期目标，具有层次性和阶段性。

4）挑战性——制定战略是对手间在高层次上进行的智力、综合实力的较量，具有明显的竞争性和挑战性。

5）宏观性——制定战略是谋划具有全局性的重大决策问题，必须从总体上思考和解决问题，寻求整体上的优化，不拘泥于细微末节上的得失。

6）复杂性——战略研究与决策，面对动态、多因素、对未来系统发展环境预测等范围广泛的问题，任何国家、部门的需求与能力之间都存在相当大的差距，都要冒一定风险，关键的问题是：在复杂的全局性决策的问题上，谁能更加科学的预测未来，谁的谋略就更高一筹。

2　战略层次的划分

直到目前，世界各国战略研究学者对战略概念的划分还众说纷纭，难以统一。结合我国战略研究和运用的实际，作者认为将其概略地分为大战略、发展战略和部门战略较为合适。

（1）大战略

我们这里讲的大战略，实际上是指“国家战略”（参见图 2 - 5 - 1），用于研究国家和其社会各个重要领域具有全局性的基本目标和对策。这里讲的全局，是指在时间上，贯穿相当长时间的全过程，在各重要领域建设与运用的全过程中起指导作用的基本方略；在空间上，指导各个重要社会领域内相关力量、手段，在各个区域内配合、协调一致的行动。因此，国家战略可以定义为：平时和战时，在一切环境下，使用国家一切力量（包括国家政治、经济、地理、科学、技术、军事等社会资源所产生的能力和潜力的总合）实现国家基本目标的方略。因此，大战略主要由目标、实现目标所必需的国力手段、战略措施组成。

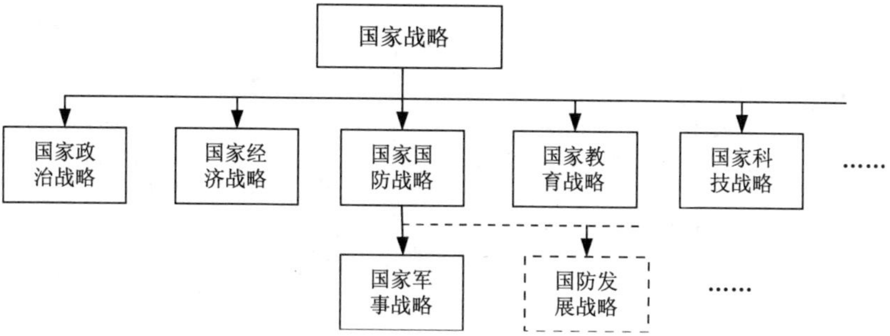

图 2－5－1 国家总体战略关系框图

（2）发展战略

国家发展战略是在国家战略指导下，集中规划国家经济、教育、科技、国防、卫生和文化等社会领域的主要目标、发展重点、发展途径和对策的基本方略，它集中规划这些领域比较长远的发展方向，是实现相关领域未来一定时期建设目标的基本指导方略。因此，它是制定相关领域规划和计划的指南，统筹安排各个单项活动的依据。发展战略关系参见图 2－5－2。

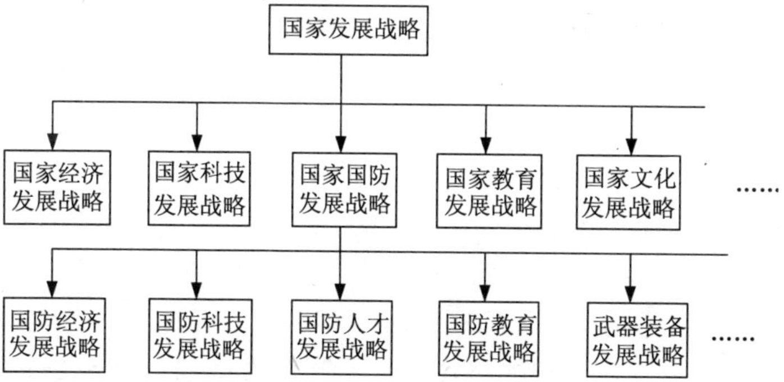

图 2－5－2 国家发展战略关系框图

这里重点讨论国防发展战略的概念。国防发展战略是指导国防力量发展、建设的基本方略。具体讲，它是在国家战略、国防战略指导下，统筹谋划国防力量发展的目标、重点、发展途径和对策的基本方略，是实现未来一定时期内国家国防力量发展、建设目标的基本策略。因此，它是国防战略的重要组成部分，国家发展战略大系统中的分系统，在发展目标、重点和对策上，应与国家战略、国家发展战略保持一致，服从、服务于国家战略和国防战略。

（3）部门战略

随着社会的发展，武器装备的进步，作战样式的转变，在未来社会发展和军事斗争中，具有独立地区、战区，武器装备精良、作战效能日益增强的军种将发挥重大作用，可形成相对独立的战略，因此在国家战略、国家发展战略指导下制定部门（地区或军兵种）战略和发展战略势在必行。部门战略是筹划和指导战区、军兵种作战运用和建设全局性的方略。其内涵是在一切环境下，使用国家和该军兵种的一切力量，实现国家、地区和该军兵种基本目标的方略。应包括决定该军兵种或战区有关作战运用、发展和建设全局性问题的综合决策体系。部门发展战略应当是集中规划部门主要领域的基本目标、发展重点、途径和对策的基本方略，它集中规划这些领域发展比较长远的基本方向，是实现未来一定时期内这些领域建设目标的基本策略，因此，它是制定上述领域规划和计划的指南，统筹安排该领域单项活动的依据。

3 战略体系与战略层次之间的关系

科学地明确战略体系，合理地划分战略层次是战略研究中的一个基础性课题，是深入开展战略研究不可逾越的研究内容，也是正确认识战略体系结构和各战略层次之间相互关系的重要途径。从上述战略概念来看，不同战略体系、不同层次战略之间有下述相互关系。

（1）主导与从属关系

不同层次、具有相对独立性的战略之间，通常具有主从关系。如国家战略、国防战略与军事战略，它们不属于同一层次，国家战略是统筹指导国家全局的战略，居于战略体系的最高层，它是制定国防和军事战略的依据和指南。国防战略是筹划指导国防领域全局性的方略，包括军事的和非军事的活动，国防战略服从、服务于国家战略，接受国家战略的指导，但是，在国防领域有其独立性，比国家战略低一个层次。军事战略是谋划军事斗争准备和实现军事斗争的全局性方略，侧重于军事活动，特别是战争活动，受国防战略指导和制约，比国防战略又低一个层次。所以，国家与国防战略，国家与军事战略，国防与军事战略之间的关系是主从关系。

（2）整体与局部关系

不同战略体系的战略之间存在着整体和局部的关系，比如，国家（国防）战略包含着筹划建设和运用国家（国防）力量的双重内容，而国家（国防）发展战略只用于谋划国家（国防）力量的建设，因此，后者是前者的组成部分，国家战略与国家发展战略，国防战略与国防发展战略之间是整体与局部的关系，但是，它们同属一个战略层次。

（3）平行与协调关系

在国家发展战略中同属一个层次的国家科技发展战略、国家经济发展战略、国家教育发展战略……在国防发展战略中同属于一个层次的国防科技发展战略、武器装备发展战略、国防经济发展战略……它们之间不是主从关系，而是相互独立的平行关系，相互之间既目标一致，又相互影响、制约，存在着相互协调的关系。

战略概念发展到今天，已经成为一个多领域、多层次的战略体系，各层次上的战略既有纵向上的主从关系，又有横向上的输出、反馈和制约关系。但是，时至今日，国内外战略研究学者对战略体系与战略层次的划分并没有形成统一的认识，从我国国防建设实践出发，作者建议按照图2－5－3。

所示的简化战略体系与战略层次框图，把战略研究划分为总体战略和发展战略两大体系及相应的战略层次，进行战略研究较为符合我国的战略研究与运用的实际。

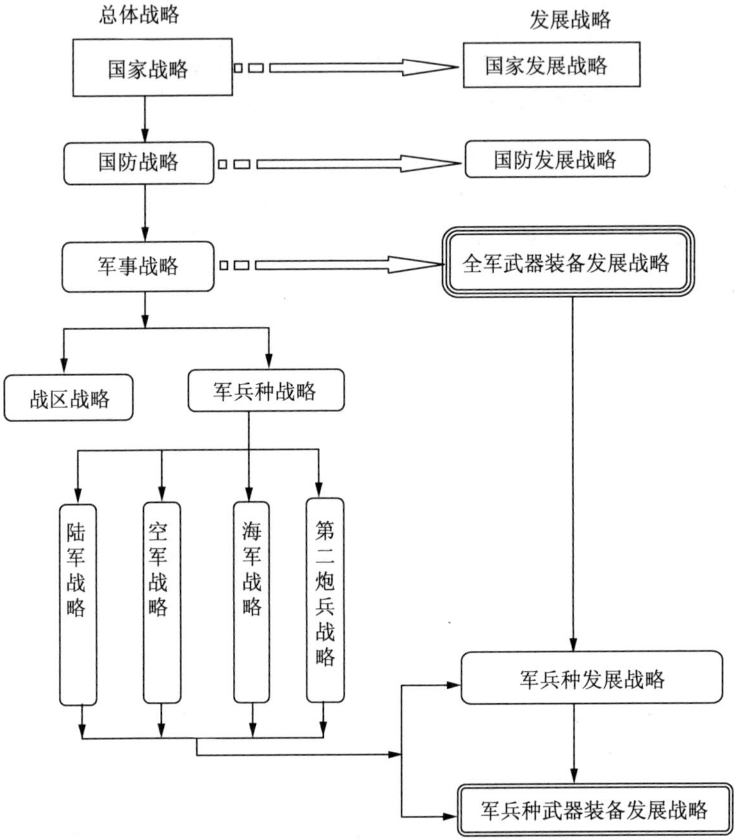

图 2-5-3　简化的战略体系与战略层次框图

4　战略研究的内容

战略研究的主要内容是战略的制定、战略的筹划与战略的实施。

4.1　战略的制定

战略制定工作的中心内容是研究影响战略形成的要素与研究战

略形成过程的一般规律。

（1）影响战略形成的主要因素

任何系统的发展，都是前一阶段系统和当前系统发展的延续和创新。因此，过去和当前系统的现状与发展状况，必然影响未来系统发展战略的形成和制定，总结、研究系统的历史发展和当前的发展状况，吸取过去系统发展战略中合理的部分，排除历史发展中不合理、不和谐的问题，是制定未来战略的出发点和重要因素。

系统是具有特定目标、功能和结构的社会实体。战略的制定必须服从、服务于系统的使命、目标和功能要求，必须与其发展环境和系统内部状态相适应，因此，系统的发展目标与特定发展环境是制定战略的主要依据。

系统发展的内部状态，包括对应战略层次涉及到的科技、资源、人才、历史背景，甚至现行政策和领导者的指导思想，以及他们知识结构和素质等因素，都是形成和制定战略必须考虑的要素。

（2）战略形成的过程

战略的形成通常有两种形式：其一是有意识、有组织的提出和制定的战略；其二是在系统的发展过程中，自发的形成某种战略。前者是一种有明确目标、有组织、有领导的综合研究过程，通常首先由领导明确系统发展战略研究的任务，战略研究人员通过对系统发展历史的总结，对现状的分析和对系统未来发展环境与需求的预测，逐步科学、合理地明确系统的发展目标、发展重点，以及正确的实施途径与对策，为把握系统未来的发展创造了前提。在此基础上，通过与领导人的多次对话与研讨，逐步正式确定系统的目标、重点和发展方略，形成战略决策。后者是在系统的发展过程中，通过一个一个具体的实施决策，逐渐形成的某种战略，它是随着形势的发展，不自觉的逐步明朗而形成的战略。

4.2 战略的筹划

战略筹划的内涵是运筹如何实施所形成的战略，它是从战略确定到战略实施之间的转换纽带，战略筹划得如何，直接关系到制定的战略能否顺利地实施。战略筹划的主要内容是：在战略已经明确的总体目标、方向、重点指导下，划分战略实施阶段与实施程序，进一步明确各阶段战略实施的目标和重点，制定战略实施的途径、对策与具体措施。在划分战略阶段时，要明确每一阶段必须完成的任务，前一阶段应为后一阶段开展工作创造必要的转变条件，使战略实施既有严格的阶段任务区分，又应建立战略阶段任务之间紧密的联系。

现代复杂工程系统的目标往往是一个目标集，在划分各阶段战略目标时，应在系统总目标的指导下，在区分阶段目标轻重缓急的前提下，明确重点目标、第二位保障目标、其他保障层次的目标和争取实现的目标，形成目标的保障序列，使战略实施能够分清轻重缓急、有条不紊地进行。

4.3　战略的实施

战略的实施是在一定的历史时期内，在战略指导下制定和落实一系列具体实施方案、计划和策略，实施系统决策，并随着系统环境的变化，对战略进行适时、适当调整或转换的过程。

战略的调整，是对现行战略改进、完善和充实的过程，通常是循序渐进的平稳变化过程。战略转移，是由现行战略向另一种战略的转变，可能是一个渐变的过程，但是，也可能是一个突变的过程。例如我国长期在以“阶级斗争为纲”的方针指导下，实施脱离实际的“赶超战略”，在结束所谓文化大革命后，向“以经济建设为中心”，实施“对外开放、对内搞活”的战略转变，就是一个重大的战略转移，是历史性的巨变。

（本文发表在“第二炮兵指挥学院”编辑出版的《二炮军事学术》2000.1：7～9）

发展研究的宏观谋划管理

〔摘　要〕本文对武器装备发展研究宏观谋划管理的基本概念、中长期计划管理的内涵和发展研究组织管理等问题进行了较为全面、深入地探讨。

〔关键词〕装备建设　宏观谋划　装备体系　装备体制

当今世界，军队装备现代化建设呈现出以高新技术复杂武器装备的发展研究、采办与运用管理为核心，进行大规模的社会化创新活动为突出特征，因此，武器装备现代化建设是一项庞大的系统工程。军队装备建设的中长期计划运筹谋划、系统协调与综合决策成为装备建设宏观谋划管理的重要内容。军队装备建设的宏观谋划管理包括装备建设中长期计划的管理，涉及装备体系与装备体制的研究与论证，按照装备发展计划的性质与周期长短，通常把装备建设中长期计划划分为装备发展战略、装备建设十年规划、装备建设五年计划和装备建设中长期专项计划。

1　武器装备发展研究的宏观谋划管理概述

1.1　宏观谋划管理的几个基本概念

1.1.1　装备发展战略

装备发展战略是军队对未来较长时期装备发展做出的宏观战略谋划，包括装备建设方针、政策，以及装备发展的战略构想、发展方向和重点等内容。装备发展战略是国防发展战略的重要组成部分，是从总体上对军队装备发展进行的顶层结构优化设计，是军队在较长时期内指导装备建设的纲领性文件。除非国际格局、主要作战对象、作战样式或主要对手武器装备发展发生重大变化，装备发展战略一般不进行重大调整，保持相对稳定运行，以利于装备建设有序、可持续地发展。图 2 –6 –1 示出了装备建设中长期计划形成的基本程序。

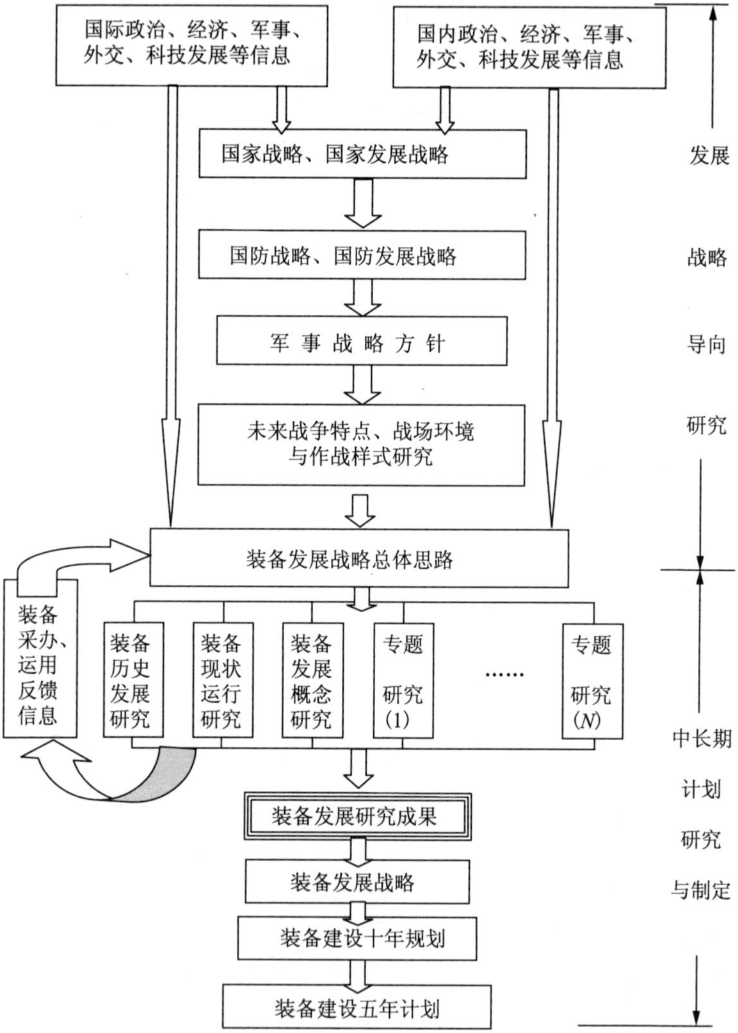

图 2 –6 –1　装备建设中长期计划研究与制定的基本程序

1.1.2 装备建设规划

装备建设规划通常是指 10 年左右的中期武器装备发展计划安排，它是对军队未来 10 年装备建设的总体设计，包括装备建设的指导思想、规划目标、方向重点、建设方案、规模结构、能力水平和政策措施等。

装备建设规划是军队建设 10 年规划的重要组成部分，主要依据国家军事建设战略方针、装备发展战略和军队建设 10 年规划进行编制。由于装备建设规划明确制定了装备建设的实施方案，规定了装备发展的规模结构和必须达到的作战效能和水平，以及装备建设的具体政策措施，因此，它对各项具体装备建设工作具有直接的指导作用，是装备发展战略在 10 年内的具体化，编制装备建设 5 年计划和装备体制的指导性文件。

1.1.3 装备建设计划

装备建设计划通常是指 5 年以内装备发展的具体计划安排，是装备建设中长期计划的实施方案，包括装备建设的指导思想、计划目标、方向重点、经费指标、建设方案、实施步骤、规模结构、能力水平和政策措施等。它是军队建设 5 年计划的重要组成部分，主要依据装备建设 10 年规划和军队建设 5 年计划进行编制，一般包括装备科研计划、装备订货计划、装备保障计划、装备维修计划和装备退役处理计划等，是编制装备建设年度计划的主要依据。

1.1.4 装备建设中长期专项计划

装备建设中长期专项计划是根据专项任务制定的装备建设计划，通常是为完成重大科研型军事装备任务而编制的单项发展计划，包括专项装备建设的指导思想、计划目标、方向重点、经费指标、建设方案、实施步骤和政策措施等。

1.2 装备建设规划、计划概述

装备建设规划、计划属于装备建设宏观谋划的中、近期计划安排，它是装备发展战略的具体实施方案。结合我军的实际，包括装备建设10年规划、5年计划、年度计划和装备建设专项计划。

由于研究装备建设计划的角度和编制装备建设计划的目的不同，计划分类的方法也不相同。通常按照计划周期的长短、计划管理的层次和计划的性质与管理特征进行分类。

1.2.1 按照计划周期分类

按照计划周期的长短，通常把装备建设中、近期计划分为装备建设中期、近期和年度计划。

（1）装备建设的中期计划

装备建设中期计划的时间跨度一般为10年左右，通常称为“装备建设10年规划或规划”。它是根据装备发展战略的规定，在对10年左右装备建设的环境因素进行周密预测和未来军事需求进行科学论证的基础上，对装备建设10年内的总体目标、发展方向、战略重点、装备发展优先保障序列、资源优化配置和相应对策作出的全局性安排。它的制定应当充分体现装备发展战略的总体要求，推进装备发展战略的具体实施，形成10年左右时间内军队装备建设方向、目标、重点和实施步骤的基本蓝图。

（2）装备建设的近期计划

装备建设近期计划的时间跨度一般为5年左右，通常称为“装备建设5年计划”。它是在装备建设规划的指导下，对装备科研、采购、调配和维修保障等项任务作出的5年左右的工作计划安排、实施步骤、资源配置，以及具体对策措施所做的更加明确的规定，是5年内装备开发与建设的指导性实施方案，在装备开发与建设工作中发挥重要的指导作用，是编制年度计划和预算的主要依据，在装备建设规划、计划管理工作中起着承上启下的重要作用。

（3）装备建设的年度计划

装备建设年度计划的时间跨度一般为1年左右，通常简称为“年度计划”，它是根据装备建设5年计划规定的装备建设结构、规模，紧密结合当年装备建设的任务需求与资源支持能力制定的装备开发与建设的具体实施方案和计划安排。一般应包括型号研制计划、技术革新计划、装备采购计划、装备保障计划和装备维修计划等。短期计划通常是指令性计划，各级装备管理部门必须遵照执行。

1.2.2 按照计划管理层次分类

按照装备建设的管理层次不同，装备建设的计划可以划分为决策层管理计划、决策实施层计划和具体承办单位的管理计划。结合我军的实际，通常相应地划分为全军装备建设计划、军兵种装备建设计划和装备项目建设计划。

（1）全军装备建设计划

全军装备建设计划属于全军装备建设的综合决策性计划，它属于全军装备建设安排的顶层设计，应着眼军队装备建设的全局和长远建设，是指导全军装备开发与建设的总体计划，务须从总体上优化全军的资源配置，确保全军装备建设总目标的实现。

（2）军兵种装备建设计划

军兵种装备建设计划属于军队装备建设的实施计划，是由军兵种或相关装备管理部门组织拟制，经决策或决策管理层批准后组织实施的装备开发与建设计划。这种计划侧重实现军兵种与相关装备管理部门的作战任务需求，由军兵种或相关装备管理部门组织实施，并接受决策与决策管理层的集中统一领导和计划指导。

（3）装备项目建设计划

装备项目建设计划属于军队装备建设的微观计划，由项目开发的管理部门组织实施，接受军兵种、相关装备管理部门的指导与审查。这类项目计划管理工作的侧重点是装备的研制进度、经费、性能与配套等主要指标及装备开发全寿命期的资源优化配置。

1.2.3 按照计划性质与管理特征分类

按照计划性质，装备建设计划可以划分为综合计划和专题计划。综合计划是汇总各军兵种、各部门装备开发与建设安排形成的全军装备建设计划；专题计划是就具体装备开发任务或专项经费运用制定的各类装备专项开发计划。

按照计划管理的特征，装备建设计划还可以划分为装备开发全寿命期管理计划和分阶段管理计划。装备开发全寿命期管理计划通常是涵括装备科研、采购、调配保障、维修和退役报废等一系列工作的管理计划；分阶段管理计划是装备开发某一寿命期的计划，如：装备预研规划与计划、装备型号科研计划、装备技术革新计划、装备订货计划，以及某项装备的调配计划、维修计划、退役报废计划和引进计划等，均属于分阶段计划。

1.3　装备体系与装备体制

1.3.1　装备体系

装备体系是对未来作战需求进行科学论证形成的完整的武器装备总体结构。它是在一定的战略指导、作战指挥和运用保障条件下，由功能上相互联系、相互制约的各种武器装备系统组成的更高层次的武器装备系统。它构成了未来作战体系对抗需要的武器装备系统整体结构。图1－2－2示出了装备体系建设的总体框架。在装备体系建设的总体框架指导下，可以进一步建立分阶段实施的战斗装备与保障装备体系构想，它对制定装备中长期计划与装备体制起方向性的指导作用，就这个意义而言，装备体系是装备建设中长期计划的重要组成部分，是制定装备建设中长期计划战略目标、方向重点、建设方案、规模结构、实施步骤的重要依据。

1.3.2　装备体制

装备体制是在一定时期内，装备管理机关对军队所配备和即将配备的各种装备进行的总体优化设计，是对军队装备建设全局进行的总体结构制式化的规定。它是军队决策与决策管理机关对装备建设实施宏观调控的重要手段，也是在一定时期内装备发展的指令性规范。主要用于规范军队已列编和拟列编装备的种类、型号、作战使命、主要性能指标、编配对象、配套装备替代关系等项内容，是拟制装备建设计划，指导装备建设实施通用化、系列化和组合化，以及进行部队装备编配和组织装备配套保障的主要依据。从这个意义上讲，装备体制也是装备建设计划体系的重要组成部分。装备体制的适用期通常与军队建设规划的时限同步，即同一个10年计划期间，同时编制装备体制和装备建设计划。

2 中长期计划的管理

高新技术在军事领域的广泛应用，引发了世界范围的武器装备发展变革，形成了以高新技术质量建设为主要标志的竞争态势，在这种国际环境下，我国社会主义现代化建设的安全环境面临新的威胁。面对新的挑战，党中央、中央军委提出了我国国防和军队跨世纪发展的“三步走”战略构想，为我军制定装备建设中长期计划指明了方向，明确了目标。编制装备建设中长期计划，制定装备体系与装备体制，是装备建设各阶段管理工作的起点和宏观发展的谋划过程，是各级装备建设管理机关的主要职责。

2.1 装备发展战略的管理

2.1.1 装备发展战略的制定

制定装备发展战略工作的关键是能否在国家战略、国家发展战略、国防战略与国防发展战略的正确指导下，深入地研究影响战略形成的环境因素、军事需求和装备发展的制约因素，并在此基础上明确武器装备发展的战略目标、发展体系、战略重点、发展途径与对策。

任何装备的发展，都是前一阶段装备和当前装备的发展和创新，因此，过去的发展状况和当前装备的现状，必然影响未来装备发展战略的形成和制定。总结、研究装备的历史发展和当前的发展状态，吸取过去装备发展战略中的合理部分，排除历史发展中不合理、不和谐的问题，是制定未来武器装备发展战略的出发点和重要依据。

武器装备是具有特定目标、功能和结构要求的社会实体，装备发展战略的制定必须服从、服务于武器装备系统的使命、目标和功能要求，必须与其发展环境和系统内部状态相适应，因此，武器装备系统的发展目标与特定的发展环境因素是制定装备发展战略的主要依据。综观世界各国武器装备发展战略制定的成功经验，核心的问题是：

1）在科学地预测未来战争形势、主要对手武器装备发展形势，未来战争特点、战场环境与作战样式的基础上，提出明确的装备需求总体目标与发展重点；

2）在国家战略、国家发展战略、国防战略与国防发展战略指导下，紧密结合未来装备实战需求的总体目标与战略重点，从国家科技、工业基础和资源支持能力的实际出发，制定现实可行、可操作的装备分阶段发展目标、重点、途径与对策。

武器装备发展战略的制定是一个复杂的研究与决策过程，既要考虑国家战略、国防战略明确的目标，国家科技、工业水平和资源的支持能力，又要研究实现选定目标可行的技术途径与对策。在这个问题上，任何国家都要冒一定风险，任何国家的能力与需求之间都存在相当大的差距，关键的问题是：谁能够更加科学地预测未来，谁能够更加充分、有效地利用有限的资源，谁的对策、谋略更高一筹。说到底，是主要潜在对手之间智慧与综合国力的较量。现代条件下，任何个人和单一职能部门都无法全面掌握影响制定战略所涉及问题的全部细节，因此，任何个人和单一部门都难以正确地制定武器装备建设的发展战略。借鉴世界各国武器装备发展研究的成功经验，结合我国的实际，提出图 2－6－2 所示武器装备发展战略研究与制定工作的基本程序。

第一步：装备发展战略的导向性研究

在国家、国防战略和中央军委军事战略方针指引下，在较高的层次上开展未来战争形势、主要对手武器装备发展形势和未来战场环境等导向性课题研究，并结合我军实际，开展未来作战任务分析和军事需求论证（参见图 2－6－2）。

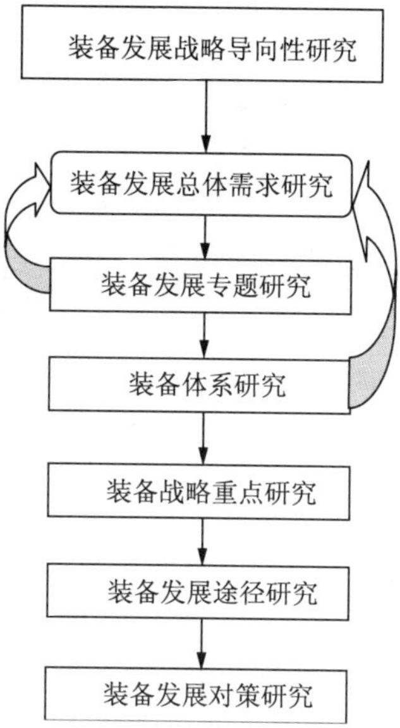

图 2－6－2　装备发展战略研究与制定的工作程序

第二步：形成装备发展总体思路

在中央军委军事战略方针和导向性课题研究的指导下，结合全军和军兵种作战任务要求，逐步形成全军和军兵种装备发展总体思路及军事需求的总体目标。

第三步：装备发展专题研究

在第一、二步研究成果指导下，开展武器装备发展历史、现状研究，进行新型装备概念研究，以及涉及新型装备发展的环境、制约因素等专题研究，并反馈影响装备发展总体思路及军事需求总目标的制定。

第四步：武器装备体系研究

在对军事需求进行多方案、多途径调研的基础上，密切关注世界军事装备的发展态势，逐步形成有科学依据、多方案的分阶段军事装备发展体系预测，并在此基础上，建立装备体系的初步作战效能指标体系，进行综合分析，反馈影响装备发展总体思路及军事需求总目标的制定。

第五步：制定装备发展战略目标、发展重点

依据军事战略方针、主要作战方向的军事需求，在武器装备体系研究的基础上，形成分阶段装备发展基本体系，在武器装备基本体系的指导下，考虑国家科学技术、工业生产能力和发展潜力，在国家资源支持能力约束条件下，进行多方案、多途径的定性与定量相结合的综合、权衡与决策分析，提出现实可行的装备发展战略目标与发展重点。

第六步：制定武器装备的发展途径

在相当长的时期内，经费不足是制约我军装备发展的突出矛盾，科技与工业体系发展滞后，是我质量建军的瓶颈所在。以经济地实施有效发展为指导原则，实施有重点地加强国防科学技术研究与创新，自我发展为主，争取外援为辅的政策，仍然是推进我军装备发展的基本对策。

第七步：制定装备发展的政策措施

面对我国特定的国防建设环境，从我国国力和军情出发，在充分调研的基础上，提出正确、有效的装备发展政策措施，对落实武器装备发展战略具有重要作用。面对越来越复杂的世界，越来越复杂的现代经济社会，越来越复杂的现代武器装备系统，武器装备发展的政策措施通常是一整套策略群。世界各国通常采取用高新技术改进现有装备的政策；多兵种通用装备优先发展的政策；军民两用装备优先发展的政策；新型装备尽可能采用基本型、系列化、通用化和组合化的政策；加强新技术预研与型号开发紧密衔接的政策，以及有重点地开展国防科技基础研究和加强地面仿真技术发展等政策措施。可见，装备发展战略的研究与制定是由各方面专家和机构联合起来，开展长期、动态研究，采用滚动式推进、逐步深化的综合集成方法才能较好地完成，这是装备发展战略研究、制定与管理的基本思路。钱学森院士提出的从定性到定量综合集成研讨厅体系，值得高度重视。

2.1.2 装备发展战略实施的筹划

对装备发展战略的实施进行筹划的内涵是：运筹如何实施所形成的战略，它是从战略确定到战略实施之间的转换纽带。战略筹划得如何，直接关系到制定的战略能否顺利地实施。

战略筹划的主要内容是：在战略已经明确的总体目标、方向、重点指导下，划分战略实施阶段与实施程序，进一步明确各阶段发展战略实施的目标和重点，制定战略实施的途径、对策与具体措施。在划分战略阶段时，要明确每一阶段必须完成的任务，前一阶段应为后一阶段工作展开创造的必要转换条件，使战略实施既有严格的阶段任务区分，又应建立战略阶段任务之间紧密的联系。

现代复杂武器装备系统的建设目标往往是一个目标集，在划分各阶段战略目标时，应在装备建设总目标的指引下，在区分阶段目标轻重缓急的前提下，明确重点目标、第二位保障目标、其他保障层次的目标和争取实现的目标，形成结构有序的发展目标保障序列，使装备开发与建设能够分清轻重缓急、有条不紊地进行。

2.1.3 装备发展战略的实施

发展战略的实施，实质上，就是在一定时期内，在发展战略的指导下，制定和落实装备建设十年规划、装备建设五年计划和编制装备体制，并对发展战略的实施进行适时监控、适当调整或转移的过程。

在发展战略的实施过程中，应适时获取战略实施活动中的有关信息，及时发现存在的问题，并查明原因，采取补救措施。通常每隔3~5年，对发展战略执行情况进行集中检查，通过发布行政命令、相关管理制度、制定新的政策措施和采取人事调动等手段，实施有效地监控，保证发展战略的贯彻落实。

发展战略一经决策，必须坚决贯彻执行，并且在相当长的时期内，应当按照预先筹划的实施程序，保持发展战略的稳定实施。但是，装备发展战略实施的客观环境在不断变化，发展战略必须适应变化了的情况，进行适时、必要的调整，甚至进行战略性的转移。战略调整是对现行发展战略改进、完善和充实的过程，通常是循序渐进的平稳变化过程。战略转移，是由现行发展战略向另一种发展战略的转变，可能是一个渐变的过程，但是，也可能是一个发生重大转变的过程。为了保障装备发展战略能够及时进行正确的调整或战略转移，要及时作好装备发展战略应变方案的制定工作，确定好装备发展战略的调整对象，并把握好装备发展战略的调整时机。

2.2　装备建设规划、计划的管理

2.2.1　装备建设规划、计划的制定

现代高新技术武器装备系统的开发与建设，通常是科研主导型工程，开发与建设过程中不确定因素多，是一个逐步深化认识客观世界，改造客观世界的过程。通过从装备发展战略、规划到近期装备建设计划分阶段进行装备建设计划的宏观谋划，有利于有效地分散宏观谋划的难点，正确地制定装备发展目标、战略重点，采取科学合理的开发与建设步骤和政策措施，能够更加明智地利用有限的资源，降低武器装备开发与建设的风险，是一项关系军队装备建设全局的系统工程管理工作。

制定装备建设规划、计划，实质上就是依据装备发展战略对装备建设安排进行的预测、计划谋划与运筹管理的过程。把装备发展战略适时地转化为装备建设的实施方案，形成现实可行、可操作的中、近期计划安排，把装备发展战略规定的战略目标、建设重点和可以利用的人、财、物等资源，经过优化配置，统筹纳入到一个科学、有序的装备建设计划之中，形成装备中、近期建设的计划管理指南，指导各级装备建设管理机关协调一致地实现装备建设的目标管理任务。

各国国防建设管理体制不同，装备建设规划、计划的制定由不同部门负责。我军装备建设规划、计划在中央军委统一领导下进行，

由总装备部负责组织各军兵种和有关装备管理部门，依据科学、有序的程序制定。

（1）制定装备建设规划、计划的依据

装备建设规划、计划的时间跨度与种类不同，制定的依据也有所不同。但是，总的原则是：短周期的装备建设计划必须服从、服务于长周期的装备建设计划，必须使各种装备建设计划形成前后呼应、协调一致、完整的计划体系。从总体上讲，制定装备建设规划、计划的主要依据是：

1）国家军事战略方针和装备建设发展战略；

2）对国家战略环境和周边安全环境的科学预测；

3）世界军事发展趋势、主要对手装备发展形势与我军未来的军事斗争需求；

4）国家国民经济和科学技术现状与发展预测；

5）国家对军队装备建设可投入的资源预测；

6）我军装备体制的现状与发展构想；

7）国家对新型装备的研制、生产、维修与保障的能力；

8）我军装备建设的历史与现状。

（2）制定装备建设规划、计划的指导原则

装备建设规划、计划的制定必须遵循具有科学预见性、现实可行性、整体性、协调性、经济性，并实施系统运筹，具有可持续发展能力的原则。

1）科学预见性原则。制定装备建设规划、计划是预测、设计未来的装备建设管理活动，没有科学预见性的规划、计划，不能称其为装备建设的规划、计划。在现代军事科学理论的指引下，科学地预测未来装备发展的环境因素，包括科学地分析国际战略环境、国家周边安全形势、科学技术与主要对手装备发展趋势，以及未来战争特点、战场环境与作战样式等，形成体系完整、系统优化、重点突出、实战效能满足军事需求、技术比较先进的装备建设基本体系与装备体制，做到立足现实、着眼长远，最大限度地利用有限资源，最大程度地发挥装备系统的整体效能，最大限度地满足未来战争的军事需求。

2）现实可行性原则。正确处理好军事需求与国家科学技术发展、工业基础与资源支持能力的关系，采用先进技术与尽可能降低装备开发与建设风险的关系，军事需求与客观环境条件制约的关系，把装备建设规划、计划的整体优化与局部选优都建立在现实可行的基础上，是制定装备建设规划、计划应坚持的基本原则。

3）整体性原则。装备建设规划、计划是由军队不同管理层次的军事需求，各种各样武器装备与需求制约因素综合集成的，这些要素既互相联系，相互制约，又统一、协调在装备建设总目标的约束之下，因此，在制定装备建设规划、计划过程中，要十分强调装备建设规划、计划的整体性。

4）协调性原则。在装备建设规划、计划的制定过程中，要认真处理好各类装备建设规划与计划的关系，装备质量建设与装备数量的关系，一般装备与重点装备的关系，目前急需装备与装备长远建设的关系，各军兵种装备需求与全军装备体系优化的关系等，这是一项十分复杂的系统协调工作。在制定装备建设规划、计划的过程中，要统筹全局，尽最大可能坚持装备建设均衡、协调发展的原则。

5）经济性原则。世界各国，不论是工业发达国家，还是发展中的国家，在装备建设的问题上，军事需求与国家资源的支持能力之间都存在相当大的差距，这是一个不争的事实。作为一个发展中的国家，在相当长的时间内，经费不足、装备建设资源紧缺都将是制约我国国防科技发展和装备建设的突出矛盾。为此，在制定装备建设规划、计划时，要时时想着：我国是一个人口众多的大国，又是一个经济基础还很薄弱、发展中的穷国，从我国国情出发，我们必须毫不动摇地坚持经济有效性原则。

6）系统运筹、可持续发展原则。装备建设规划、计划的制定涉及多学科、多领域、诸多军兵种和部门，贯穿一个很长的装备发展运筹与建设的过程，我们务须着眼全局，立足长远，在制定装备建设规划、计划时，做到“运筹帷幄之中，决胜千里之外”，采用科学、有效的方法和程序，组织好队伍，作好系统发展运筹，安排好装备建设的优先保障序列，确保装备建设规划、计划结构合理、资源配置优化，能够实现装备建设可持续发展的目标。

（3）装备建设规划、计划制定的基本程序

如上所述，装备建设计划的种类繁多，管理层次不同，计划的性质与管理的内容也不相同；在装备建设规划、计划制定的过程中，不确定因素多，影响因素多是动态变化、涉及范围广泛的复杂因素；而且世界各国装备建设的管理体制也不相同，因此，装备建设规划、计划的制定难以形成完全一致的程序和方法，是一个复杂的系统工程管理过程。但是，世界各国通常都采用自上而下，自下而上，多次迭代，不断优化，滚动式推进的办法来完成装备建设规划、计划的制定工作。采用这种计划编制方法，有助于逐步深化对装备发展战略的认识，有利于统一各管理层次对需求总目标、战略重点、装备发展优先保障次序的理解与共识，有利于装备建设规划、计划安排的协调和层层落实。按照这种计划编制的思路，装备建设计划的制定一般包括下述几个步骤（参见图2-6-1和图2-6-2）。

1）导向性研究。这是装备建设规划、计划制定的先期准备工作，是装备建设各管理层次形成统一的指导思想和装备建设总体思路的阶段。

首先，组织装备建设各级管理机关和参与规划、计划的论证人员，认真学习、领会国家战略、国防战略、国防发展战略和装备发展战略明确的宏观战略谋划要点，进一步理解、消化国家、军队决策层战略意图和明确规定的中近期装备建设总目标与装备建设的指导方针。第二步是广泛搜集国内外各种影响和制约装备发展方向、战略目标和发展重点的环境因素，如未来战争形势、主要对手装备发展形势、科学技术发展趋势，我军装备建设现状和存在的薄弱环节，以及我国科学技术与经济发展形势等，预测10年左右我军面对的主要作战方向、战场环境、作战样式，以及我军装备建设资源的支持能力等，并在此基础上形成我军装备建设的总体思路，由军队装备建设决策管理部门发布装备建设规划、计划的管理纲要，作为全军装备建设规划、计划制定的指导性文件。

2）多方案综合、权衡与优化。在导向性研究的指导下，军队装备建设决策管理部门组织军兵种和有关装备建设管理部门开展装备建设规划、计划制定的论证工作。实现军队装备建设的战略目标，显然有多种技术途径可供选择，在装备建设规划、计划的论证阶段，应当鼓励各军兵种和有关部门进行多方案论证，充分地调动科学家、工程技术专家探索未来技术发展的积极性，让他们对装备发展的各方面问题，更灵活、更大胆地发表具有远见卓识的意见。诚如查尔斯·J·希契[11]指出的“铅笔和纸张，甚至重要部件的可行性试验工作，要比一堆重武器废品便宜得多。我们希望在作出重要决定之前，我们做过比较全面和彻底的考虑，以及评定过每项选择的各个方面，从而降低实施阶段改变方案、延迟交货周期，甚至不得不下马的风险”。在军兵种和有关装备部门充分论证的基础上，提出包括装备发展项目、优先安排序列的计划草案。装备建设决策管理部门组织对计划草案进行评审、协调、优化，并作出调整、变更计划项目的决策。在此基础上，提出“装备建设计划预案”。军兵种和有关装备部门根据“计划预案”修改其计划草案。在此基础上，装备建设决策管理部门编制装备建设经费申请和全军装备建设规划、计划方案，报军队装备建设决策部门审批。

3）拟制装备建设计划。根据装备建设决策部门下发的军队建设规划、计划和批准的装备建设计划方案，装备建设决策管理部门组织各军兵种和有关装备部门，根据装备建设决策管理部门拟制的经费分配指标和有关要求，正式制定分管的装备建设计划。装备建设决策管理部门综合各军兵种和有关装备部门上报的装备建设计划，进一步组织评审、协调、优化，征求总部有关部门、军兵种、相关军区和国防工业部门的意见，在充分协调的基础上，完成装备建设计划与预算的编制工作。

4）审批下达。经过相关管理层次装备建设主管部门和科技专家深入论证与纵横协调、优化，由装备建设决策管理部门综合集成为全军装备建设计划与预算文件，上报军队装备建设决策和国家决策部门，正式批准后下达实施。

2.2.2 装备建设规划、计划的实施

装备建设规划、计划的实施，实质上，就是把经过国家决策部门批准、下达的装备建设规划、计划落实到装备开发与建设工作中去的过程。经过国家决策部门批准、下达的装备建设规划、计划，全军都必须严格遵照执行，不得随意变更或调整。如果因装备建设环境变化或其他原因，需要进行变更或调整，必须按照规定的程序，制定相应的调整计划，根据有关规定履行必要的审批手续，才可以实施装备建设规划、计划的变更或调整。

在装备建设规划、计划实施的过程中，应当加强宏观调控、监督检查、适时部署落实装备建设规划、计划的具体措施，并进行必要的调整。

（1）加强宏观调控

对装备建设规划、计划的调控，主要通过应变方案来实现。当计划执行情况的变化超出了应变方案的可控范围，就应当灵活地运用各种手段进行控制。一是经济手段，即运用成本、价格、税收、利率、物质奖励等经济杠杆，引导各管理部门、单位实现计划规定的目标；二是行政手段，即通过行政命令、管理制度、人事调动来调节人、财、物的优化配置；三是政策手段，即通过给予某些部门或单位特殊政策的办法，调动积极因素，保障计划的顺利实施；四是法律手段，即运用相关法律、法规保障计划的实施。

（2）加强监督检查

各层次装备建设管理机关和有关部门，必须严格按照装备建设规划、计划开展装备开发与建设的管理工作，克服主观随意性，加强监督检查。对计划的执行情况，应适时进行中期评估，及时掌握计划的执行情况，督促相关部门和单位严格按照装备建设规划、计

划办事。发现问题，应想方设法，纠正出现的问题，并及时将有关情况反馈给上级装备管理部门，提出对计划进行调整、补充或变更的建议，以利于及时采取相应的决策。

（3）适时进行必要的调整

在计划执行过程中，装备建设的环境因素在不断地变化，适时地进行计划的必要调整，一般情况下是正常的。通常情况下计划的调整幅度是有限的，只有在出现下述情况时，才对计划进行较大调整：

一是装备发展战略进行了调整。无论是装备建设战略目标、发展重点，还是装备建设战略步骤、技术途径进行了调整，都要引起装备建设计划的调整。

二是国家经济出现难以预料的变化。国家经济发展情况的好坏，直接影响军队装备建设的投资强度，影响装备建设计划的执行，这是显而易见的。

三是装备开发和建设计划未能按预定计划完成。在执行装备建设计划时，常常因为技术关键久攻不下或其他原因，不能如期完成，被迫调整计划或终止计划的执行。

当出现上述情况时，各级装备建设管理机关应当及时编制调整计划，掌握好计划的调整时机。装备建设计划执行完毕后，要及时进行工作总结，包括对装备技术水平的综合评价，装备建设工作的主要成绩和存在的问题，并对下一项装备建设计划提出对策性建议。

2.3　规划、计划与预算一体化方法

在相当长的时间内，美国的武器装备建设由各军种各自独立进行，国防部采取按一定比例“切豆腐块”的办法，实施经费分配与装备建设调控。主要由于管理上落后，导致装备建设效益低下，浪费严重，20 世纪 50 年代末，美苏之间在导弹与航天技术发展上形成明显的差距。60 年代初，新上任的国防部部长 R · 麦克纳马拉针对

美国三军各自为政，规划、计划与预算严重脱节的弊病，采用美国兰德公司在规划、计划方面的研究成果，在经济学家、当时的国防部审计长查尔斯·J·希契的帮助下，建立了一个科学的规划、计划与预算一体化系统（Planning-Programming Budgeting Systm，缩写为PPBS）[9,10]。这一系统把国家安全目标、军事战略、军事需求与装备建设工作，按照科学、规范化的程序，把规划、计划和预算紧密地结合起来，把装备建设规划、计划与预算工作综合成一个整体。编制 PPBS 是为了更加合理地分配和利用有限的国防建设资源，精心设计的一种装备建设规划、计划的科学方法，它实现了为了维护美国的国家安全利益，以较小的代价，获取最大限度国防力量的目标。

30 多年来，PPBS 经过多次改进和完善，更趋成熟，被许多国家采用，美国已经把 PPBS 推广应用到国家经济发展规划、计划和预算管理等领域，成为世界各国争相效法的装备建设规划、计划与预算管理的一体化方法。

2.3.1 PPBS 的目标

力求做到宏观谋划与近期装备计划紧密结合，军事需求与现实可能紧密结合，长期战略目标与近期作战需求紧密结合，战略、战役与战术运用与科学技术发展紧密结合，具体地讲，包括下述主要目标。

1）对装备建设实施集中统一领导，并在集中统一领导下，按照明确的职责区分，实施装备建设决策层、决策管理层与决策执行层分层次管理；

2）对军队装备建设进行科学、具有远见卓识的全局性宏观战略谋划，在军事需求导引下，以资源优化配置为手段，实施装备建设的系统、微观调控；

3）在科学、有序的宏观谋划指导下，对国防建设资源实施优化配置，尽最大可能做到经济、有效地利用有限的资源。

2.3.2 PPBS 的特点

（1）加强集中统一领导，增强装备建设的整体性

PPBS 是以国家安全目标作为宏观谋划的依据，把资源配置作为宏观调控的主要手段，通过全军统一制定规划、计划和预算，对各军兵种和有关装备部门实施集中统一领导和系统协调，克服了各军兵种各自为政，争相上项目、重复建设和忽视跨军兵种装备建设的弊病，实现了装备建设的总体优化。

（2）坚持需求牵引的指导原则

在编制装备建设规划、计划和预算的过程中，把军队建设与装备建设的各方面工作有机地联系起来，依据军事战略方针提出作战任务构想，按照作战任务构想提出军事需求，根据军事需求，确定装备建设规划、计划和预算。充分体现了军事需求牵引的原则，有针对性的优化了资源配置，科学地制定了装备建设规划、计划和预算。

（3）遵循军事需求与现实可能相结合的原则

科学技术与工业生产能力，人力、财力和物力保障是装备建设的物质基础，任何一个国家，军事需求都是可以无限膨胀的，但是，任何一个国家能够支持装备建设的资源都是有限的，都存在难以弥合的差距。因此，在制定装备建设规划、计划与预算的过程中，必须在军事需求的牵引下，以科学技术和工业生产能力的发展，人、财、物能够提供的支持能力为制约条件，进行综合论证与预算审计，按照装备建设的优先保障序列，进行装备发展项目安排的协调与决策，严格遵循军事需求与现实可能相结合的原则

（4）建立规范化、法制化的规划、计划与预算编制程序，形成科学、高效的决策管理机制

在不同计划阶段，对各军兵种和有关装备部门进行装备建设论证的内容、编制文件的要求、计划的审批程序等都有明确的规定，对各项计划工作完成的时间、计划文件传递的程序都有严格的要求，并以法规的形式固定下来，使之规范化、制度化，避免了装备建设

规划、计划、预算制定与决策的随意性，保证了装备建设规划、计划和预算的科学性、完整性。

2.3.3 PPBS 的实施

PPBS 的实施通常划分为规划、计划、预算与执行四个阶段。

按照 PPBS 规定的程序，装备建设规划、计划、预算与执行四个阶段连续滚动进行（参见图 2－6－3）[10]。一项新的武器装备从进入规划，到列入年度预算，通常需要经过 21 个月系统分析、评审与决策周期[10]。此外，美国国会批准预算还要 8 个月时间，因此，一项新计划获得经费，正式启动需要 29 个月的历程。与此同时，在任何一段时间内，装备建设规划、计划与预算是并存的，形成了一个不断深化、持续展开、滚动式推进的规划、计划与预算过程。

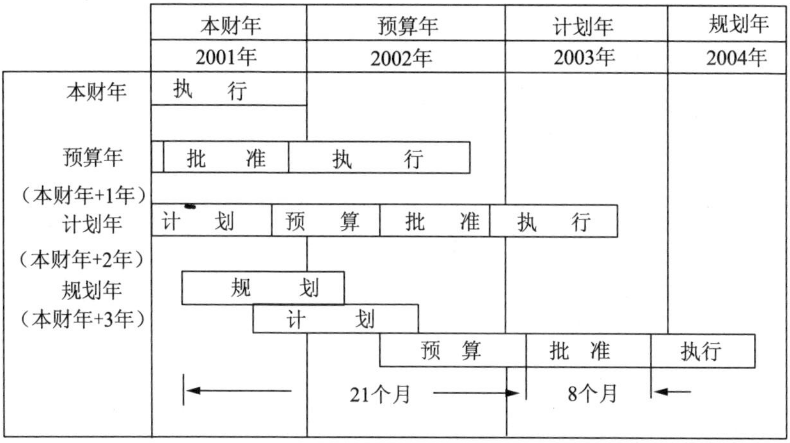

图 2－6－3 PPBS 的阶段划分

PPBS 具体实施步骤如下（参见图 2－3－1）。

（1）规划阶段

第一步：预测未来战争威胁形势

由国家情报部门和军兵种进行未来战争威胁评估，军兵种每年提出《未来 10～15 年国家面临安全威胁分析报告》。在此基础上参谋长联席会议每年 7 月发布 1 号文件——《10 年联合情报估计》，从长远的观点对世界范围的政治、经济、军事和外交格局及其发展趋势进行预测，对美国国家利益有重大影响的局势和相应应变能力作出判断，作为武器装备建设规划、计划制定的依据。

第二步：进行长期联合战略研究

根据《10 年联合情报估计》提供的世界范围内主要对手的政治、经济、社会、技术和军事的现状和发展趋势，提出国家武装力量运用的主要目标、政策和军事约束条件，并阐述上述目标、政策和约束条件与世界和地区局势发展之间的关系，指导武器装备建设宏观谋划工作能够集中到国家安全优先考虑的问题上。为更好地制定军事战略和武器装备规划服务。这一研究由参谋长联席会议主持，每年 8 月重新审查一次，至少 4 年修订一次。

第三步：制定联合研究与研制目标文件

根据第一步研究明确的战争威胁和主要作战对手，第二步研究确定的武装力量运用主要目标、政策和约束条件，参谋长联席会议向国防部长提出国防科技和武器装备系统研究与研制的重点和构成——《联合研究与研制目标文件》，实质上即是武器装备建设纲要预案。这是一份武器装备中期发展文件（2 ~ 10 年或更长时间），每年审查一次，至少 4 年修订一次。

第四步：制定联合战略目标规划

它是在第一、二、三步研究的基础上，参谋长联席会议向总统、国家安全委员会和国防部长提出的国家中期安全目标所要求的军事战略和武装力量结构的建议，此时的规划主要从军事需求考虑，不过多的考虑财政限制，通常超过最终能够实现的力量水平。

第五步：制定联合武装力量备忘录

它是在前述研究基础上，在一定的财政约束条件下，由参谋长联席会议提出的《武装力量水平和支援计划》建议。

第六步：制定联合战略能力规划

依据《武装力量水平和支援计划》，参谋长联席会议向军兵种提出军事任务指令，具体明确各军兵种制定武装力量和武器装备规划的要求。该文件每年审查一次，隔一年修订一次。

第七步：编制《国防指南》

《联合战略能力规划》编制完成后，国防部根据前述文件、建议和总统对外政策的指示，着手编制《国防指南》，它包括：

1）战争威胁估计与机遇（第一卷）；

2）政策与战略指南（第二、三卷）；

3）力量规划指南（第四卷）；

4）资源规划指南（第五卷）；

5）财政指南（第六卷）；

6）存在的主要问题（第七卷）。

编制《国防指南》，首先由国防部长负责制定草案，经过各军兵种、参谋长联席会议和总统提出修改意见，国防部修订后送“国防资源委员会（DRB）”审议，审议通过后，经国防部长批准，每年一月公布，作为各军兵种制定武装力量和武器装备建设计划的依据。

（2）计划阶段

编制计划，就是把《国防指南》转化为装备建设5年计划。经过各军种和有关装备管理部门论证、协调后，形成5年计划文件——“计划决议备忘录”，由国防部长批准，大约在每年8月发布，作为制定预算的依据。

（3）预算阶段

在国防部长发布“计划决议备忘录”之后，各军种和有关装备管理部门着手编制分管装备的“预算估计”，报国防部长办公厅，并组织听证、审查，在此基础上，起草“计划预算决议”，报国防部长签署意见。国防部长签署后的“计划决议备忘录”，经白宫行政管理与预算局审查后，呈送总统作为下一年度“总统预算”的组成部分，至此，一个完整的规划、计划与预算系统过程告一段落。

3　装备建设宏观谋划的组织管理

在装备建设宏观谋划的讨论中，我们比较具体地论及了现代科学管理在装备建设过程中的运筹谋划、系统协调、综合决策，以及在装备建设规划、计划执行过程中的监督与控制职能，也间接地讨论了在装备建设规划、计划制定过程中的组织管理职能。一个好的组织管理机制，不仅是正确制定装备建设规划、计划的重要保障，而且能够更有效地推进装备建设宏观谋划管理科学化、规范化的进程。本节将重点讨论装备建设规划、计划制定过程中的组织管理问题。

在进行武器装备建设宏观谋划的过程中，挑选合适的人选，组成结构合理、组织有序、高效的管理机制，进行有特色、符合科学规律的组织管理，是做好装备建设宏观谋划科学管理十分重要的基础性工作。一个良好的组织管理机制，不仅对提出、形成具有远见卓识的规划、计划具有重要的作用，而且也是能够及时地进行正确决策和组织实施的根本保证。换言之，让称职、优秀的管理与技术专家们科学、有序地组织在一起，对激发他们的创新思想，更加科学、正确地预测未来装备的发展是十分重要的，是做好装备建设宏观谋划工作的重要保障。

3.1　分层次组织管理

制定装备建设规划、计划，是在各层次装备建设管理与论证部门自上而下，自下而上，各负其责，不断深入研究与论证，多次迭代优化的基础上完成的。装备建设规划、计划的实施，是在国家、军队决策机关集中统一领导下，军队装备建设各层次管理部门各司其责、分阶段实施的基础上进行的。面对越来越复杂的经济社会和科学技术发展，越来越复杂的武器装备开发与建设管理工作，如果不实施职责明确、分工合理的分层次、分阶段科学管理，就不能充分发挥各层次管理机关和科技人员的积极性和创造性主动开展工作，那么要想低风险、高速度、低投入、高质量地实现装备建设规划、计划，几乎是不可能的。借鉴国内外装备建设宏观谋划的成功经验，装备建设规划、计划管理通常划分为决策层、决策管理层和决策执行层三个管理层次（参见图2-6-4）。在装备建设宏观谋划的过程中，决策层的主要职责是进行装备建设军事需求、战略方针与政策的指导，资源保障、中长期计划审查与与综合决策；决策管理层的主要职责是组织制定装备建设总体军事需求，进行规划、计划的宏观指导，装备建设资源的宏观调控，并在此基础上，进行装备建设规划、计划的综合集成；决策执行层除完成本管理层主管的装备建设宏观谋划、运筹与综合论证外，主要职责是在国家、军队决策层和决策管理层的统一领导下，完成分管装备需求物化的管理（采办）任务。借鉴国外装备建设宏观谋划管理的成功经验，参照图2-6-4和图2-6-5可以建立我军装备建设宏观谋划的分层次管理机制，并进一步建立起决策机制比较健全、管理规范化、科学化的现代国防建设管理体制。

3.2 矩阵结构组织管理

武器装备建设的宏观谋划过程是一个复杂的系统分析、综合与决策的过程，既要正确贯彻决策机关的战略意图，又要深刻、全面理解国家战略、国防战略、国防发展战略明确的发展目标、方针和政策，科学地预测未来战争的军事需求、科技发展和国家的资源支持能力。任何个人和单一职能部门都难以掌握所有动态的环境影响因素，任何个人和单一职能部门都难以正确地制定国家长远武器装备建设的规划、计划，对未来军事需求、科技与经济发展的预测都要冒很大的风险。因为武器装备建设宏观谋划过程中的微小疏漏，都可能酿成难以祢补的严重后果，所以，工业发达国家积几十年装备建设的经验、教训，逐渐形成了在装备建设决策机关的统一领导下，由相关职能部门组成统一的宏观谋划任务协同组织，实施装备建设规划、计划的宏观谋划与管理机制。

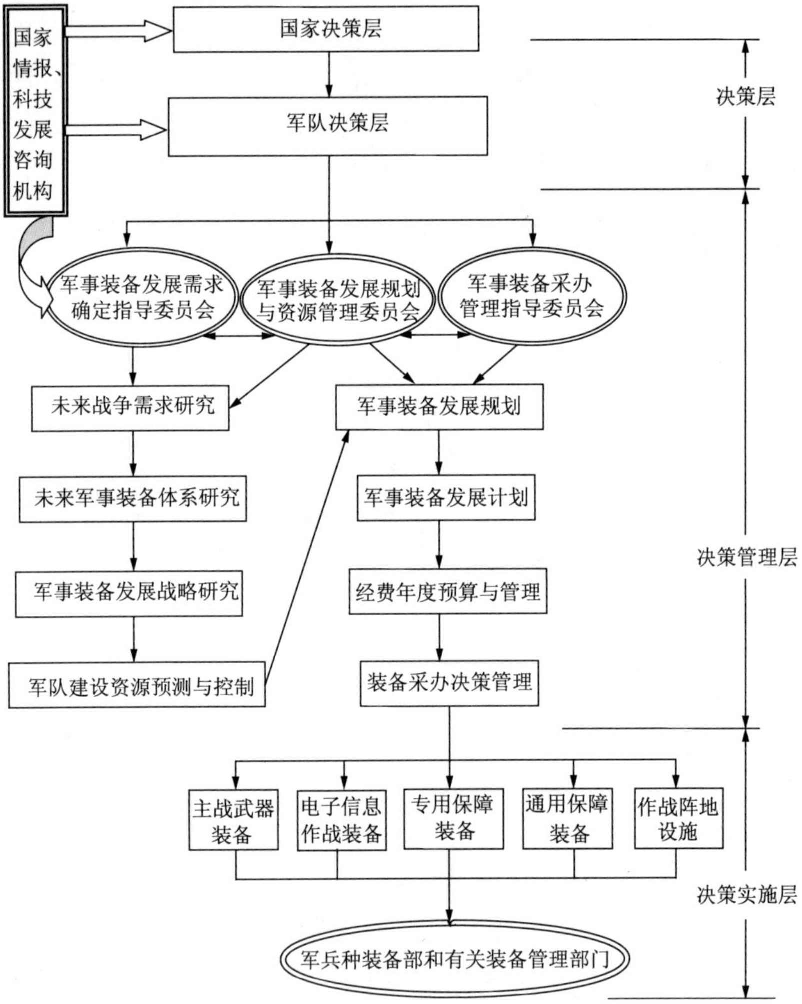

图 2－6－4　装备建设宏观谋划分层次管理结构

任务协同组织	军队决策层职能管理机关				军兵种领导机关	各大军区领导机关
	政治领导机关	作战领导机关	后勤领导机关	装备领导机关		
人才建设委员会	★	☆	☆	☆	△	△
装备需求委员会	☆	★	☆	☆	△	△
规划资源委员会		☆	☆	★	△	△
装备采办委员会		☆	☆	★	△	△

图 2-6-5　装备建设宏观谋划组织结构的构想

★—主管部门；☆—副主管部门；△—参加单位

借鉴工业发达国家装备建设宏观谋划的成功经验，按照矩阵组织结构原理，在装备建设决策机关的统一领导下，把相关职能部门的规划、计划管理人员和专家，组织成以完成武器装备建设宏观谋划为主要职责的规划、计划管理任务协同组织事在必行。这种任务协同组织在相关职能部门的支持下，通过较长周期多次迭代、优化、滚动式推进的研究过程，能够比较满意地完成军队武器装备建设宏观谋划的任务。

在军队决策层的统一领导下，由相关主管机关的有关领导和管理人员组成任务协同组织的常设机构，负责装备建设宏观谋划的协调、管理工作。装备建设宏观谋划的任务协同组织与各相关领导机关的职能工作机构相互配合、密切协同完成军队建设的任务。这些经过装备建设宏观谋划实践锻炼的装备建设管理人员，在装备建设宏观谋划任务告一段落时，大部分又回到原来的职能管理机构，在更高的工作起点上，他们能够更好地完成职能工作机构的日常管理工作。结合我军的实际，装备建设各管理层次可以参照图 2-6-5 所示结构，建立相应的武器装备建设宏观谋划的任务协同组织。

3.3　装备发展研究与论证的组织管理

当今世界，装备建设已经进入了以高新技术复杂装备系统的开发、组织管理与运用管理为重要特征的新时代，装备建设宏观谋划的时间跨度越来越长，5 年、10 年已经远远不够了，装备建设要求我们必须对未来 10 ~ 20 年、30 年，甚至更长时期的装备发展作出科学的预测与宏观谋划，这已经成为当今武器装备发展和现代工程科学发展的一个重大课题。西方的装备建设专家曾经讲过[11]：“预测未来是十分困难的事，准确地预测未来几乎是不可能的，但是，武器装备发展要求我们务需试着作好这件事。”中央领导在国际交往活动中经常讲一句十分精辟的话，就是“登高望远”，其深刻内涵是：“只有站得高的人，才能望得远，对世界的未来更具有责任感和发言权”。装备建设宏观谋划的研究与论证，面对范围广泛的学术、专业领域，多方面、多因素、动态的复杂环境，对参与研究、论证的人员有较高的要求，不仅知识层次要求较高，而且要求他们应当具有丰富的武器装备建设或运用经验，开阔的思路和辩证的思维。借鉴国内外装备建设宏观谋划研究的成功经验，应充分利用国内外相关领域专家和部门科研人员的相关研究成果，采取小核心、大外围的机制，在较高的层次上开展武器装备宏观谋划的研究工作，这是做好装备建设宏观谋划研究与管理的捷径和必由之路。

借鉴国内外战略研究的成功经验，结合我国的实际，建议在各级装备建设管理部门逐步建立装备建设主管领导指导下的装备建设宏观谋划论证组织体系（参见图 1 - 2 - 4）。组织体系的核心是宏观谋划领导小组、顾问组和总体组。领导小组的主要职责是提出并明确任务、实施宏观谋划研究的组织领导、任务协调与决策指导；顾问组由具有丰富领导、决策经验的老同志和高层次的技术专家组成，主要职责是对装备建设宏观谋划研究进行政策、对策和综合决策研究的指导；总体组的主要职责是开展宏观谋划研究中属于系统工程层次上的研究工作，如制定宏观谋划研究计划及实施方案，开展并指导专题组进行导向性课题研究，进行专题技术研究协调与综合，形成装备发展总体思路和装备建设宏观谋划的综合报告等。专题研究主要是工程技术层次或单项课题的研究与论证工作，应在装备建设宏观谋划的统一计划协调下，由相应研究机构组织专题开展研究与论证工作。

装备建设宏观谋划论证工作，是军队装备建设高层次的研究工作，不仅应当有严密的组织，畅通的管理渠道，灵敏的国内外信息通道，称职、配套、相对稳定的研究与论证队伍，以及必要的工作保障条件，在管理上也应有其特殊性，诚如美国大型军事工程系统建设的负责人指出的[11]："装备建设宏观谋划论证工作，应当由国家最高水平的科学家、工程师来进行……""在发展研究方面，需要更灵活、更自由一些，应充分发挥科学家、工程技术专家的创造性，让他们作出更大的贡献"，"尽量少管、少干预，可能是最好的管理"。这些意见很具有真知灼见和哲理性，应当说道出了对装备建设宏观谋划组织管理的真经。

参考文献

[1] 钱学森,等．论系统工程[M]．长沙:湖南科技出版社,1988.

[2] 钱学森,许国志,王寿云．组织管理的技术——系统工程[M]．文汇报,1978.9.27(1).

[3] 余高达,赵潞生．军事装备学[M]．北京:国防大学出版社,2000.11.

[4] 赵少奎,杨永太．工程系统工程导论[M]．北京:国防工业出版社,2000.3.

[5] 刘继贤,等．国防发展战略概论[M]．北京:国防大学出版社,1989.

[6] (英)科德尔·哈特．战略论[M]．中国人民解放军军事科学院,译．北京:战士出版社,1981.

[7] 军事科学院．战略学[M]．北京:军事科学出版社,1987.

[8] 刘继贤．战争与战略问题研究[M]．北京:军事科学出版社,1988.

[9] 杨德志,宦乡,等．国防发展战略思考[M]．北京:解放军出版社,1987.

[10] 郑开昭,等．无形的杠杠[M]．北京:解放军出版社,1988.

[11] (美)弗雷蒙·E·卡斯特,詹姆士·E·罗森茨威格．科学、技术与管理[M]．柴本良,等译．北京:国防工业出版社,1979.

[12] 赵少奎．武器装备现代化建设与系统工程//军事系统工程研究论文集．军

事科学院 . 2000. 8.
[13] 李成勋 . 1996 ~ 2050 年中国经济社会发展战略——走向现代化的构想[M]. 北京:北京出版社,1997. 6.
[14] 金占明 . 战略管理[M]. 北京:清华大学出版社,1999. 5.
[15] 苏拾忠 . 如何策划规划[M]. 北京:生活 · 读书 · 新知出版社,1993. 8.
[16] (英)凯特 · 姬南著 . 成功规划[M]. 崔少明,译 . 深圳:海天出版社,1998. 8.

（本文发表在“军事科学出版社”《军事装备管理学》，2002 年 8 月：194 ~ 232）

第三部分　导弹与航天系统总体设计

弹道式导弹结构偏差特性的分析计算

〔**摘　要**〕本文以一个两级液体推进剂导弹为例，介绍了导弹主要结构偏差特性的分析计算方法。这一方法可使导弹系统设计更趋优化、合理，并可推广到其他类型导弹、运载火箭的系统设计中。

〔**关键词**〕弹道式导弹　结构偏差　系统设计　结构可靠性

1　前言

导弹是一个复杂工程系统。要想设计出一个好的导弹系统，在研制过程中，不仅要反复分析计算、严格控制其基本特性，以保证导弹的主要战术技术性能满足用户的要求，而且还要深入分析、合理控制导弹各种基本特性的偏差对导弹性能的影响。导弹的基本特性是指在标准使用条件下导弹结构、动力装置以及与空气动力、载荷和结构动力学特性等有关的主要原始特征参数；偏差特性是指在允许的使用和飞行条件下，上述基本特性可能的变化范围。它可使导弹的质量特性、动力装置的特性，乃至空气动力、载荷和结构动力学特性等产生一定的偏差，从而影响导弹的总体性能，因此，偏差特性是对各分系统提出设计要求和控制其性能的重要依据。

当初步选定导弹的总体设计方案后，总体设计师在系统分析的基础上，应向分系统提供一个偏差特性优化、合理的导弹数学模型。它的合理性对各分系统，特别是控制系统、动力装置和弹体结构研制的难易程度将产生直接影响，因而势必对导弹总体性能、研制成本与周期产生不可忽视的影响。

怎样才能提出一个具有合理、满意偏差特性的导弹模型呢？最主要的工作是如何选取一个优化、合理的导弹物理模型，并在此基础上进行偏差特性的分析计算。本文应用数理统计原理和泰勒级数方法妥善地处理了具有不同随机分布特性的结构偏差，导出了适用的导弹结构偏差特性的工程计算方法。这一方法在多个型号设计中取得了满意的结果。

2 结构偏差特性的分析计算方法

本文针对图 3 – 1 – 1 所示的导弹模型进行结构偏差特性的分析。

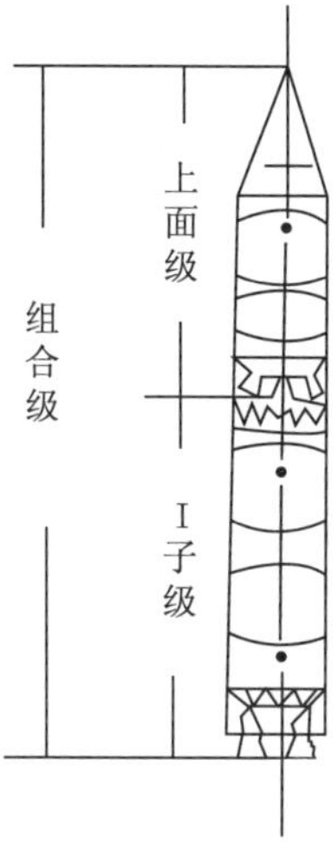

图 3 – 1 – 1

2.1 质心纵向位置偏差

引起质心纵向位置偏差的因素如下：

1）导弹各部分结构的质量和质心位置的偏差；

2）起飞前推进剂的消耗量偏差；

3）飞行中推进剂的秒耗量偏差；

4）推进剂加注温度偏离标准条件引起的加注量偏差。

由导弹各部分结构的质量和质心位置偏差引起的导弹质心纵向位置偏差（参见图 3 – 1 – 2）由下式表述

$$\Delta X_{C1} = \sqrt{\sum_{i=1}^{n}\left[\left(\frac{m_s^i}{m}\Delta X_{SC}^i\right)^2 + \left(\frac{X_{SC}^i - X_C}{m}\Delta m_S^i\right)^2\right]} \tag{1}$$

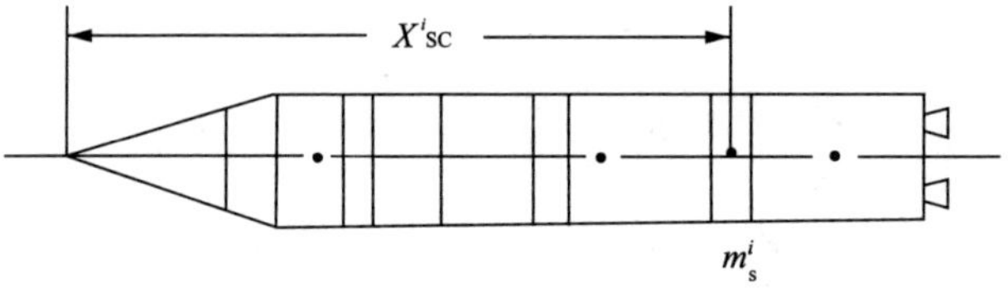

图 3－1－2

标准条件下，推进剂加注量偏差（参见图 3－1－3）引起的质心纵向位置偏差由下式表述

$$\Delta X_{C2} = \sqrt{\sum_{\lambda=1}^{K}\left[\left(\frac{m_P^i}{m}\Delta X_{PC}^i\right)^2 + \left(\frac{X_i - X_C}{m}\Delta m_P^i\right)^2\right]} \tag{2}$$

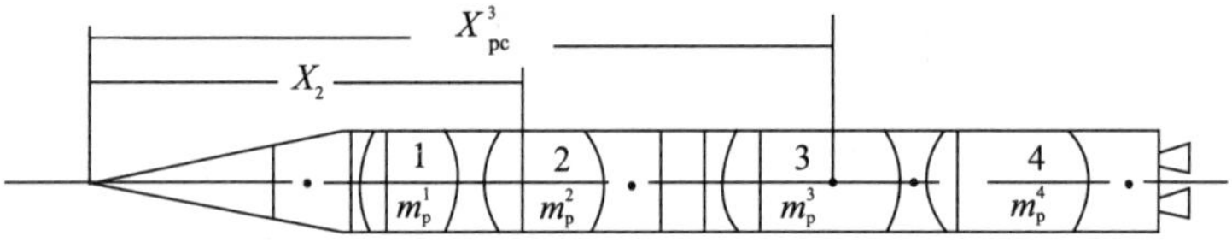

图 3－1－3

起飞前推进剂消耗量偏差使整个飞行过程中产生一个常值推进剂质量偏差，引起导弹质心纵向位置偏差为

$$\Delta X_{C3} = \sqrt{\sum_{i=K_1}^{K}\left(\frac{X_i - X_C}{m}\Delta m_P^i\right)^2} \tag{3}$$

式中　Δm_P^i——第 i 个推进剂箱内推进剂的起飞前消耗量偏差。

对于二级飞行，是指级间分离前的推进剂消耗量偏差，$K_1 = 1$，$K = 2$；对于一级飞行，$K_1 = 3$，$K = 4$（参见图 3－1－3）。

发动机秒消耗量偏差使导弹的推进剂量每时每刻都偏离额定值，由此引起导弹质心纵向位置的偏差为

$$\Delta X_{C4} = \sqrt{\sum_{i=K_1}^{K}\left(\frac{X_i - X_C}{m}\Delta m_P^i\right)^2} \tag{4}$$

式中　$\Delta m_{\mathrm{P}}^{i}$——发动机秒消耗量偏差引起的第 i 个贮箱内推进剂质量的偏差。

当采用定容积加注方案时，加注温度变化引起加注质量偏差，由此引起导弹质心纵向位置的偏差为

$$\Delta X_{\mathrm{C5}} = \sqrt{\sum_{i=1_1}^{K}\left(\frac{X_{\mathrm{PC}}^{i} - X_{\mathrm{C}}}{m}\Delta m_{\mathrm{P}}^{i}\right)^2} \tag{5}$$

式中　$\Delta m_{\mathrm{P}}^{i}$——加注温度偏离标准条件时引起第 i 个贮箱内推进剂加注量的偏差。

如忽略一些小偏差因素，依据统计原理可以导出导弹质心纵向位置偏差为

$$\Delta X_{\mathrm{C}} = \sqrt{\sum_{i=1_1}^{4}\Delta X_{\mathrm{C}i}^2 + \Delta X_{\mathrm{C5}}} \tag{6}$$

2.2　质心位置的横移量

导弹的实际质心偏离其基本轴线的距离，定义为质心位置的横移量。某级导弹的基本轴线为通过该级火箭发动机安装平面中心的法线（参见图 3－1－4）。引起质心横移的因素如下：

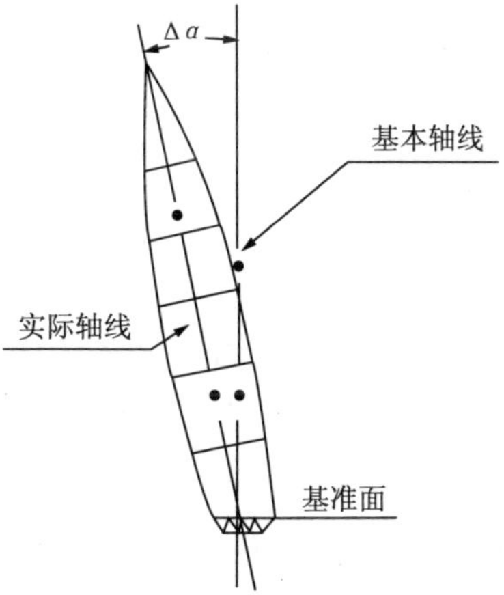

图 3－1－4

1）导弹各部分结构质量和质心位置的偏差；

2）导弹各工艺壳段对接面的不垂直度制造公差（参见图 3－1－5）；

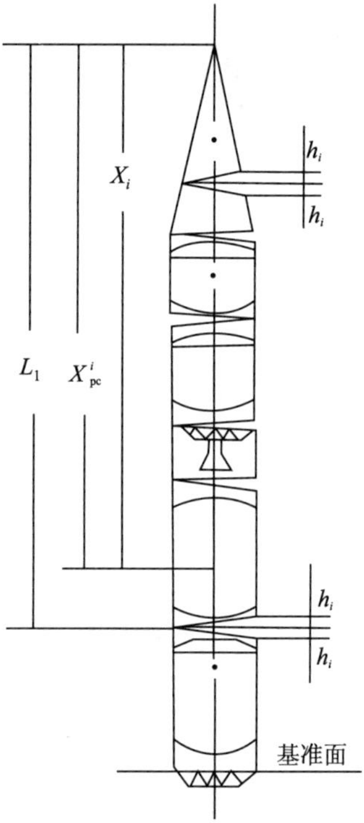

图 3－1－5

3）在使用载荷作用下，弹体弯曲变形引起的质心位置横移；

4）导弹结构布局不配平使质心产生常值、定向位置偏差（参见图 3－1－6）。

轴对称布置的结构，各部分结构只有均匀的质量偏差，不会引起弹体质心位置的横移。非轴对称布置的结构，质量和质心位置的变化都会引起质心位置的横移。导弹各部分结构的质量和质心变化是随机变量，通过工程处理，可以导出由各部分质量和质心位置偏

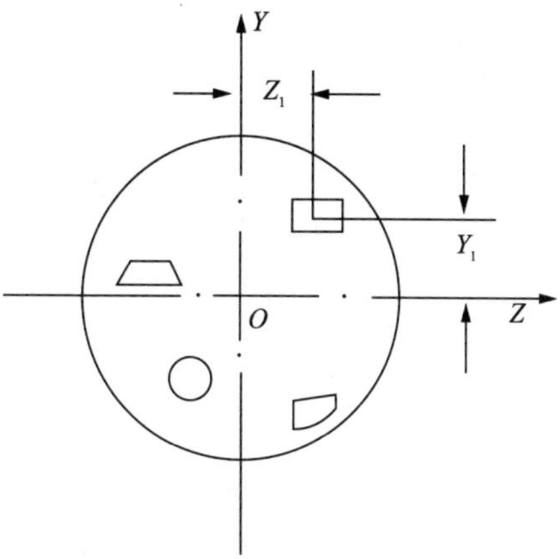

图 3－1－6

差引起的导弹质心横移量为

$$Z_{C1} = \frac{\sqrt{2}}{2}\sqrt{\sum_{i=1}^{n}\left(\frac{m_S^i}{m}\Delta Z_S^i\right)^2 + \sum_{j=1}^{l}\left(\frac{Z_S^j}{m}\Delta m_S^j\right)^2} \tag{7}$$

式中　ΔZ_S^i——第 i 部分结构质心位置的横向偏差；

Z_S^j——第 j 个非轴对称结构的质心至弹体理论轴线距离的名义值；

Δm_S^j——第 j 个非轴对称结构的质量偏差；

l——非轴对称布局，结构的个数。

各壳段对接面的不垂直度使导弹轴线产生随机偏斜（参见图 3－1－5），导致弹体结构和推进剂箱内推进剂的质心位置偏离导弹的基本轴线，由此产生导弹质心的横移，其计算公式为

$$Z_{C2} = \frac{\sqrt{2}}{2m}\sqrt{\sum_{i=1}^{n} B_i(h_i^2 + h'^2_i)} \tag{8}$$

其中　$$B_i = \frac{\sum_{1}^{i}(l_j - X_{SC}^i)m_i}{D_j} \tag{9}$$

式中　h_i——第 i 个壳段下对接面的不垂直度；

h_i'——第 $i+1$ 个壳段下对接面的不垂直度；

l_j——第 j 个壳段下对接面至导弹理论尖点的距离；

D_j——第 j 个壳段下对接面的直径；

X_{SC}^i——第 i 个壳段质心位置至导弹理论尖点距离的名义值。

竖立在发射台上的导弹弯曲变形，主要是由太阳照射不均匀引起的结构热应力和地面风作用所致，而飞行中导弹的变形主要是由沿弹体分布的外载荷引起的。弹体弯曲变形引起的质心横移计算公式繁复，可参照参考文献［1］提供的公式计算，本文不赘述。

弹体非轴对称布局的结构，使弹体产生常值、定向的质心横移，可用下式表述

$$Z_{C4} = \sqrt{Z^2 + Y^2} \tag{10}$$

式中 Z、Y 分别为非轴对称结构引起的沿弹体坐标系 OZ 轴和 OY 轴方向的质心位置横移，参见图 3－1－6。

其中
$$Z = \frac{\sum_{j=1}^{l} m_S^j Z_j}{m} \tag{11}$$

$$Y = \frac{\sum_{j=1}^{l} m_S^j Y_j}{m} \tag{12}$$

式中 Z_j——第 j 个非轴对称结构的质心至 OY 轴的距离；

Y_j——第 j 个非轴对称结构的质心至 OZ 轴的距离。

对上述定向、常值横移量和具有不同分布特性的随机横移量做工程处理[2]后，可以导出导弹在任一时刻质心位置横移量的计算公式为

$$Z_C = \frac{\sqrt{2}}{2}\sqrt{Z_{C1}^2 + Z_{C2}^2 + Z_{C3}^2} + Z_{C4} \tag{13}$$

2.3 绕横轴转动惯量的偏差

与导弹质心位置偏差的处理方法相同，可以导出绕弹体横轴的

转动惯量偏差为

$$\Delta J_Y = \sqrt{\sum_{i=1}^{4} \Delta J_{Yi}^2} + \Delta J_{Y5} \tag{14}$$

式中 ΔJ_{Y1} 为弹体各部分结构重量及质心位置偏差引起的绕横轴转动惯量偏差，用下式表述

$$\Delta J_{Y1} = \sqrt{\sum_{i=1}^{n} [(X_{SC}^i - X_C)^2 \Delta m_S^i]^2 + \sum_{i=1}^{n} [2m_S^i(X_{SC}^i - X_C)\Delta X_{SC}^i]^2} \tag{15}$$

ΔJ_{Y2} 为标准条件下，推进剂加注量及其质心位置偏差引起的绕横轴转动惯量偏差，用下式表述

$$\Delta J_{Y2} = \sqrt{\sum_{i=1}^{n} [(X_i - X_C)^2 \Delta m_P^i]^2 + \sum_{i=1}^{n} [2m_P^i(X_{PC}^i - X_C)\Delta X_{PC}^i]^2} \tag{16}$$

式中 X_{PC}^i——第 i 个推进剂箱内的推进剂质心位置至导弹理论尖点的距离。

ΔJ_{Y3} 为起飞前推进剂消耗量偏差引起的绕导弹横轴转动惯量的偏差。用下式表述

$$\Delta J_{Y3} = \sqrt{\sum_{i=K1}^{K} [\Delta m_P^i (X_i - X_C)^2]^2} \tag{17}$$

ΔJ_{Y4} 为推进剂秒耗量偏差引起的导弹绕横轴转动惯量偏差，可用下式表述

$$\Delta J_{Y4} = \sqrt{\sum_{i=K1}^{K} [\Delta m_P^i (X_i - X_C)^2]^2} \tag{18}$$

ΔJ_{Y5} 为加注温度偏离标准条件情况下，采用定容积加注方案时，由加注偏差引起的绕弹体横轴转动惯量的偏差，可用下式表述

$$\Delta J_{Y5} = \sqrt{\sum_{i=K1}^{K} [\Delta m_P^i (X_{PC} - X_C)^2]^2} \tag{19}$$

式（15）～（19）中符号含义与式（1）～（5）一一对应，不赘述。

2.4　绕导弹纵轴转动惯量的偏差

导弹重心横移引起绕纵轴转动惯量偏量为

$$\Delta J_{X1} = m_S^i (Z_C^i)^2 \tag{20}$$

式中 i——第 i 级导弹。

考虑推进剂黏性影响计算绕弹体纵轴转动惯量时，产生计算方法误差 ΔJ_{x2}。主要考虑这两项偏差计算绕导弹纵轴的转动惯量偏差

$$\Delta J_X = \sqrt{\Delta J_{X1}^2 + \Delta J_{X2}^2} \tag{21}$$

2.5　推力线偏斜

导弹的实际推力线与其基本轴线的夹角定义为导弹的推力线偏斜。推力线偏斜由产品制造偏差、载荷作用下结构变形和发动机喷流不对称等因素产生，可用下式表述

$$\boldsymbol{\eta}_R = \boldsymbol{\eta}_S + \boldsymbol{\eta}_{E0} + \boldsymbol{\eta}_{EL} + \boldsymbol{\eta}_{EX} \tag{22}$$

式中　$\boldsymbol{\eta}_S$——箭体结构偏差和变形造成的火箭推力线偏斜量；

$\boldsymbol{\eta}_{E0}$——由发动机制造偏差（含薄壁焊接结构在焊接后自由状态下变形）造成的发动机推力线零位偏斜量；

$\boldsymbol{\eta}_{EL}$——在发动机推力、飞行载荷作用下，发动机结构变形产生的火箭推力线偏斜量；

$\boldsymbol{\eta}_{EX}$——发动机喷流不对称等因素引起的火箭推力线偏斜量，在发动机启动、关机过程中影响较大。

分析上述偏差可知：$\boldsymbol{\eta}_{BS}$、$\boldsymbol{\eta}_{E0}$和$\boldsymbol{\eta}_{EX}$在平面任意方向上基本取均匀分布，是相互独立的随机变量，$\boldsymbol{\eta}_{BL}$、$\boldsymbol{\eta}_{EL}$在平面内基本上取定向分布，按参考文献［6］提出的工程处理方法，可以导出如下公式

$$\eta_R = \frac{\sqrt{2}}{2}\sqrt{\eta_S^2 + \eta_{E0}^2 + \eta_{EX}^2} + \eta_{EL} \tag{23}$$

当导弹采用多发动机并联方案时，由发动机本身产生的推力线偏斜用下式计算

$$\eta_E = \frac{\sqrt{2\mathrm{n}}}{2\mathrm{n}}\left(\sqrt{\eta_{E0}^2 + \eta_{EX}^2} + \eta_{EL}\right) \tag{24}$$

式中 n——并联发动机的台数。

2.6 推力线的横移量

发动机系统实际推力线作用点偏离弹体基本轴线的距离定义为推力线的横移量，它是由发动机系统制造、装配误差等因素引起的，对于多发动机并联方案

$$Z_E = \frac{\sqrt{2n}}{2n}\sqrt{\sum_{i=1}^{4}(Z_{Ei})^2} \tag{25}$$

式中 Z_{E1}——发动机推力线零位横移量；

Z_{E2}——发动机的工艺零位对发动机架中心线的横向安装误差；

Z_{E3}——发动机传力点对发动机架中心线的装配误差；

Z_{E4}——发动机传力轴的间隙。

2.7 弹体轴线偏斜

导弹各壳段的制造偏差引起弹体实际轴线与弹体基本轴线不一致，其夹角定义为弹体轴线偏斜，它可使导弹在飞行中产生附加攻角，造成气动力干扰。对于导弹的上面级，如果在真空中飞行，轴线偏斜没有实际意义。弹体轴线偏斜可按下式分析计算（参见图3-1-5）

$$\Delta\alpha = \frac{l}{l_B}\sqrt{\sum_{i=1}^{n}\left(\frac{l_i}{D_i}\right)^2(h_i^2 + h'^2_i)} \tag{26}$$

式中 l_B——导弹发动机安装平面至导弹实际尖点距离。

2.8 控制力作用点至导弹理论尖点距离的偏差

在分析计算控制力矩偏差时必须考虑这一因素的影响，通常可用下式表述

$$\Delta X_F = \sqrt{\sum_{i=1}^{n}\Delta S_i^2 + \Delta S_F^2} \tag{27}$$

式中 ΔS_i——控制力机构转动轴至导弹端头之间各壳段长度的制造

公差；

ΔS_F——控制力作用点至控制力机构转轴之间距离的随机偏差。

2.9　起飞质量偏差

与质心位置偏差相类似，可以导出

$$\Delta m_0 = \sqrt{\sum_{i=1}^{n}(\Delta m_{0i})^2} + \Delta m_{05} \tag{28}$$

式中　Δm_{01}——有效载荷质量偏差；

Δm_{02}——运载器结构质量偏差；

Δm_{03}——标准条件下推进剂加注量偏差；

Δm_{04}——起飞前消耗量偏差（对于上面级，系指级间分离前推进剂消耗量偏差）；

Δm_{05}——加注温度偏离标准条件下，采用定容积加注方案时产生的推进剂加注量偏差。

2.10　关机点质量偏差

同上，可以导出

$$\Delta m_b = \sqrt{\sum_{i=1}^{n}(\Delta m_{bi})^2} \tag{29}$$

式中　Δm_{b1}——有效载荷质量偏差；

Δm_{b2}——工作级结构质量偏差；

Δm_{b3}——上面级起飞质量偏差（对于末级导弹，$\Delta m=0$）；

Δm_{b4}——工作级火箭推进剂的最大可能剩余量。

符号表

m——任一时刻导弹质量；

X——至导弹理论尖点的距离；

L——至导弹实际尖点的距离；

Xc——导弹质心至导弹理论尖点的距离；

Zc——导弹质心至基本轴线的距离；

ΔJ_y——绕导弹横响转动惯量偏差；

ΔJ_x——绕导弹纵轴的转动惯量偏差；

η_R——导弹推力线偏斜；

Z_E——导弹推力线的横移量；

$\Delta\alpha$——导弹的轴线偏斜；

ΔX_f——控制力作用点至导弹理论尖点的距离。

主要下标

S——结构；

P——推进剂；

C——质心；

o——起飞时刻；

b——关机时刻；

k——第 k 个推进剂箱。

参 考 文 献

[1] 赵少奎．东风五号产品结构偏差量计算公式．航天部一院一部归档科技报告．1975. 8. 1.

[2] 赵少奎．关于几种常见随机变量的工程计算．航天部一院一部归档科技报告．1978. 1. 9.

[3] 赵少奎．运载火箭推力线偏差的分析与测量[J]//宇航学报．1984(1).

[4] Thrust alignment in rocket[J]//aircraft and missiles manufacturing. July,1959.

[5] Bowyr J M, et al. An investigation of the side force that is sometime observed in rocket motor start-up[J]//AIAA NEV/JULY,25 -27,1978.

[6] 赵少奎．运载火箭结构偏差特性的初步设计方法．航天部一院一部科研成果报告．1983. 2. 1.

（本文发表在“航空航天部第二情报网”编辑出版的《战术导弹技术》1990 年第 1 期：1 ~ 9）

推力线偏差的分析与测量

〔**摘　要**〕本文建立了运载火箭推力线偏差的工程计算方法，提出了利用飞行试验遥测信息分析运载火箭推力线偏差的方法，并对火箭发动机推力线偏差的地面测量方法进行了探讨。

〔**关键词**〕推力线　偏差　理论分析　遥测信息分析　测量方法

1　前言

运载火箭是一个大型复杂工程系统，要想设计一个好的运载火箭，在研制过程中，不仅要反复核算、严格控制其基本特性，而且必须深入分析、合理控制其使用条件下的各种偏差特性对运载火箭总体性能的影响。

运载火箭由推力线偏斜和横移量所产生的推力线偏差，在火箭飞行过程中产生有害的干扰力与干扰力矩。它不仅使运载火箭姿态控制系统设计增加了困难，要求设计更为复杂的校正网络和提供更大的控制力，而且在制导方法不够完善的条件下，会产生较大的制导方法误差，对运载火箭的总体性能产生影响。特别是对于采用单管大推力发动机的运载火箭，在方案设计之初，就要充分考虑到在发动机启动、关机过程中所产生的瞬时侧向载荷，对火箭飞行可靠性的影响，从总体上妥善地协调和解决对火箭发动机推力线偏差的有效控制问题。

本文针对两级液体推进剂运载火箭，建立了推力线偏差的工程计算方法，并对理论计算与飞行试验结果进行了比较。推力线偏差控制的基础和依据是准确的地面测量，因此，本文对发动机推力线地面测量方法也进行了探讨。

2 推力线偏差的理论分析

分析表明，推力线横移通常是小量，因此本文重点讨论运载火箭推力线偏斜 $\boldsymbol{\eta}_{R}$（见图 3－2－1）。

运载火箭推力线偏斜 $\boldsymbol{\eta}_{R}$可用下式表述

$$\boldsymbol{\eta}_{R} = \boldsymbol{\eta}_{B} + \boldsymbol{\eta}_{E} \tag{1}$$

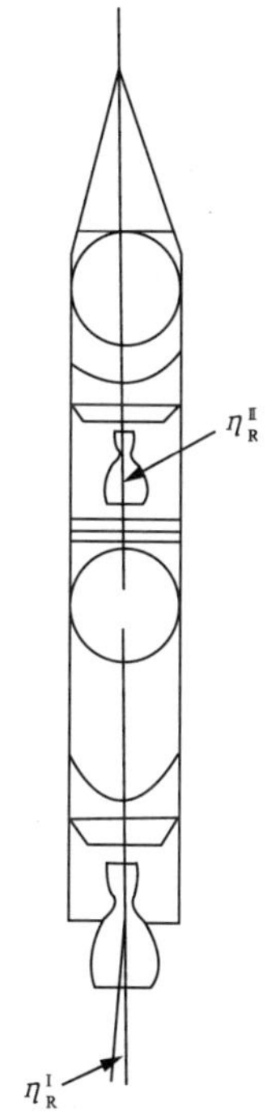

图 3－2－1 火箭简图

式中 $\boldsymbol{\eta}_{B}$——由运载火箭箭体制造偏差和载荷作用下箭体弯曲变形所形成的推力线偏斜量；

$\boldsymbol{\eta}_{E}$——由发动机制造偏差、载荷作用下发动机变形和喷流不对称等因素造成的推力线偏斜量。

运载火箭箭体所形成的推力线偏斜，可以表述如下

$$\boldsymbol{\eta}_{\mathrm{B}} = \boldsymbol{\eta}_{\mathrm{BS}} + \boldsymbol{\eta}_{\mathrm{BL}} \tag{2}$$

式中　$\boldsymbol{\eta}_{\mathrm{BS}}$——箭体制造偏差形成的火箭推力线偏斜量；

$\boldsymbol{\eta}_{\mathrm{BL}}$——飞行中载荷作用下箭体弯曲变形所形成的火箭推力线偏斜量。

本文对运载火箭箭体形成的推力线偏斜暂不做进一步讨论。

火箭发动机推力线偏斜量用下式表述

$$\boldsymbol{\eta}_{\mathrm{E}} = \boldsymbol{\eta}_{\mathrm{E_0}} + \boldsymbol{\eta}_{\mathrm{EL}} + \boldsymbol{\eta}_{\mathrm{EX}} \tag{3}$$

式中　$\boldsymbol{\eta}_{\mathrm{E_0}}$——由发动机制造偏差（含簿壁焊接结构在焊接后自由状态下变形）造成的发动机推力线零位偏斜量；

$\boldsymbol{\eta}_{\mathrm{EL}}$——在发动机推力、飞行载荷作用下，发动机结构变形产生的火箭推力线偏斜量；

$\boldsymbol{\eta}_{\mathrm{EX}}$——发动机喷流不对称等因素引起的火箭推力线偏斜量，在发动机启动、关机过程中影响较大。

综上讨论，运载火箭推力线偏斜量可以进一步用下式表述

$$\boldsymbol{\eta}_{\mathrm{R}} = \boldsymbol{\eta}_{\mathrm{BS}} + \boldsymbol{\eta}_{\mathrm{BL}} + \boldsymbol{\eta}_{\mathrm{E_0}} + \boldsymbol{\eta}_{\mathrm{EL}} + \boldsymbol{\eta}_{\mathrm{EX}} \tag{4}$$

分析各类偏差矢量的性质，可知 $\boldsymbol{\eta}_{\mathrm{BS}}$、$\boldsymbol{\eta}_{\mathrm{E_0}}$、$\boldsymbol{\eta}_{\mathrm{EX}}$ 在平面任意方向上基本取均匀分布，是相互独立的随机变量。$\boldsymbol{\eta}_{\mathrm{BL}}$、$\boldsymbol{\eta}_{\mathrm{EL}}$、在平面上基本取定向分布，可以近似作为系统偏差处理，根据作者建立的随机矢量工程运算方法，可以导出

$$\eta_R = K\left(\frac{\sqrt{2}}{2}\sqrt{\eta_{\mathrm{BS}}^2 + \eta_{\mathrm{E_0}}^2 + \eta_{\mathrm{EX}}^2} + \eta_{\mathrm{BL}} + \eta_{\mathrm{EL}}\right) \tag{5}$$

式中　K——工程处理引进的修正系数。

3　理论计算与飞行试验结果的比较

按照式（5）对某运载火箭二级推力线偏斜量进行计算，可得表 3－2－1 所列结果。

表 3-2-1 某运载火箭二级推力线偏斜量 η_R 计算结果

	二级点火时刻	二级关机时刻
η_R	±（20～28）	±（30～38）

忽略次要影响因素，把推力线横移量折算到推力线偏斜中去，根据飞行试验所得运载火箭飞行姿态角偏差遥测信息，按照下述公式，可以计算出运载火箭飞行中实际推力线偏差值。

推力线偏斜在俯仰平面分量

$$\eta_{\varphi} = \frac{P_y(X_{Ry} - X_{T2})}{2P_z(X_{Rz} - X_{T2})}\sin(\alpha_0\Delta\varphi) + \frac{\Delta Z_{\mathrm{I}}}{X_{Rz} - X_{T2}} \tag{6}$$

推力线偏斜在偏航平面分量

$$\eta_{\varphi} = \frac{P_y(X_{Ry} - X_{T2})}{2P_z(X_{Rz} - X_{T2})}\sin(\alpha_0\psi) + \frac{\Delta Z_{\mathrm{II}}}{X_{Rz} - X_{T2}} \tag{7}$$

式中 P_y——总控制力；

P_z——主发动机推力；

X_{Ry}——控制力作用点至火箭理论尖点距离；

X_{Rz}——主发动机推力作用点至火箭理论尖点距离；

A_0——变换放大器放大系数；

$\Delta\varphi$——运载火箭俯仰角偏差；

ψ——运载火箭偏航角偏差；

ΔZ_{I}——运载火箭重心在俯仰平面内的横移量；

ΔZ_{II}——运载火箭重心在偏航平面内的横移量。

按照式（6）、（7）计算得到的运载火箭多次飞行试验结果表明；试验得到的 η_R均值比理论计算值小 10% 左右，考虑有限次飞行试验得到的分析结果具有一定概率水平的误差，因此，选用计算值做为初步设计的预计值是可行的。

4 对发动机推力线偏斜量测量方法的探讨

通过理论分析表明，在运载火箭推力线偏斜中，火箭发动机 η_E

分量起主要作用，其中尤其以发动机推力线零位偏斜量 $\boldsymbol{\eta}_{E_0}$ 为主。因此，准确测量火箭发动机推力线零位偏斜量，是控制运载火箭推力线偏差的主要依据。

4.1　国外火箭发动机推力线偏斜量测量简述

美国火箭达因公司为了控制用于丘辟特导弹上的 S3 – D 发动机的推力线零位偏斜，建造了图 3 – 2 – 2 所示推力校正塔。

图 3 – 2 – 2　S3 – D **发动机的推力校正塔**

在发动机推力线零位的测量过程中，使用一台中心校正三角架（见图 3 – 2 – 2 中发动机喷管左侧），其一端与发动机喷管喉部相配合，另一端与喷管出口面相配合。利用一套光学对准器和坐标装置，可以确定发动机喷管的平均几何中心线，而此平均几何中心线与发动机实际推力线基本一致。在丘辟特运载火箭的研制过程中，S3 – D

发动机推力线零位偏斜量控制在30′以内。

法国 ERIDAN 火箭是一种两级固体推进剂探空火箭，为了弄清其结构不对称性对火箭总体性能的影响，专门进行了若干次研究性发射，通过遥测信息换算出在飞行中产生0.7°推力线偏斜，并且通过发动机地面试车得到验证。

从上述可以看出，美国、法国对这一问题的重视程度，也可以初步了解它们的测量方法。

4.2 简易推力线零位测量方法的讨论

图3－2－3所示方法是通过对发动机喷管外型面几何中心线的测量，粗略地得到运载火箭发动机的推力线零位值，测量结果列入表3－2－2。

表3－2－2 推力线零位偏斜测量结果

编号	01	02	03
$\boldsymbol{\eta}_{R0}$/（′）	29.4	1.8	6.3

通过对测量系统进行误差分析得知：最主要的测量误差源是利用发动机喷管两个象限面上的外型面确定的几何中心线代替发动机喷管内型面的平均几何中心线，这一项引起的随机测量误差可达±10′～±20′，其他测量误差项均可以忽略不计。前述美国火箭达因公司在推力校正塔上采用等角度间隔测量二十四个象限面，用此求出的发动机喷管内型面平均几何中心线代替发动机的实际推力钱。显然，通过增加测量象限面的方法，也能够提高图3－2－3所示测量方法的精度。

4.3 可供选用的发动机推力线零位测量方法

通过研究提出图3－2－4所示可供选择的推力线零位测量方案，其主要技术关键是：

第一，确保 A、B 平面的平行度要求；

第二，确保转动装置、测量十字架轴线对发动机承力面轴线的同轴度要求；

第三，在测量十字架上精确安装千分表式活动标尺；

第四，转动装置由分度盘控制，可以按规定角度转动测量十字架。

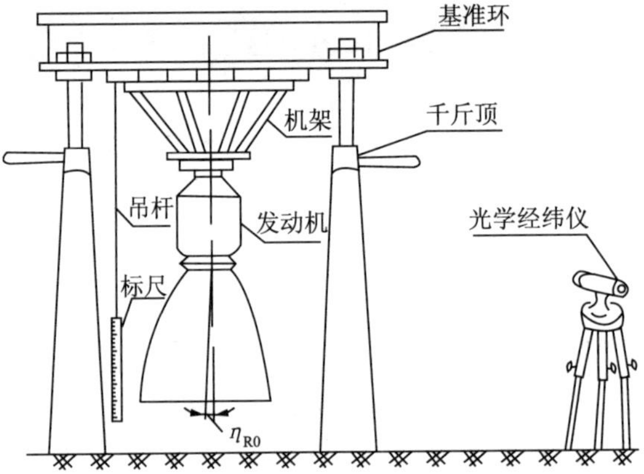

图 3－2－3　简易推力线零位测量示意图

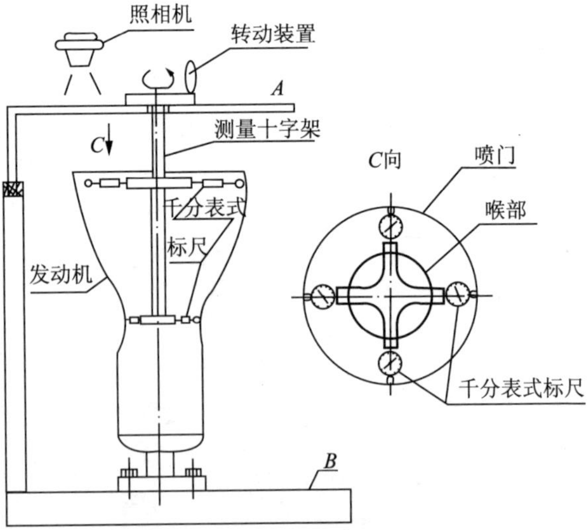

图 3－2－4　推力线零位测量方案示意图

其中照相机也可以用自动记录装置或人工读数的办法取代。通过记录下来的千分表尺读数，可以采用作图法或计算法换算出发动机推力线零位偏斜量，换算方法不赘述。

4.4 利用发动机地面试车推力测量数据进行推力线偏差测量的探讨

根据图 3-2-5 所示推力测量系统，可以建立下列静力与力矩平衡方程。

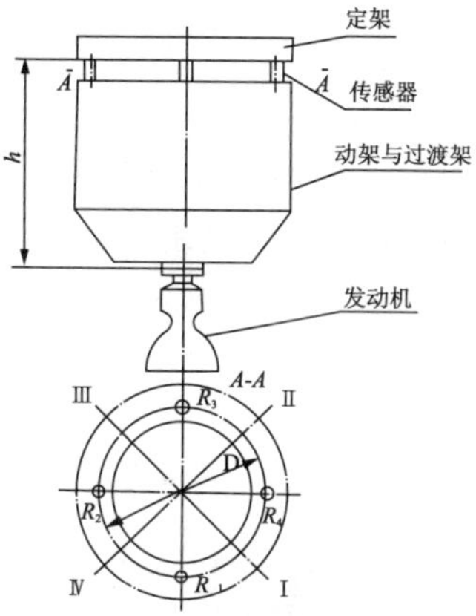

图 3-2-5 推力测量系统示意图

$$P\cos\eta_\varphi\cos\eta_\psi = R_1 + R_2 + R_3 + R_4 \tag{8}$$

$$\sqrt{2}D(R_3 + R_4) = \frac{\sqrt{2}D}{2}P\cos\eta_\varphi\cos\eta_\psi - hP\cos\eta_\varphi\sin\eta_\psi \tag{9}$$

$$\sqrt{2}D(R_2 + R_3) = \frac{\sqrt{2}D}{2}P\cos\eta_\varphi\cos\eta_\psi - hP\cos\eta_\psi\sin\eta_\varphi \tag{10}$$

式中 P——发动机推力；

η_φ——发动机实际推力线在俯仰平面内的偏斜量；

η_ψ——发动机实际推力线在偏航平面内的偏斜量；

R_i——第 i 个测力传感器的输出值，这里 $i=1, 2, 3, 4$；

D——测力传感器所在同心圆的直径，见图 3－2－5；

H——发动机承力面至试车台定架高度。

对式（8）、（9）、（10）进行简化处理，可以导出下述结果。

发动机推力线偏斜在俯仰平面内的分量

$$\eta_{\varphi} = \arctan\left(\frac{\sqrt{2}D}{2h} \cdot \frac{R_1 + R_4 - R_2 - R_3}{R_1 + R_2 + R_3 + R_4}\right) \tag{11}$$

发动机推力线偏斜在偏航平面内的分量

$$\eta_{\psi} = \arctan\left(\frac{\sqrt{2}D}{2h} \cdot \frac{R_1 + R_2 - R_3 - R_4}{R_1 + R_2 + R_3 + R_4}\right) \tag{12}$$

通过发动机的试车数据，利用式（11）、（12）进行计算，得到了合乎规律的结果。但是，要实现利用发动机地面热试车数据准确获得发动机推力线偏差量，除要求进一步提高推力测量传感器和二次测量仪表精度外，尚须对试车台上推进剂管路等产生的不均衡约束力进行准确的补偿。

参考文献

[1] BOWYR J M, et al. An inverstigation of the side force that is sometime observed in rocket motor start-up[J]//AIAA NEV/JULY,25－27,1978.

[2] WAYNE HOLLAND. SSME/Side Loads analys for flight configuration. NASA TM X－64841,SEP,1974.

[3] Thrust alignment in rocket[J]//Aircraft and Missiles Manufacturing. July, 1959.

[4] REHRI A, PENNANECH J C. Study of the influence of asymmetries on the flight behaviour of a sounding rocket[J]//AIAA PAPER No. 73－283.

[5] 郑政谋,邵镇栋,姚应才. 概率原理. 哈尔滨军事工程学院,1964.

（本文发表在“中国宇航学会”编辑出版的《宇航学报》1984 年第 1 期：81 ~ 86）

对改型设计的探讨

〔摘　要〕通过总结导弹和航天运载火箭的研制、试验经验，对改型设计的特点、应遵循的设计原则等问题进行了讨论，并提出了改型设计的对策。

〔关键词〕导弹　航天运载火箭　改型设计　可靠性

在今后一段时间里，对现有导弹和航天运载火箭进行改型设计可能是我们的一项主要任务。过去有人讲：有经过比较充分试验考验的原型火箭为基础，改型设计好干。近年来，国内外改型火箭翻船的事时有发生，“小概率故障”使人防不胜防，人们又有了新的看法：改型设计也有难点，搞成功并不容易。这些推动着我们去探讨改型设计的规律性问题。

1　导弹与运载火箭试验故障规律的启示

纵观国内外弹道导弹和航天运载火箭的研制过程，在初期飞行试验阶段，各分系统发生故障的概率相差不多，多为方案设计考虑不周或浅层次的设计可靠性问题。随着设计方案的逐步完善，电气系统，特别是控制系统故障成为主要问题，如我国20世纪60年代研制的一种运载火箭，发射了20多发后，才暴露出控制系统电源设计的薄弱环节。对几种型号运载火箭飞行试验进行统计后的结果表明：控制系统故障引起的发射失败约占60%，发动机系统约占20%，其他系统约占20%。新研制的弹道导弹和运载火箭在发射试验10～20发以后，才能较为充分地暴露深层次的设计可靠性问题，特别是电气系统的深层次设计可靠性问题。这就可以解释为什么美国几种弹道导弹定型前至少要发射30～100多发（参见表3－3－1）；

直到今天，苏联的弹道导弹和航天运载火箭还保留着许多看来是落后的技术，但实践证明这些恰好是成熟的可靠的材料、设备和分系统；也可以解释为什么近年来改型设计运载火箭发射失败多与电气系统的可靠性设计有关。

表 3-3-1　美国几种弹道导弹交付部队前的试验情况

型号	射程/km	试验发数	备注
潘兴 1	800	169	交付产品为定型状态
潘兴 2	1 200	32	
民兵 1	8 000 ~ 10 140	132	
民兵 2	11 260	51	
丘辟特	2 400	32	交付产品为初步具备作战能力状态
雷神	2 400	42	
宇宙神	10 000	30	
大力神 1	10 140	61	
大力神 2	11 700	21	

2　改型设计的特点

原型导弹和运载火箭的技术状态是在经过逐步深化的理论分析、设计协调和大量的地面试验、飞行试验的基础上确定的。原型导弹或航天运载火箭是一个从地面到箭上，从设计文件到整个生产工艺过程，从使用文书到整个测试、发射过程都是相容、协调、较为可靠的复杂工程系统。在这一基础上进行改进设计，可以说是“牵一发而动全身”，任何一处小的改动或者考虑不周都可能产生麻烦的后果，这是改型设计的突出特点。我们有 20 世纪 60 年代中期弹道导弹改型设计的成功经验，但是，近年来也有不少改型设计失误的教训，现在是到了应该认真研究一下改型设计工作有哪些基本特点的时候了。

2.1 小河沟能翻大船

改型设计多为局部性设计改进。20世纪60年代我国某一个改进型号在02批进行了57项适应性改进，68项可靠性改进，都属于局部性设计完善。近年来我国某运载火箭改型设计项目中的90%以上也是属于局部设计改进。但是小的改动考虑不周，不仅会出现系统不协调，还会导致发射失败。例如：某型号只是测压管和点火线路改动了一点，导致发射失败。可以这样讲：设计质量问题、设计可靠性问题没大没小，小河沟照样能翻大船。对改动项目，特别是在地面试验中难以检查、试验到的项目，如电气系统的一个线路、一个参数、一个元器件变化，都应十分仔细地做工作。

2.2 未上过型号的新项目往往关系到改型设计的成败

由于导弹和运载火箭使用环境和飞行环境的复杂性，地面试验做得很充分是有困难的。这不仅是因为地面试验环境有一定的局限性，也受到研制周期和经费的制约。即使地面试验较为充分，把一个纸面上正确可行、设计可靠的新设计变成一个实际上成熟、可靠的仪器设备或系统仍然需要经过多次飞行试验的考验，要付出很大的代价，因此新项目往往关系到改型工作的成败，新上项目一定要做好充分的地面和飞行试验。

2.3 “盲肠”是否多余，需要高明的诊断

导弹和航天运载火箭的技术状态，特别是某些局部设计的技术状态，往往是经过大量试验确定下来的。如果换了新的设计人员，常常提出一些新的想法。但是，在未弄清原型设计历史情况的条件下，匆忙进行修改设计，即使取消的是表面看来多余的“盲肠”，也可能出现设计不协调或新的不可靠因素，这是改型设计的难点之一，因此，对改型设计人员提出了更高的要求。

2.4　可靠性设计是改型的核心问题

从事单机设计的技术人员总试图使自己主管的仪器、设备尽可能完美，保持技术上的先进，这是可以理解的。但是，局部设计改变对整个系统会有什么影响？往往考虑不周。比如，某运载火箭点火控制线路改变导致发射失败，主要是由于没有充分考虑系统参数变化对点火控制线路设计可靠性的影响。因此，任何局部设计改进应从系统设计可靠性角度进行控制，提高改进项目的评审和审批权限。

研究国内外导弹和航天运载火箭飞行试验的规律，可以发现，改型导弹和运载火箭发射成功后，继续试验出现的失败，多是由电气系统，特别是控制系统引起的。近来人们常讲：这几年航天器发射总碰到“小概率故障”。这反映了改型设计的特点：深层次的设计可靠性问题暴露需要一定的条件，系统设计不够可靠的系统，也可能多次发射成功。深层次设计可靠性问题暴露的潜伏期比较长，要求我们提高对系统设计可靠性的认识水平。深层次的设计可靠性问题是改型设计的突出问题，要十分重视系统参数和内外环境条件变化对系统设计的影响。

2.5　电气系统，特别是控制系统改动项目多，是改型设计的一大特点

20 世纪 60 年代对我国研制的一个运载火箭进行改型设计时，与控制系统有关的改进项目占 1/3。后来对另一型号进行改进设计时，与控制系统有关的改进项目占一半左右。考虑到元器件、外购件质量保证问题的形势比较严峻，在改型设计中，对电气系统的改进项目，尤其应引起足够重视。

2.6 改型设计成败的关键是从总体上严格控制改进设计的技术状态

20 世纪 60 年代，我国在进行某运载火箭改进设计时，设计师系统十分重视严格掌握和控制改进项目的技术状态，要求主管总体设计师在充分调研和技术协调的基础上提出改进项目技术状态的控制文件，并逐项落实到研制单位和主管设计师，实行研制的全过程跟踪和技术协调，保证了改型的成功。近年来我们进行了类似型号的改进设计，由于缺乏从总体上严格控制产品的技术状态和技术协调，地面试验又不够充分，出了一些麻烦。我们应从正反两方面经验、教训中找出正确的对策来。

3 改型设计应遵循的原则

吸取国外导弹和航天运载火箭的研制经验，总结我国导弹和航天运载火箭改型设计的经验教训，针对改型设计的特点，提出下述不成熟意见。

（1）总体目标原则

对改型导弹和运载火箭战术技术性能有重要影响的项目，应积极创造条件进行改进设计，对不影响改型导弹和航天运载火箭总体性能，主要只是追求局部设计完善和技术进步的改进项目，特别是未经过类似型号飞行试验考验的项目，原则上应不改动。改进项目应以是否有利于顺利实现改型设计的总体目标为决策的依据，按照钱学森院士的话讲，就是应“从总体上考虑并解决问题”，这是处理复杂系统决策的基本原则。

（2）小风险改进原则

新技术的应用可以推动导弹和运载技火箭术的进步，但是，在一个复杂工程系统的改型设计过程中，不应轻易放弃经大量试验证实是成熟、可靠的技术，应当有控制地选择最有前途，比较成熟的新技术。本着小风险改进的原则，严格控制新技术上弹的比例。就目前技术环境而论，新技术应控制在25%以内。

（3）可靠性优先考虑原则

导弹和运载火箭的可靠性保证是一个复杂的工程实践问题，对纸面上合理、可靠转变成实际上合理、可靠的设计要付出很大的代价。从原材料、元器件和其他外购件的选用、质量保证，到仪器、设备和分系统设计、生产工艺保证和试验验证，不仅要解决一系列理论和认识问题，更重要的是要解决一系列系统设计的实际问题。对改型设计必须坚持把可靠性设计摆在突出地位。成熟、可靠的仪器、设备和分系统不轻易放弃；没经过充分试验验证的技术不轻易采用；地面试验中暴露出来的问题，即使再次试验难以复现的问题，也应尽最大努力查清故障源，采取妥善的处置措施，一般不应带着疑点转入下一研制阶段。对影响运载火箭系统可靠性的重要分系统，比如运载火箭的姿态控制系统，必须在弄清原始设计依据的前提下，留有充分的设计余量。

（4）系统协调性原则

改型设计是在一个从箭上到地面，从设计到生产工艺过程，从使用文书到测试、发射过程都是协调的工程系统的基础上“动手术”，如果设计师对原型导弹和运载火箭的设计、生产和使用过程没有深入的了解，局部改动出现系统不协调的事是很难免的。在我国第一代运载火箭改型设计过程中，发生过摔死人的事；也出现过局部设计改动，导致总装过程工艺装备不协调，总装工作进行不下去的问题发生；还发生过改型导弹穿不上弹衣的事。十分妥善地处理好改型设计的系统协调性问题，是改型设计的难点之一，对设计人员，特别是总体和分系统主管设计师提出了更高的要求。

（5）正常与非正常工作程序原则

在仪器、设备乃至分系统设计工作中，既要考虑仪器乃至分系统按正常程序能可靠的工作，也要在力所能及的条件下，考虑操作可能误动作，某个仪器、设备乃至分系统出现故障的情况下也能够完成任务。目前世界各国多采用冗余设计技术，更重要的办法应从系统设计可靠性的角度做好总体设计协调工作。例如，在弹头采用姿态控制系统的情况下，弹头应当以小攻角重返大气层，按常规设计，弹头结构和相应系统可以按小攻角再入进行设计。但是，弹头姿态控制系统工作时间长，一般可以比主动段控制系统工作时间长5至6倍，因此对弹头姿控系统的可靠性设计提出了更高的要求。解决这一难题可以有两条出路，其一是提高弹头姿控系统的可靠性要求；其二是弹头结构按大攻角再入载荷设计。后者是从总体设计的角度统一对分系统设计要求的一种决策办法，是系统正常与非正常工作程序设计原则运用的典型案例。

（6）重视附加系统可靠性设计原则

在改型设计中，主要分系统和设备往往受到各方面的重视，虽然这部分改型设计工作量较大，但常常不出大问题。箭上附加系统，如安全系统、备保关机系统等，虽然比较简单，在改型设计中翻船的事时有发生，运载火箭主管总体设计师和总设计师应关心这些常常不被重视的系统，是保证改型设计成功不可忽视的因素，能否处理好运载火箭主要系统与附加系统设计的关系，是设计师是否成熟的标志之一。

4 设计观念需要变革

沿用传统的设计思想已不能适应复杂工程系统研制的需要，尤其不能适应改型设计工作的需要。我们应当吸取国外的先进设计思想，借鉴我们自己成功的经验，在设计思想上进行必要的变革。

考虑型号发展的需要，应提倡采用预埋伏设计技术。在研制前一个型号的过程中，为新型号仪器、设备乃至分系统的改进设计铺设必要的改型条件，在前一个型号的研制过程中得到较为充分的协调和试验验证，在改型设计中减少了结构协调和试验工作量，不仅节省经费，重要的是可以大大压缩改型的周期，提高改型设计的可靠性。

系列化、模块化的设计原则已为人们所接受，认真采取这种设计原则将为改型设计创造良好的条件，是少花钱、多办事、快办事的设计方法。

国外按照指令性文件、标准执行系统工程和全寿命周期费用设计方法，已形成了严格的程序化的工程设计办法，收到了明显的经济、技术效益。我们应当吸取国外同行的成功经验，减少争论，积极推广，使我国航天技术的工程实践有新的进展。

参 考 文 献

[1] 钱振业．航天技术概论[M]．北京:宇航出版社,1991,10.

[2] 王若松,郁士光,张锡纯译．系统工程管理指南[M]．北京:航空工业出版社,1988,8.

[3] 程保根,安佛华．美国武器装备全寿命费用管理综述．中国国防科技信息中心,1992,2.

（本文发表在“中国三江航天集团”编辑出版的《湖北航天科技》1993 年第 5 期：1 ~ 5）

第四部分　导弹与航天系统试验研究

试验系统工程初探

〔**摘　要**〕本文以我国首批太平洋火箭系统试验为背景，对大型试验系统的目标分析、基本保障条件、地面模拟试验与飞行试验的关系，以及试验系统工程师的责任等问题进行了探讨和小结。

〔**关键词**〕试验系统　目标分析　基本保障条件　地面模拟试验

1　前言

航天运载火箭系统是一个大型复杂工程系统，鉴于运载火箭系统与其试验系统的复杂性，特别是运载火箭使用环境和飞行动力学环境的复杂性，在其研制过程中，系统试验具有举足轻重的作用，形成所谓“金字塔式试验结构”（参见图4-1-1）。

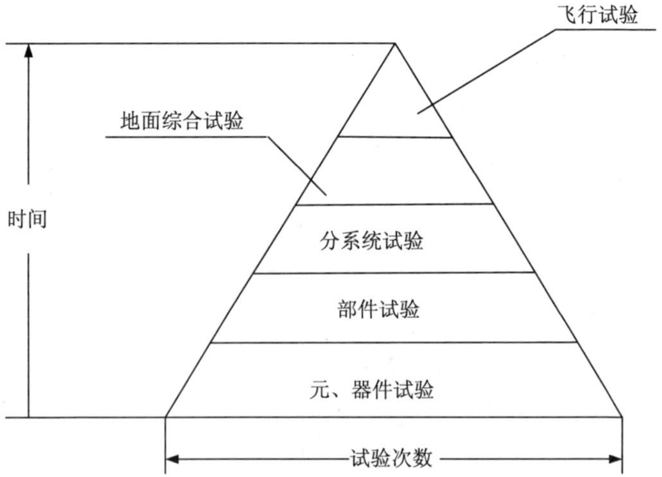

图4-1-1　金字塔式试验结构

2 试验系统的目标分析

需要不需要进行太平洋火箭试验？太平洋火箭试验的主要目的是什么？对此我们有一个逐步深化认识和统一认识的过程。

早在火箭方案设计阶段，就提出了远洋试验问题，在目标分析尚不深入的情况下，开始了远洋测量船系统的研制工作。由于对试验目标的认识不一致和反复，以及其他原因，使远洋测量船系统工程几经波折，其损失是可以想见的。

随着技术工作的不断深化，正视我国国内的现实试验技术条件，我们越来越清醒地认识到：进行太平洋火箭飞行试验是火箭定型试验的重要组成部分，不搞是不行的。但是，从技术工作角度考虑，试验的主要目的是什么？我们与某些分系统的同事有不同的认识，因此影响着试验系统基本保障条件的制定，甚至影响到领导对有限人力、物力和经费投向的决策。但是，像太平洋火箭试验这样的大型试验系统如果不明确其主要试验目标，不按照试验目标的轻重缓急次序安排好各分系统，乃至新研制的主要设备的优先保障序列；系统设计师不以试验系统目标分析为依据恰当地协调各分系统之间的技术要求和研制过程中出现的矛盾，那么试验系统工程的规模、计划安排将难以控制，技术指挥员将难以对人力、物力和经费投入适时地做出妥善的安排与决策。

针对这一问题，我们学习了兰德公司在第二次大战期间为邱吉尔制定英国空军部署方案时所用的系统分析方法。他以简明的图表，明确地指出了邱吉尔当时执行的部署方案将造成灾难性的后果，进而提出了正确的部署方案，当即为邱吉尔所采纳，为取得对德战争的胜利创造了有利的物质条件。受这一系统分析实例的启示，我们抓住了统一试验目标认识的要害问题——对国内特殊轨道短程火箭飞行试验的结果分析，并以图表形式展示出来，非常信服地统一了七机部上下对太平洋火箭试验主要目标的认识，明确了火箭试验技术准备的重点与方向。

试验系统工程涉及的技术领域越宽广，研制进度安排得越紧张，参试系统越多、越复杂，越要求试验系统工程师和技术指挥员紧紧抓住目标分析这一环节不放。它既是对试验系统工程进行分析和指导的依据和出发点，也是贯彻整个试验系统技术准备与实施过程始终的根本性问题。通常试验系统规模越大，新的技术问题越多，人们往往越容易忽视这一根本性的问题，而被随时出现的技术难题、经费和进度等问题所困扰，越容易做出错误的判断和决策，因而导致经费、人力和物力的不合理运用，甚至影响整个工程计划的实施。对于系统抓总部门、特别是主管系统设计师应努力做好试验系统目标的深化分析工作，为领导决策提供基本依据。

3 试验系统的基本保障条件

一个典型的航天运载火箭试验系统如图 4 –1 –2 所示。在进行太平洋火箭试验的技术准备过程中，曾遇到一系列关系到试验系统准备工作全局性的问题有待决策，诸如箭上、地面试验系统，特别是其中陆上和海上测控系统的研制进度十分吃紧，在人力、物力和经费投入都存在一定困难的条件下，如何确定各分系统，乃至主要设备研制的优先保障序列和取舍的次序？全区主要测控系统，按照怎样的优先保障序列协调和取舍？全区参试系统和设备多，发射方案中最低发射条件如何制定？制约发射窗口选择的因素很多，有些是相互矛盾的，试验系统的发射窗口怎样综合？

上述问题都涉及到试验系统的基本保障条件如何制定的问题。在系统工程思想的指导下，我们首先建立各分系统之间，乃至每一分系统内各主要设备之间的关系树，通过分析可以清楚地看到；除了运载火箭和发射设备外，所有参试系统和设备几乎都是直接或间接地为测量系统服务的。为此根据各测量系统对实现试验系统主要目标的作用大小（不是看其技术高、精、尖程度和经费投入多少），

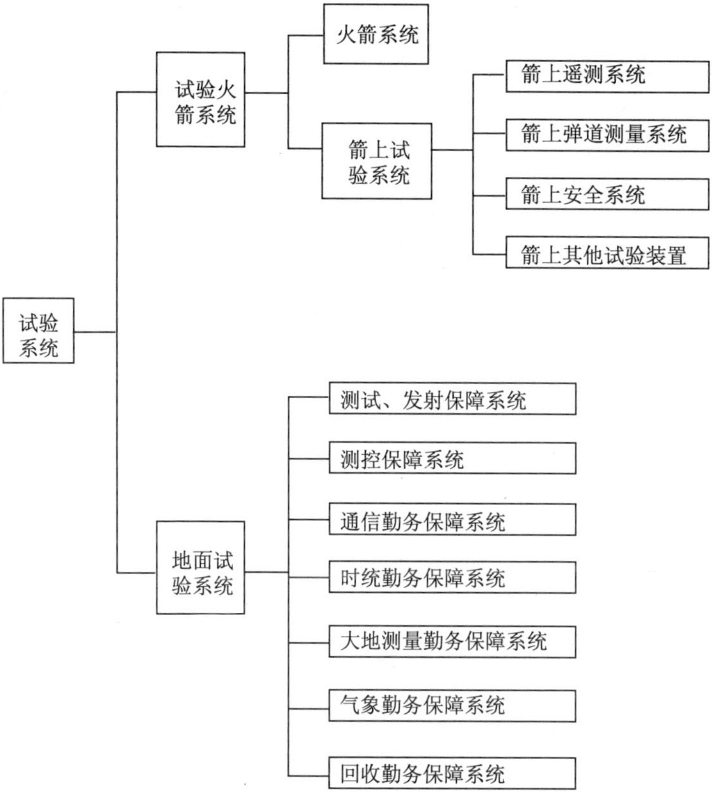

图4-1-2 典型航天运载火箭试验系统框图

首先拟定全区各测量系统的优先保障序列，进而按照其他参试系统与各测量系统的关系，相应地确定了其他参试系统，乃至主要参试设备的基本保障条件，这样就为制定太平洋火箭发射方案、发射窗口的综合意见、决定全区各参试系统，乃至主要参试设备在技术准备和任务协调工作中的优先保障序列提供了基本依据，使大系统协调和计划安排工作中的难题迎刃而解。

通过制定太平洋火箭试验基本保障条件的实践，使我们体会到：把握住大型复杂工程系统的基本保障条件，就可以取得指导工程实施的主动权，否则将会在错综复杂的矛盾困扰下，顾此失彼，难以实现预定的工程目标。制定大型复杂系统基本保障条件的思想和方法具有一定的普遍意义，不仅有利于指导试验系统工程的实施，而且对大型复杂系统的研制和大型经济系统的管理都有一定的借鉴作用。

4　试验系统的地面模拟试验

计算机硬件和软件系统的发展，为大系统数学仿真试验创造了良好前景。但是，对于一个国内或世界尚无先例的大型复杂系统的预测，由于受到原始信息源的限制和模型表述上的难题，往往难以通过计算机模拟手段实现可靠的预测。为此，系统的实物模拟试验仍具有重要和不可取代的作用。如大型运载火箭的全系统动力学试验、火箭发动机地面试车、航天飞机伺服系统地面长时间运转试验，乃至航天员在水中模拟在宇宙空间失重条件下进行的空间电站组装试验等。

对一个新的大型复杂系统进行研制和试验，理论分析和计算机仿真是重要的手段，但是，由于原始信息源的限制和模型表述上的困难，往往难以奏效。利用实物模拟，甚至简化的实物模拟试验往往能够得到系统预测的可信结果。随着航空航天技术和计算机仿真技术的发展，试验系统的实物模拟试验不仅不应削弱，在某些方面还需进一步引起重视，这是工程实践的两个轮子，缺一不可。

5　试验系统的风险与决策

太平洋火箭试验海上试验区的划定是选择试验海域、确定海上测控方案、落实海上测量船队部署方案的重要依据之一。它涉及到火箭系统的精度分析、火箭重返大气层的物理现象研究和大气参数偏差对火箭残骸散布影响的分析，是一项较复杂的研究课题。

在统计分析了几十枚不同类型火箭正常轨道试验回收舱的落点和箭

体残骸散布结果的基础上，首先从理论和实践的结合上进一步明确了火箭试验散布区、试验区和试验禁区的概念，并通过统计分析得出了规律性认识，较满意地解决了我国首次太平洋火箭试验区的划定问题。

通过这一实践使我们认识到，一个复杂系统，特别是前无先例或原始信息较少的复杂系统的决策，应打开思路，想方设法收集相关信息源，进行多方案综合分析。在建立必要的决策树基础上进行定量分析。在条件不具备的情况下，应根据多方案的综合分析做出符合规律性的决策。现代大型复杂系统的决策，往往需要的信息多，但通常是信息不足，这种情况下，单靠领导人的个人经验或某一分系统的分析难以做出正确的决策，采用系统工程的方法，进行多系统、多方案综合分析是比较现实可行的办法。

6 试验系统工程师的责任

在我国大型复杂工程系统的研制和试验工作中，通常会遇到新技术多、经费不足、时间安排紧，而各分系统又往往从局部需要和利害关系出发，不适当的强调分管系统的要求，出现一些难以决策的棘手问题。系统设计师首要的任务是深入地进行系统的目标分析和环境分析，恰如其分地提出对分系统的研制或试验的技术要求，并在此基础上明确系统目标的轻重缓急，以此为依据确定各分系统，乃至主要技术课题或设备的基本保障条件，为大系统技术、计划、经费协调提供决策的依据。

系统设计师的另一重要任务是在系统目标分析的指导下，及时提出一些可能牵动全局的技术课题或技术方案。在我国首批太平洋火箭试验的技术准备工作中，我们发现在海上测控系统中，火箭落点测量系统的技术方案不落实。与测量船上其他测控系统相比，落点测量系统是最重要的测控保障系统，它担负着重要的测量项目。尽管这一系统并不很复杂，也没有很多重大技术难题，经费投入也不很大，但是，由于测控系统主管设计师重视不够，技术方案的选择脱离使用环境的实际，使这一系统方案无法落实。在试验技术准备工作所剩时间不多的情况下，从试验系统工程需要的全局出发，我们毅然决定跨越技术分工的界限，进行落点测量新方案的探讨。在海军海上打靶思路的启发下，利用船用导航雷达作初步分析，于1976年9月，提出了船载水柱测量雷达方案。在学习了意大利人采用系统工程的思想方法，成功地利用装甲兵的装甲运输车，步兵的高加速固体火箭，高射炮兵使用的探测雷达，引进计算机系统迅速研制出一个技术上先进、在欧洲军事订货桌上颇有竞争力的“茵地果”地空导弹系统的案例后，我们提出：利用我国海军现有测量雷达和国外已有的符合我们测量要求的导航系统组成第一期应急落点测量系统的技术方案，几经周折，终于被领导采纳。这一新的测量系统，从科委领导决策，到1980年5月成功地执行测量任务，仅用了两年时间。就海上诸多测量系统而言，这是少见的高速度、高效益。

我们是搞火箭系统设计的，是负责太平洋火箭试验系统总体技术协调任务的，我们的任务不是搞一个具体设备，更不是搞一个具体的测量设备。但是，从试验系统的全局需要出发，我们站在大系统全局的高度，以系统总体需求为己任，抓住专业技术人员暂时认识不到，或由于某种思想上的倾向性暂时不愿下力气去干的关键课题。从技术上讲，这一课题并不精，也不尖，从工作分工来讲，不是系统试验总体工程师的任务。但是，从试验系统工程的全局需要来讲，它是一项能够牵动全局的任务，作为试验系统的总体设计师就应当从系统的全局需要出发，及时地抓住这样的关键课题，推动领导决策，圆满地实现试验系统工作的总目标。

（本文发表在“航空科学技术研究院系统工程研究室”主编、航空工业出版社出版的《航空高技术与系统工程》文集，1991年8月：277～281）

弹道导弹的飞行试验程序与方法

〔摘　要〕在战术和战略弹道导弹的研制工作中，飞行试验占有十分重要的地位。本文对导弹飞行试验的类型、飞行试验的工作程序、飞行试验的技术—经济分析、飞行试验的组织实施和飞行试验的结果分析与评定等问题进行了重点讨论。

〔关键词〕弹道导弹　飞行试验　试验程序　试验系统基本保障条件　飞行试验大纲

1　前言

弹道导弹是一个大型复杂系统，由成千上万个元、器件和设备组成，由这些元、器件和设备构成的导弹各分系统既彼此相关联，又互相影响和制约着。为了确保研制中的导弹成为一个系统协调、性能良好的武器系统，就必须进行从元、器件，各分系统，直到整个导弹系统的各种类型试验，构成图 4 – 1 – 1 所示金字塔式的试验结构。

鉴于弹道导弹系统自身和其使用环境的复杂性，飞行试验在其研制工作中占有十分重要的地位。简言之，不经过飞行试验，导弹系统设计方案的正确就得不到验证；不经过飞行试验，导弹系统的战术技术性能就得不到评定，也就谈不上导弹系统的定型和交付使用。因此，20 世纪 50 年代以来，世界各国在研制新的导弹系统的同时，都十分重视研究导弹的飞行试验程序和方法，为此建造了越来越完善的靶场试验系统。

2　飞行试验的类型

就整个飞行试验工作而言，按照试验的性质可以划分为研制性飞行试验（develpment flight test）、性能鉴定性飞行试验（Performance evaluation test）（又称“定型性飞行试验”）和验收性飞行试验（Acceptance flight test）（又称“批生产抽检性飞行试验”）。按照试验目的、试验弹道和试验导弹的特点，弹道导弹的飞行试验按照图 4 –2 –1 进行分类。

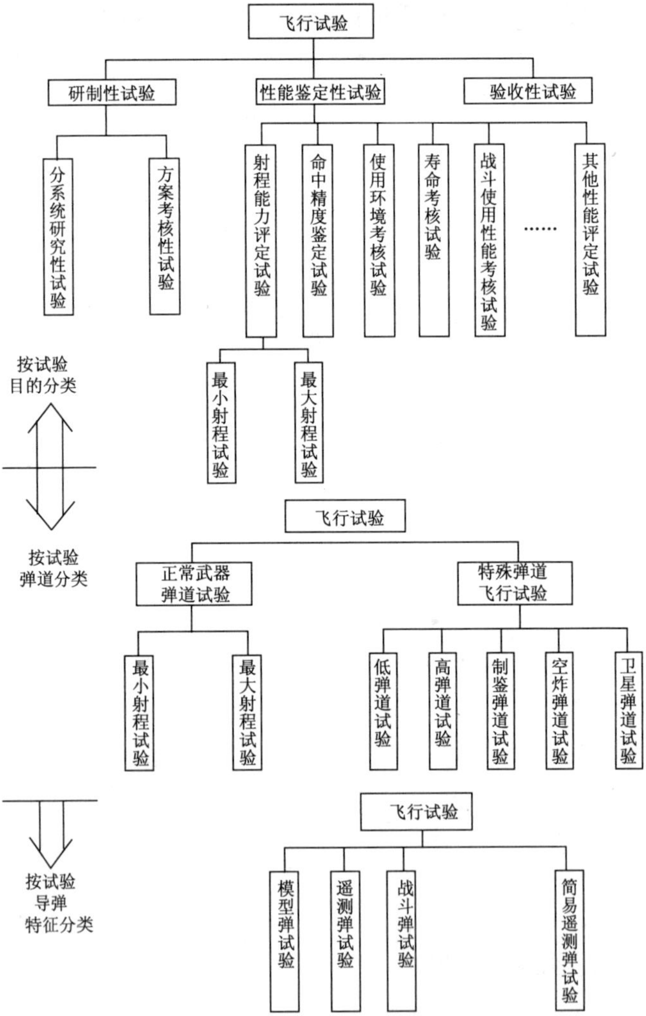

图 4 –2 –1 弹道导弹飞行试验分类图

3 飞行试验的工作程序

就一个批次导弹的飞行试验而言，整个飞行试验的工作过程可以划分为试验准备阶段、测试发射阶段、运行管理阶段和试验结果的分析与评定阶段，各工作阶段的具体工作项目见图 4－2－2。

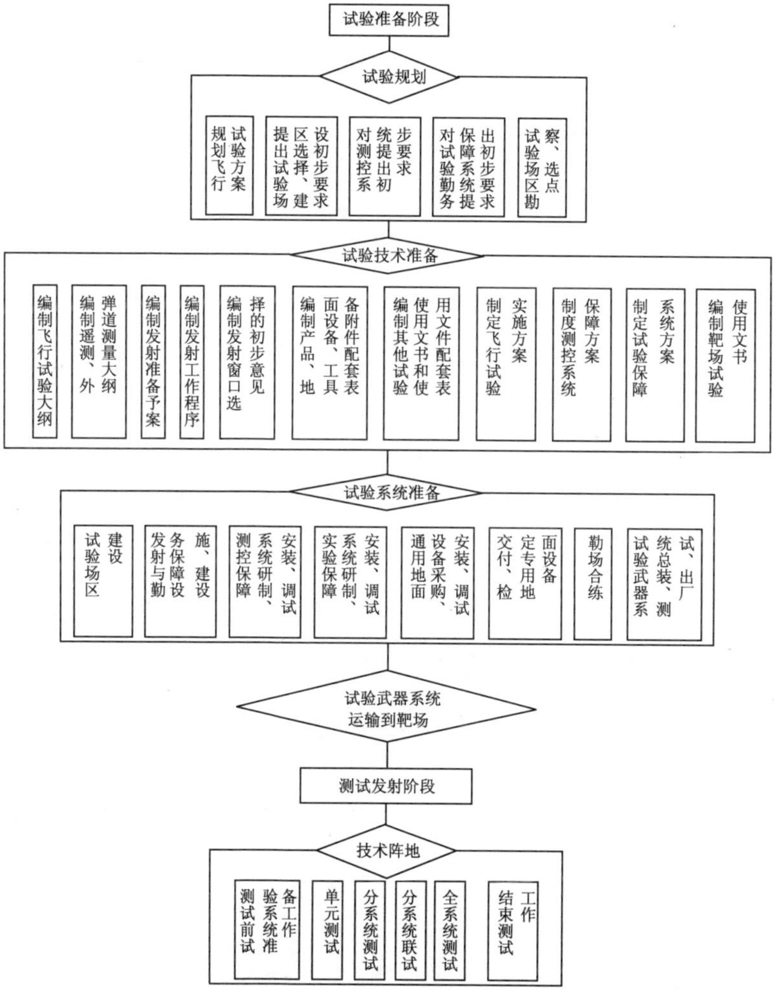

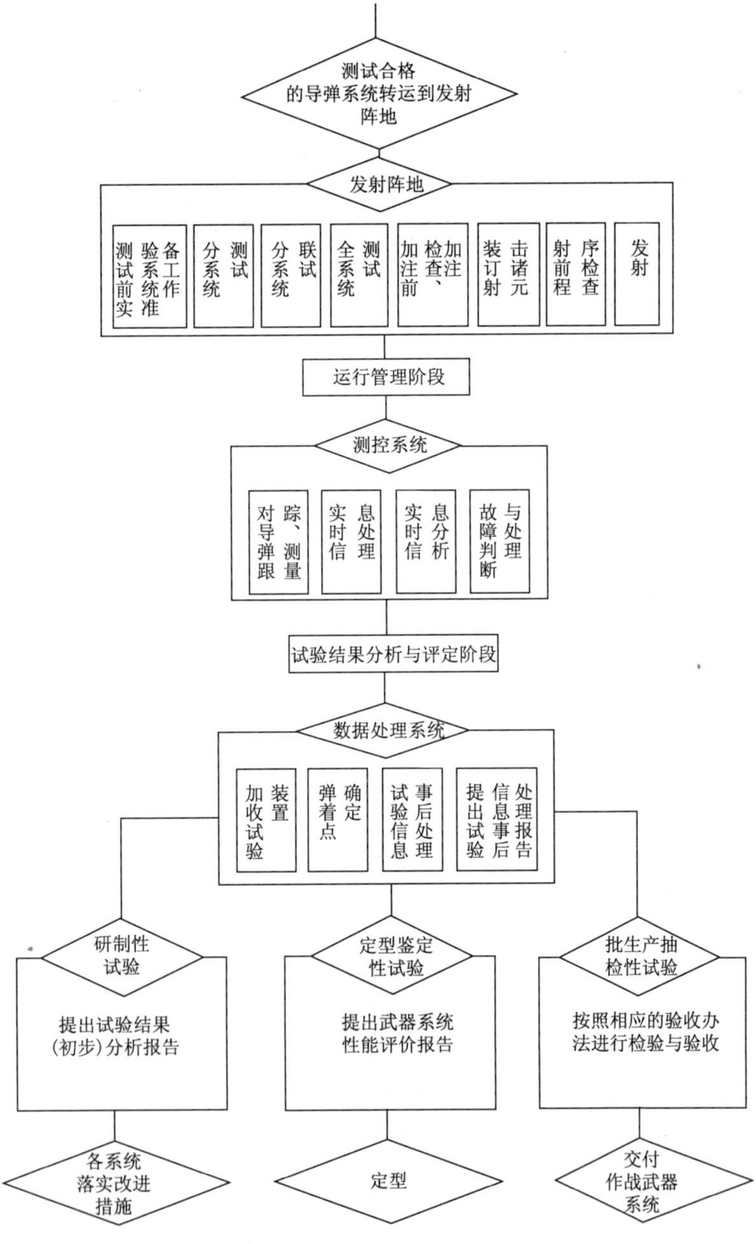

图 4－2－2　试验阶段工作程序图

4 飞行试验的技术—经济分析

进行飞行试验的技术—经济分析是在试验准备工作中和贯穿整个飞行试验工作过程中的一个重要问题，限于篇幅，本文仅就试验技术—经济分析的主要依据、主要内容和技术—经济效益的综合等问题作简要探讨。

4.1 技术—经济分析的主要依据

主要依据是试验系统的目标分析。试验系统工程师应以主要试验目的为依据，制定试验系统的基本保障条件，确定试验保障系统的优先序列。在试验经费分配、人力和物力安排上，应以其对实现试验系统总目标的作用大小来确定其保障条件。一般分为基本保障条件、第二位保障条件和其他保障条件，试验系统越复杂、新的技术问题越多，人们越容易忽视这个重要问题，越容易做出错误的决策造成严重后果。

4.2 技术—经济分析的主要内容

（1）试验弹道的选择

对于近程导弹，一般只进行正常武器弹道的飞行试验，在试验安排上，应以全射程试验为主，小射程试验为辅。小射程飞行试验通常是方案和性能进一步检验性试验，例如检验小射程条件下关机和头体分离的可靠性，弹头再入特性，以及射击精度等，一般只需试验 1 ~2 发弹。

对于远程和洲际导弹，考虑国内靶场条件的限制，针对研制工作中的主要技术难点和其他需求，可以选用图 4 –5 –7 的低弹道、高弹道、制鉴弹道、卫星弹道和其他特殊弹道，但是，就目前靶场试验条件和试验分析技术水平而言，一般仍应当以正常武器弹道试验为主，否则难以取得满意的技术—经济效益。

（2）试验发数的确定

不同飞行试验阶段，试验目的不同，所需试验发数和确定试验发数的原则也不同。在研制性试验阶段，进行方案性考核试验时，对于任一试验和使用状态的导弹系统，原则上讲，发射成功 1 发导弹，就可以结束方案考核性飞行试验。因为发射成功，方案正确是必然事件。在进行性能鉴定性飞行试验时，应根据具体导弹型号的特点，在充分利用已有的各种试验信息的前提下，通过统计分析的方法确定；批生产抽检性飞行试验，主要根据生产批量大小和军方的要求确定，由验收技术条件明确确定。

（3）地面试验系统保障条件的确定

随着导弹系统射击精度的提高、射程的增加和弹头种类的增多，靶场地面试验系统越来越宠大、越复杂。在整个试验系统的准备工作中，不论从人力、物力和试验的经费的投入来看，还是从试验准备周期来看，如何恰当地确定地面试验系统的规模都是试验系统技术—经济分析工作中的一个重要问题。试验系统工程师必须统筹全局，制定地面试验系统的优先保障序列，在人力、物力、财力的使用上和全系统的技术协调保障上都必须严格按此优先保障序列执行。以能够取得改进导弹设计和评定其战术技术性能所必须的试验信息为依据，确定相应的测量系统及为其配套的仪器、设备和勤务保障系统为第一位保障系统，即基本保障系统；以能够取得对导弹系统研制、定型和验收有较重要作用的试验信息为依据，确定相应的测量系统及为其配套的仪器、设备和勤务保障系统为第二位保障条件。不属于为实现试验总目标必须的试验项目及其配套的仪器、设备和勤务保障系统，均应列入其他保障条件。在试验经费不足，研制试验周期紧张的情况下，试验系统主管应严格控制列入其他保障条件内的仪器、设备和勤务系统的购置和研制任务的下达，必须集中力量保证基本保障条件的实施。

4.3 技术—经济效益的综合

这是整个试验系统的分析与综合问题，试验系统总体设计师应主要根据试验系统总目标的分析，提出试验信息和试验项目优先保障序列的综合分析报告，并进而结合对试验系统的调研和分析确定出整个试验系统的优先保障条件，以此为依据进行试验系统技术经济效益综合，并以此作为试验系统技术协调的主要依据。试验系统技术—经济效益综合的要点是：

1）每一飞行试验批次都应突出试验的重点，由简到繁，循序渐进。在试验条件成熟的情况下，应统筹安排，尽量做到一弹多用，减少飞行试验发数，缩短试验周期；

2）应本着小风险的原则，分阶段改进导弹系统。已通过定型飞行试验的系统，应及时冻结技术状态，严格控制设计更改；

3）应综合利用试验信息，在导弹技术状态基本不改变的条件下，研制性飞行试验的信息应可以作为定型鉴定用的试验子样，尽量减少定型飞行试验的发数；

4）应严格按研制程序办事，这是保证试验工作取得满意技术—经济效益的关键。但是，在技术条件成熟的条件下，应允许突破某些研制程序的限制，使飞行试验的技术—经济效益取得更为满意的结果。

5 飞行试验的组织实施

“飞行试验大纲”是进行飞行试验准备和组织实施飞行试验的基本依据，试验系统运抵靶场是飞行试验工作进入实施阶段的主要标志。靶场应根据“飞行试验大纲”和研制部门提出的一系列飞行试验要求和文件，拟定试验组织实施的具体工作计划、工作程序和操作、指挥细则，作为实施飞行试验的依据。飞行试验的组织实施包括“测试发射阶段”和“运行管理阶段”，每个阶段具体工作内容，参见导弹飞行试验工作程序框图 4－2－2。

6 飞行试验结果的分析与评定

就技术工作而言，取得改进导弹系统设计和评定其战术技术性能的试验信息，是付出巨大代价进行飞行试验的主要目的，飞行试验取得的试验信息是试验结果分析和评定的基本依据。

（1）试验结果的初步评定

主要根据试验目的实现的程度，把导弹飞行试验结果评为圆满成功、成功、部分成功、失败四个等级：

1）圆满成功：实现了“飞行试验大纲”规定的试验目的，获取了基本保障条件规定的试验信息，没有发生重大事故；

2）成功：实现了“飞行试验大纲”规定的主要试验目的，获取了基本保障条件规定的试验信息；

3）部分成功：获取了一定数量的有价值的飞行试验信息，实现了部分试验目的；

4）失败：未能实现试验目的，测量系统未获取到有价值的试验信息。或者在性能鉴定飞行试验中，没能按测量要求获取到基本保障条件和第二位保障条件规定的试验信息，一般也应评为失败。

（2）试验结果分析

飞行试验结果分析不仅要求高质量的试验信息，还要求多专业配合，是导弹系统研制工作中的一项难度较大的工作，特别是在出现飞行试验故障的情况下，尤其是如此。通常分为试验结果初步分析和试验结果分析两个阶段。在正常飞行试验后 3 ~ 5 天内，主要依靠实时、准实时（快速）处理信息和遥测胶片，由研制方会同有关试验单位提出试验结果初步分析报告。对于故障弹，应视故障性质和试验信息采集的实际情况，确定提供试验结果初步分析报告的时间。初步分析报告一般应包括下述内容：

1）飞行试验概况；

2）对飞行试验的基本评价；

3）对飞行试验出现的主要问题的分析意见；

4）对是否继续进行试验的建议；

5）对试验系统改进的建议等。

在试验方正式提供“试验信息事后处理报告”后，各分系统研制单位一般应在一个月内完成本系统的试验结果分析报告；总体设计单位在收到各分系统的分析报告后，一般应在一个月内提出试验结果的综合分析报告；当遇到某些问题或故障较为复杂，需进行相应的模拟试验等工作时，提供分析报告时间应视具体情况确定。试验结果综合分析报告的内容一般应包括：

1）试验概况；

2）对飞行试验结果的评价；

3）对各分系统和总体设计的综合分析与评价；

4）对飞行试验中主要问题的分析；

5）对试验系统改进的意见；

6）其他。

（3）武器系统的性能评定

按照鉴定性飞行试验的“飞行试验大纲”的要求完成飞行试验后，研制方应根据上级对武器系统定型工作的安排，在试验方正式提供“试验信息处理报告”后，依据相应的国家标准和有关定型办法进行武器系统的性能评定。“武器系统战术技术性能评定报告”在相应的定型机构组织的会议上讨论通过并报上级机关审定后，武器系统即可转入定型、批生产。

（4）批生产抽检性试验报告

依据“武器系统验收试验技术条件”，由使用方选定抽检试验用导弹系统，按照战斗使用文书和有关文件的规定实施发射；一般应在飞行试验后 1 ~2 个月内，由使用方会同试验方、研制方对武器系统的战术技术性能和生产质量做出评定，提出接收或拒收本生产批次产品的验收试验报告。

参 考 文 献

[1] 国防科委情报所. 美苏洲际导弹飞行试验概况. 1978,4.

[2] 航天工业部. 关于弹道导弹、卫星、运载火箭及其地面设备研制程序的规定. 1985,10.

[3] 赵少奎. 地地弹道式导弹飞行试验规范. 国防科学技术工业委员会. 1988,6.

[4] 张国瑞,译. 弹道式导弹惯性制导系统飞行试验用跟踪系统要求的确定和最佳试验方案的设计[J]. 国外导弹技术. 1979,12.

[5] 国防科工委情报所. 美国国家导弹靶场的结构布局与管理方式. 1980,9.

[6] 赵少奎. 苏联在太平洋上的火箭与导弹试验[J]. 靶场与试验技术. 国防科委情报所. 1978,11.

（本文发表在“航空航天部〇六六基地”编辑、出版的《远方科技》，1989 年 4 月：1 ~ 8）

弹道导弹的飞行试验与精度鉴定

〔摘　要〕通过总结我国第一代弹道导弹的研制经验，分析国外导弹试验和精度鉴定的工作经验，对弹道导弹飞行试验的工作程序、试验弹道选择、飞行试验发数安排与精度鉴定等问题进行了讨论，并提出了对我国第二代弹道导弹精度鉴定工作对策的初步思考。

〔关键词〕弹道导弹　飞行试验　精度分析　控制系统

1　引言

弹道导弹系统是一个大型复杂的武器系统，由于导弹系统本身的复杂性，特别是其使用环境和飞行动力学环境的复杂性，使飞行试验在其研制和定型工作中占有重要的地位。简言之，不经过飞行试验，导弹系统设计方案的正确性得不到验证；不经过飞行试验，导弹系统的战术技术性能，特别是其命中精度指标得不到评定，因此，就谈不上导弹武器系统的定型和装备部队。

通过飞行试验获取数量足够、质量符合要求的遥测、外测、弹着点测量和其他必要的试验信息是进行导弹精度鉴定的基本依据，世界各国导弹研制和定型的经验表明：没有足够数量和有效的试验数据，制导系统的精度鉴定是无法完成的，导弹系统的命中精度评定也是难以置信的。但是，随着战略导弹射程的增大，命中精度的提高，导弹靶场的试验系统越来越复杂、越庞大，甚至由陆地延伸到海洋，每次试验付出的代价越来越昂贵，迫使我们不得不从我国国情、战略导弹装备与使用特点出发，研究这些新问题，做出比较现实的选择。

2　飞行试验的工作程序

就任一导弹系统的飞行试验工作而言，按其飞行试验的性质，可以划分为研制性飞行试验、定型鉴定性飞行试验、批生产抽检性飞行试验和使用部队训练发射试验四个阶段。就任一具体导弹系统的某个飞行试验批次而言，整个飞行试验的工作过程可以划分为试验准备阶段、测试发射阶段、运行管理阶段和试验结果分析与评定阶段（参见图4－2－2）。

试验准备阶段、测试发射阶段和运行管理阶段中的大量工作是为获取符合要求的飞行试验数据服务的，也是为制导系统的精度分析工作服务的，因此，导弹的精度分析工作与飞行试验工作的全过程紧密地联系在一起。

3　飞行试验弹道与精度鉴定

弹道导弹的飞行试验弹道可以划分为正常武器弹道和特殊试验弹道两大类，特殊试验弹道按其弹道特点又可以分为高弹道、低弹道，制导鉴定弹道（以下称“制鉴弹道”）、卫星弹道及其他特殊试验弹道（参见图4－5－7）。

对于中、近程弹道导弹，一般只进行正常武器弹道的飞行试验，在试验安排上，以全射程试验为主，小射程试验为辅，这样有利于简化靶场测控系统，有利于导弹系统的战术技术指标的统计评定。对于远程和洲际弹道导弹的飞行试验，考虑国内导弹靶场射程范围的制约条件，针对研制工作中的主要技术难点和某种特殊需求，通常选用正常武器弹道和高弹道、低弹道、卫星弹道及其他特殊试验弹道。

对于导弹命中精度的评定，正常武器弹道试验可以提供最直接的试验评定信息，是导弹系统定型飞行试验不可缺少的试验弹道。但是，正常武器弹道是一种单调变化的飞行弹道，通常也是设计师选择的最小射击偏差弹道，导弹沿这种弹道飞行，一般不容易充分显露制导系统仪表的误差规律，对进行制导误差分离工作不利。因此，国外十分重视制鉴弹道的研究。美国人讲：制鉴弹道是一种能够对制导系统误差源产生很大影响，并能够使误差源易于分离的一种特殊试验弹道。这种弹道通常先以较大的加速度飞行较长的时间，然后转入零重力飞行环境，其后改变飞行方向，甚至反方向加速飞行。其实质是通过变推力、变轨迹飞行程序形成一种可控制的飞行试验环境，使其弹道对导弹精度分析最有利。A. N. DRUCKER 指出：对于中等精度的导弹系统，采取略微改变的试验弹道，就可以弄清制导精度。在我们的研制工作中，曾设计了一种“级间冷分离—小推力滑行转弯—大推力加速再入”的低弹道，又称“滑行弹道”，就是一种可供选用的制鉴弹道。

4 飞行试验发数安排与精度鉴定

总结我国第一代弹道导弹和国外导弹的研制和定型工作的经验，可以看出，一种导弹系统定型所需飞行试验发数取决于下列因素：

1）总体设计方案的正确性与合理性，导弹武器系统的复杂程度，特别是新研制的系统和设备所占比重大小。通常改进型导弹系统定型试验所需发数仅为新型导弹系统的三分之一左右。

2）地面试验的充分程度，飞行试验前可以得到什么样的战术技术性能的验前估计。

3）导弹靶场的试验系统，特别是其测控系统的完善程度，能否每发飞行试验都取得必要的，而且符合测量要求的试验数据。

4）飞行试验方案选择的正确性与合理性，特别是试验弹道和定型鉴定方案选择的合理性。

5）军方对导弹武器系统试验与定型工作的要求。

不同类型的导弹系统，在不同的试验阶段，试验目的不同，所需试验发数和确定试验发数的原则都不相同。在研制性飞行试验阶段，进行方案性考核试验时，对于任一技术状态和使用状态的导弹系统，原则上讲，发射成功一发就可以结束方案性考核飞行试验。在进行定型鉴定性飞行试验时，通常主要考虑精度鉴定和弹头试验评定所必须安排的试验发数，其他战术技术性能评定均可在弹头试验和精度鉴定的过程中得到检验，不需要单独安排试验。一种新型导弹系统精度鉴定需要打多少发弹通常不是一个固定的数字，主要根据这种导弹系统本身的设计特点和使用特点，在充分利用各种可用的验前信息的条件下，通过统计分析的方法确定。

5　对精度鉴定工作对策的思考

在我国第一代洲际弹道导弹系统的研制过程中，对如何进行定型飞行试验，争论了很长时间，其焦点是需不需要进行正常武器弹道的全程飞行试验。

1990 年 12 月，有的同志提出：我国第二代弹道导弹精度鉴定工作的对策应当是“地面试验与飞行试验相结合，以地面试验为主，努力摸清误差规律，找出天地关系，以少量的飞行试验达到精度定型的目的。”这应当是一个努力争取的目标，如果我们确实在地面试验技术上已经取得了某些重要的突破，这将是一个好的技术对策，但是，就我们目前和今后一段时间里所具有的地面试验条件而言，这种技术对策尚值得商榷。

认真总结第一代弹道导弹精度鉴定工作的经验教训，研究美苏等国走过的道路，似乎可以找出规律性的东西：在没有基本弄清楚制导误差规律，找出其主要误差源和天地关系以前，应当进一步加强飞行试验工作。美国人走了一条“首先以飞行试验为主，地面试验为辅，在基本弄清了制导系统误差规律之后，逐步转入以地面试验为主，飞行试验为辅”的精度鉴定道路。苏联人虽然在一些刊物和教科书上提出了不同的想法，但是，在飞行试验的实践上，他们花费的人力、物力，以及每年进行飞行试验的次数都不比美国人逊色，他们建造的远洋试验测量船，吨位比美国的大，数量也比美国人还多。从我国现实的试验技术条件出发，考虑今后的可能发展前景，尊重精度鉴定工作的客观规律，我们是否应当采取“首先进一步加强飞行试验工作，大力开展地面试验技术建设，积极开展模拟打靶技术的研究和实践，在充分利用数量有限，但质量符合要求的飞行试验信息的条件下，摸清制导系统误差规律，找出主要误差源及其天地关系，分阶段逐步完善精度定型。在此基础上逐步转入以地面试验为主，飞行试验为辅，以少量的飞行试验达到精度定型”的对策。

从我国国情出发，尽量节省经费做好精度鉴定工作是我们的重要着眼点，摆在第一位的应当是在重大决策上不要失误，尽量避免走弯路。从我国现实技术条件出发，一方面积极开展地面试验和模拟打靶的研究与实践，在飞行试验前获取尽可能满意的验前估计，减少飞行试验发数；另一方面，应对飞行试验的弹道选择和试验发数安排作出最合理的配置，进一步完善、改进现有测量系统，使每次飞行试验都能够获取测量时段、采样频率和测量精度都符合要求的试验数据。显然，从根本上讲，后者仍然是精度鉴定和定型工作的基本依据，疏忽了这一点，我们将会遇到难以克服的困难。

参 考 文 献

[1] 赵少奎. 弹道式导弹的飞行试验程序和方法[J]. 远方科技. 1989,4.
[2] 国防科委情报资料研究所. 国外洲际弹道导弹精度鉴定的技术途径//专题参考资料. 国防科委. 1977,6.
[3] 赵少奎. 苏联在太平洋上的火箭和导弹试验[J]. 靶场与试验技术,1979,(2).
[4] 张宗美. 惯性仪表误差的分离技术[J]. 国外导弹技术. 1984,8.
[5] 张国瑞. 美国洲际弹道导弹制导精度的鉴定[J]. 国外导弹技术. 1982,9.

（本文发表在“航空航天部航天控制研究所”编辑、出版的《航天控制》，1991 年 5 月：9 ~ 12）

弹道导弹的试验区

〔摘　要〕本文主要依据国内地地弹道导弹研制和飞行试验的实践，在综合分析和研究了国外有关试验资料的基础上，讨论了再入体重返大气层的散布规律、大气参数偏差与弹道风对导弹散布的影响和选择导弹试验区涉及到的基本问题。

〔关键词〕弹道导弹　导弹试验　回收区域　散布分析

1　前言

选择适当的导弹试验区是弹道导弹飞行试验工作中的重要问题之一，它影响到落区测控方案的选择和落实，影响到弹头和弹体残骸实物资料回收的难易程度，因此，直接影响到飞行试验结果的分析和评定。这一课题涉及到导弹命中精度分析、再入体重返大气层的物理现象研究和大气参数偏差对再入体散布的影响等课题。本文不准备全面展开讨论，主要讨论影响导弹试验区选择的一些基本问题。

2　再入体重返大气层的散布特性

弄清楚导弹重返大气层的物理景象是深入分析导弹再入散布特性，特别是分析弹体残骸散布的重要条件之一。图 4 －4 －1 给出了一发远程导弹在进行国内低弹道飞行试验时的景象，比较真实地记录了弹道导弹全弹道的飞行历程，特别是采用蚀烧型防热材料弹头的远程导弹重返大气层的物理景象。

国外大量资料表明：没有中段制导和自由飞行段姿态控制系统

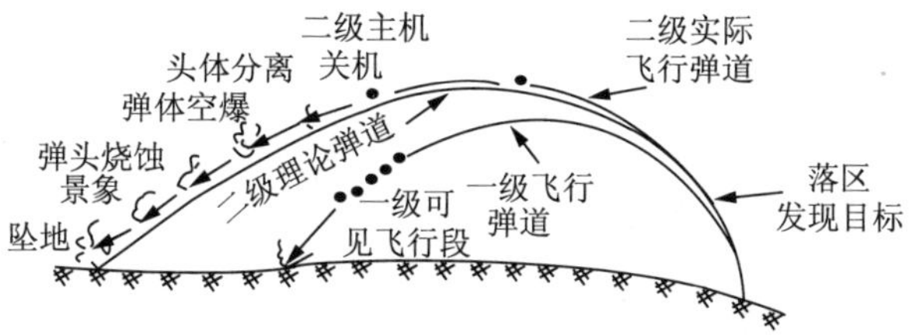

图 4－4－1　一个两级弹道导弹飞行景象

的导弹在自由飞行段弹头和弹体是处于自由翻滚状态，如果不进行姿态控制，可能以很大的再入攻角重返大气层，导致难以接受的再入散布。固体推进剂弹道导弹，因弹体结构较强，通常完整的返回地面，弹体的散布区较小，图 4－4－2 示出了固体推进剂弹道导弹再入体散布轨迹和散布区示意图。

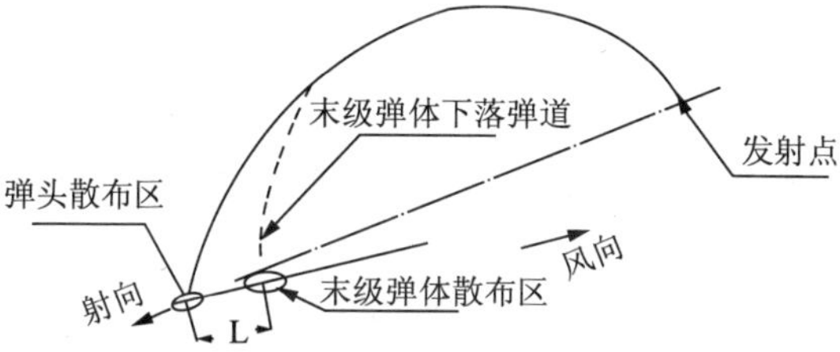

图 4－4－2　固体推进剂导弹再入散布示意图

对于液体推进剂弹道导弹，重返大气层时，末级弹体一般在 40 ~70 km 的高度上破坏，弹体碎片散落范围很大，散落区域大小主要取决于当地风的大小与方向。进一步研究表明：液体推进剂弹道导弹的弹体爆炸后，弹道系数低的轻型弹片在下落过程中迅速减速，一般在几秒钟内达到终端速度，然后以其终端速度缓慢下落。如弹道系数为 5 kg/m^2 左右的导弹蒙皮、薄金属板等，在当地风作用下，散布范围较大（参见图 4－4－3）。但是，弹道系数高的重型弹体残骸，如钛合金气瓶、主发动机和单个仪器等，其下落散布基本不受当地风的影响，主要取决于其阻力特性，沿着图 4－4－3 所示的弹体残骸下落轨迹坠地。

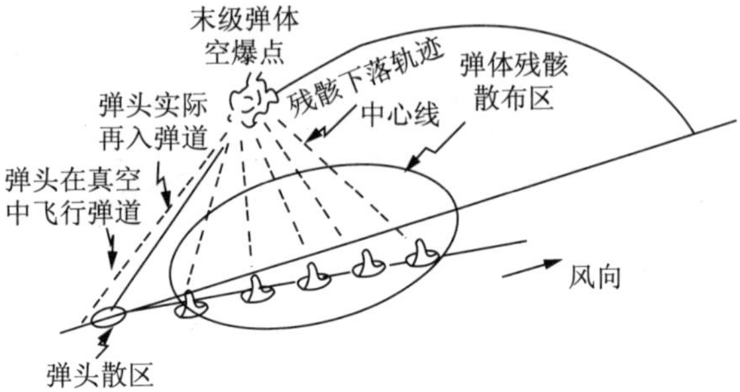

图 4－4－3　液体推进剂导弹再入体散布示意图

由图 4－4－2 和图 4－4－3 可见，为了保证主要导弹实物资料的回收，为了保证试验落区人员与设备的安全，为了不致误伤非参试人员、车辆、舰船和飞行器，应选取合理的回收区、导弹试验区和试验禁区（参见图 4－5－8）。

3　大气参数偏差与弹道风对导弹散布区的影响

导弹重返大气层后，在大气阻滞下迅速减速飞行，并在急剧增大的力和热负荷作用下严重烧蚀或破坏。弹头和其他弹道系数较高的弹体残骸，受弹道风和大气参数偏差的影响产生的散布仅占其总散布的 8% 左右，影响不大。但是，弹道系数较低的弹体残片的散布受当地的大气条件影响较大；其中主要影响因素是风和大气密度偏差。对于初步设计，考虑由于风和大气密度偏差影响进行散布分析或射击修正时，往往只需使用近似计算公式。本文推荐采用参考文献［1］提供的方程式，对于现有弹道导弹的计算结果与采用三自由度弹道模拟计算的结果十分吻合。

（1）弹道风对再入体散布的影响

在弹道风作用下，再入体散布可按下式计算

$$\delta_w = -\frac{H}{V_e \sin\theta_e} I_3 \sum_{j=1}^{n} V_{w_j} F_{w_j} \tag{1}$$

式中 H——换算高度，$H = RT/g$（m）；

R——气体常数（$m^2/(s^2 \cdot ℃)$）；

T——环境温度（℃）；

g——重力加速度（m/s^2）；

V_e——再入点飞行速度（m/s）；

θe——再入点弹道倾角（℃）；

V_{w_j}——第 j 层当地平均风速（m/s）；

F_{w_j}——风的权系数，参照参考文献［1］表 2 取值；

I_3——与环境压力、弹道系数和弹道倾角有关的函数，按参考文献［1］的表 3 取值。

世界各地弹道风随季节和昼夜的变化有周期性的规律，短时间内海平面风速可以变化 ±10 m/s；30～40 km 高度上，风速可以变化 ±30 m/s。为此，必须对试验落区做多次实地气象观测，并根据其多次观测结果做统计分析和工程处理，然后提供作为散布计算的依据。

通过对式（1）进行计算分析，可以得出下述结论：

1）在 7～10 km 的高度上，弹道风对弹道系数较高的再入体散布影响大；

2）在 1～4 km 的高度上，弹道风对弹道系数较低的再入体散布影响最大；

3）在 30 km 高度以上，弹道风对弹道系数较高的再入体散布的影响仅占全弹道的 5%；因此，在处理划定导弹试验区的问题上，一般可以忽略不计。

（2）大气密度偏差对再入体散布的影响

大气参数偏差对再入体散布影响的主要因素是大气密度偏差，

根据参考文献［1］，可以用下式计算大气密度偏差对再入体散布的影响。

$$\delta_{\rho} = \left(\frac{H}{V_{e}\sin\theta_{e}}\right)\frac{g}{\tan\theta_{e}}I_{s}\sum_{j=1}^{n}\left(\frac{\Delta\rho}{\rho}\right)_{j}F_{\rho_j} \tag{2}$$

式中　$\Delta\rho$——大气密度偏差（$kg \cdot s^2/m^4$）；

ρ——标准条件下，当地大气密度（$kg \cdot s^2/m^4$）；

F_{ρ_j}——第 j 层高度上大气密度偏差引起的再入体弹着点偏差敏感程度的权系数，取值参见参考文献［1］表 8；

I_S——与环境压力、弹道系数和再入弹道倾角有关的函数，按参考文献［1］的表 7 取值。

世界各地大气密度也有明显的季节变化和月变化，通常大气密度偏差可以由 ±5% 变化到 ±25%。一般讲，10 km 高度以下，夜间大气密度出现正偏差；10 ~ 25 km 高度范围内，白天出现正偏差；25 ~ 45 km 高度范围内，夜间大气密度出现正偏差。

通过对式（2）大量分析计算，可以得出下述结论：

1）大气密度偏差对再入体散布影响最大高度层几乎与再入体的结构阻力特性和弹道参数无关，均发生在 7 ~ 8 km 高度范围内；

2）30 km 高度以上大气密度偏差对再入体散布的影响很小，通常可以忽略不计。

综上分析可知，大气参数偏差对再入体散布的影响主要决定于 30 km 高度以下的大气层；因此在解决划定导弹试验区的问题时，散布分析只需重点研究落区 30 km 高度以下的大气参数的变化规律。

4　弹道导弹试验区的选择

首先应明确关于导弹试验区的几个概念。

导弹回收区：在导弹正常飞行条件下，弹头、末级弹体或数据舱理论弹着点附近的区域。对于弹道导弹，回收区通常选取以目标点为中心，1 ~ 2 倍射击标准偏差为半径的地区（参见图 4 -4 -6）。

导弹弹着区：又称导弹弹着点散布区。通常是指导弹在正常飞行条件下；导弹以一定概率命中的区域。对于弹道导弹飞行试验，一般取命中概率99.73%，即所谓三倍标准偏差（3σ）的散布区。

导弹试验区：为导弹试验专门选定的攻击地域、海域或空域。对于弹道导弹飞行试验，通常是在导弹弹着区和末级火箭残骸散布区的基础上，考虑试验阶段不同、试验场区条件的制约因素，以及弹头试验状态等因素，适当扩大或缩小而确定的地域或海域（参见图4-4-6）。除无人操作的设备外，参试人员和观测设备均应布设在导弹试验区之外。

试验禁区：导弹飞行试验前，向外界正式公布的试验危险区（参见图4-5-8）。它是在导弹试验区基础上，适当放大后确定的专门地域或海域，用于限制与试验无关人员、车辆、舰船或航空器进入，以免干扰试验的进行或发生涉外事件。

通常把上述专用地域或海域统称为导弹试验区。在国内陆上选择导弹试验区，涉及到的影响因素较少，相对讲较为容易；在公海上选择和划定导弹试验区，往往受到航区飞越他国上空，试验区受相临国家领海和200 n mile经济区等条件制约，因此试验海区的选择要考虑到政治环境、自然环境、试验区测量和通信等多方面因素的影响，导弹试验区的选择更具有代表性。

（1）国外海上试验区选择的简要分折

在公海上进行导弹和运载火箭的飞行试验，试验区的选择是一项十分慎重的工作。首先应满足导弹和运载火箭对试验射程的要求，这是选择试验区的前提条件。第二位的是选择较为安全的射向，保证导弹和运载火箭的残骸不致危及本国和他国重要城市和设施的安全，同时要考虑有利于沿所选的航区布设测控台站。在公海上进行导弹试验，再入段遥测，外测和弹着点的测量主要依靠海上测量船，为此，试验海域有较好的气象、水文、海洋地质和通信等条件，是保障测量船完成落区测量任务的重要条件。

自1960年1月，苏联人公开在太平洋进行弹道导弹和运载火箭试验以来，主要使用图 4 –4 –4 和图 4 –4 –5 两大试验水域。初期试验在Ⅰ海区进行，这里地处赤道水域，风平浪静，气象条件好，水深多在 5000 m 左右，是满足上述要求的理想试验水域。1969 年 4 月以后，苏联进行第二阶段太平洋水域试验，主要试验第一代固体战略导弹，由于试验射程小，保密要求更为严格，将试验区移至图示Ⅱ海区。这里气象条件差，风浪大。但是，苏联人为此研制对海洋环境适应性更好的新一代海上测量船，保障落区测量要求，继续沿用第一阶段海上试验的射向。

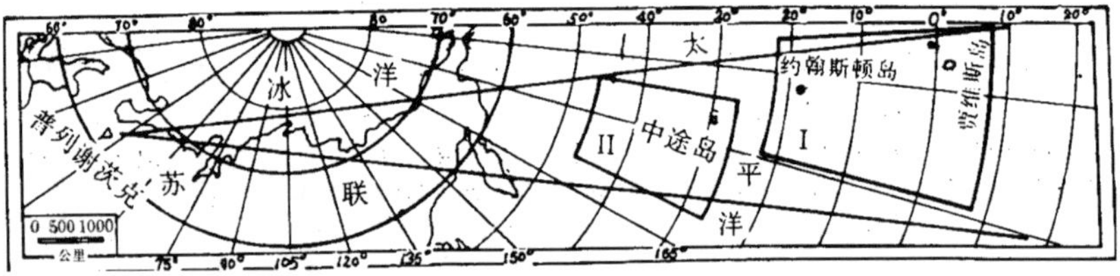

图 4 –4 –4　苏联在太平洋的试验水域

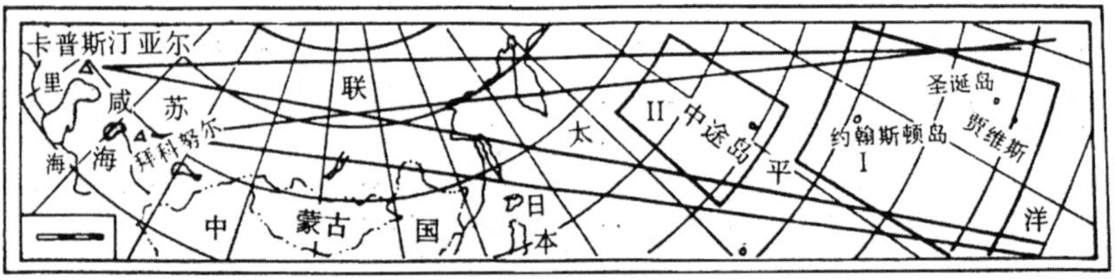

图 4 –4 –5　苏联在太平洋的试验水域

苏联人在第一阶段太平洋导弹和运载火箭试验中，试验区范围变化很大，通常选取不规则四边形或矩形水域。例如，1960 年 1 月 15 日 ~ 2 月 15 日公开进行的首批试验，试验区为 300 km × 500 km 的试验区。1961 年 10 月的第四批试验时，试验区缩小到 210 km × 210 km 的正方形水域。第七、八批导弹试验的禁区是半径为 120 km 圆形水域，此后苏联人公布的试验禁区均为圆形水域。

1969年4月以后，苏联开始进行固体推进剂远程导弹试验，对于单弹头导弹试验，试验禁区半径缩小到64 km。

（2）导弹试验区的划定

①弹头试验区的划定

在研制性飞行试验阶段，甚至是在鉴定性飞行试验阶段，划定弹头试验区的依据主要是导弹命中精度指标。以命中精度用方公算偏差 $B_g \times B_\sigma$ 表示为例，弹头理论散布区如图4－4－6所示。但是，通常在分配导弹理论命中精度指标时，未考虑下列因素：

1）地心坐标系、发射点和目标点位置的误差；

2）地球引力场异常在弹道计算中的残差；

3）弹头姿态控制系统工作造成的弹头命中偏差；

4）发动机推力线的系统偏差造成的制导方法误差；

5）射表误差等。

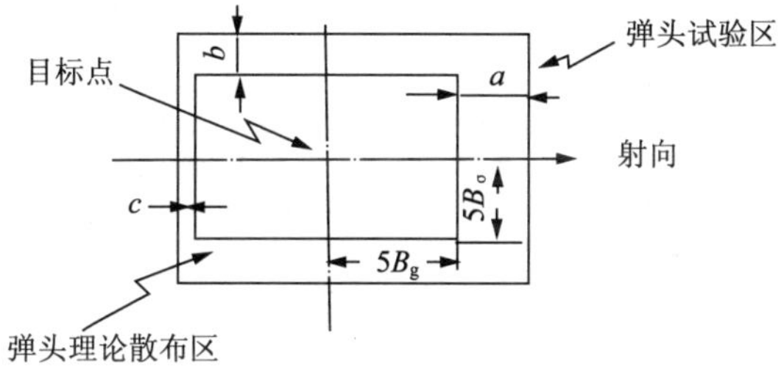

图4－4－6　弹头试验区示意图

为此应在考虑上述因素的条件下，在弹头理论散布区的基础上适当放大给出弹头试验区（参见图4－4－6），通常选取 $a > b > c$。

②弹头、弹体散布中心的确定

通过理论分析，可以导出弹头—弹体散布中心距 L_{TT} 用下式表述：

$$L_{TT} = L_{TF} + L_{TA} + L_{TW} \tag{3}$$

式中　L_{TF}——头体分离时，分离装置分离冲量引起的弹体散布中心滞后距离；

L_{TA}——无风条件下，空气阻力造成的弹体散布中心滞后距离；

L_{TW}——弹道风造成的弹体散布中心滞后或超前距离。

通过对国内外有关型号飞行试验统计分析，在飞行试验方案论证和研制性飞行试验阶段。头体散布中心距可用表4－4－1所列数据。

表4－4－1

导弹类型	近程	中程	远程	洲际
弹头—弹体散布中心距/km	10	20	30	80

从表4－4－1可见，导弹射程越远，头体散布中心距离越大，这是由再入点速度和再入弹道倾角随射程增大而变化的规律决定的。

③末级弹体散布区的确定

如前所述，对于固体推进剂弹道导弹，弹体一般完整地返回地面，因此散布区较小。液体推进刑弹道导弹和运载火箭，在重返大气层过程中，弹体通常在一定高度上爆炸解体，不同弹道系数的残骸，因其减速特性不同，散布范围变化很大。因此，首先应确定其空爆高度，然后假定各种不同弹道系数的残骸，进行散布分析计算，才能确定其最大散布区。

通过对国内有关型号飞行试验结果的统计分析，可以给出不同射程条件下液体推进剂弹道导弹的空爆高度和弹体残骸散布规律，详见表4－4－2。对于飞行试验方案阶段和研制性飞行试验阶段，可参照表4－4－2所列数据划定弹体残骸散布区。

表4－4－2

导弹类型	近程	中程	远程	洲际
空爆高度/km	40	50	60	70
纵向散布/km	30	40	70	160
横向散布/km	±5	±10	±20	±40

④一个应用实例

1980 年 5 月 18 日，我国向太平洋中部地区发射了洲际运载火箭据上述分析，给出了图 4 –4 –7 所示的试验禁区。

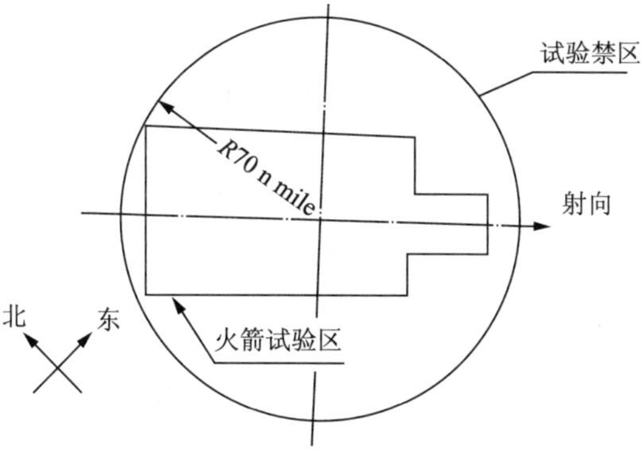

图 4 –4 –7 我国首批太平洋试验禁区

这一试验禁区相当苏联公开进行的第七、第八批太平洋试验公告禁区的大小，引起了全世界，特别是苏联人的极大关注。苏联著名军事专家列昂尼德 · 塞特尼克上将发表评论指出："中国最近从甘肃省双城子地区发射洲际弹道导弹表明，这种导弹现在已有完善的控制系统；因此，已具有必要的作战要素——准确性。"他因此为之震惊，与苏联人初期太平洋试验相比，我们当时划定的试验区是高水平的。

5 结语

导弹试验区的选择与划定是落实飞行试验准备工作，确定落区测控方案和保证导弹和运载火箭实物回收的重要条件，特别是在公海上选择和划定试验区，还涉及到落区试验的安全，避免发生涉外事故等敏感的问题，公告禁区的大小直接反映一个国家导弹和运载火箭的研制水平，是引起全世界关注的问题。为此选择和划定导弹试验区是一项十分慎重的工作。

参 考 文 献

[1] GLOVER L S. Approximate equatlon for evaluating the impact dispersion resulting from reentry wind and deviation in density. AD721336.

[2] 赵少奎 . 苏联在太平洋上的火箭和导弹试验[J]. 靶场与试验技术 . 1979(2).

[3] WHITE J F. Flight performance Handbook for Power Flight Operation. 1963 By JOHN WILEY and Sons, INC, NEW YORK, LONDON.

[4] 国防科委情报研究所 . 国外洲际弹道式导弹精度鉴定的技术途径 . 1977,6.

（本文发表在“航空航天部○六六基地”编辑、出版的《远方科技》，1990 年 1 月：3 ~ 8）

导弹与航天系统的研制

〔摘　要〕本文从总体上对导弹和航天系统的研制程序、地面试验和飞行试验工作进行了较为全面的讨论，有助于从事导弹和航天系统的专业技术人员、管理人员和航天爱好者比较全面地了解导弹和航天系统的研制工作。

〔关键词〕导弹　运载火箭　航天系统　研制程序　地面试验　飞行试验

1　导弹与运载火箭系统的研制程序

导弹与航天系统是大型复杂工程系统，它的研制可分为系统研究设计、样机生产和试验 3 个阶段。本篇以运载火箭为例，概要地讨论导弹与航天系统的研制过程。

一种新型运载火箭的研制，从明确任务到正式投入航天发射服务，一般需要 5 年左右的时间。在整个研制过程中，要把成千上万的设计、生产和试验人员以及各种各样的工艺和试验设备有序地组织到运载火箭研制的轨道上，就必须周密地组织，有序地调度指挥，按照系统工程的方法制定严格的研制程序和周密的实施计划，确保研制工作的顺利进行。

现代系统工程的管理方法是在导弹和航天技术研制的实践活动中逐步形成和发展起来的。在我国导弹和航天事业的发展过程中，著名科学家钱学森院士倡导和发展了系统工程的理论和方法，在学习和借鉴国外有益经验、总结我们自己的实践经验的基础上，逐步形成了具有中国特色的运载火箭研制程序（参见图 4 －5 －1）。我国目前的研制程序一般包括论证、方案、工程研制和定型 4 个阶段。

1.1　论证阶段

论证阶段是明确任务、提出总体技术方案设想的研制阶段。其

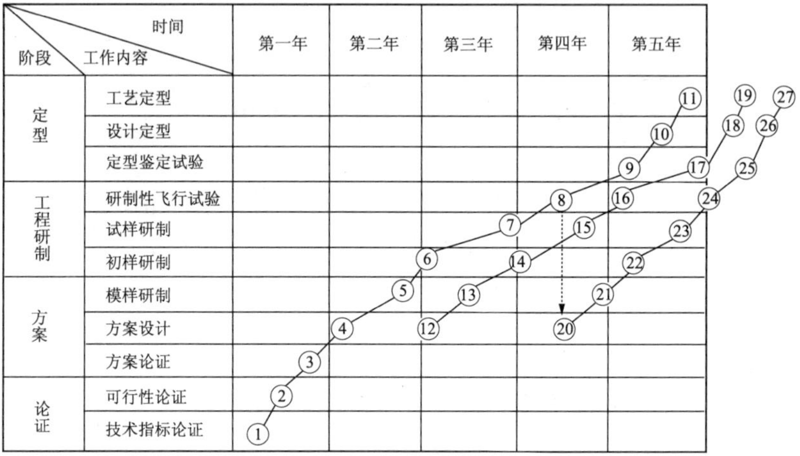

图 4－5－1　运载火箭研制程序

主要任务是进行运载火箭技术指标合理性和总体技术方案的可行性论证。

（1）技术指标论证

运载火箭系统要根据航天任务的需求，从国家科学技术和工业水平的实际情况出发，通过系统分析、研究制定出运载火箭的主要技术性能指标。运载火箭的主要性能指标一般包括：航天器轨道要求、运载能力要求、入轨精度要求、对不同质量和外形尺寸的有效载荷适应能力、发射可靠性要求等。

导弹武器系统要根据军方提出的战术技术指标进行论证。以弹道导弹为例，要对射程、弹头质量和威力、命中精度、生存能力、突防能力、发射准备时间、可靠性、维修性、贮存期、发射方式和变射向等要求进行论证。

（2）技术方案可行性论证

技术方案可行性论证主要由研制部门通过系统分析与综合提出可达到的技术指标和对型号研制的建议。建议中应包括总体技术方案设想、大型试验方案设想、研制周期、重要的保障条件、研制经费估算和研制工作分工等。

1.2 方案阶段

方案阶段是运载火箭研制工作的技术决策阶段。主要工作包括总体技术方案论证、方案设计、模样研制以及大型试验初步方案的拟定。

（1）方案论证

方案论证的主要任务是初步确定运载火箭研制的技术途径，优选运载火箭的技术方案，对各分系统提出第一轮设计要求，并在此基础上拟定运载火箭系统的初步研制计划和研制经费概算。

（2）方案设计

方案设计的主要任务是在初步优选的运载火箭技术方案的基础上进一步选定总体设计方案，并全面展开系统设计工作。通常首先应选定运载火箭的结构形式和火箭级数，选择推进剂、发动机、控制系统和伺服系统等的类型，进而确定火箭的结构外形、部位安排、星箭和级间分离方式以及各级贮箱、壳段的结构形式等。然后在此基础上进行第一轮正式的运载火箭总体参数分析计算，提出运载火箭的总体参数、空气动力特性、弹道、载荷、推进剂晃动和火箭弹性振动计算等设计报告。并根据上述设计报告提供的计算结果和总体设计方案要求对各分系统设计单位提出初样设计任务书。

（3）模样研制

模样研制是分系统和总体技术方案的地面模样验证阶段，完成的标志是装出 1:1 的模样火箭。

方案阶段完成的主要标志是已经基本解决了运载火箭总体方案的技术关键，经模样验证后运载火箭的技术方案得到肯定，并且初步确定运载火箭总体和分系统的主要性能参数及初样火箭的技术状态。

1.3 工程研制阶段

工程研制阶段是运载火箭研制的工程实施阶段，包括初样研制、试样研制和研制性飞行试验等 3 个阶段。

（1）初样研制阶段

初样研制阶段的主要任务是用初样样机对设计、工艺进行验证，进一步完善运载火箭的设计方案。通过初样样机的地面试验，进一步改进各分系统。经分系统改进设计后向总体单位提出进一步的设计依据，总体设计单位进行新一轮运载火箭总体参数的分析计算，即所谓“初步设计”，目前通称为“初样设计”。设计程序参见图 4 –5 –2。这一轮分析计算的内容与方案设计阶段基本相同，只是计算方法更为精确，为试样研制提供更为可信的设计依据。经过初样设计，原则上讲，运载火箭的总体方案和主要性能已经基本上确定下来了。

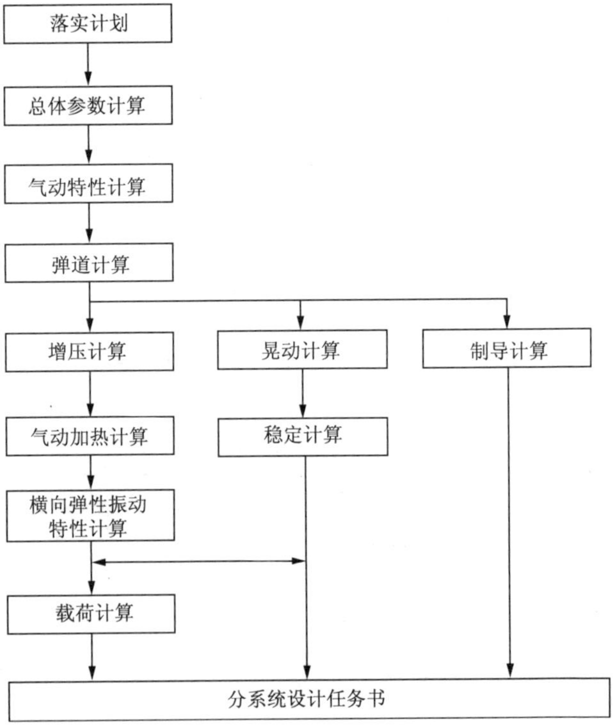

图 4 –5 –2　“初样设计”设计程序

（2）试样研制阶段

根据总体设计单位提出的试样设计任务书或设计技术要求，各分系统设计单位开始系统设计，编制指导运载火箭各系统生产、试验和验收的各种工程施工图纸和技术文件，同时拟定指导地面和飞行试验的各种技术文件、使用资料，为开展试样生产和试验工作做好一切必要的技术准备。从此转入试样生产和研制性飞行试验阶段。

（3）研制性飞行试验阶段

试样生产后，在靶场进行飞行试验验证，主要检验运载火箭系统总体方案的正确性。

1.4 定型阶段

定型阶段由定型鉴定试验、设计定型和工艺定型等 3 个阶段组成。对于运载火箭的研制，定型鉴定试验通常不十分严格，可参照弹道导弹的研制办法执行。通过定型鉴定试验后，运载火箭的技术状态和技术方案基本固化，任何设计更改都要经过严格的审批程序。因为通过工程研制阶段设计协调、地面与飞行试验，特别是定型鉴定试验的考验，整个运载火箭系统从设计到生产，从地面设备到运载火箭，从测试、发射使用文书到靶场实际发射操作，已经形成了一个完整、协调的工程系统，此时任何小的设计更改都可能带来新的问题。

设计定型后，对指导定型运载火箭生产、试验和验收的图纸、技术文书和设计资料进行归档。此后任何设计更改都必须履行规定的审批程序，严格控制。

工艺定型的主要工作是明确定型后运载火箭生产、试验、检验的工艺规程和工艺方法，一旦完成了工艺定型的工作，任何零、部件的生产工艺规程都不得轻易改变，任何改变都需经规定的程序审批后才能进行。

通过设计、工艺定型的办法确保定型后的运载火箭技术状态、技术性能和生产质量保持稳定，设计定型与工艺定型是运载火箭可靠投入航天发射服务的重要保证。

在整个运载火箭的研制过程中，常常出现总体设计与分系统设计、设计与工艺、研制方与用户之间的矛盾，这些矛盾通常是主观愿望与客观规律、局部需要与全局要求之间的矛盾。运载火箭总设计师通常依靠运载火箭的总体设计单位，从任务的全局需要和现实可能的条件出发，采取逐步逼近的工程方法，进行几轮深入、细致的系统分析与综合，在不同的研制阶段提出与这一研制阶段工程进展认识水平相适应的技术方案、设计要求，并及时做出有预见性的决策，把运载火箭的研制工作一步一步地引向深入。

运载火箭的研制工作往往不是一帆风顺的，通过初样试验、试样试验都可能会发现事先未预计到的问题，甚至出现方案性的问题。这时研制工作必须返回到方案阶段，对出现的问题进行设计补课（参见图 4 - 5 - 1）。运载火箭的研制程序是集国内外几十年导弹和航天技术发展研制实践经验的总结，因而是运载火箭研制工作应遵循的法规。人为地不适当地跨越研制阶段，往往欲速而不达，国内外都有很多惨重的教训。因此，运载火箭的研制应当认真按照研制程序办事，这是对复杂工程系统进行系统工程管理的核心问题之一。

2 导弹与航天系统的地面试验

导弹与航天系统的试验包括地面试验和飞行试验两部分，这里以运载火箭为例讨论导弹与航天系统的地面试验。

运载火箭是由成千上万个元器件、仪器设备组成的复杂工程系统，箭上各个分系统彼此联系、相互作用、互相制约、又协调工作，形成了一个有机的整体。为了保证运载火箭可靠地飞上太空，在整个研制过程中，要从元器件、仪器设备、到分系统，乃至整个运载火箭系统都要进行大量的各种类型的试验，形成图 4 - 1 - 1 所示的金字塔式试验结构。

从图 4 - 1 - 1 可以看出，运载火箭研制试验的基础是大量的元器件试验，然后是部件试验、分系统试验、大型地面综合试验，最后才是飞行试验。因此，可以说每次飞行试验都是在大量地面试验的基础上进行的。在运载火箭的研制过程中，元器件、部件和分系统的试验，工程系统的模样、初样和试样的各种试验，都是在模拟运载火箭使用和飞行的条件下进行的，整个试验过程构成复杂的试验系统工程。限于本书的篇幅，本章着重介绍运载火箭的分系统地面试验和地面综合试验。

2.1 分系统地面试验

在方案、初祥和试样阶段，运载火箭的每一分系统都要进行相应的分系统试验，这里重点介绍几种典型的分系统地面试验。

（1）风洞实验

取得运载火箭的空气动力与空气动力加热数据是选择运载火箭外形，进行运载火箭系统设计的重要条件，随着航空航天事业的发展，理论空气动力学有了飞速发展，但是，仅依靠理论计算的方法难以取得满意的结果。因此，世界上各航空航天大国都投入巨大的人力、物力发展风洞实验。

风洞是一种人工产生具有一定特征参数的直线均匀气流，并能在其中进行飞行器模型（甚至实物）实验的设备。通常将火箭或导弹的缩比模型置于风洞的实验段进行吹风实验，测定模型上的空气动力参数，并可直接观察到气流对模型的绕流情况。根据力学相对运动原理，这种实验结果与静止气流中模型做匀速直线运动的结果是相同的。然后根据相似理论，把模型上测得的空气动力参数转换到实物上去。

随着火箭和导弹飞行速度的提高，特别是洲际导弹和返回式航天器的研制，气动加热成为棘手的问题。完全采用理论计算的方法目前还很难完成其防热结构设计。对于复杂结构外形的局部防热设计问题，由于气动烧蚀图像和烧蚀机理十分复杂，目前主要依靠地面试验和飞行试验验证的办法来解决这一难题。地面试验主要采取两种办法，其一是把试件放在火箭发动机的喷流中做烧蚀试验。由于火箭发动机的燃气流与高速空气流成分差异较大，燃气流流速较低，试验的应用范围受到限制。另一种手段是采用电弧风洞和激波管风洞进行模拟试验。电弧风洞是一种用强电流的电弧去加热实验气体，模拟高马赫数下的气动加热试验的一种设备。这种试验条件比较逼真，模拟飞行条件范围较宽，是比较理想的试验手段，但是，耗电量大，设备造价高。激波管风洞的实验段马赫数可高达25以上，驻点压力可达2 000大气压，总温可达一万多度，但其工作时间很短，只有几个毫秒，因此，对测试仪器要求很高，应用范围受到一定限制。

（2）静力试验

在运载火箭的研制过程中，火箭的结构要经过一系列静载荷条件下的试验，以确定结构的应力、应变特性，结构的刚度以及结构的承载能力，这类试验统称为静力试验。

按加载条件不同，静力试验分为使用载荷和破坏载荷试验。在进行使用载荷试验时，加载到设计确定的使用载荷，如果结构未破坏，变形在弹性范围内，该结构即为合格结构。进行破坏载荷试验时，加载到结构破坏、失稳或弹性变形超出允许值为止，其目的是测定结构的极限承载能力。

按照载荷的类型不同，静力试验又分为外压试验、内压试验、轴压试验、拉伸试验、弯曲试验和剪切试验等。在研制过程中，常常还要进行联合加载试验。例如，为了模拟飞行中的最大轴向过载情况，结构要进行轴压、弯曲和外压等联合加载试验，有时还要进行热环境条件下的联合加载试验。在结构静力试验中，如何建立接近火箭和导弹使用环境的边界条件是一项复杂的工作，为此，要建立大型综合性的地面静力试验室。

（3）火箭结构动力学特性试验

火箭和导弹是一个弹性体，在其飞行过程中，以一定的频率不停地振动（参见图4－5－3）。其振动特性（固有频率、振型和结构阻尼系数）直接影响着控制系统、推进剂输送系统的设计，影响整个运载火箭仪器设备的部位安排，甚至影响整个运载火箭的性能。因此，准确地确定运载火箭的动力学特性是研制工作中的一项重要工作内容。运载火箭是一个十分复杂的弹性体，用理论计算的方法难以给出准确的动力学特性，为此，广泛采用全箭振动试验的办法来提供其准确的动力学特性参数，火箭动力学特性试验通常又称为全箭振动试验。

全箭振动试验通常在所谓的“振动塔”内进行，试验火箭的状态应与上天产品尽可能一致，为了模拟不同飞行时刻的振动特性，试验火箭的贮箱内还要加注不同容积的试液，试液的密度应与真实推进剂相近。更为重要的是要用特殊的悬挂系统把试验火箭吊起来，模拟实际飞行过程中的边界条件。全箭振动分横向振动和纵向振动，因此，试验时要分别从横向和纵向施加激振力。振动试验结果通过箭上和地面测量系统相配合记录下来。通常采用有线测量，也可以采用无线测量方法。

（4）火箭发动机试车

火箭发动机的地面试验在试车台上进行，因此，通常把火箭发动机的地面试验称为发动机系统试车，简称发动机试车。液体火箭发动机的试车按其是否采用真实推进剂进行试验分为地面冷试验和地面热试验，又简称为冷试车和热试车。

液体火箭发动机的冷试车通常用水做工质，主要进行发动机系统启动和关机特性的试验。试验过程中，发动机输送系统注满水，并且增压到发动机系统工作要求的压力，打开启动阀门或关闭关机活门，检验发动机系统的启动和关机特性，为完善发动机系统设计提供试验信息。

液体火箭发动机热试车是真实的点火试验，按照研制程序，方案阶段要进行模样发动机试车；初样阶段要进行发动机性能和结构方案试车；在试样阶段要进行鉴定性试车和验收性试车；在投入批生产后还要进行批生产抽检试车（参见图4-5-4）。

模样发动机试车是在推力室燃烧试验、其他组件模样试验的基础上进行的可行性验证试验，为确定发动机设计方案和开展发动机

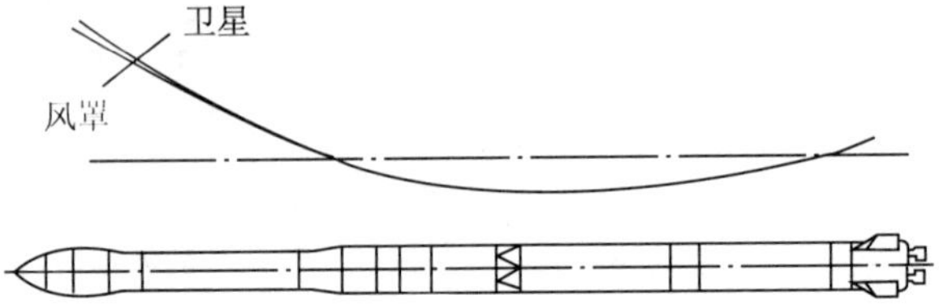

(a) 全箭一阶横向振型

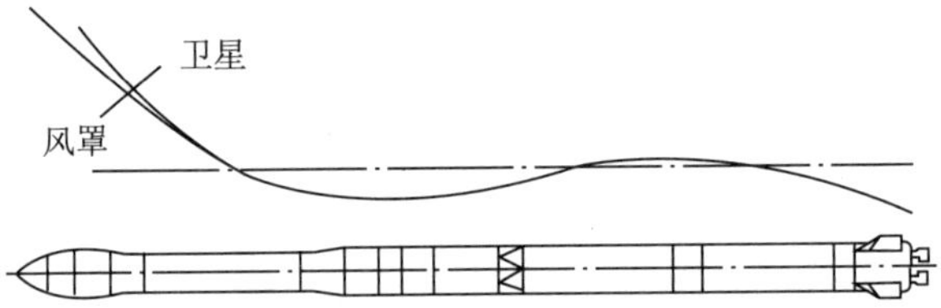

(b) 全箭二阶横向振型

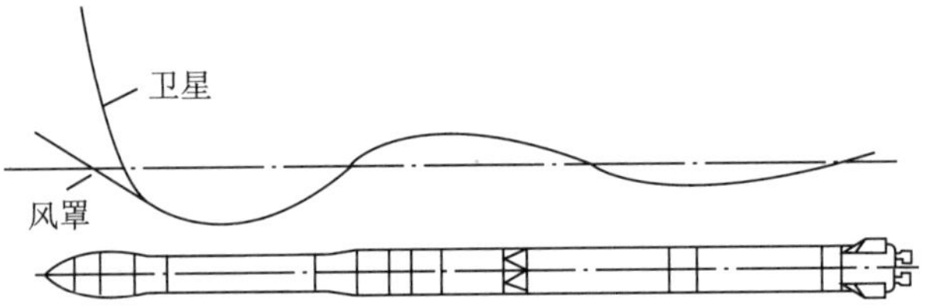

(c) 全箭三阶横向振型

图 4－5－3　火箭横向振动的振型示意图

初样设计提供依据。

发动机性能和结构方案试车是在发动机组件试验、发动机组件协调性试验的基础上进行的初样设计验证性试车。它包括发动机系统考核性试车、组件改进试车、火药脉冲鉴定试车、发动机高负荷试车、大推力寿命试车、发动机性能调整性试车、发动机环境模拟试车和其他方案性试车。这一阶段的试车是在新发动机研制过程中，为选择系统、结构方案，调整性能和验证破坏形式等进行的一系列发动机点火试验，通过一定数量的短时间热试车，进行发动机零、部件乃至分系

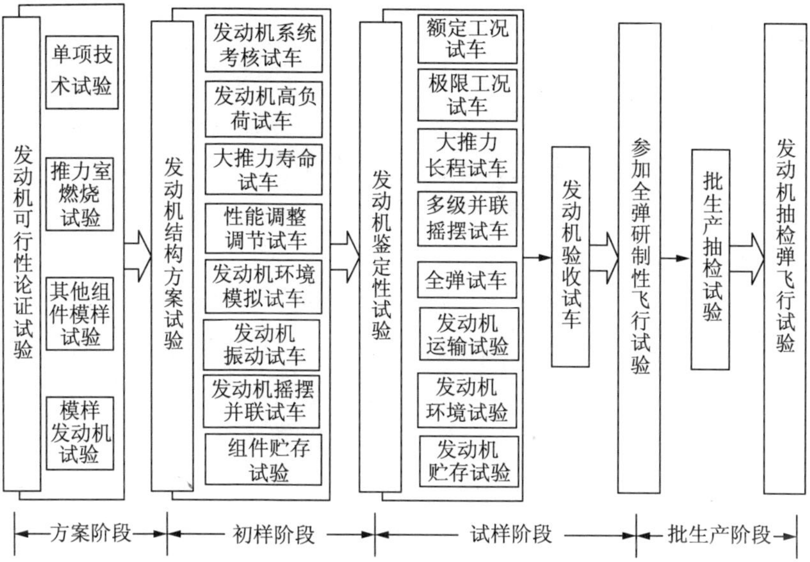

图 4-5-4　液体火箭发动机主要地面试验程序

统方案的设计改进，并最终确定发动机设计方案和制造工艺规程。

鉴定性试车是在试样发动机投产后进行的第一阶段热试车。它包括额定工况试车、极限工况试车、大推力长程试车和多机并联摇摆试车等。鉴定性试车的目的是检验发动机的结构设计和工艺质量是否达到了规定的技术要求，验证发动机的可靠性和设计裕度。

验收性试车是试样发动机在参加飞行试验前进行的最后一轮地面试验，是对试样发动机的全面考核性试车，其目的是验证交付飞行试验用的发动机是否满足总体设计的要求。

批生产抽检试车是火箭发动机正式转入批生产后，对每批产品的质量抽查性试车。液体火箭发动机批生产的质量除受生产工艺因素影响之外，还与生产管理的水平有关。因此，发动机批生产的质量不仅取决于设计的完善程度，还取决于工艺过程的稳定性。由于发动机质量直接关系到运载火箭和导弹发射的成败，一个生产批次的发动机通常采用抽样试车的办法来判定该批产品的质量是否合格。

对于重要的航天发射，特别是载人飞行，对液体火箭发动机的检验要求更高，通常采用逐台试车的办法验收。

由此可见，地面试车对火箭发动机的研制是多么重要，从某种意义上讲，火箭发动机是试出来的，没有大量的各种类型的地面试车，就研制不出性能稳定、可靠的火箭发动机。

（5）其他分系统试验

为了检验制导系统、姿态控制系统、伺服系统、推进剂输送系统、星—箭分离系统、级间分离系统以及遥测和外测系统等设计方案的正确性和系统性能是否满足总体设计的要求，在第一批样机生产出来以后，都要分阶段进行分系统试验，通过一系列分系统地面试验才能正式确定各系统的设计方案，确定分系统的仪器设备，乃至整个分系统的主要性能参数及其变化范围，为运载火箭总体设计提供依据。

随着计算机软件、硬件技术的发展，有限元和其他工程分析方法的出现和应用，用计算机仿真技术进行上述分系统模拟试验不仅有了可能，而且已经在运载火箭和导弹的研制工作中发挥着越来越大的作用。20 世纪 80 年代以来，计算机技术和软件系统的发展，进一步推动了运载火箭和导弹研制工作中的数学仿真和半实物仿真技术的发展，我国在结构静力分析、全箭结构动力学特性分析、气动分析和控制系统地面模拟试验等方面已经取得了可喜的研究成果。

2.2　综合性地面试验

（1）电气系统综合匹配试验

火箭和导弹上的电气系统很多，如制导系统、姿态控制系统、电源配电系统以及遥测系统、外测系统和安全系统等。通过分系统地面试验，基本上解决了各系统自身的问题。但是，当各电气系统安装到导弹和航天系统的狭小舱段上以后，特别是有关分系统，如遥测系统与其他电气系统连接起来以后，在同时供电的条件下，各电气系统工作是否协调？相互间是否会产生馈电和电磁干扰？各电气系统能否正常工作？还不能做出结论，为此，要进行电气系统的综合匹配试验。

顾名思义，综合匹配试验就是把有关电气系统放到一起做联合通电试验。通常有关电气系统先进行对口匹配试验，如遥测系统与控制系统，遥测系统与外测系统等，然后再做综合匹配试验。试验的主要目的是排除各电气系统间可能产生的干扰，同时协调各分系统的工作程序，为最终制定导弹和航天系统的测试和发射程序提供依据。

（2）全箭试车

这是运载火箭飞行试验前进行的最接近飞行条件的地面综合性试验，通常也是飞行试验前规模最大的地面试验。除了根据地面试车台安装和测量要求，火箭的技术状态做必要的改变外，试验火箭一般应与飞行试验产品状态完全一致。

全箭试车通常在专门的全箭试车台上进行。本着由局部性试验到整个系统试验逐步进行的原则，通常先进行动力装置全系统热试车，箭上控制系统不工作。这种试车主要目的是检验箭体结构与动力装置的协调性，测量发动机工作条件下箭上的动力学环境参数（振动、冲击和噪声等），进一步检验动力装置的性能。

在动力装置热试车成功的基础上，进行火箭全系统热试车。从供气、供电、推进剂供应到箭上各系统的工作程序完全由箭上系统自行控制进行，除无法完全模拟火箭的飞行外，该试车是尽最大可能接近飞行试验状态。

多级火箭全系统试车，通常分级进行。一个两级火箭，通常先进行二子级全系统试车，然后再把二子级与一子级连接起来，进行全箭试车。火箭试车也可以在航天发射场的发射装置上进行。在发射装置上进行的全系统试车，通常称为系留点火试验。

通过地面全系统热试车可以进一步暴露系统设计、全箭工艺过程和系统使用中的问题，是火箭飞行试验前进行的综合性协调试验，为火箭飞行试验做好了必要的技术准备。导弹与航天系统总装出厂后，要经历运输、贮存、发射和飞行等不同环境。对于导弹，要允许在风、雨、雾、雪、高温、低温和夜间等环境下可靠地发射；对于航天器，要经受空间高真空、宇宙冷背景和强烈的太阳辐射等环境的考验；对于载人航天，还要进行加速度和失重等环境的试验。上述每一项试验都涉及一个专题，本文不展开讨论。

根据具体导弹和航天系统的特点，往往还要进行一些其他内容的综合性地面试验。例如，核导弹对弹头内腔温度有严格的要求，为此，要进行包括地面调温系统在内的全系统调温试验；对于可贮存推进剂导弹，要求加注推进剂几个月后，仍然可以可靠地发射，必须进行全弹加注推进剂贮存试验等。

计算机硬件和软件系统的发展虽然已经为大系统数学仿真技术的发展开创了良好的前景，但是，对于一个新的导弹和航天系统的研制，由于受到原始信息不足的限制和遇到模型表述的困难，往往难以通过数学仿真的手段实现各个研制阶段的系统预测。为此，半实物仿真技术应运而生，地面实物模拟试验仍具有重要、不可取代的作用，如火箭发动机的地面试车、电气系统的匹配试验和全箭动力特性试验等。因此，导弹和航天系统的地面实物模拟试验不仅不应削弱，而且在某些方面还需要进一步加强。计算机仿真和实物模拟试验是导弹和航天系统研制工作的两个轮子，缺一不可。

3 导弹与航天系统的飞行试验

导弹与航天系统的飞行试验是一个庞大、复杂的试验体系。本节仅以弹道导弹和航天运载火箭为例对导弹与航天系统的飞行试验作简要介绍。

3.1 导弹系统的飞行试验

导弹武器系统是一个大型复杂工程系统，鉴于导弹系统本身的复杂性，特别是它的使用环境和飞行动力学环境的复杂性，使飞行试验在其研制和定型工作中占有十分重要的地位。简言之，不经过飞行试验，导弹系统设计方案的正确性就得不到验证；不经过飞行试验，导弹系统的战术技术性能，特别是其命中精度、射程等指标就难以评定，因此，也就谈不上导弹武器系统的定型和装备部队。

以弹道导弹为例，随着导弹射程的增大，命中精度的提高，导弹靶场的试验系统越来越庞大、复杂，甚至由陆地延伸到海洋，由地面、海洋扩展到空中（参见图1－2－6）。导弹飞行试验所涉及的技术领域十分宽阔，本文只作简要的介绍。

（1）飞行试验类型的划分

就任一型号导弹系统的飞行试验工作而言，按照试验的性质都可以划分为研制性飞行试验、定型鉴定性飞行试验、批生产抽检性飞行试验和使用部队训练发射试验四个试验阶段。

①研制性飞行试验

研制性飞行试验是研制部门对导弹武器系统进行的方案验证性的飞行试验，一般由研制部门拟定飞行试验大纲和组织实施。其主要目的是检验导弹系统总体方案的正确性、各分系统之间的协调性、导弹系统对试验环境的适应性和导弹系统的生产质量，并初步检验各分系统的主要性能参数和导弹系统的战术技术性能是否满设计要求。

②定型鉴定性飞行试验

定型鉴定性飞行试验是在研制性试验取得成功，经局部设计修改后，由国家对导弹武器系统进行的全面检验和性能评定性飞行试验。该试验一般由研制方、使用方和试验方共同拟制飞行试验大纲，组织实施。其主要目的是评定导弹武器系统的战术技术和使用性能，全面考核武器系统生产质量的稳定性，并为编制战斗使用文书积累必要的试验信息。

③批生产抽检性飞行试验

批生产抽检性飞行试验是在武器系统定型后进行的，是对正式批生产的导弹武器系统进行的抽样质量检验。一般应依据“武器系统抽检试验技术条件”或相应的国家军事标准，根据战斗使用文书的有关规定实施发射，其主要试验目的是检验批生产导弹和必须经发射试验抽检的其他配套系统的战术技术性能和生产质量的稳定性，并在此基础上决策接收或拒收本生产批次的产品。

④使用部队训练发射试验

在国外，使用部队训练发射试验通常是独立安排的一个试验阶段，在接近实战的试验基地或模拟实战的条件下，由使用部队组织进行的导弹发射试验。其主要目的是全面考核导弹武器系统的作战使用性能和训练使用部队。我国通常把部队训练发射试验与批生产抽检飞行试验或定型鉴定性飞行试验结合起来进行，以利于减少飞行试验发数。

弹道导弹飞行试验还可以按照试验目的、试验弹道和试验导弹特征的不同进行分类，详见图4－5－5。

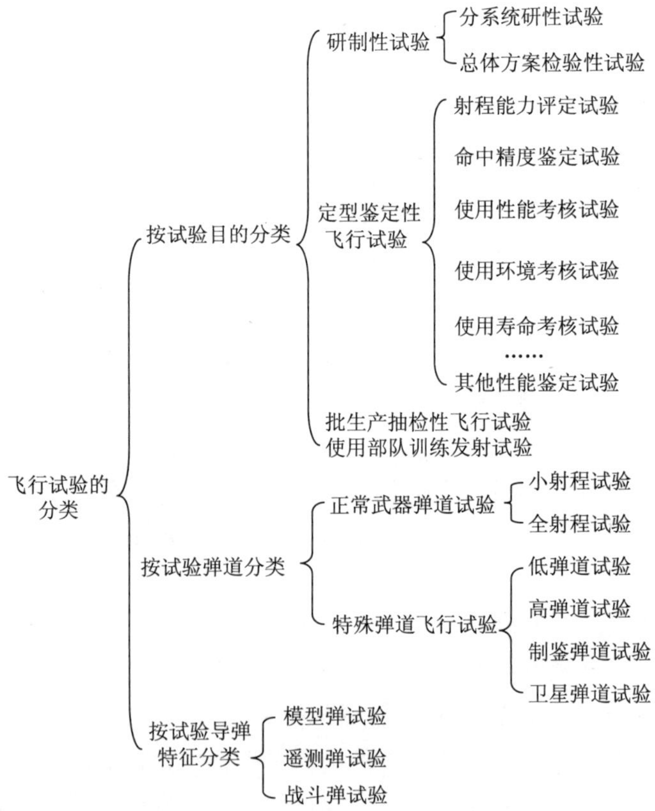

图4－5－5　弹道导弹试验类别的划分

(2) 飞行试验的工作程序

就一个具体导弹系统的某个飞行试验批次而言，整个飞行试验过程可以划分为试验准备阶段、测试发射阶段、运行管理阶段和试验结果分析与评定阶段，各阶段主要工作内容见图4－5－6。

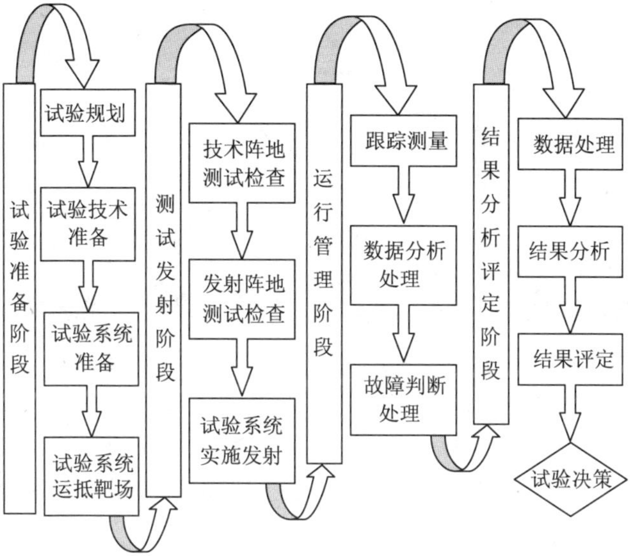

图4－5－6　弹道导弹飞行试验工作程序图

(3) 飞行试验弹道

弹道导弹的飞行试验弹道划分为正常武器弹道和特殊试验弹道两大类，特殊试验弹道又分为高弹道、低弹道、制导鉴定弹道、卫星弹道和其他特殊试验弹道（参见图4－5－7）。

对于近、中程弹道导弹，一般只进行正常武器弹道的飞行试验。在试验安排上，以全射程试验为主，小射程试验为辅。这样有利于简化对测控系统的要求，有利于导弹战术技术性能的评定。对于远程、洲际弹道导弹的飞行试验，考虑到国内导弹靶场受射程范围的制约，通常针对研制工作的主要技术难点和特殊需求，选用图4－5－7所示的各种特殊试验弹道进行飞行试验。

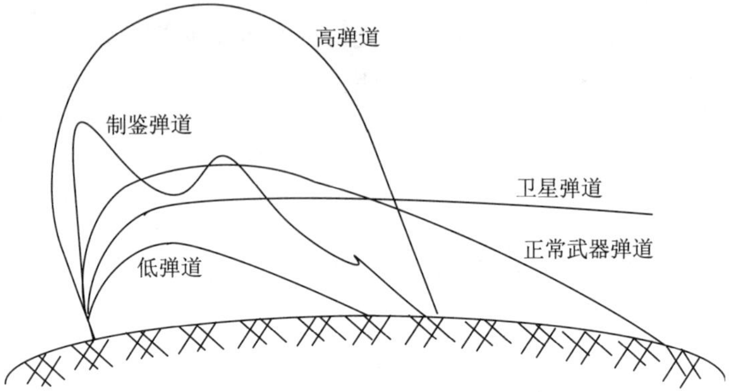

图 4－5－7　弹道导弹的飞行试验弹道

正常武器弹道试验能够提供评定导弹战术技术指标最直接的试验信息，是导弹系统定型鉴定不可缺少的试验弹道。正常武器弹道是一种推力程序和飞行轨迹单调变化的弹道，一般也是设计时选择的最大射程能力或最小射击偏差弹道。导弹沿这种弹道飞行，一般不容易充分显露制导系统仪表的误差因素，对进行制导系统误差分析工作不利。

制导鉴定弹道是一种能够对制导系统误差源产生很大影响、使制导误差容易分离的一种特殊试验弹道。这种弹道一般先用较大的加速度飞行，然后进入零重力飞行段，其后改变飞行方向，甚至反方向加速飞行。其实质是通过变推力、变飞行程序形成一个可以控制的飞行试验环境，使其对制导误差分析最有利。显然。对于弹道导弹的飞行试验，特别是远程、洲际导弹的飞行试验，飞行试验弹道选择是十分重要的工作。

（4）弹道导弹的试验区

选择适当的导弹试验区是弹道导弹飞行试验准备过程中的一项重要工作。导弹的试验区包括发射区、航区、回收区、弹着区和试验禁区。

①发射区

对于陆上发射的导弹，发射区是指发射阵地及其附近地区；对于海上实施发射的导弹，一般是指发射艇进入的预定水域。陆上发射区，应根据导弹武器系统的发射技术特点和安全要求进行选择，通常选在人口稀少、地势平坦、视野开阔、气候条件适宜的内陆沙漠、草原或海滨地区。

②航区

航区是指导弹飞行经过的地区，一般应避开人口稠密区、工业区和其他重要设施，避开国家规划中的重要开发区。航区应便于布设测控和其他勤务保障系统，一般应远离国境线，不飞越外国领空，尤其应避开国外重要城市、工业区和其他重要设施。

③回收区

回收区是指在导弹正常飞行条件下，弹头或数据舱理论弹着点附近的区域。对于弹道导弹通常选取以目标点为中心，1～2倍射击标准偏差为半径的地区，参见图4－5－8。

④弹着区

弹着区是导弹在正常飞行条件下，以一定概率命中的区域。对于弹道导弹，通常选取命中概率为99.73%，即所谓三倍射击标准偏差的散布区（参见图4－4－6）。

选择弹着区，首先要满足导弹对试验射程的要求；第二位的问题是要保证航区安全，导弹试验残骸不致危及本国和他国重要城市和设施的安全。弹着区附近还应便于布设遥测、弹道测量和其他测量设备，以及便于布设通信、时统和气象等试验勤务保障系统。弹着区还应远离人口稠密区、工业区和其他重要设施，在弹着区的前方，导弹最大射程范围内，一般应没有重要设施和人口稠密区。世界各国多把导弹弹着区选在人口稀少的沙漠、草原、偏僻的海滩或公海。

对于弹道导弹，通常是在导弹弹头散布区和末级火箭残骸散布区的基础上适当放大后划定导弹弹着区（参见图4－5－8）。作为导弹试验的危险区，除无人照看的试验设备外，所有参试人员和观测设备都应布设在导弹弹着区之外。

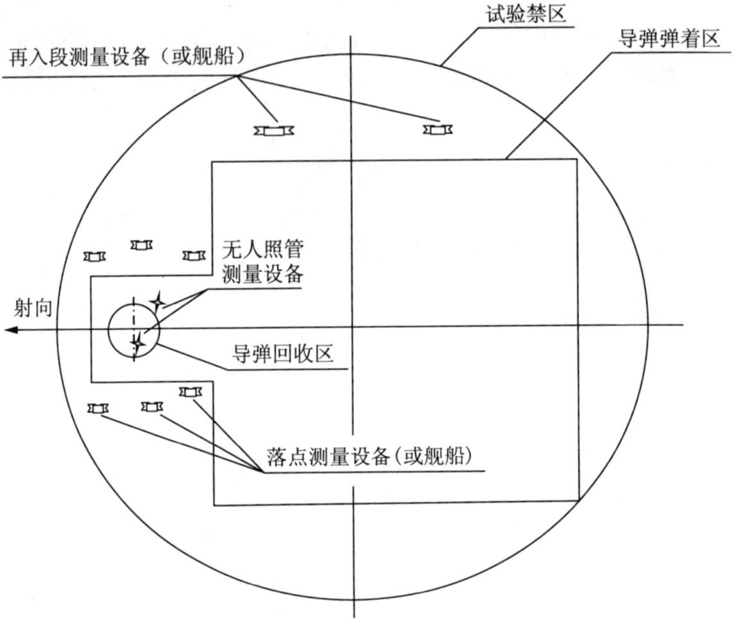

图4－5－8　弹道导弹飞行试验的弹着区

⑤试验禁区

试验禁区是导弹飞行试验前，向外界正式宣布的试验危险区(参见图4－5－8)。它是在导弹弹着区的基础上，适当放大划定的专用地域或海域。目前世界各国多选用圆形区域来限制与试验无关的人员、车辆、舰船和航空器进入，以防干扰试验的进行或发生涉外事件。

(5) 飞行试验发数的确定

一种导弹系统研制所需要的试验发数主要取决于下列因素：

1) 导弹武器系统总体设计方案的正确性与合理性，导弹武器系统的复杂程度，特别是新研制的系统与设备所占比重的大小；

2) 地面试验的充分程度，飞行试验前对导弹战术技术性能得到什么样的验前估计；

3）导弹靶场试验系统，特别是测量系统的完善程度，能否使每发导弹的飞行试验都能够获取到必要的、符合要求的试验数据；

4）飞行试验方案的正确性与合理性，特别是飞行试验弹道和定型鉴定试验方案选择的合理性；

5）使用方对导弹武器系统飞行试验与定型工作的要求。

对于不同类型的导弹武器系统，在不同的试验阶段，因试验目的不同，所需的试验发数也不相同，通常不是一个固定的数字。一般地讲，在研制性飞行试验阶段，进行方案性考核试验时，对任一技术状态和使用状态的导弹武器系统，发射成功1发就可以结束该技术状态方案性考核试验；在进行定型鉴定性飞行试验时，主要考虑精度、可靠性鉴定和弹头试验所必须的试验发数，其他战术技术指标评定和检验都可以在精度、可靠性鉴定和弹头试验的过程中得到检验。

3.2 航天系统的飞行试验

航天系统的飞行试验系统由发射场和试验航天系统组成（参见图4-5-9），本节以航天运载火箭的飞行试验为例讨论航天系统的飞行试验问题。

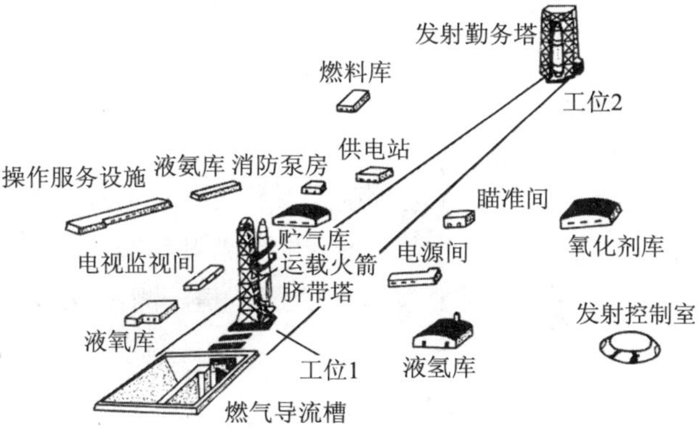

图4-5-9　一个双发射工位的航天发射场示意图

3.2.1　航天发射场

航天发射场是用于航天运载火箭和航天器飞行试验的专用场区，通常由测试区，发射区、发射指挥控制中心、地面测控系统和辅助设施组成。发射场内建有配套完整的试验设施和设备，用于装配、贮存、检验和发射航天运载火箭，测量飞行过程的遥测信息、飞行轨道参数以及接收、发送和处理各种测量、监控和通信信息。世界各国的主要航天发射场分布见图 4 –5 –10。

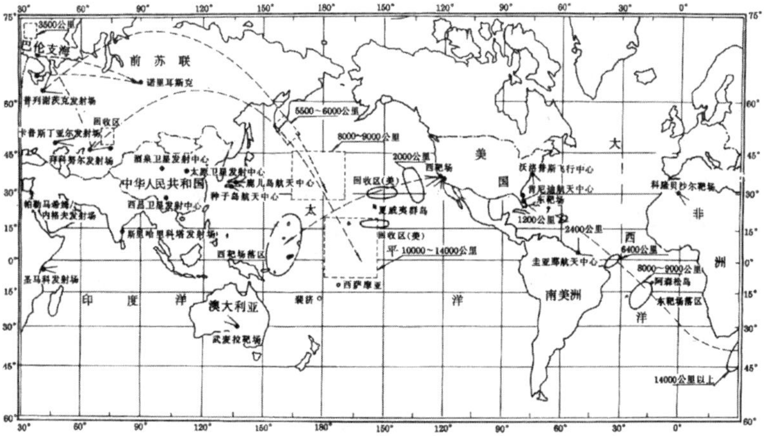

图 4 –5 –10　世界各国主要航天发射场分布图

（1）测试区

测试区是航天发射场内进行航天器和运载火箭技术准备的专用区域，又称为技术阵地。它主要用于航天器和运载火箭的装配，检测和其他技术准备。其主要设施有装配厂房、测试厂房、供气站、充电站、火工品库房、地面设备库房和各种试验室，通常还建有供电站、通信站，给排水设施和办公大楼等。

为了节省地面设施和设备的建造费用，缩短发射准备时间，随着航天技术的进步，把测试区与发射区合二为一成为一种发展趋势。

(2) 发射区

发射区是航天发射场内具有发射航天器和运载火箭设施与功能的专用区域，通常又称为发射阵地。一个航天发射场内可以有一个或几个发射区；一个发射区内可以建造一个或多个发射工位；每一发射工位都是用于航天器和运载火箭发射前测试准备和实施发射的场地。发射区内主要设备和设施有发射台、发射勤务塔、脐带塔、发射控制室以及加注、供气、供电，通信、瞄准和电视监视等系统，此外通常还配备消防、避雷和废液处理等设施（参见图4－5－9）。

(3) 地面测控系统

地面测控系统是配置在航天发射场和火箭飞行航区，对航天器和运载火箭进行跟踪测量，接收遥、外测信息，并发送监控、安全指令和通信信息的一整套地面设施，通常包括地面遥测站，光学和无线电弹道测量站、遥控安全系统、通信和时统中心、指令控制中心、气象站和计算机数据处理中心等。按测控站的站址不同，分为陆地测控站、测量船和空中测控站（包括测量飞机，测量直升机以及测量、通信的中继卫星等）；按测控站站址可否移动，又可分为固定测控站和活动测控站。

①遥测系统

箭上遥测系统通常由无线遥测系统和磁记录遥测设备组成。无线遥测系统实时性好，应用比较广泛。它由箭上遥测设备和地面接收、处理和显示设备组成（参见图4－5－11）。箭上遥测设备包括测量传感器、中间变换装置、遥测发射机、天线和箭上电源。传感器完成被测物理量的测量，中间装置进行被测信号的变换和调制，然后通过发射机和天线用无线电波把测得的信息发送到地面。

如何把空中的无线电遥测信息接收下来，变成可以辨识的测量信息呢？这要由地面遥测设备来完成的。通过接收天线和接收机从空中获取遥测信息，通过解调器、信息处理、显示和打印设备，把接收到的无线遥测信息变成适于研究、分析的形式。遥测系统的主要功用就是监测箭上飞行环境和各系统的工作状况，测量箭上系统

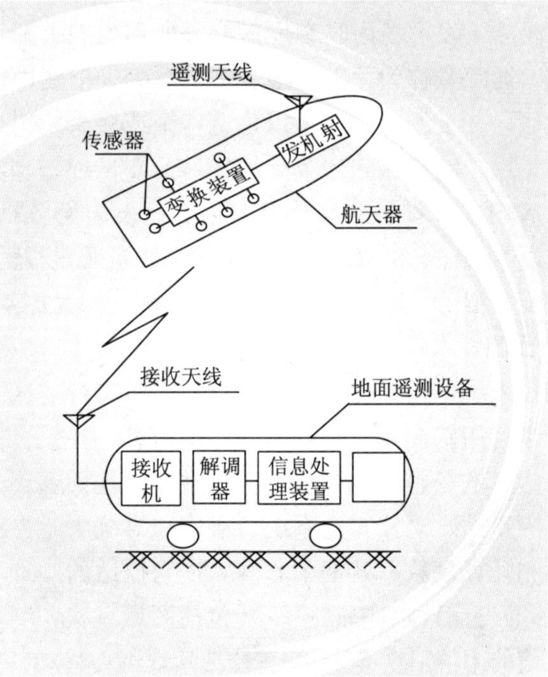

图 4－5－11　无线电遥测系统示意图

工作的性能参数，为检验运载火箭设计方案的正确性，改进运载火箭的设计、进行故障分析和评定其技术性能提供实测信息。

②光学测量系统

该系统用于航天器和运载火箭低高度飞行的轨道测量。常用的光学测量设备有电影经纬仪、高速摄影机、弹道照相机和激光经纬仪等。高速摄影机和电影经纬仪可以拍摄到飞行器的影像，便于对飞行器的飞行姿态进行直观观测，如起飞段漂移量的测量，主动段飞行稳定性的观测等。为了增加光测设备的观测距离，常常要求飞行器上安装闪光灯和激光合作目标。为了充分发挥光学设备的作用，对发射时的能见度、云层分布有严格的要求，甚至严格限制发射时段。这些成为发射窗口选择的重要条件，也是光学弹道测量设备的主要缺点之一。

③无线电弹道测量设备

光学测量设备作用距离短，使用受天气限制，对飞行试验制约太大。无线电测量设备基本不受天气条件的影响，作用距离远，在导弹和航天系统飞行试验中得到广泛的应用。无线电弹道测量设备又称为雷达。在航天测量系统中一般配备两类雷达，即宽波束的引导雷达和窄波束的精密测量雷达。引导雷达的精度一般不高，但是，波束宽容易捕捉到目标，用来导引光学测量设备和精密测量雷达扑捉目标。测量雷达多采用单脉冲和连续波体制，如我国的“154－I”单脉冲雷达和“154－Ⅱ”连续波雷达等。为了增大测量距离、便于捕捉目标，试验火箭和导弹上通常安装无线电应答机，使弹道测量更加万无一失。

弹道测量是从炮弹弹道测量的概念引伸而来的。炮弹弹道有内弹道（炮管内运动的轨迹）和外弹道，导弹和航天系统的飞行轨道测量称为外弹道测量。因此，光学和无线电弹道测量设备又统称为外弹道测量设备，简称外测设备。

④遥控安全系统

导弹和航天系统发射失败会危及发射场、航区内设施和人员的安全，靶场安全保障是一项重要的工作。除导弹和航天系统上配备安全自毁系统外，发射场还要配置遥控安全系统，由靶场安全军官专职管理。

遥控安全系统通常由测量分系统，数据处理与显示分系统、故障判断分系统和安全指令发射分系统组成。测量分系统通常利用发射场的遥、外测设备；数据处理和显示分系统包括实时处理和显示的各种设备，如计算机、显示屏、*XY* 坐标仪和多笔绘图仪等；故障判断分系统通常是由计算机自动判决分系统和人工判决系统组成，一般由人工判决最终决策；安全指令发射分系统由安全控制台、遥控发射机和天线组成（参见图4－5－12）。

在导弹和航天系统飞行过程中，遥控安全系统实时对导弹和航

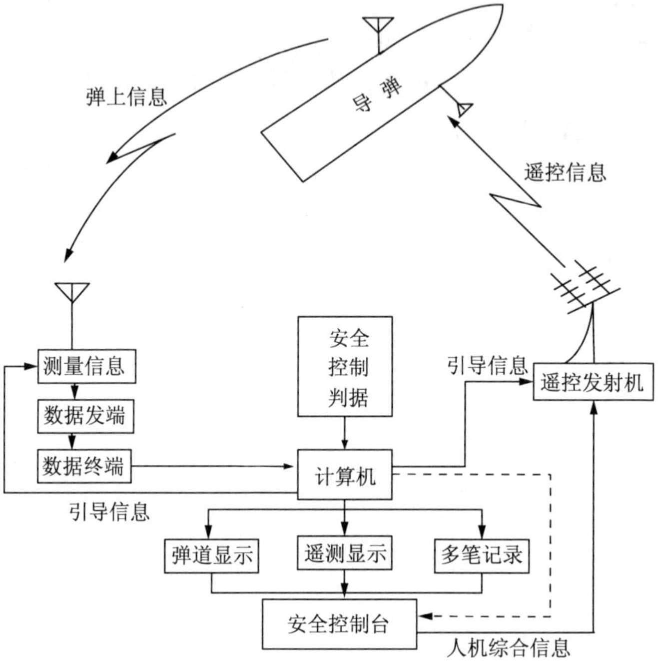

图 4－5－12　遥控安全系统示意图

天系统飞行的状况进行监测、分析和判断，当发现导弹和航天系统飞行出现故障时，通常在不威胁重要目标的情况下，尽可能延迟炸毁航天器和运载火箭的时间，以便获取更多的飞行测量信息。当落点预示表明将接近重要目标时，要及时做出决策，保护地面重要目标的安全。

除上述试验系统外，为了保障导弹和航天系统飞行试验能够协调、有序、准确地进行，发射场还需配置各种技术服务系统和辅助设施，如通信系统、时统系统、大地测量系统、数据处理系统，气象保障系统和各种后勤保障系统等。

3.2.2　航天系统的发射

航天系统的发射是指航天器从起飞、加速，直至进入预定轨道的全过程。航天器发射有地面发射和空中发射两种方式。地面发射通常采用运载火箭垂直发射，这是目前世界各国主要采用的发射方式。空中发射是利用特种发射飞机或航天飞机作为发射平台，把航天器射入预定轨道。本节仅对地面发射中的发射程序、发射条件、发射窗口与发射轨道作简要介绍。

（1）发射程序

发射程序从航天器和运载火箭运到发射区开始，发射程序主要包括如下内容：

发射设备准备；航天器和运载火箭起竖、安装；运载火箭垂直度调整和方向粗瞄；全箭检查与测试；加注推进剂、充填压缩空气、安装火工品；装订发射诸元，进行方向精瞄；临射检查；用人工或自动方式依次接通航天器和运载火箭系统，向运载火箭推进剂贮箱充气增压，启动发动机。当发动机推力增加到与航天运载火箭的质量相等时，航天运载火箭将飞离发射装置起飞，沿预定轨道飞行。

（2）发射条件

发射条件是为保证航天运载火箭发射成功、主要测控系统正常运行而预先规定的发射技术要求。运载火箭的试验系统是一个由各种参试系统和设备组成的大型复杂试验体系，要想在发射时使所有的参试系统和设备都处于最佳的运转状态，是很难实现的，为此，通常在发射前规定最低的发射条件。在保证航天运载火箭能够发射成功，并能够获取到主要测量参数的前提下，允许一定数量的参试设备，甚至某些备保试验系统在性能超差和失效的情况下实施发射。这种最低发射条件通常由所有参试系统和设备的主管部门分头制定，然后汇总、协调后确定下来。为便于发射决策，最低发射条件往往不是单一方案，通常规定若干预案，便于发射指挥员现场机动处理。

（3）发射窗口

发射窗口规定了允许航天运载火箭发射的时间范围，也称为允许发射时段。

发射窗口分为日计发射窗口，即规定某天内从某一时刻到另一时刻可以发射：月计发射窗口，即规定某个月内连续某几天可以发射；年计发射窗口，即规定某年中允许连续发射的月份。无论哪种发射窗口都可以是多个。对于一般卫星和导弹的发射只需规定日计发射窗口。对于发射月球探测器，通常要规定月计和日计发射窗口。对于发射某一彗星或其他行星探测器，一般要同时规定年计、月计和日计发射窗口，最终发射时刻要由日计发射窗口来确定。

允许发射时段主要根据航天任务和发射限制条件来确定。航天任务主要对年计和月计发射窗口有影响，选择适当的发射时段可以节省发射能量，优化运载火箭的设计。发射限制条件主要包括航天运载火箭发射要求、测控系统对发射时段的要求、通信和时统系统对发射时段的要求、气象条件对发射时段的限制以及航天器入轨和工作条件对发射时段的要求等，因此，发射窗口的选择是一个系统综合问题，一般应按优劣次序排出几个发射窗口供发射指挥员射前选用。

（4）发射轨道

地面发射的航天器，发射轨道通常由垂直起飞段、程序转弯段和入轨段组成。按入轨段飞行特点又可以分为直接入轨、滑行入轨和过渡转移入轨三种形式。

“直接入轨”适用于发射低轨道航天器，如地球资源勘测卫星、照相侦察卫星和载人飞船等。这种入轨方式要求运载火箭连续工作，末级火箭关机后，航天器即可进入预定轨道（参见图 4 – 5 – 13）。

“滑行入轨”适用于发射中、高轨道的航天器，如导航卫星、太阳同步气象卫星等。发射轨道由主动段、滑行段和加速段组成（见图4 – 5 – 14）。滑行段通常是无动力飞行段。对于液体推进剂运载火箭，要进行失重状态下的推进剂管理，才能保证发动机在加速段正常启动，航天器顺利入轨。

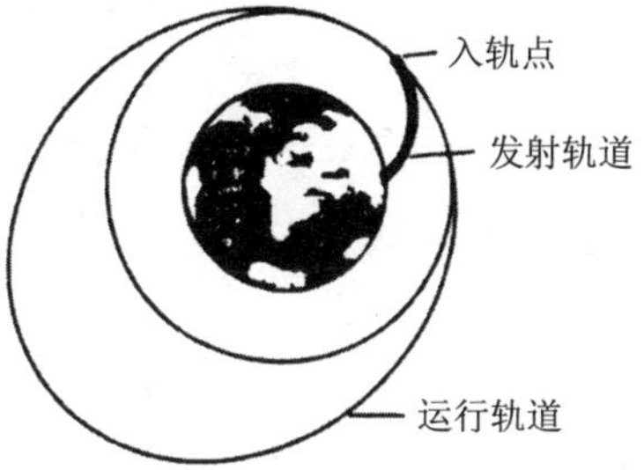

图 4-5-13 **直接入轨示意图**

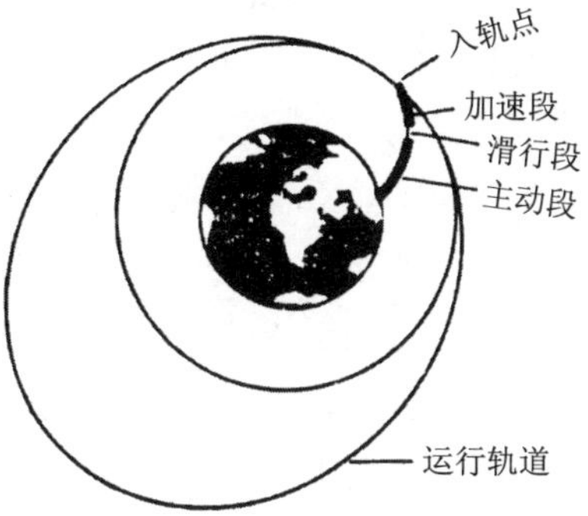

图 4-5-14 **滑行入轨示意图**

"过渡转移入轨"主要用于发射地球同步轨道卫星，如地球静止轨道通信卫星和气象卫星等。发射轨道由主动段、停泊轨道段、加速段、转移轨道段、运行轨道段组成（参见图 4-5-15）。

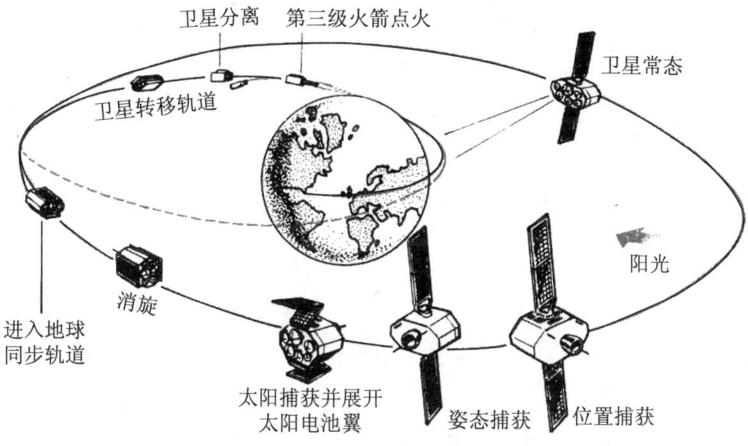

图 4-5-15 **过渡转移入轨示意图**

这种航天器通常用三级或四级运载火箭发射，一、二级连续工作，把上面级火箭和航天器送入 200～400 km 的近地轨道，称为停泊轨道。当上面级火箭和航天器飞经赤道上空时，第三级火箭点火，使航天器进入近地点高度与停泊轨道相同，远地点高度为35786 km的大椭圆轨道，即过渡轨道，或称为转移轨道。卫星在过渡轨道上运行时，地面测控站精确测量航天器的姿态和轨道参数，并随时发出指令调整航天器的飞行姿态。当航天器在过渡轨道上运行到飞行轨道的远地点时，地面测控站发出航天器远地点发动机点火指令，在远地点发动机推力的作用下，航天器改变飞行方向，提高飞行速度，实现变轨，进入与赤道面重合的大圆轨道，即准同步轨道。然后利用航天器上的小推力发动机进行轨道微调，使航天器慢慢地漂移到预定的赤道上空某一位置上定点，最终进入卫星的运行轨道，即地球同步静止轨道。

参 考 文 献

[1] 钱学森．星际航行概论[M]．北京：科学出版社，1963.

[2] 赵少奎．试验系统工程初探[C]//航空高技术与系统工程文集．北京：航空工业出版社，1991.

[3] 赵少奎．地地弹道式战略导弹飞行试验规范[S]//中华人民共和国军用标准GJB539－88．北京：国防科学技术工业委员会，1988.

[4] 赵少奎．弹道式导弹飞行试验的程序和方法[J]．远方科技．1989(4)：1－12.

[5] 赵少奎．苏联在太平洋的火箭与导弹试验[J]．靶场与试验技术，1979：21－43.

[6] 赵少奎．十年前的太平洋火箭试验[J]．航天杂志，1990(2)：1－4.

[7] 赵少奎．弹道式导弹的试验区[J]．远方科技，1990(1)：3－8.

[8] 赵少奎．对完善战略导弹定型办法的研究[J]．北京：第二炮兵科技委《科技研究》编辑部，1994：51－54.

（本文发表在“中国宇航出版社”编辑发行、钱振业主编的《航天技术概论》1991年10月：153～182）

第五部分　武器装备采办技术管理

武器装备的开发过程与使用方的职责

〔摘　要〕在武器装备开发过程讨论的基础上，提出了武器装备的“需求确定过程、需求物化过程、运用与需求再生成过程”的概念。进而，总结国内外军方武器装备建设的经验，明确了军方在武器装备开发过程中应当承担的主要职责。

〔关键词〕武器装备　采办管理　需求确定过程　需求物化过程　需求再生成过程

1　武器装备的开发过程

武器装备的开发过程是涵括武器装备发展研究、武器装备物化、武器装备定型与订货管理、武器装备运用与需求再生成的全过程，简言之，包括武器装备的需求确定过程 A1、需求的物化过程 A2 和运用与需求的再生成过程 A3（参见图 1－1－3）。但是，在武器装备比较简单的历史进程中，人们对 A1 与 A3 过程没有引起足够的重视，呈现着 A1、A3 过程明显落后于 A2 过程，使用方在武器装备的开发过程中处于被动局面的状态。随着科学技术的发展，在现代武器装备系统建设的过程中，A1 与 A3 过程得到了迅速发展。客观上要求武器装备系统开发的 A1 与 A3 过程成为现代武器装备系统建设全过程的重要组成部分，目前 A1 与 A3 过程的研究工作已经得到迅速、比较充分地发展，逐渐改变了使用方在武器装备建设过程中的被动状态，使用方正在成为军队武器装备建设的一支重要力量。

武器装备的建设过程始于需求确定，最终目标是向使用方交付一个费用可以承受、进度满足要求、作战效能满意的武器装备系统。整个武器装备的采办过程包括需求输入、武器装备物化过程管理与输出过程管理三个阶段。武器装备需求的输入是：武器装备发展的环境因素和上一代武器装备运用过程中产生的运用、保障信息的综合研究成果。输出是：在宏观层次上进行战略性谋划形成的武器装备发展研究成果，包括武器装备系统的发展战略、武器装备发展规划、武器装备发展计划和单项武器装备的立项论证报告。如果发展研究的时间跨度在10年以内，武器装备的发展环境因素相对较为稳定，需求研究的难度较小。但是，现代复杂武器装备系统的研制周期通常达到5~10年，使用周期可达10~20年，甚至更长，要求其发展预测的时间跨度超过20~30年，使武器装备系统需求确定变成难度很大的研究课题，对使用方的工作提出了更高的要求。复杂武器装备系统的发展研究涉及到范围广泛的学术领域、诸多专业工程技术，涉及到复杂的发展环境预测与分析工作，研究层次较高，工作量很大，是一个需要逐步深化、滚动式推进的连续研究过程。这些工作主要应依靠具有较高技术水准、较高管理层次、并且具有丰富工程实践和决策研究经验的专家，特别是工程系统工程专家、工程技术专家和工程运用专家来进行。发展研究的管理也有其特殊性，组织管理工作主要应当限于提出任务、创造必要的工作条件、进行有关部门间的协调，以及在形成发展研究成果后，组织适当规模的评审与决策。美国大型军事工程系统研制的负责人曾经指出："预测未来是极其复杂、深奥和困难的，需要军方和工业界最高级的科学家和工程师来进行"，"在发展研究方面，需要更灵活、更自由一些，应充分发挥科学家、工程技术专家的创造性，让他们作出更大的贡献"，"尽量少管、少干预，可能是最好的管理"。这些很富哲理性、具有唯物辩证的观点，应当说道出了发展研究组织管理的真经。

武器装备系统物化过程的输入是：使用方明确提出的武器装备研制总要求和相关约束条件。输出是：符合采办总要求和相关约束条件的目标工程系统。这一过程是由武器装备采办方和研制方共同完成的，研制方是武器装备系统物化过程的主体和主要责任者；使用方依据采办合同和相关文件，行使武器装备物化过程的技术、配套、质量、进度、经费和风险控制与监督的职责。武器装备的物化过程，是在武器装备效能、费用与进度等要素之间进行综合、权衡、优化的技术与管理过程，使用方肩负采办技术管理和采办计划管理两个相辅相成的职责。

武器装备采办的计划管理过程，主要由采办方的装备建设主管机关，在有关装备论证、研究单位，研制监理机构和使用部门的大力支持与密切配合下进行，主要任务是进行武器装备发展研究的管理、工程采办过程的计划管理，以及武器装备运用、保障过程中的管理工作。采办的技术过程，是在使用方装备建设主管机关的组织下，主要由采办方各方面的技术专家和技术骨干，在有关研究单位、使用部门和研制监理机构的支持、配合下完成，主要任务是进行武器装备的发展与论证研究、研制技术研究与质量监控、定型技术研究与订货质量控制，以及对武器装备运用、保障信息的收集、分析和综合研究工作，并在此基础上，形成武器装备需求因素的再生成过程（参见图 1－1－3）。如果把武器装备采办的技术管理过程与计划管理过程混为一谈，职责不清，就难以避免采办管理工作陷于混乱状态，导致采办的技术管理与计划管理过程有流于形式的危险。

武器装备的开发过程，是图 1－1－3 所示 A1－A2－A3 过程运行的螺旋形上升的发展历程。在武器装备的建设过程中，社会需求是武器装备开发的原始动力和归宿，因此，使用方的主导地位是在落实需求确定的客观需要中形成的，是不可动摇的。高新技术武器装备系统的采办，对使用方提出了更高的要求，没有科学严谨的发展研究与需求确定，需求物化过程将失去必要的前提和稳定、明确的目标。

在全面发展社会主义市场经济的条件下，使用方如果不能够充分认识，并运用使用方地位赋予自己的正当权利，有效地推进武器装备论证的多方案竞争，大力促进武器装备采办竞争机制的形成与发展，武器装备系统的物化过程将会失去必要的坚实基础。不认真实施研制过程真正意义上的专家设计评审与评审决策、试验与鉴定技术评价与正确决策、全系统与研制全过程的质量监控，以及里程碑控制与相应的决策，就难以确保武器装备物化过程的质量，武器装备的物化过程将会变成只有运行，难以获得高质量武器装备的过程，或者形成研制周期一再拖延，研制经费不断增加，国家资源消耗难以控制的过程。因此，不严格区分武器装备采办的技术管理与计划管理过程，不明确区分采办技术管理与采办计划管理人员的职责，并认真地履行其职责，采办过程的性质将发生变化，会直接威胁到武器装备系统需求目标的落实。因此，在 1996 年 3 月，美国国防部颁布的指令 DoD5000. 1 中明确指出："国防部的采办大军应精通采办过程，为保证采办大军精通业务，按照美国法典第 10 篇 1701 节的法定要求，负责采办与技术工作的国防部副部长应根据各采办职位所负责任的大小，以及承担任务的复杂程度，为各种采办职位的人员制定教育、培训和应知应会的标准。"

2 使用方的职责

使用方肩负武器装备有效运用的责任，从根本上决定了使用方在武器装备开发过程中应当承担装备发展论证、装备采办过程总体协调与研制过程质量控制的职责。概括地讲，使用方在型号发展研究、研制、定型与订货过程中的主要职责是：贯彻、执行中央军委、总部与二炮武器装备发展、建设的方针、对策和总体规划，采用指令性计划指导下的合同制的办法，按照合同规定对武器装备研制全过程实施监督、检查、指导、决策分析与决策控制，并贯彻到武器装备研究、研制、定型与交付全过程的技术、配套、质量与计划管理，协调地实现武器装备效能、研制进度、经费与风险控制的总目标。

总结国内外武器装备建设管理的成功经验，使用方在装备建设过程中的首要的任务是搞好发展研究，包括武器装备发展战略研究、发展规划与计划研究，以及武器装备立项论证研究。现代武器装备发展研究是极其复杂、关系极其重大的问题，关系到国家武器装备发展战略目标能否正确的制定，关系到国家有限资源能否充分、有效地利用，关系到军队建设能否形成可持续发展的局面，一句话，关系到中央军委“科技强军”、“质量建军”的战略方针能否真正落到实处的问题。即使是国家、军队和军兵种的高级领导人，也难以掌握现代武器装备发展相关的全面知识，应当由专门的人才——国家、军队、军兵种和研制单位最高水平的科学家、系统工程专家、技术专家、军事战略与运用专家，以及经济学家等组织起来，从总体上进行长期、深入、滚动式地研究，而不是短时间、低层次的突击式研究能够做好的。

第二位的任务是作好研制过程的管理工作，主要包括武器装备发展论证过程的管理、总体技术方案的决策研究与管理、工程研制和定型过程的技术、配套、质量、进度、费用和风险管理。使用方应明确地承担起武器装备研制全过程、全系统技术、配套、质量、费用、进度和风险管理的责任。

具体地讲，使用方在武器装备开发过程中的基本职责是：

1）针对预计的主要威胁与武器装备发展的环境因素，进行武器装备发展战略研究，适时明确并不间断地进行武器装备系统的发展目标、重点与对策的综合、权衡、优化与集成工作。在武器装备发展战略的指导下，适时地制定相应的武器装备发展规划、计划，推进关键技术的预研工作，在关键性技术预研取得阶段性或重大进展的条件下，开展单项武器装备立项论证与决策分析，并提出相应的单项武器装备研制要求。

2）针对项目的实际情况，把研制合同交给有能力解决、应对关键技术风险，投标经费合理，并能够直接完成关键部件生产任务的承包商。在此基础上签订武器装备研制合同，应用科学的管理方法，建立与采办任务相适应的组织管理体系，参与制定采办与研制过程规划，实施采办与研制计划、经费管理，力争在规定的进度与经费额度内完成研制任务。

3）在总体与重大技术方案决策活动中，实施决策研究与决策管理，指导并监控计划的有效实施。特别应重点监控研制规范（含接口控制文件）、试验与鉴定总计划、生产保障计划、综合技术保障计划和风险控制计划的制定与实施，组织好确有真知卓见的专家队伍，特别是使用方自己的专家和技术队伍把好研制阶段设计评审与里程碑决策关，在能够实现研制总要求的前提下，应当尽量决策采用成熟的技术。

4）根据项目计划实施的实际情况，参与修订、完善研制规范体系，明确各研制阶段的具体研制目标，实施严格的技术状态管理。使用方研制质量监控人员在任何时候都要像医生监控“病人”的健康一样，特别注意武器装备研制过程中的“初期感染”，力争在尚未蔓延和转变成危机状态之前把它治愈。为此，应经常通过“病人的脉搏（进度进展情况）”、“心跳（实质性研制工作的进展情况）”和“体温（承包方研制负责人、主管设计师的精神状态状况）”，及时检测“病人”的健康情况，在研制工作进展亮起红灯之前，及时采取有效的行动。否则，一切措施，包括各种跟踪调研、系统仿真和计划协调管理技术（PERT）评估等都是无效、没有实际价值的。

5）运用“价值工程”、“寿命周期费用管理”、“风险评审管理技术（VERT）”、“计划协调管理技术（PERT）”和其他系统分析的方法，实施研制工作的全面决策管理，不能让承包商不受控制地去决定研制经费的去向。不管在研制管理工作中请多少公司、专家参与咨询，使用方必须把住最后决策关。使用方的重要责任之一是有足够的能力去评价与鉴定研制工作的实际进展情况和承包商的实际研制能力，参与优选研制项目承包商的决策，而不是把研制经费交给主承包商了事。

6）研制管理的根本问题之一是研制合同赋予使用方多大总体协调与计划监控的权限，使用方是否具有相应的工程研制系统分析、综合、权衡与监控的能力。权限是合同赋予的，但是，能力是由军方采办技术与管理队伍自身素质、思想状态和组织状态决定的。使用方务须利用自己的人才实施工程研制的系统工程管理，与承包商进行有实际效果的研制工作协调。使用方务须掌握武器装备采办的主动权，在研制过程中，务须适时、分层次地明确武器装备的采办要求、实施武器装备配套研究与决策、实施武器装备研制全过程、全系统的质量与计划管理，保证研制方能够有效地开展研制工作。为此，要求使用方应当在武器装备系统工程研究与实践，以及武器装备主要工程专业研究与实践方面具有与研制方相当能力和才干的人才，并形成科学的组织管理体系。

7）如果项目各阶段工作没能按计划完成，首先应弄清楚在武器装备研究与研制管理过程中，究竟发生了什么问题，是谁的责任。主管领导和项目负责人应当及时弄清楚问题所在，找出责任人，采取适当措施。不能形成武器装备采办计划搞砸了，计划一拖再拖，经费一加再加，采办计划、技术负责人和主管人员仍然心安理得，谁也没有责任的失控状态。

综上可见，使用方肩负武器装备发展研究与采办管理两大任务，关键的问题是应及时、正确的决策：发展与研制什么样的武器装备（干什么），什么时间启动武器装备研制工作（什么时间干），由谁负责采办与研制武器装备（谁负责），以及按照怎样的研制程序、计划、方法组织实施，才能够实现研制合同规定的目标。

参 考 文 献

[1] 钱学森,等. 论系统工程[M]. 长沙:湖南科学技术出版社,1982.
[2] 赵少奎,杨永太. 工程系统工程导论[M]. 北京:国防工业出版社,2000.
[3] (美)弗雷蒙·E·卡斯特,詹姆士·E·罗森茨威格. 科学、技术与管理[M]. 柴本良,华棣,李盛昌,等译. 北京:国防工业出版社,1979.

（本文发表在“第二炮兵科学技术委员会”编辑出版的《科技研究》2000. 5：1 ~4）

对战略导弹研制决策程序的思考

〔摘　要〕从加强武器装备采办质量控制的目标出发，在研究国外同行装备采办经验，总结二炮近年来装备研制质量管理工作的基础上，提出了编制“武器装备研制决策程序规范”等改进战略导弹采办管理办法的意见。

〔关键词〕战略导弹　研制　采办　决策程序　决策控制点

1　问题的提出

在参加我国战略导弹型号方案论证与评审、试验与定型技术研究的过程中，遇到一些型号研制决策和定型交付决策的新问题，这些问题在战略导弹研制与定型管理工作中具有的一定的普遍意义，对武器装备研制质量与交付质量具有重要影响。在战略武器装备研制与采办管理实施改革的新形势下，通过总结我国第一代战略导弹的研制经验[1,2]，学习、研究国内外同行对复杂武器系统研制的系统工程管理经验[3-5]，给我们提出如下启示：

1）应加强对战略导弹研制管理决策程序的研究；

2）战略导弹研制决策管理应增加必要的决策控制点；

3）研制决策控制应实现程序化、规范化，以利于严格把好决策控制关；

4）应进一步改进和完善战略导弹的定型、交付办法。

2　编制“弹道导弹武器系统研制决策规范”的意见

原航空航天部301所吕慧敏同志提出的应编制《武器装备研制

工程管理总要求》国家军用标准[6]是一个很好的想法，但是，由于各类武器装备差异很大，共性的总要求可操作性较差，为此，建议从编制“武器装备研制决策程序规范”入手为好。国家有关法规[7,8]为编制这一规范提供了指导原则和依据，我国第一代战略导弹和美军弹道导弹的研制工作为这一规范的编制提供了丰富的系统工程管理经验，编制这一标准既是战略导弹系统研制决策管理的急需，而且目前编制条件已经成熟。

在总结国内外弹道导弹研制决策管理经验的基础上，用表 5－2－1 列出了弹道导弹研制过程中的主要决策控制点。考虑我国国情，完全按照美军弹道导弹的研制决策程序实施是不现实的。我国进行战略导弹研制的经费是有限的，研制与试验条件也远不及美国，为了保证武器装备的研制和交付质量，应当进一步加强研制阶段的技术评审，在力所能及的范围内和更高的层次上集中各方面专家的智慧，严格把好各研制阶段的决策控制点，把型号的研制工作做得更好是可以办到的。

制定“战略导弹武器的研制决策程序规范”国家军用标准的目的是依据国家现有有关法规[7,8]，借鉴国内外弹道导弹研制的系统管理经验，明确规定在整个型号研制过程中，由使用方组织的技术决策控制点和各研制阶段实施技术评审的目标、主要内容、评审标准以及实施各决策控制点技术评审的基本程序和管理办法。通过这一规范将《战略武器装备研制程序》[7]中提出的“研制阶段评审”的规定以标准的形式明确下来，进一步落实战略导弹研制“实施分阶段质量控制”的要求，使定型工作贯彻、落实到研制工作的全过程。

在我国军费投入有限，技术与工业基础与发达国家还有一定差距的条件下，利用我们人才上的优势去弥补财力与物力的不足，是一种现实、明智的选择。因此，技术评审不仅不应削弱，而且应当加强；工程研制阶段的研制决策控制点不仅不应放弃，而且应适当增加。

表 5 –2 –1　弹道导弹系统研制过程中的主要控制点与决策点

	研制阶段	主要控制点	控制内容	决策点	主要决策内容
Ⅰ	论证	拟制武器系统总要求	战标与使用要求、总体与大型试验方案设想	需求决策	明确任务，确定《武器系统总要求》
Ⅱ	方案	方案评审	技术方案优化技术途径可行	技术途径决策	选择满足《研制任务书》要求的技术方案
Ⅲ	工程研制	初步设计评审	系统技术状态与系统性能	武器系统性能、风险与技术状态决策	武器系统性能初步决策
		技术状态评审	系统功能，使用流程及软、硬件技术状态		系统功能、使用流程、技术状态优选
		关键设计评审	技术风险、经济风险		明确技术、经济与进度风险
		试验准备评审	系统齐套、总装质量与系统协调性、电磁兼容性等		试飞弹出厂
		研制性飞行试验分析与评估	方案正确性，系统协调性，环境适应性，性能初评		工程研制阶段
Ⅳ	定型	战标评定	战术技术指标与使用性能要求	装备交付决策	一级交付：正式装备的武器系统 二级交付：试用弹武器系统 三级交付：值班试用弹武器系统
		设计定型	固化武器系统设计状态（含全部设计图纸，定型资料）		
		工艺定型	固化生产工艺状态（含生产图纸、工艺规程、工艺装备等）		

3 对完善“研制方案评审”办法的意见

按照目前我国颁布的法规，使用方代表国家对战略导弹研制实施决策管理的主要控制点是“研制方案评审”。“方案阶段”是技术途径的决策阶段，对整个型号研制有举足轻重的作用，应当严格把好方案决策关，防止技术评审走过场。在学习、研究美军弹道导弹研制系统管理经验，吸取我们自己方案评审实践经验的基础上，去年完成了《研制方案评审研究》的技术总结，提出了进一步完善我国弹道式导弹研制方案评审工作的建议，其要点如下：

（1）评审的目标

对武器系统的技术方案进行全面、系统的审查，达到核查系统设计要求的正确性、完整性、充分性，发现技术方案的薄弱环节，提出改进建议，减少决策失误的目的。

（2）评审范围与主要内容

评审范围限于导弹武器系统，主要分系统和关键性装置，重点是武器系统的技术方案。评审的主要内容应根据具体导弹武器系统的特点进行剪裁，对于改进型号，主要评审改进部分、相关联及对应接口部分。

（3）评审的基本办法

主要利用已有技术成果和管理程序，采用定性与定量相结合的方法，对武器系统的技术方案和主要战术技术性能进行核查，对主要可计算的战术技术指标进行定量评估。

（4）评审的条件

研制方完成下列工作：1）按照《战略武器装备研制程序》的规定完成方案阶段的工作；2）按照国家国家军事《设计评审》的规定完成导弹武器系统和主要分系统的内部方案设计评审工作；3）主要技术关键基本解决；4）按照方案评审的要求，向使用方提供了符合要求的评审资料。

使用方完成下列工作：1）组建了评审委员会和相应机构；2）对研制方提供评审资料的完整性、充分性进行了审查，得出了肯定的结论；3）完成使用方评审初步意见的编写工作；4）使用方与研制方草签了《研制任务书》初稿，提供了设计要求评审的基本依据。

（5）评审的程序

原则上分为“评审会评审”和评审会后评审”两个阶段。评审会评审主要评审设计要求、技术方案、评估主要战标实现的可能性、讨论研制任务务书，并形成评审报告。评审会后评审要求研制方完成对评审报告的修改稿，使用方对评审报告修改稿组织评价，并会签研制任务书。

（6）技术方案通过评审的标准

1）技术方案正确，符合优选原则，切实可行；2）主要战术技术指标和使用性能要求可以实现；3）主要技术关键基本解决。

（7）完成评审的标志

1）评审委员会正式会签了《研制方案评审报告》；2）拟定并会签了《研制任务书》；3）向上级机关和主管部门呈报了《研制方案评审报告》和《研制任务书》，并得到了上级机关和主管部门的审批或确认。

4　结语

纵观国内外复杂武器系统研制的管理经验，形成一整套指导研制工作的规范化、程序化的研制决策管理办法是十分重要的。本文提出编制《战略导弹研制决策程序规范》、《完善研制方案评审办法的意见》，试图为形成具有中国特色的战略导弹研制决策管理办法做一些必要的尝试。

参考文献

[1] 赵少奎．弹道导弹的飞行试验与精度鉴定//航天控制精度文集，航空航天

部,1991,5.

[2] 赵少奎. 完善战略导弹定型办法的思考[J]. 科技研究. 第二炮兵科学技术委员会,1991.6.

[3] (美)国防系统管理学院. 系统工程管理指南[M]. 周宏佐,等译. 北京:国防工业出版社,1991,5.

[4] Technical reviews & audits for systems, equipments & computer software., MIL-STD-1521B(USAF)4JUNE 1985.

[5] 王若松. 关于我国军用飞机研制决策点的分析//系统工程研讨文集,国际文化出版公司,1990,12.

[6] 吕慧敏. 关于建立工程管理国家军用标准体系的意见//军用标准化,国防科工委军标中心,1992,2.

[7] 国家计委,财政部,总参谋部,国防科工委. 战略武器装备研制程序. 1987办研字第1211号文件,1987,9.

[8] 国务院,中央军委. 军工产品质量管理条例. 1987,5.

（本文发表在“第二炮兵科学技术委员会”编辑出版的《科技研究优秀科技学术论文选集》，1993年6月：318~322）

完善战略导弹定型办法的研究

〔摘　要〕尊重战略导弹研制与定型工作的科学规律，从我国国情出发，提出我国战略导弹系统应当采取分档次、逐步完善定型交付的办法。

〔关键词〕战略导弹　定型　分档次　管理

1　问题的提出

党中央、中央军委根据国际和国内形势的分析，提出了由临战状态向和平时期国防现代化建设的战略转变要求，武器装备贯彻“科研先行，质量第一，多研制，少生产”的原则，我理解其中心思想是以“技术贮备”取代传统的“装备贮备”的观念，加速武器系统的更新速度和进一步提高武器装备的质量。因此，每种导弹武器系统“定型”前的飞行试验发数不可能大幅度增加，为此要求我们应根据我国国情和中央的要求适时地提出地地弹道导弹定型的新思路和与其相适应的一整套定型工作程序和办法，以保证既有利于加快武器装备的更新速度，又能够在新的军事装备研制体制下分清研制方、使用方和有关领导机关的技术、经济责任，确保武器装备系统能够按照法定程序逐步完善定型，使部队能够适时地装备有效的地地导弹武器系统。

通过深入研究国外地地弹道导弹研制和定型工作经验，分析我国地地弹道导弹的装备研制状况和使用特点，认识到采用分阶段、逐步完善的定型办法，不仅是我国目前经济和技术条件下的一种现实选择，而且也符合我国地地弹道导弹研制、装备和使用的特点，符合党中央和中央军委提出的国防现代化建设战略转变的要求。

2　战略导弹定型工作分阶段进行

考虑我国地地弹道导弹武器系统的研制特点、试验靶场的现实技术条件和国家对导弹武器的实际需求，建议地地弹道导弹按“初步定型”、“基本定型”和“定型”三个档次分阶段进行，详见表 5 –3 –1。经初步定型后，工业部门可根据部队的需求，向导弹部队提供少量“值班试用导弹武器系统”；经基本定型后，工业部门可根据部队的需求，向部队提供小批量“试用导弹武器系统”；正式定型后，根据部队的需求，工业部门可小批量或分批次向部队提供导弹武器系统，作为正式装备列入现役。

表 5 –3 –1　分档次定型的初步思路

定型档次	适用范围	交付状态	管理办法	备注
初步定型	改进型导弹武册系统，一般只限于远程，洲际战略导弹武装系统	值班试用导弹武器系统	试用过程中暴露出来的可靠性、性能未达到要求，以及与改进项目有关的技术，装备问题，属于研制过程中的问题，由工业部门负责解决 国防科工委留出相应的经费（或工业部门总承包经费中留出相应份额）处理遗留问题 使用部队负责试用有关问题	当具备继续进行试验条件的情况下，由国防科工委、研制方、使用方共同负责，按定型程序要求继续完成定型工作
基本定型	各种新型或改进型导弹武器系统	试用导弹武器系统	基本同上	同上
定型	各种新型或改进型导弹武器系统	正式装备，列入现役的导弹武器系统	二炮负责	

3 各档次定型的范围

（1）初步定型

适用于工业部门有相当研制基础的改进型导弹武器系统，一般只限于远程，洲际战略导弹武器系统的分系统改进或进一步完善导弹武器系统性能的改进型号。

初步定型是由于国内暂不具备必要的定型飞行试验条件或受研制经费、周期限制采取的过渡办法。虽然受飞行试验条件限制不具备定型的条件，但是，工业部门有充分的研制基础，有把握通过局部试验、理论分析以及少量飞行试验相结合的办法做出可以交付“值班试用导弹武器系统”的结论，可以按初步定型装备部队，待条件成熟后，继续完成定型飞行试验，最终实现武器系统的定型。

（2）基本定型

适用于各种新型和改进型地地弹道导弹武器系统。

由于研制经费、研制周期或国内试验技术条件的限制，不能按照定型的充分、必要条件进行足够数量导弹的飞行试验，或者获取的飞行试验测量数据的数量和质量不能满足正式定型的要求，但是，通过有限发数的飞行试验，能够对导弹武器系统总体技术方案的正确性，各系统间的协调性，对使用和飞行环境的适应性，以及生产质量的稳定性做出满足定型要求的结论，对导弹武器系统的主要战术技术指标能够做出初步评定，可以按照基本定型的程序和办法进行定型工作，并根据部队的需求提供小批量“试用导弹武器系统”。通过部队训练发射和其他后续飞行试验安排进一步积累必要的试验数据，逐步实现定型的要求。

（3）定型

适用于各种新型和改进型地地弹道导弹武器系统。

按照国家定型委员会颁布和批准的定型办法及相应的国家军事标准的规定，通过足够数量导弹的飞行试验考核，获取了数量足够，质量符合要求的试验数据，能够对导弹武器系统研制任务书规定的各项战术技术指标做出明确的评定，工业部门可根据相应文件的规定进行定型，并根据使用部队的需求，按照规定的程序和办法向部队交付正式作战的导弹武器系统。

4　不同档次定型的武器系统的管理办法

按照初步定型程序，以“值班试用导弹武器系统”的形式交付部队的武器装备，在试用过程中暴露出来的技术问题，如设计可靠性问题、性能未达到设计要求的问题，以及与改进项目有关的各种技术问题，均属于研制过程中的问题，工业部门应负责处理。

因此，初步定型后，工业部门应保持相应的技术队伍，国防科工委应留出相应的研制经费（或从工业部门总承包经费中解决）负责处理有关技术和经费问题。

按照基本定型程序，以“试用导弹武器系统”的形式交付部队的武器装备，在试用过程中暴露出来的技术问题，如设计可靠性、性能未达到技术指标要求，以及其他有关技术、装备问题，也应属于研制过程中的遗留问题，应由工业部门负责处理。因此，工业部门应以一定形式保持必需的技术队伍，国防科工委应预留相应的研制经费（或从工业部门总承包经费中解决）负责处理有关技术和经费问题。

正式定型交付部队的导弹武器系统，使用部队按照国家颁布和批准的相应文件规定负责管理、使用并处理有关的技术问题，保证导弹武器系统在寿命期内的完好性和有效性。

5　结语

在当今并不十分安宁的国际环境中，建立一支与国家安全保障要求和国家经济承受能力相适应的战略导弹力量是十分必要的，是一项严肃的政治任务。如过分地强调节约研制经费，忽视武器装备研制的必要质量保证，将会使导弹部队承受不应有的技术、经济压力，甚至难以担负不起保卫祖国安全，维护世界和平的责任，如果不适当地强调现行的定型程序要求，也会脱离我国的同情，事与愿违。为此，在分清研制方、使用方和有关领导机关技术、经济责任的前提下，改进和完善现行的弹道导弹定型、交付程序和办法，使其既符合我国国情，又符合地地弹道导弹武器系统的研制、装备和使用的科学规律，对战略导弹武器系统采取分档次、逐步完善定型、交付的办法不仅是十分必要的，而且是一种明智、现实的选择。

参考文献

[1] 国务院,中央军委. 战略核武器定型工作条例. 1981.

[2] 国务院,中央军委. 战略核武器(地地)定型工作实施办法. 战略核武器(地地)二级定型委员会. 1983,4.

[3] 国家计委,财政部,总参谋部,国防科工委. 战略武器装备研制程序. 1987,9.

[4] 国防科工委. 军工产品质量管理条例宣传提纲. 1987,8.

[5] 国防科委情报所. 国外洲际弹道导弹精度鉴定的技术途径. 1977,6.

[6] 克里渲茨基 E N,亚力山大洛夫斯卡亚 H. 飞行器控制系统的飞行试验[J]. 外国尖端技术. 国防科委情报所,1977 年增刊(4).

[7] 赵少奎. 苏联在太平洋上的火箭和导弹试验[J]. 靶场与试验技术. 国防科工委情报所,1979,(2).

[8] 赵少奎. 弹道式战略导弹飞行试验规范(国军标). 国防科学技术工业委员会,1988,12.

（本文发表在“第二炮兵科学技术委员会”编辑出版的《科技研究》，1991 年 6 月：51 ~ 54）

工程系统工程的决策

〔**摘　要**〕工程系统的决策贯穿装备采办的全过程，是控制装备采办质量和风险的重要环节。本文对决策的结构和策略、各种常用的工程决策方法进行了讨论，并给出了若干工程决策的示例。

〔**关键词**〕工程系统　采办　决策　风险

1　概述

对于广义的决策，美国著名经济学家 H. A. 西蒙定义为：管理就是决策。我国著名社会科学家于光远定义为：决策就是做决定[14]。显然，在武器装备的采办过程中，使用方必须面对一系列适时、审慎作出科学决策的问题。工程决策贯穿装备采办的全过程，是控制装备采办质量和风险的十分重要的环节。对于工程系统工程的决策，我们定义为：对影响工程系统的全局性问题，从总体上进行系统分析与评价，并作出决断的过程。决策不只是工程开发过程中的控制闸门，更应成为进一步提高工程开发价值的手段和重要的管理环节。1974 年，在我国进行首批太平洋火箭试验方案决策的时候，当时的国防科委副主任钱学森，在听取了总体设计部的实施方案汇报后，在基本肯定了总体设计部提出的备选方案，进一步阐述了我国首批太平洋火箭试验的目标和重大意义之后，明确地提出了两点决断性的指导意见：在飞行试验方案中提出的预定海上试验区范围，务须比美苏初期试验水平高（参见图 5-4-1 与图 1-2-5）；试验区的封锁时间务须比美苏初期试验时间短。这一决策性意见对我们作好首批太平洋火箭试验方案的准备工作提出了明确的要求，指明了进一步开展技术工作和试验实施准备工作的方向。承担这项任务的科技人员，肩负重任，查阅了当时能够查找到的所有有关资料，走遍了试验单位的首、末区，参与多次相关试验，经过 6 年多调研、分析，提出了相应的发射预案，并从理论上导出了火箭试验区的数学模型[4]，根据运载火箭的制导精度、箭体散布区和试验安全区的要求，依据收集到的第一手相关试验资料，令人信服地划出了半径为 130 km 的海上试验区，相当于苏联公开宣布的第七、八批太平洋火箭试验区的水平，提高了这一历史性科学试验的技术、军事和社会价值。

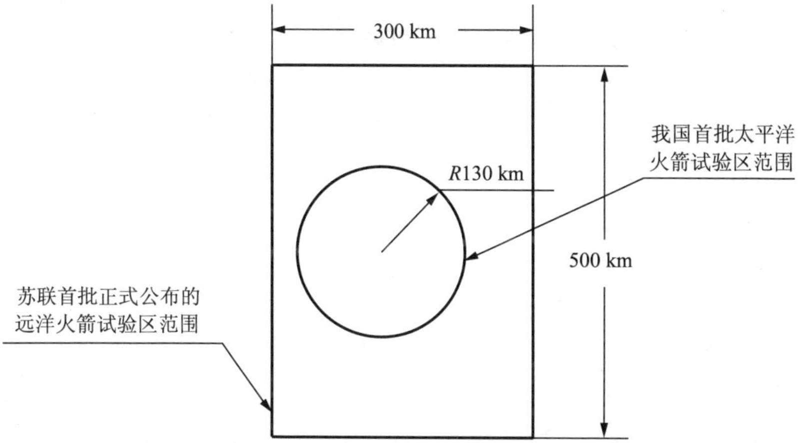

图 5－4－1　中、苏首批远洋火箭试验区对比图

在工程系统工程实践中处理的工程决策问题，通常是针对工程开发过程中具有系统性、社会性的工程问题，根据工程实际需要和可能，通过系统权衡研究，在初步拟定的多种备选方案中，按照统一的决策准则，选取最满意的实施方案（或计划）的过程。工程决策贯穿于工程开发的全过程，是工程实施与管理的基础和依据。明智的工程发展决策与工程系统立项；正确的工程系统研制总要求的制定；最佳的工程系统总体设计方案的抉择；考虑周全、切实可行的系统试验与鉴定总计划、生产保障方案与计划、工程综合技术保障方案与计划，以及系统风险管理方案与计划等都来源于正确的决策。工程的决策管理涉及到工程开发的方方面面，包括制定工程发展规划、确定工程系统研制的优先保障序列、选择能够满足任务要求的工程总体设计—试验—生产—综合技术保障方案等，以及决断研制阶段和重要工程实施过程可否转入下一研制阶段等重大问题。工程决策有影响全局的重大决策，也有工程实施过程中的具体实施决策。工程发展决策通常是重大工程决策问题；工程实施过程中的局部技术决策问题，属于具体决策问题。不论工程管理人员的职位高低，决策都是在工程开发过程中经常遇到、最重要、最棘手的工程管理问题。工程管理人员的职位越高，决策正确与否对工程的影响越大，大到影响一个单位、一项工程的经济效益和工程的成败，甚至影响一个国家的技术、经济发展与国家安全。为此，作为大型工程系统的决策者，务须很好掌握科学决策的理论和方法，站在工程全局，甚至国家战略的高度，及时、审慎、科学地作出决策。作为中下层工程管理和决策分析人员，应熟练掌握和运用科学决策的分析方法，在工程开发的全过程中，适时、准确地提出现实、可行、具有远见卓识的决策备选方案和必要的决策分析资料，协助上级决策者及时、正确的作出明智的工程决策。中下层工程管理人员和决策分析人员的政治、技术素质，对决策分析的质量和决策建议的倾向性有很大影响。一个技术上较强的重要工程管理人员或决策分析人员，如果站在小集体利益的基点上进行工程决策分析，可以提出表面上说得头头是道，实际上缺少远见卓识的决策建议。一个技术上较好，并不一定十分突出的工程管理人员和决策分析人员，如果能够站在工程全局的基点上，站在国家利益的高度，兢兢业业地进行工作，却能够提出高明得多、更有前途的工程决策建议。所以，工程决策者在重大工程决策的过程中，要十分重视关键性的工程管理人员和决策分析人员的思想倾向性，要鼓励他们站在工程全局，甚至国家战略的高度去独立、负责地提出对工程决策的建议，防止没有独立的研究意见、单纯按照主管领导意志行事，或一味追求小集体某种利益的倾向。

任何一项有明确目标的工程活动，都是由运筹工程技术方案（或计划），决策工程实施方案（或计划）和付诸工程实施三个环节组成（参见图5－4－2），其中决策是最关键的环节之一。按照工程决策目标的性质，工程决策可以分为战略性决策、战役性决策和战术性决策；按照决策目标多少，工程决策通常分为单目标决策和多目标决策；按照决策问题的性质，工程决策有结构性问题决策、非结构性问题决策和半结构性问题决策[6,8]；按照决策的条件和后果，工程决策可以分为确定情况下的决策、风险情况下的决策和不确定情况下的决策[2,8]；按照决策手段和方法，决策还可以分为素质决策和科学评价决策。工程决策还可以按照工程研制阶段不同，进行分类：在工程系统的发展论证阶段，需求的确定往往是战略性的高层次决策，如1956年2月，经过深思熟虑，全面论证，钱学森院士提出《关于建立我国国防航空工业的建议书》，老一代无产阶级革命家在此基础上作出的发展我国航天工程的决策，就是影响极其深远的发展决策，不仅具有复杂的系统性，而且是具有深刻社会性的战略决策。在工程系统需求的“物化”阶段，或称为工程系统的研制过程，形成多阶段的实施决策，相对发展决策而言，基本上是属于战役性的决策，但是，随着工程系统高技术发展时代的到来，对复杂工程系统实施过程的决策，特别是复杂高技术军事装备系统的实施决策，不论从决策的复杂程度，还是从决策的影响来看，都具有深刻的社会性和复杂的系统性的特征，通常具有战略决策的性质。工程系统工程的决策，不是在限定的条件下，在工程系统需求物化过程中，工程系统局部的参数优化或工程实施过程中的局部性问题决策，即所谓的战术性决策。也不是单纯讨论工程开发过程中的费用、效能评定等问题的技术性决策。而是研究关系到工程开发全局，使工程开发与社会需求、自然环境、资源支持能力等相融合，具有较为复杂的系统性、较为深刻的社会性问题的工程决策。它们通常是有一定风险或具有某些不确定性、多目标、半结构化问题的战略性工程决策问题。诸如工程发展决策与工程系统立项；工程总体设计一试验一生产保障一综合技术保障方案与计划等的决策；工程风险管理计划的决策，以及工程研制阶段转移等影响工程全局的重大问题，这类决策通常都是具有一定风险或某些不确定性的决策问题。按照决策过程中掌握信息的充分程度，可以把不确定情况下的决策划分为风险情况下的决策和完全不确定情况下的决策（以下简称为不确定情况下的决策）两类，这里重点讨论这两类决策问题。

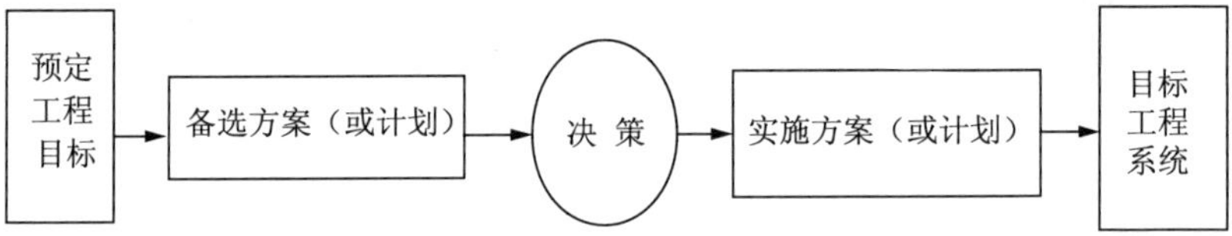

图 5－4－2　工程实施过程示意图

2　决策的结构与策略

2.1　决策的组织结构

为了保证能够适时、正确地作出工程决策，需要建立与工程决策问题相适应的决策机制，在本书第二部分发展研究中，提出了我国武器装备发展战略研究与制定的工作程序（详见图 1－2－3）和重大工程系统发展战略研究与制定的组织体系（图 1－2－4），这里不赘述。本节以工程系统研制过程为例，重点讨论工程实施过程中的决策组织结构问题（参见图 5－4－3）。

在图 5－4－3 所示的决策组织结构中，工程设计总体部的主要任务是运筹工程备选方案和提出决策背景资料。工程系统工程综合部是在工程项目总负责人和工程项目计划负责人的领导下，负责组织工程决策分析的部门。工程顾问智囊团是工程项目总负责人的高级决策顾问班子，是一批学术造诣较高、工程经验丰富、具有远见卓识的专家群体，在重大工程问题决策过程中发挥着工程技术、政策和决策策略咨询，以及综合评价和决策指导的作用。一项重大工程的决策过程，通常首先由工程计划负责人向工程设计总体部下达相应任务，由总体设计部组织部内外相关人员进行决策谋划，工程设计总体部适时地提出工程决策的备选方案和相关资料。由工程系统的工程综合部门组织有关单位（包括工程设计总体部）进行决策分析，提出决策策略、决策程序和决策建议。整个工程的决策过程是在工程项目总负责人的指导下，在工程顾问班子的参与下，与工程设计总体部、工程系统工程综合部门进行多次权衡交流的过程，其中包括工程项目总负责人对决策研究人员提出指导性意见，要求工程设计总体部和工程系统工程综合部门对相关问题开展进一步研究；在决策者的指导下，决策研究人员进一步修改备选方案、决策策略和决策建议，进一步阐述决策策略、决策依据和决策建议，这是一个逐步深化的科学探索和创新的过程。

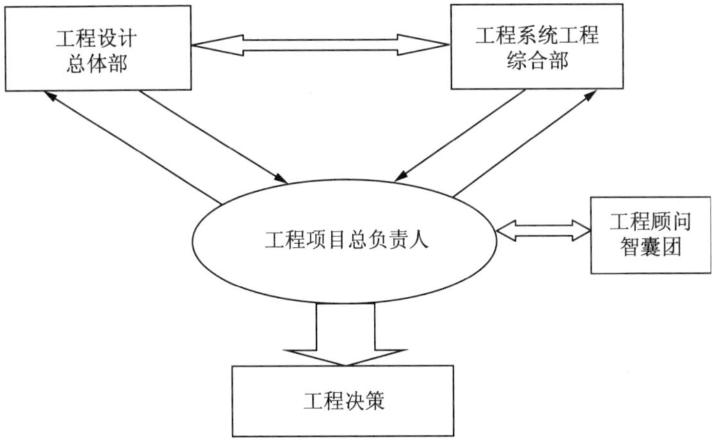

图5-4-3　工程决策组织结构示意图

2.2　决策的逻辑结构

在决策理论和方法还没有形成完整的科学体系的情况下，在相当长的时期内，重大工程决策主要依靠工程决策者的智慧、知识和经验，即主要依靠决策者个人的判断力进行所谓素质决策。随着决策理论、方法，系统工程和计算机技术的飞速发展，宏观决策的综合评价方法不断涌现，正在推动着决策理论和方法的科学体系形成和发展。任何工程决策问题，一般都按照如图 5 – 4 – 4 所示思路进行。

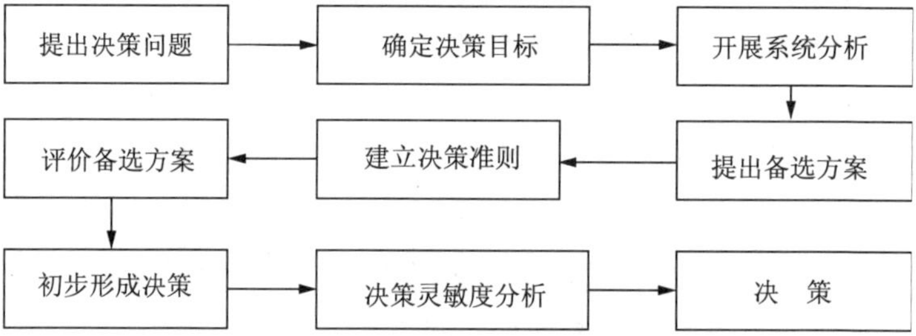

图 5 – 4 – 4　工程决策的基本思路

按照决策问题的层次，通常采用不同的决策方法，对应较低层次的工程决策问题，如工程效能指标的评价，通常采用解析型的定量分析方法，本书不予讨论。对于一般工程决策问题，通常采用系统分析法、预测分析方法、运筹分析方法、逻辑分析方法、层次分析法、效用函数分析法、技术经济分析法和决策分析等方法（详见参考文献［3，6，7］），在定性与定量分析的基础上，进行工程综合评价决策。对于高层次工程问题的决策，通常采用前述方法与以专家知识、经验和判断力为基础的综合评价方法，如专家调查法、头脑风暴法和模糊综合评判法[3]等，并与以哲学原理和认识论为基础的定性判断方法相结合进行综合评价决策。这些决策评价方法的出现，正在推动着科学的决策体系的形成和发展，正在逐步建立一种把人的智慧、经验、判断力与信息综合分析相结合，定性判断与定量分析相结合，计算机静态仿真与动态模拟相结合，计算机预先演示验证与工程样机实物试验验证相结合，进行重大工程问题综合评价与决策的总体思路。

从决策的逻辑结构角度探讨工程的决策问题，实质上决策是按照一定的评价准则，从预先提出的一些备选方案中选取最满意的工程实施方案或计划的过程，用数学逻辑结构可以表述成[1]

$$D = \{O, A, Y, P, C\} \tag{1}$$

式中 O——工程决策的相关目标集；

A——备选方案集；

Y——对抗环境，或称对抗者的方案集；

P——每一备选方案 A_i 在对抗环境 Y_j 条件下，对每一价值目标 O_k 的输出集；

C——工程决策的评价准则。

在式（1）中，如果对抗方案只有一个，目标和决策准则也只有一个，就变成了在限定对抗方案的条件下，工程设计的优化问题，这不是我们在这里讨论的内容。如果有多种对抗方案，只有一个目标和一种决策评价准则，成为常见的单目标决策问题，也不是我们最关心的问题。当有多个相关决策目标，多种对抗方案，而且其发生概率难以确定，就成为不确定情况下的决策问题。如果每个对抗方案的发生概率是已知的，就成为风险情况下的决策问题。工程系统工程的决策问题主要是多目标、多方案、风险和不确定情况下的决策问题，其主要特征是：

1）决策目标是一个目标集，它们包括实现工程总目标的各种系统性、社会性因素，这些因素之间通常存在着复杂的相互关联；

2）具有多个备选方案和对抗环境，通常各个备选方案都具有某些不确定因素或已知概率的风险；

3）决策问题较为复杂，一般不能直接在计算机上自动作出评价和决断，需要人的介入，而且人的判断往往起主导作用。

人运用计算机进行综合分析、评价，与主要依靠人的智慧、知识和判断能力进行决策，从方法论的角度看是一样的，但是，重大工程决策常常遇到复杂的系统性、深刻的社会性问题，只有人能够利用其逻辑思维、形象思维，特别是创造性思维的优势，把重大工程的决策与范围广阔的社会环境、自然环境有机地结合起来，作出适时、正确的决断。在工程系统工程的决策工作中，人的创造力、决策的观念和方法论是决定性的因素，计算机辅助决策技术和方法只是重要的手段和工具。人通过创造性思维建立起来的决策指导原则、决策观念和方法论，指导运用计算机信息处理系统实现工程系统工程的决策。因此，对重大工程系统开发的决策者提出了更高的要求，他们不仅应具有相关工程的专业知识和丰富的工程经验，还应具有较高的政治素质，顾大局识大体，善于与决策分析人员沟通，具有善于听取各方面意见，特别是能够耐心听取反对自己意见的民主作风，并且应具有相关的社会科学知识、正确的世界观与方法论、敏锐的洞察力和活跃的创造力。

2. 3　决策的策略

通过工程系统工程的决策概念、决策结构的讨论，我们认识到重大工程系统的决策活动具有复杂的系统性和深刻的社会性背景，决不是单纯的技术活动，因此，正确的决策策略成为十分重要的问题，原国防科技大学杜介教授提出了有创见的观点[1]，主要包括：

（1）肯定—否定—肯定策略

对所有备选方案都要进行认真的评价，肯定中选方案，不等于肯定中选方案的所有研究结果，也不表示所有未中选的方案都是一无是处。既要肯定中选方案从总体上讲是最有价值的实施方案，又要把未中选方案中有创见、有价值的研究成果吸收到中选方案中来，或者把未中选方案中有价值、有创见的研究成果作为专项技术保留或进一步开发，达到充分利用、开发各备选方案的价值，激励科技人员进行创造性劳动的目标。

（2）争取最大效益策略

由于受人的认识的局限性、事物的复杂性和有限决策周期的制约，一项工程决策有其一定的局限性。难免在有限的备选方案之外还会有更好的方案，或某个备选方案受工程进度的制约，虽然已经显示了可预期的发展前景，但是，还有某些缺陷或风险有待进一步做工作。为了争取工程的最大效益和长远发展，在工程初步决策的同时，允许留出适当的经费去支持预期有竞争前景的方案，是可取的选择。20 世纪 60 年代，我国独立研制第一种弹道导弹，在主体设计方案决策了的情况下，决定发展一种有前途的控制系统技术方案。当主体方案飞行试验成功之后，这种新型控制系统技术方案也取得了突破性的研究成果，并在后续发展中取代了原主体技术方案中的控制系统，取得了十分满意的结果，争取到了更大的技术、军事效益。通过这一实例告示我们：在可能的情况下，在重大工程发展过程中，不要放弃任何有可能争取最大工程效益的决策机会，充分利用这种机会是工程开发的重要策略之一。

（3）分级决策策略

在工程总体技术方案或计划已经决策的条件下，允许保留分系统或局部方案的竞争，常常是争取工程系统取得更大成功的策略。一项大型工程的开发是分阶段进行的，在论证和方案阶段主要进行工程系统的研究、设计和决策。在方案和初样阶段，侧重于分系统和重要设备的研究、设计和决策。试样阶段则侧重于解决设备和零部件的设计、制造、试验问题，以及工程系统的综合试验验证等问题。为了分散研制难点，充分作好工程决策工作，在可能的情况下，采取分级决策是明智的决策策略。

分级决策还有一层含义，即在一般情况下，该哪一级决策的问题，应当放手让哪一级去办，工程项目采办管理和技术负责人、工程项目研制管理的总负责人和技术过程负责人，不必、也不应包办代替或越俎代庖。因为这样做不仅不利于调动各级管理和技术人员的积极性，容易形成职责不清的状态，还会因为工程采办和研制的总负责人受自身的知识结构、工程经验和实际精力的制约，容易作出不那么高明，甚至错误的决策，这种事在我们身边时有发生。

2.4 决策的输出状态

任何一项工程系统都是通过工程实施的过程建造起来的，但是，从根本上讲，一项工程的成败取决于工程设计和决策是否高明。常言道："凡是预则立，不预则废"，讲的就是这个道理。这里讲的"预"，对一项工程而言，就是指运筹、谋划工程设计方案（或计划）和作出正确决策这两件事。但是，由于客观实际情况的差异，决策者的水平不同，决策的时机选择不一定合适等原因，可能出现下述四种决策输出状态[1]。

第一种：作出明确决策，工程付诸实施，这是工程决策的基本输出状态。

第二种：进一步开展调研，暂缓决策。这种输出状态通常是在决策时机尚不成熟的情况下进行决策的结果。比如提供的备选方案都不能令决策者满意；虽然有的备选方案具有实现工程总目标的潜力，但是，还存在明显的缺陷或风险；或者使用方提出了新的要求，环境发生了变化，决策者有了新的想法，要求重新运筹备选方案或修改、调整现有的备选方案。在重大工程，特别是开发性科研工程的决策过程中，推迟决策的事是常常发生的，它充分显示了开发性科研工程研制的特点，也充分表明决策对工程开发的重要作用，表明决策不仅仅是工程实施的控制闸门，更应当成为提高工程价值的重要管理环节。我国首批太平洋火箭试验的决策，从 20 世纪 60 年代末提出，到 70 年代中作出决策，经历了长时间的争论与决策的历程。表面上看，争论的主要焦点是对进行远洋试验的必要性有不同认识：一种意见认为，立足国内试验，可以实现我国运载火箭的全面试验鉴定任务，远洋火箭试验不是实现我国运载火箭全面试验鉴定任务的必要条件，因此，远洋火箭试验可做可不做；另一种意见则认为，立足国内试验，实现我国运载火箭的全面试验验证，是我们努力奋斗的目标，但是，就当时我们国内的实际技术条件而言，国内试验与相关技术条件还不足以实现我国运载火箭全面试验验证的任务，创造条件进行远洋火箭试验是必要的选择，是当时实现我国运载火箭全面试验验证任务的重要保障。但是，从争论问题的实质上看，对不同实施方案的争论，恰恰反映了开发性科研工程的特征，工程存在诸多的不确定因素，这些不确定因素有一个逐步暴露的过程，人们有一个逐步深化认识的过程。我国远洋火箭试验的决策过程充分说明：复杂的开发性科研工程的决策，只有在逐步深入开展决策研究和工程实践的过程中，才能逐步暴露工程的深层次问题，才能进一步明确目标，提高工程的实际价值，最终满意地实现工程的总目标。在处理工程系统工程的决策问题上，丝毫也马虎不得，想当然是不成的，在没有把问题的实质搞清楚之前，仓促决策往往后患无穷。

第三种：撤销工程系统的开发计划。

在工程开发的过程中，发现新系统立项存在概念性错误，某项工程完全不具备开发条件（如资源支持条件、技术条件和实际社会需求等），或者已有系统经过改进能够满意地实现新系统的工程目标，不需要开发新系统等情况也时有发生，都需要及时地作出终止正在研制的工程系统的决策。如美国 20 世纪 60 年代实施的所谓“原子飞机计划”、“哨兵”导弹防御系统计划，70 年代开展的“侏儒洲际弹道导弹计划”，80 年代曾经喧嚣一时的“星球大战计划”等都属于这种情况。根据变化了的情况和新发现的问题，及时地对这类工程作出全面、正确的评价，果断地作出工程终止的决策，是有重大积极意义的高明决策。如果久拖不决，势必劳民伤财，造成更大的损失。

第四种：不做决策。

这是决策者无能的表现，是最坏的决策，势必造成工程混乱，工程决策者必须特别注意避免出现这种局面。

显然，第一、三种决策的输出状态是稳定的状态，第二种输出状态是一种不稳定的决策状态，要使这种输出状态转化为稳定的输出状态，可能要经过多次评价、决策的迭代过程，在这一过程中，决策者将进一步发挥对工程开发的重要指导作用，进而进一步提高工程的技术、经济、使用和社会价值。

3 几种常用的工程决策方法

3.1 不确定情况下的决策

在决策评价时，只能估计到各种备选方案可能出现的状态，不能确知其出现的概率值时，决策问题属于不确定情况下的决策，如前述“原子飞机”、“哨兵导弹防御系统”计划，以及人类开展探索宇宙高级生命存在的活动等。在重大开发性科研工程中，常常遇到这类决策问题，这类问题决策的难点在于多属于非结构化和半结构化问题，难以或不能够用解析方法和计算机手段直接求解；决策的条件具有不确定性，决策的后果难以预测；通常是多目标决策问题，而且有的目标难以量化。决策的成败主要取决于决策者的素质和辅助决策分析的质量。中国人民大学管理系统工程教研室在参考文献［2］中提出一些辅助决策方法可供参考。

3.1.1 极大－极小决策准则

当需要在工程进展状态不很明朗的情况下进行决策时，决策者常常首先考虑的是不要因为决策失误造成较大损失。因此，常常首先从最坏处着想，总是小心谨慎，力求在可能发生的最坏决策中选取损失最小的决策方案。其决策的基本思路是：首先从每一备选方案可能发生的状态中，选取一个最小的工程效益值，然后，从这些最小效益值代表的备选方案中，选取效益最好的备选方案作为中选方案。这种决策准则是从“小中取大”，称为极大－极小决策准则，也称为悲观决策准则[2]。

3.1.2 极大－极大决策准则

与上述决策准则相反，决策者抱定乐观、进取的原则进行决策，不肯放过任何可能获得更加满意决策结果的机会，在所有备选方案可能发生的状态中，选取最满意的决策。决策的总体思路是：首先从每个备选方案中选择一个工程效益最大的状态值，然后找出所有备选方案中最大的工程效益状态值，这个状态值对应的备选方案就是中选方案。这种决策的原则是“大中取大”。称为极大－极大决策准则，或称为乐观决策准则[2]。

3.1.3 折中决策准则

这是一种介于悲观与乐观决策之间的一种决策准则，决策的总体思路是：首先由决策者确定一个可接受的统一折中系数 β（$0<\beta<1$），然后按照下式计算各备选方案的标准折中效益值 Q[2]

$$Q = \beta O_{\max} + O_{\min}(1-\beta) \tag{2}$$

式中 $O_{\max}$——每一备选方案的最大效益值；

$O_{\min}$——每一备选方案的最小效益值。

然后选取标准折中效益值 Q 最大的备选方案为中选方案。

3.1.4 极小－极大遗憾值决策准则

在诸多备选方案中，总会有一个方案相对效益最大，但是，可能由于决策者的失误，实际上选取了其他方案，实际效益最大方案与中选方案效益之差称为遗憾值。极小－极大遗憾值决策准则的出发点是尽量避免将来出现最大遗憾值而后悔。决策的总体思路是：首先在备选方案的各种状态下找出最大效益值（参见表5－4－1中标注★号者），然后将此效益值减去各备选方案同一状态下的效益值，得到表5－4－2。从表5－4－2中选取获得最小遗憾值的备选方案为中选方案。显然A、D方案有最小遗憾值，可作为中选方案。

表5－4－1 在不同状态下，各备选方案的工程效益值

（单位：百万元）

备选方案	状态1	状态2	状态3	状态4
A	40	50	60★	70
B	20	40	60	90★
C	50★	70★	30	50
D	30	50	60	80
E	30	50	50	50

表 5－4－2 各备选方案的遗憾值 （单位：百万元）

备选方案	状态 1	状态 2	状态 3	状态 4	最大遗憾值
A	10	20	0	20	*20
B	30	30	0	0	30
C	0	0	30	40	40
D	20	20	0	10	*20
E	20	20	10	40	40

在实际的工程决策过程中，可以单独应用上述每一准则进行工程辅助决策，也可以同时应用四种决策准则进行综合决策，选取中选次数最多的方案作为最满意的决策方案。

3.1.5 专家调查法

专家调查法是20世纪50年代由美国兰德公司提出，特别适于解决难以通过解析方法进行定量分析，客观偶然性较大，而且缺少确切决策信息的开发性工程决策。我国航天系统在“天地往返运输系统”的多方案决策分析和某项商用通信卫星运载火箭方案选择的决策评价中，都采用了专家调查法，并取得了较为满意的效果。

此法以专家调查提供的征询意见为基础，进行综合评价，所以，又称为专家征询法，也称为德尔菲法[3]。此法科学地解决了如何对专家进行调查，调查的程序和必要人数，以及调查数据如何处理等问题，从本质上讲，它是利用专家的知识、经验和判断力来预测、评价工程问题的方法。

（1）应用这一方法要注意的问题

①调查的保密性

调查是通过向被调查专家送出征询调查表，专家以书面形式作出应答的形式进行的。决策组织者对专家的调查表应严格保密，充分保障专家能够独立地进行分析、判断，避免由于某些专家的个人权威、资历的影响或其他原因，产生不必要的环境压力，影响被调查专家客观、独立的提出自己的征询意见。以我国某项商用通信卫星的运载火箭方案选择决策为例，征询调查表始终都是在决策评价的主持人控制下，直到目前，卫星早已投入商业运行了，但是，专家调查表仍然绝对保密，除决策调查的组织者之外，没有任何人知道专家征询意见的具体结果。

②调查的反馈性

决策评价的组织者应及时、客观地统计专家征询意见的结果，并把统计结果、专家赞成或反对某些方案的理由，以匿名的方式反馈给被调查专家，供专家进一步进行分析、判断，作出新一轮的征询应答。如此循环，在完全由专家独立进行思考、判断的情况下，最终得出比较一致的评价意见。

③明白、无误地说明问题

以最简明的形式向专家说明决策问题的目标、意义，目前进展情况和决策的范围。如果提供的调查表中列有相互矛盾的事件，应解释列出这些事件的原因，不能使专家感觉到是人为的陷阱。

④严格尊重专家独立进行分析、判断

任何时候，任何情况下，决策评价的组织者不应干扰被调查专家的独立分析和判断，更不允许诱导专家对某种备选方案产生倾向性。

（2）专家调查法的主要内容

①专家的选聘

本方法是依据专家的应答资料作为工程决策评价的基础，因此，专家征询意见的客观性、正确性和公正性决定着决策评价的质量，选聘专家，包括专家的学术水平、决策评价能力，以及专家组结构的合理性，对决策的结果有举足轻重的影响，成为决策评价成败的关键因素。

1）对专家选聘的要求。专家应具备与决策的工程问题有关的专业知识背景，有在相关工程研究、设计或运用实践中10年以上的工作经历，最好是不直接参加本项工程，在相关专业、学术领域有实际业绩和学术成就的领域专家、工程技术专家、系统工程专家或相关领域的社会科学家。

2）对专家组结构的要求。应包括决策问题涉及到的全部关键学术、专业领域的专家，考虑到工程系统工程决策问题的特点，要特别重视聘请有成就的系统工程、相关社会科学家，如技术经济学、战略学、社会学等方面的专家，以及有重大工程组织、决策经验的领导者。同时要照顾到不同学派和学术观点，使专家组具有学术领域、工程专业，以及不同学术观点等广泛的代表性，使调查结果的片面性，以及个人与部门偏见的影响降低到最低限度。在满足决策知识结构要求的前提下，专家组的人数应尽可能少，一般工程决策问题，10～20 人为宜，对于某些学术、专业领域较宽的重大决策问题，专家人数可适当增加，一般不应超过 50 人。

②对专家的调查

调查的关键是作好向专家说明问题和组织好调查两件事。

1）说明问题。决策评价的组织者应当清楚、无误、系统地向专家说明进行评价的工程目标、意义，目前工程进展情况及其主要结果，进行征询调查的目的和基本要求。并且较为详细地介绍进行调查的程序、要求和时间安排。

2）组织调查。根据工程问题的性质、实际需要和可能，通常进行 2～4 轮调查。调查的核心问题是专家能够明确、独立地提出对影响决策问题的各种主要因素的看法、对工程决策的明确意见和提出决策评价意见的主要理由。如果通过一轮调查，专家意见比较明确，调查意见比较集中，也可以结束专家意见的征询，关键的问题是能否实现调查的目的。

③专家调查意见的处理

专家调查法，实质上是利用专家的知识、经验和判断力提供的客观评价信息，由决策组织者汇总分析得出决策建议的方法，因此，决策组织者对专家提供的决策评价信息如何综合、分析成为十分重要的问题，常用的评价信息处理方法有最优方案排序法、评价分值统计处理法、中心意向法和备选方案比重法[3]等，本文重点介绍前两种方法。

1）最优方案排序法。假定工程有5个备选方案，征询了8位专家的意见，各位专家对每个备选方案优选排序如表5-4-3所示。把每个备选方案的评选名次加起来，求出各备选方案名次排序的总和，显然方案1是这一轮专家推选的最佳备选方案。然后运用数理统计方法计算专家倾向性意见的一致性系数（参见参考文献[3]）

$$C.I = \frac{12S}{m^2(n^3 - n)} \tag{3}$$

式中 $C.I$——一致性系数；

S——名次总和的方差和；

m——专家数；

n——方案数。

$$S = \sum_{i}^{n} X_i^2 - \frac{(\sum_{i=1}^{n} x_i)^2}{n} \tag{4}$$

由式（3）求出一致性系数为0.04，远小于1，说明专家评价意见相当一致，可以选方案1作为实施方案，调查结束。如果一致性系数与1比较接近，比如大于0.60，应向专家进一步说明问题后，进行下一轮调查，直到获得满意的调查结果。

表5-4-3　专家调查的排序结果

方案	专家								
	01	02	03	04	05	06	07	08	名次总和
方案1	1	2	1	2	1	2	1	2	12
方案2	2	1	2	4	3	1	4	1	18
方案3	3	3	5	3	2	4	2	5	27
方案4	4	4	4	1	5	5	3	3	29
方案5	5	5	3	5	4	3	5	4	34

2）评价分值统计处理法。对工程系统各备选方案的正确性、可行性、风险性和综合评价，都可以用分值来评价，通常为百分制，

也可用5分制。当专家给出了各备选方案的分值评估结果后，决策组织者可以用下述数理统计公式计算各备选方案的统计评分和对应的方差

$$E_j = \frac{\sum_{i=1}^{m} a_i}{m} \tag{5}$$

$$\sigma_j^2 = \frac{1}{m-1}\sum_{i=1}^{m}(a_i - E)^2 \tag{6}$$

式中 m——专家人数；

a_i——第 i 位专家的评分值；

j——第 j 个备选方案。

当 σ 值低于可接受的方差值时，对应统计评分 E 取最大值的备选方案为中选方案，结束调查。如果 σ 大于可接受的方差值，决策组织者不能接受时，应在进一步向专家说明问题后，进行下一轮调查，直到获得满意的评价结果。

3.2 风险情况下的决策

风险情况下的决策，通常又称为统计型决策或随机型决策。这种决策问题通常有明确的决策目标，决策的条件是确定的，有多种不可控制的自然状态，能够根据决策的条件、历史资料、调研信息或决策分析人员的工程经验，预先估计出各种自然状态发生的概率值（称为主观概率值）、不同备选方案的效益值或损失值。是一种决策条件、因素基本确定，决策后果难以控制，具有一定风险的工程决策问题。

风险情况下的决策，通常采用最大期望效益值、最小期望损失值和最大发生概率值准则等进行决策。

3.2.1 最大期望效益值决策

它以各种备选方案的效益估值和各种自然状态发生的主观概率值为依据，通过下式计算各种备选方案的期望效益值

$$\max\left(\sum_{j=1}^{n} P_j O_{ij}\right) \tag{7}$$

式中 P_j——第 j 种状态的发生概率值；

O_{ij}——第 i 个备选方案，在第 j 种状态的效益值；

N——备选方案状态数。

从各备选方案中选取期望效益值最大的方案为中选方案。

3.2.2 最小期望损失值决策

这是一种与最大期望效益值相对应的决策方法，按照下式

$$\min\left(\sum_{j=1}^{n} P_j Q_{ij}\right) \tag{8}$$

式中 P_j——第 J 状态概率值；

Q_{ij}——第 i 方案第 j 状态损失值；

n——备选方案状态数。

计算各种备选方案的期望损失值，选取有最小期望损失值的备选方案为中选方案。

3.2.3 最大发生概率决策

依据概率论的基本知识，一种状态发生的概率越大，发生的可能性就越大。在处理风险情况下的决策问题时，有时可以采用比较简化的方法，即在备选方案中，选一个发生概率最大的状态作为中选方案，故称为最大可能发生概率决策。这种决策办法比较简单，主要用于各种备选方案效益值或损失值相差不很大，而其中某状态的发生概率又比其他状态明显大的情况。如果各种状态的发生概率比较接近，各备选方案的效益值或损失值又相差较大时，采用这种决策方法的效果一般不好，有时可能引起严重失误，要特别注意这种方法的使用条件。

在实际工程决策中，通常采用上述方法进行综合决策，避免单一决策方法容易产生的片面性。

3.3 里程碑决策

首先要明确什么是工程研制的里程碑。工程系统研制进程中的

关键性转移点，即是工程系统研制决策管理的里程碑。当一项工程准备向下一阶段转移时，应准备好工程系统的相关评审资料，特别是工程系统的试验验证结果，向工程项目决策机构提出申请。工程项目的决策机构根据通过给出的里程碑决策点必须满足的门限值和相关评价准则，用“通过或不通过”的决策实现对工程系统的质量和风险管理。

里程碑决策是一种把重大工程的技术管理决策与工程的计划、质量、经济管理决策紧密结合在一起的一种工程管理决策程序和方法，被普遍用于大型开发性科研工程和其他重要工程，它是使用方参与工程质量控制和合同风险管理的重要手段，也是工程负责人进行工程全系统、全过程技术、质量、计划、经济和风险管理的重要控制手段，在大型工程实施过程中起着不可替代的重要作用。

3.3.1　里程碑决策的目标

按照对工程采办、研制阶段的划分，工程从立项到正式交付，一般应设立6个里程碑（参见图5－4－5），各个里程碑的评价目标如下。

研制阶段 / 里程碑	论证阶段	方案阶段	工程研制阶段		成果转化阶段	运用阶段
			初样阶段	试样阶段		
里程碑	0	1	2	3	4	5
决策内容	提出任务需求，初步界定任务范围，工程项目立项、启动	明确任务需求，确认工程系统总要求的完整性、可行性	优选工程总体设计方案，确定工程系统研制规范，制定优化、合理的技术途径	初步确认工程系统性能和工程系统的可用性	全面验证工程系统的性能，确认工程系统的可行性，形成工程系统的研制成果	通过定型鉴定与使用验证试验，综合评价工程系统的性能，全面控制生产风险，完成设计、工艺定型

图5－4－5　工程系统里程碑决策程序

里程碑0：提出工程任务需求，初步界定任务范围，确定工程系统研制的初步要求，并签订论证阶段的研制合同，称为“工程立项决策或项目启动里程碑”。

里程碑1：明确界定工程任务范围，制定工程研制总要求，在采用先进技术与保证系统总体功能、研制周期与经费之间进行综合、权衡与决策，选择能够满足工程系统总要求的备选方案及其系统配置，并正式签订方案阶段的研制合同，称为“确认工程系统总要求里程碑”。

里程碑2：在关键技术已经突破的前提下，明确工程系统开发的技术途径，把工程系统总体设计方案的技术配置优化到工程试验验证、生产保障、综合技术保障、研制经费和研制周期保障可以接受的程度，制定出明确的工程研制任务书，作出工程总体设计方案决策，并签订工程研制阶段的合同，称为“工程技术途径决策里程碑”。

里程碑3：通过工程分系统和重要设备的研究、设计、试制，以及工程系统的预先演示验证和实物试验验证，初步验证工程系统的性能，确认工程系统的可用性，确立工程系统的研制规范，初步建立工程系统的产品规范，具备工程转入试样研制的基本条件，称为“转入工程试样研制或确认工程系统可用性决策的里程碑”。

里程碑4：通过工程系统设计、生产和全系统实物试验验证，全面验证工程系统的性能，并确认工程系统的可行性，确立相应的产品规范与产品基线，形成了工程系统的研制成果，并签订工程系统成果转化阶段的合同，称为“形成工程系统研制成果的决策里程碑”。

里程碑5：在工程系统实际工作的条件下，进行工程定型试验与鉴定、使用试验与鉴定，工程系统的实际性能符合采办方的要求，工程系统的投产风险得到了全面控制，达到了工程定型的要求，具备了工程系统研制成果转化为商品的条件，按照规定的程序完成了工程系统设计、工艺定型，并签订工程系统的投产合同，称为“工程定型、投产决策里程碑”。

3.3.2　里程碑决策的程序

综合我国和美国航空与航天系统的研制决策程序，建议采用图5－4－5所示里程碑决策程序。

为了确保工程系统的研制计划与研制质量，依据研制合同及有关文件的规定，在工程的采办过程中，使用方应派出驻厂工作组或其他形式的采办监理机构，参与工程系统的设计、生产、试验等有关研制过程，特别是各阶段设计评审，实施工程系统研制全系统、全过程的质量监控。使用方应认真履行自己的职责，严格控制里程碑决策点，在工程系统的研制工作没有完成上一阶段研制任务的情况下，从使用方和工程全局的利益出发，应拒绝研制工作转入下一研制阶段，有效地控制工程系统采办的里程碑决策点。

3.3.3　里程碑决策与风险管理

工程系统的决策管理，实质上就是工程的风险管理，风险管理不仅要管理技术风险，还要管理计划风险、费用风险、进度风险和保障性风险等。在工程的研制过程中，所谓风险，就是危及工程计划目标实现的有害潜在问题。这些潜在问题的发生具有一定的规律(参见图5－4－6)。在工程系统的研制过程中，在不同时间段，工程风险的发生概率出现峰值，由此产生不同程度的工程技术、进度、经费和工程系统综合技术保障等方面的风险。从图5－4－6可以看出，在工程系统的研制过程中，这些有害的潜在问题的活动，有低谷区，也有高峰区，我们应特别重视风险活动的高峰区段，工程研制的里程碑决策点，就应当设置在工程风险活动的高峰区段（参见图5－4－5和图5－4－6），对工程风险实施适时、有效的控制。

图5－4－7示出了里程碑决策对工程系统全寿命周期费用产生的影响，不难看出：在里程碑3以前，工程投入不多，但是，对工程系统全寿命周期费用产生的影响却是举足轻重。特别是在里程碑1、2以前的采办过程中，工程投入的经费仅占工程系统全寿命周期费用的2%～5%左右，但是，对工程系统全寿命周期费用的影响分

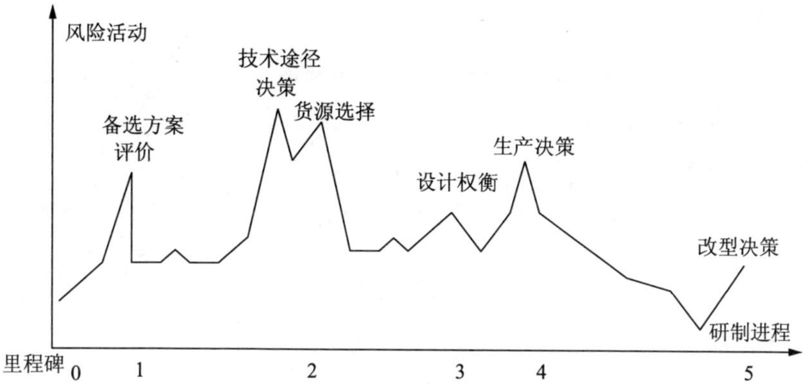

图 5－4－6　工程研制进程与风险

别达到 20%～50%左右，因此，对里程碑决策点，特别是工程前期的里程碑决策点应严格控制，对预防工程风险，保障工程质量具有极其重要的意义。

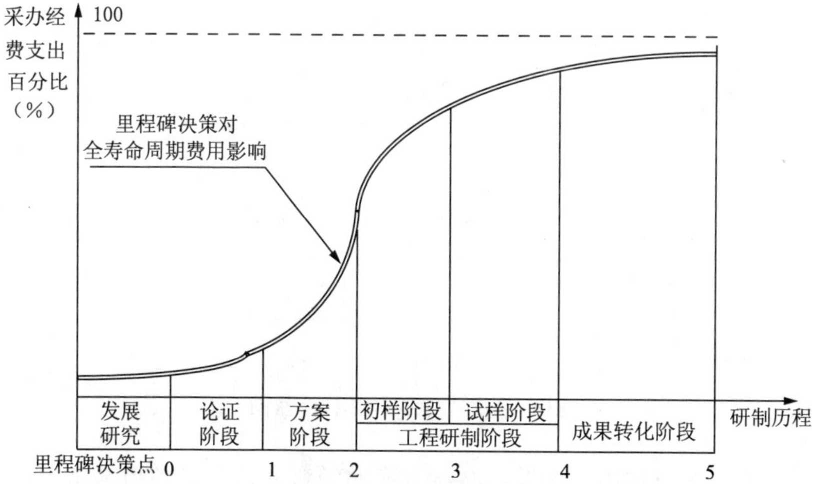

图 5－4－7　里程碑决策对全寿命周期费用影响示意图

3.4　决策树

3.2 节讨论的期望值决策方法仅适用于单阶段决策，对于多阶段决策问题，通常采用决策树分析方法。决策树分析方法既可以解决单阶段决策问题，也可以处理多阶段决策问题。

图 5－4－8 示出了决策树的结构示意图，图中方块表示决策结点，由决策结点引出的直线称为方案枝，每个树枝代表一个方案。圆圈代表状态结点，由状态结点引出的直线表示不同的状态。在树枝上注明状态的发生概率，在状态树枝的末端注明不同状态的效益值或损失值。如果是多阶段决策问题，用三角标表示阶段标志，在阶段标志之间注明状态发生概率值，在三角标上方注明状态效益值或损失值。一般的工程决策问题都提出多个备选方案，每个方案又有多种状态，形成图 5－4－8 所示由左向右、由简到繁的树枝状结构，即决策树。

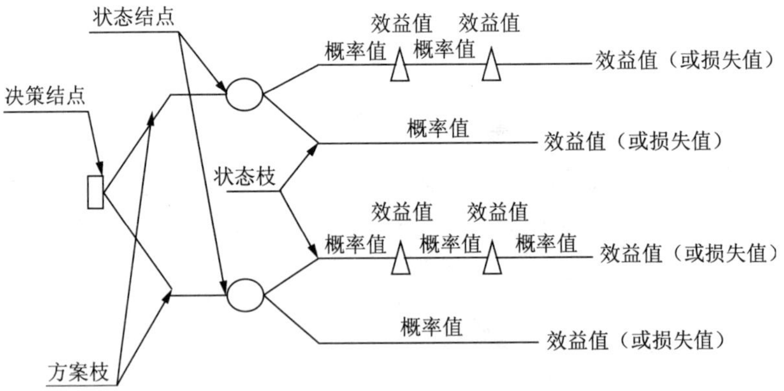

图 5－4－8　决策树结构示意图

在决策过程中，根据状态枝上注明的概率值和效益值（或损失值），由右向左计算不同状态下的期望效益值（或损失值），然后根据不同方案的期望效益值（或损失值）大小，并权衡其他相关影响因素进行综合决策。

下面讨论一个应用决策树方法的示例。

20 世纪 60 年代末，我国着手论证一种射程较大的弹道导弹的试验验证与鉴定方案。对这类导弹的试验验证与鉴定，美国与苏联都立足于在海上进行全程试验。但是，当时我国还不具备在公海上进行这种试验的条件，经过科技人员长期、深入的研究，提出了“立足国内特殊弹道试验，实现导弹全面试验验证与鉴定，积极创造条件进行全程试验验证”的技术途径，并展开了一系列国内特殊弹道和全程试验方案的研究工作。

70 年代初，这种导弹在国内短程飞行试验中取得基本成功，导弹的全面试验验证工作提到了计事日程，其中一个突出的难题是如何解决弹头全程再入环境的试验验证问题。通过科研人员大力协同，集体攻关，创造性地提出了低弹道试验方案、级间滑行低弹道试验方案（以下简称滑行方案）、固体加力弹和液体加力弹试验方案，以及缩比弹头等试验方案。在国内短程试验基本成功的基础上，进行低弹道试验，技术风险较小，投资较省，主要问题是：这种弹道只能模拟导弹部分射程的再入弹道环境，不能实现预定的全程试验验证任务；滑行方案是在低弹道方案基础上，对导弹的级间分离方案和飞行程序进行局部设计修改而成，虽然没有需要攻关的技术难点和新技术，但是，仍然有一定的设计工作量，具有一定的技术风险。但是，值得指出的是，这种方案基本上能够模拟导弹的全程再入环境，解决了立足国内试验条件，进行弹头全程再入环境的试验验证与鉴定问题。其他方案也各有优、缺点和某些风险……使导弹试验与鉴定方案的决策成为决策者十分关注，但是，却是十分棘手的问题。

为了简化问题，这里仅就低弹道和滑行方案的几种状态组合进行讨论，每一种试验状态都用 3 发弹实现弹头再入环境的方案性试验验证。根据我国导弹初期试验成功概率的统计结果，低弹道试验成功概率取 0.75，滑行弹道试验成功概率取 0.70。按照低弹道和滑行弹道实现射程模拟的能力，分别取效益评分为 65 和 95 分。利用上述风险决策和决策树方法进行决策评价，可以给出下述试验备选方案，并绘出图 5 -4 -9 所示决策树：

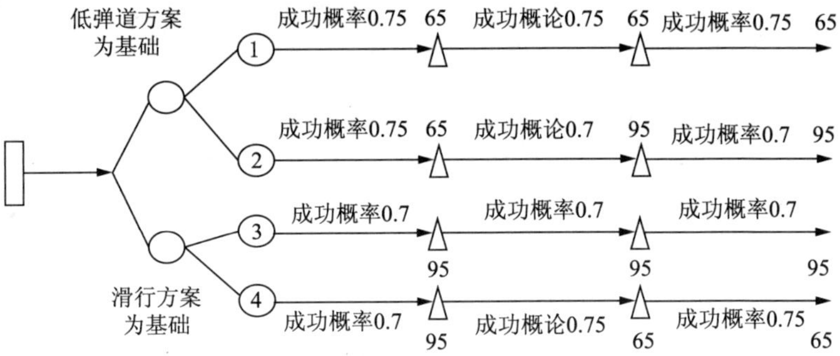

图 5 -4 -9　试验方案决策树

1）3 发弹都进行低弹道试验；

2）第一发低弹道进行试验，第 2、3 发进行滑行弹道试验；

3）3 发都进行滑行弹道试验；

4）第一发进行滑行弹道试验，第 2、3 发进行低弹道试验。

依据各备选试验方案发射的成功概率值和效益评分估值，利用决策树评价方法，可以得到表 5 -4 -4 所列风险评价数据。

从研制周期看，在预定的研制计划之前，第 2 方案与第 3 方案都能完成导弹全程再入环境试验验证任务；从投资额度看，第 1 方案最省。但是，第 1 方案不能实现全程再入环境的试验验证任务，如果增加试验，不仅投资额度明显增大，而且研制周期也要拖得更长。由期望效益值可以看出：方案 3 最优，方案 2 次优，两者差异较小，应进一步进行灵敏度分析。

根据我国这类导弹初期飞行试验成功率的统计资料，取低弹道方案发射成功概率值为 0. 80、0. 75、0. 70；滑行方案发射成功概率值为 0. 75、0. 70、0. 65，进行期望效益值分析，得到结果如表 5 -4 -5 所示。

表 5-4-4 试验方案风险评价结果

	低弹道为基础的试验方案		滑行方案为基础的试验方案	
	试验状态 1	试验状态 2	试验状态 3	试验状态 4
期望效益值评分	146.25	181.75	199.5	164.0
投资额度（万元）	1 500	1 700	1 800	1 600
实现全程验证时间	?	预计计划前	预计计划前	预计计划前
实现部分射程验证时间	预计计划前			

表 5-4-5 提供的计算结果表明：在低弹道和滑行弹道试验方案发射成功率可选取的概率值范围内，第 2、3 方案的期望效益值均明显优于第 1、4 方案。从投资额度和完成导弹全程再入环境试验验证的时间来看，第 2、3 方案相差无几，所以，按照期望效益值最大准则，应选第 3 方案为中选方案。但是，从航天工程的实际出发，有经验的导弹设计师都知道：一种新型导弹的研制，第 1 发导弹试验成败对后续试验影响很大，先进行 1 发低弹道试验，不仅发射成功把握更大，能够获得导弹弹头部分射程再入环境的试验信息，有利于后续试验安排，而且对保证滑行方案的试验成功，创造了有利条件。因此，当时的决策分析人员，毫不犹豫地推荐第二方案作为优选方案，供工程项目负责人决断。

表 5-4-5 灵敏度分析结果

	滑行方案概率值：0.75			滑行方案概率值：0.70			滑行方案概率值：0.65		
低弹道概率值	0.8	0.75	0.70	0.80	0.75	0.70	0.80	0.75	0.70
方案 1	156.0	146.3	136.5	156.0	146.3	136.5	156.0	146.3	136.5
方案 2	194.5	191.3	188.0	185.0	181.8	178.5	172.3	169.0	185.0
方案 3	213.8	213.8	213.8	199.5	199.5	199.5	185.3	185.3	185.3
方案 4	175.3	168.8	162.3	170.5	164.0	157.5	165.8	159.3	152.8

4　计算机决策支持系统

4.1　决策支持系统的概念

在错综复杂、变化莫测、充满竞争的市场经济环境中，运用科学的方法、手段审时度势、通览全局，适时、正确地进行工程系统研制和采办的决策，已经成为工程决策者实施工程管理的首要任务。科学管理的前提和核心是正确的决策，关系工程开发全局问题的决策正确与否，直接关系到工程实施的效益，甚至工程的成败。随着科学技术的发展，工程系统，特别是大型的开发性科研工程系统，仅凭工程决策者的知识、经验和判断力进行重大问题决策，不仅对于一般的工程管理者越来越困难，就是对于学识渊博、工程经验十分丰富的工程专家和著名科学家，也越来越力不从心，在重大工程立项和实施的过程中，作出错误判断和决策失误的事时有发生。决策者需要强有力的辅助决策支持，一个能够与人建立友好对话环境的计算机辅助决策支持系统（以下简称决策支持系统，缩写为DSS），将成为工程决策者实施科学决策不可缺少的重要手段。

什么是决策支持系统？国内外许多科学家和研究者作出了各种各样的定义，在原国防科工委系统所何新贵研究员报告[15]的基础上，进一步分析、研究，综合为，DSS是一种能够帮助决策者利用已有的信息、模型和决策评价方法，处理半结构化，甚至非结构化的某一层次上的决策问题的交互式计算机软、硬件系统，它能够辅助和支持决策人员完成下述任务：

1）描述、识别决策问题；

2）形成备选方案（计划、模型或想定等）；

3）建立评价备选方案（计划、模型或想定等）的准则和方法；

4）评价备选方案（计划、模型或想定等），提供支持中选方案（计划、模型或想定等）的可信数据或其他评价结果，提出中选方案的倾向性建议；

5）当不能获得满意的结果时，能够协助决策者提出如何修改备选方案的意见，并支持下一轮决策评价。

可见，DSS 是一种辅助决策者进行决策的有力工具和手段，它不能代替决策者作决策，但是，能够向决策者提供支持决策的可信评价资料。DSS 的用户是某一层次上的决策分析人员或决策者，一个完善的 DSS 在工程实施过程中，应能够及时向决策分析人员和决策者提供决策信息、方法、模型和决策评价的支持。

完全非结构化的决策问题，形式化描述十分困难，甚至不能提供任何形式化的描述，目前还只能主要依靠决策者的知识、经验和判断力去决策。完全结构化的决策问题，可以通过数字仿真去解决，不是这里讨论的内容。DSS 处理的决策问题，通常是半结构化，甚至某种程度非结构化的决策问题，因此，DSS 不能只依靠计算机直接求解，还需要人的干预。在决策分析的过程中，遇到无法形式化描述或不能用算法解决的问题时，必须求助于人的大脑，这就决定了 DSS 必然采用人机交互的工作方式。DSS 进行辅助决策评价，不仅需要利用已经建立起来的信息库、模型库和方法库，还必须依靠决策分析人员或决策者的大脑，共同来完成决策评价和决策支持工作。如同半实物仿真过程一样，某些难以建模，不易用计算机表示和处理的部分，采用实物参与系统模拟过程，在这里，人脑就相当系统半实物仿真中的实物。因此，DSS 能够处理前述风险和不确定情况下的决策问题，能够在这类问题的决策中，对决策分析人员和决策者提供更有力的支持，使工程管理者利用计算机系统辅助、支持决策者进行工程决策成为可能。

4.2 决策支持系统的结构

在决策者运用自身的知识、经验和判断能力进行决策时，经常要用到的是大脑中存贮的相关数据、某些相关模型或解题方法，以及长期积累的各种知识和经验，用以描述、识别问题，形成备选方案，建立评价准则和评价方法，进而评价备选方案，形成初步预选方案，实施决策或反馈，直至获得满意的结果。这一过程可以绘成图 5 –4 –10 所示决策过程框图。

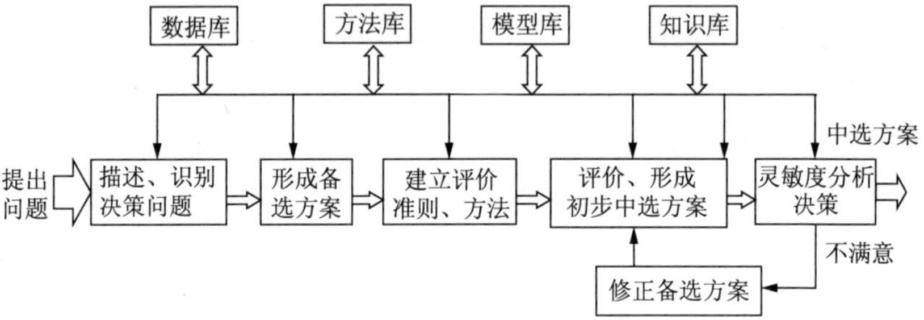

图 5 –4 –10　人脑决策过程示意图

在没有决策支持系统支持的情况下，在决策过程中，决策者每前进一步，都要依靠大脑中存贮的信息、方法、模型和知识来判断，如果把大脑中存贮的数据、方法、模型用计算机来实现，其余难以由计算机实现的部分由人来完成，就形成了基本的决策支持系统。当然，也可以形成只有数据库和数据库管理系统支持的最简单的决策支持系统。在决策的过程中，只能够适时地向决策者提供数据支持。随着决策理论、方法和计算机技术的发展，不仅能够把人脑的方法库和模型库用计算机取代，而且还可以使计算机具有备选方案决策评价和修正备选方案的辅助功能（如图 5 –4 –11 所示），这种比较完善的决策支持系统，对完全结构化的决策问题，可以不需要人的介入，自动地进行决策评价和备选方案修正。但是，最终决策仍然离不开人，还必须建立人机友好的对话接口，形成人脑与电脑协同工作的机制。

一个完整的决策支持系统应由人机交互对话子系统、数据子系统、模型子系统、方法子系统和知识子系统组成。

人机交互对话子系统：由于工程系统工程的决策问题多是半结构化和非结构化的问题，决定了在决策过程中决策者要不断介入决策过程，一个交互式的对话管理系统成为决策者运用决策支持系统

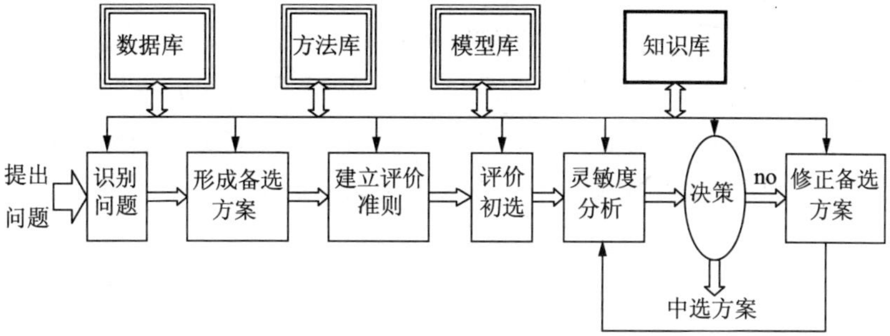

图 5-4-11　数据、方法、模型库支持的决策支持系统

的重要手段。通常决策支持系统应向决策者提供三种对话管理形式，即菜单方式、命令语言方式和语言提问——应答方式。一个良好的人机交互对话子系统不只是承担人机语言翻译的功能，还应具备人机相互理解和适应的功能。通过对用户的学习和自适应过程，应能够根据对用户请求的理解，合理地调用系统中的数据、知识、方法和模型，并能够把系统评价结果以适当的形式告示用户。

数据子系统：数据支持是决策支持系统最基本的决策支持手段，主要包括如下功能：

1）数据的定义与操作，用以保证数据的独立性、一致性、完整性，以及保密性；

2）数据目录，包括数据结构定义、数据类型描述、数据来源说明和数据使用特权规定等；

3）数据请求的服务，能够及时地提供决策者请求的数据；

4）外部访问，具有从系统外部获取有关数据的功能。

一个良好的数据库，还应能够通过学习，对数据的组织结构和调用方式作自适应调整。

方法子系统：许多 DSS 的方法子系统只包括方法集和方法包管理系统，向决策者提供一个方法目录，由用户按目录调用所需的方法，使用很不方便。一个好的方法子系统应当包括：

1）方法集；

2）具有一定智能功能的管理系统；

3）解释说明子系统。

智能管理系统应能够根据对用户决策语句的理解去调用方法，并且可以通过学习提高对语句的理解能力。解释说明子系统应具有对方法使用、运算结果解释的功能。

模型子系统：对模型进行直接管理和建模是决策支持系统区别于一般管理信息系统的主要标志，在决策的过程中，模型子系统除直接查询数据外，能够实现备选方案的形成、决策评价和方案选优等重要决策支持功能，所以，模型是决策支持系统的核心内容，模型子系统的主要功能包括：

1）模型与模型库的定义、建立、存贮、查询、修改、删除、插入，以及模型重建等；

2）模型的选择、拼接与组合；

3）模型的运行控制；

4）数据库接口的转换等。

知识子系统：知识子系统在 DSS 中占有重要的地位，但是，知识系统的建造困难较大，应集中主要力量解决决策者急需，又不了解的知识，开发非结构化决策问题的推理方法，以及提供知识支持的方式。

一个完整的决策支持系统的结构如图 5－4－12 所示，决策支持系统的对话管理、数据管理和模型管理系统的连接结构，可以采用三足鼎力、串联、融合，以及数据库中心等结构形式，使其具有构建和使用上的灵活性，详见参考文献[15，16]，这里不赘述。

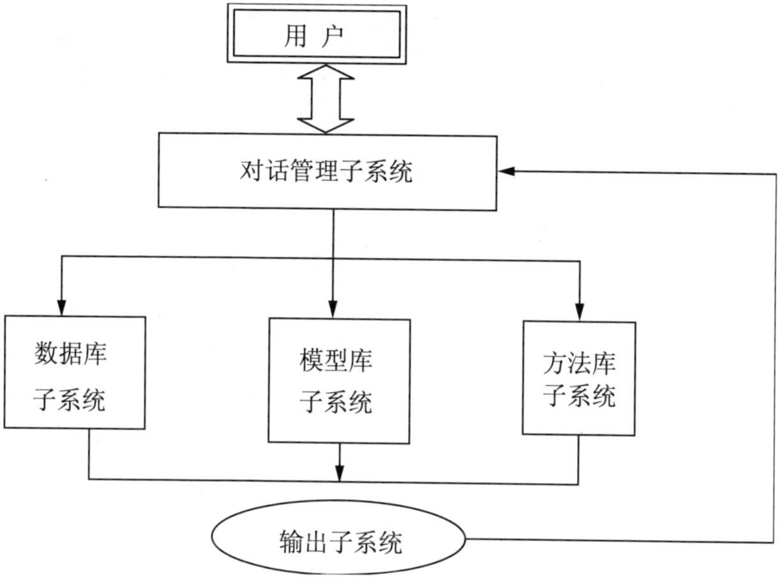

图 5-4-12 典型决策支持系统的结构示意图

4.3 决策支持系统的发展趋势

20 世纪 80 年代后期以来，计算机软件系统在世界范围内迅速发展，在美国，150 家大型金融机构中，60%采用计算机软件系统进行管理和决策，西欧计算机软件系统的销售量，在 1985 年仅 4 800 万美元，1986 年达到 1.1 亿美元，1990 年达到 3.8 亿美元，呈直线增长趋势，相继问世了一系列行之有效的决策支持系统。我国从 80 年代初启动，陆续研制了某航天运载火箭专用初步设计软件包，某型弹道导弹专用初步设计软件包。这些初步设计软件包，除适用于特定运载火箭与弹道导弹的方案和初步设计外，经改进具有总体方案和初步设计决策支持的功能。在此基础上，面对国内高技术工程系统多方案论证过程中出现的复杂决策问题，80 年代后期启动了高技术工程系统概念论证阶段的决策支持系统的研制工作，进一步推动了我国高新技术领域决策支持系统的研究与应用。

从软件技术的角度看，智能化决策支持系统（IDSS）、群决策支持系统（GDSS）、分布式决策支持系统（DDSS）和“大成智慧系统[9]”是主要的发展方向。

（1）智能化决策支持系统（IDSS）

IDSS，实质上是前述决策支持系统与专家系统结合的产物，或者说是一种能够完成某些复杂决策支持任务的专家系统，其结构如图 5－4－13 所示。

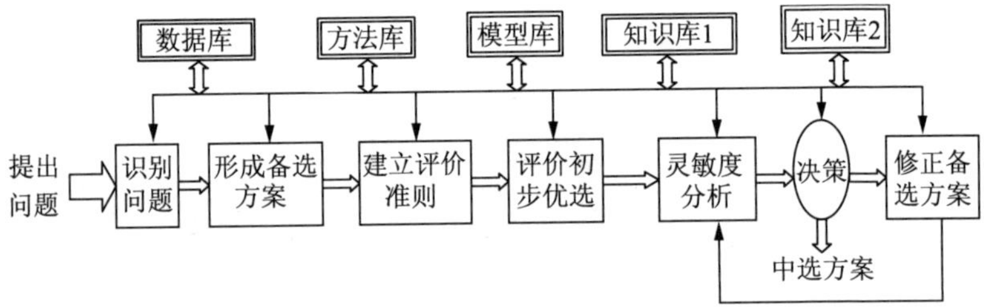

图 5－4－13　智能决策支持系统框图

在这种决策支持系统的组成框图中有两个知识库，知识库 1 是把专家具有的某些形成备选方案的知识、建立备选方案评价模型和评价准则的知识、优选中选方案的知识，以及如何修正备选方案，获得更为满意的中选方案的知识收集、处理后得到的，并把他们嵌入到决策支持系统中，由专门设计的知识库管理系统控制，适时地向决策支持系统的各部分提供所需的知识，它采用试探、启发式等方法自动完成某些非结构化决策问题的定性分析。在知识库 1 的参与下，决策支持系统能够独立地提供各种可供选择的方案，以及经方案比较形成相关数据或评价结果，供决策参考。工程的最终决策还要依靠具有创造性和直觉性思维的大脑进行。知识库 2 内的知识仍然在决策者的大脑中，只能通过人机交互对话完成最终决策。但是，随着知识库 1 存贮的知识不断增加，智能决策支持系统的功能必将不断增强，使其具有很好的发展前景。

（2）群决策支持系统（GDSS）

把相关领域的决策支持系统或同一领域不同方面的决策支持系统集成到一起，利用通信手段进行协作，就形成了一个功能更为广阔、完善、全面的决策支持系统，即群决策支持系统（GDSS）。实质上，GDSS 是软件工程集成化技术在决策支持系统领域应用的产物。GDSS 通常采用共用的数据库和模型库把各子系统联系起来，各子系统还可以有自己的局部子数据库和子模型库，通过相互通信，各子系统可以相互调用。在决策过程中，各子系统能够通过共用数据库和模型库进行“协商”和“讨论”，每一子系统都可以把自己对某一决策问题的评价意见传送给有关子系统，或“公布”自己的意见，进行公开辩论。决策人员作为具有超级特权的一方参与讨论、协商过程，并适时作出决断，这也是一种有发展前途的决策支持系统。

（3）分布式决策支持系统（DDSS）

对于大型复杂系统的决策，常常把一个复杂的决策问题分解成若干个子任务，把分布在各地的相关决策支持系统连成一个网络，在网络的结点上分别完成各子任务的决策评价任务，实施网络系统联合决策，所以，DDSS 又称为网络决策支持系统。实质上，GDSS 也是一种 DDSS，只不过 DDSS 更强调各决策支持子系统的地域分布，而 GDSS 则强调各决策支持子系统之间的功能协调与合作罢了。

（4）大成智慧系统

现代计算机技术，以及基于计算机技术的知识工程、人工智能和信息技术的进展，开辟了人机结合、人机优势互补，实现以人为主对复杂系统进行综合知识决策的新途径。这里所讲的知识包括科学知识和经验知识、定性判断知识和定量分析知识、理性知识与感性知识，通过人机交互、多次对比、逐次逼近，逐步实现由感性到理性，由定性到定量的转化，实现最终走向科学的认识与决策。由于各领域，特别是开发性科研工程和社会工程领域对决策支持系统的强烈需求，正在吸引众多科研人员投入决策支持系统的研究与开发之中，使决策支持系统技术日新月异地发展，尽管决策支持系统的智能化发展和网络化还有许多难题，但是，智能化的研究已成为知识处理中突出的热门，发展很快。

20 世纪 80 年代初，钱学森院士曾经提出将科学理论、经验知识、专家的判断力相结合，通过半理论、半经验的方法来处理复杂系统的决策问题。在钱学森院士的指导下，集中我国相关学科的研究人员进行了不断深入的探索，于 1989 年提出了研究开放的复杂巨系统的方法论——从定性到定量的综合集成方法（Metasythesis）[9]，又称为综合集成技术或综合集成工程。这一方法的实质是：专家体系、数据与信息体系，以及计算机体系的结合，构成一个高度智能化的人机结合系统。这一方法充分发挥了系统的综合优势、整体优势和智能优势，把人的思维、思维成果、人的经验、知识、智慧，以及各种情报、资料和信息适时地集成起来，从多方面的定性判断，逐步上升到科学综合层次上的正确认识。

1992 年以来，在此基础上，钱学森院士又进一步提出了“从定性到定量综合决策的研讨厅体系”、“大成智慧工程”的概念[9]，开创了人机结合、人网结合，知识增长的新途径，进一步提高了人处理复杂系统决策问题的智能和智慧。伴随着现代科学技术，特别是计算机技术及其相关信息技术的飞速进展，系统工程的方法论也在发生着前所未有的发展，从定性到定量的综合集成技术的形成，是系统工程理论和方法的重要进展，它不仅能够处理简单系统、简单巨系统的决策问题，还将能够处理复杂巨系统，甚至是社会系统的决策问题。综合集成技术的发展，为复杂巨系统，乃至社会系统工程的研究和决策提供了新的方法论，进一步推动了决策科学、系统工程理论与方法论的发展。

4.4　决策支持系统应用示例

随着我国武器装备技术的突飞猛进发展，20 世纪 80 年代末我们着手论证了一种主要用于弹道导弹论证阶段使用的决策支持系统，作为示例简要介绍如下：

1）系统的目标（略）。

2）通过信息技术的应用，建立一个具有人机交互能力和一定智能分析能力的计算机辅助决策支持系统，用以改善弹道导弹系统论证人员的工作行为，扩大知识域和论证决策分析信息量，在计算机上充分试验各种想定方案，面对多目标、具有某种风险和不确定情况下的决策问题，能够提供战标论证和导弹系统总体方案可行性论证的寻优决策支持。

3）通用系统的基本框架。系统由人机交互子系统（含系统运行管理系统）、数据库子系统、模型库子系统、方法库子系统、知识库子系统和输出子系统组成，系统运行框架参见 5－4－14。

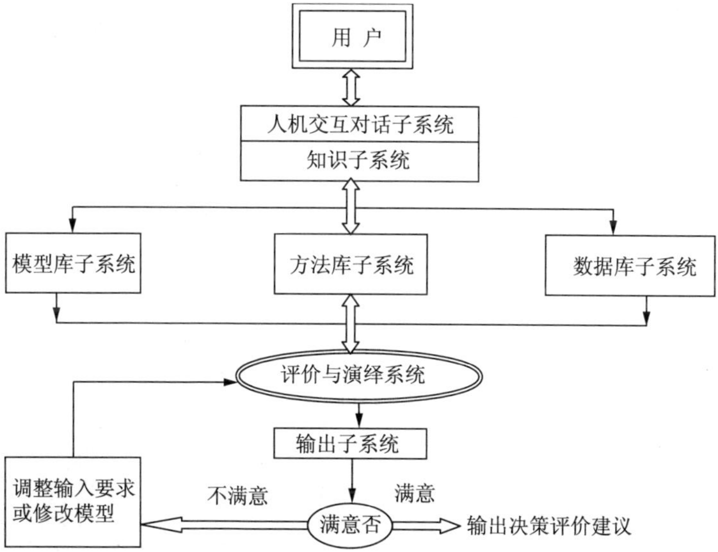

图 5－4－14 通用论证决策系统组成框架

4）模型库展开的论证决策系统基本框架。把论证决策支持系统的模型库展开，可得图 5－4－15 所示系统结构框架。

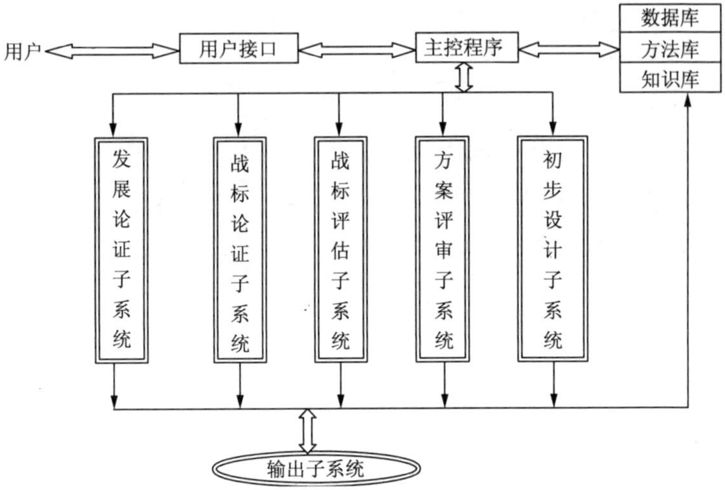

图 5－4－15　模型库展开的论证决策系统基本框架

5）系统硬件配置。图 5－4－16 示出了论证决策支持系统的硬件配置与系统连接关系。

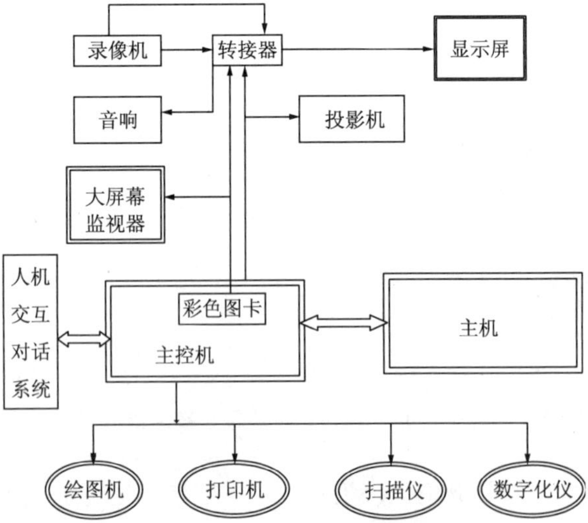

图 5－4－16　系统硬件配置图

参 考 文 献

[1] 杜介,陈庆华. 系统工程方法论[M]. 长沙:国防科技大学出版社,1992,10.
[2] 中国人民大学管理系统工程教研室. 管理系统工程[M]. 北京:经济科学出版社,1987,8.
[3] 赵全仁,等. 武器装备论证导论[M]. 北京:兵器工业出版社,1998,6.
[4] 赵少奎. 弹道式导弹的试验区[J]. 远方科技. 1990,1.
[5] 赵少奎. 十年前的太平洋火箭试验[J]. 航天,1990,(2).
[6] 汪应洛,等. 系统工程理论、方法与应用[M]. 北京:高等教育出版社,1998,5.
[7] 滕春贤. 系统工程[M]. 哈尔滨:黑龙江教育出版社,1997,7.
[8] 钱存端,等. 系统工程管理[M]. 南京:河海大学出版社,1998,2.
[9] 于景元. 开放的复杂巨系统——一个正在发展中的新领域. 航天工业总公司七一〇所,1997,1.
[10] 张延欣,等. 系统工程学[M]. 北京:气象出版社,1997,1.
[11] 魏宏森,曾国屏. 系统论[M]. 北京:清华大学出版社,1995,12.
[12] 刘永振. 论系统科学与管理[M]. 大连:大连理工大学出版社,1997,10.
[13] 夏绍玮,等. 系统工程概论[M]. 北京:清华大学出版社,1995.
[14] 姜璐,等. 现代系统工程方法[M]. 沈阳:沈阳出版社,1993,6.
[15] 何新贵. 决策支持系统[J]. 国防系统分析软件. 1991,2.
[16] 曲成义,等,编译. 决策支持系统与专家系统. 北京:科学文献出版社,1989,1.

(本文发表在“国防工业出版社”编辑出版的《工程系统工程导论》, 2000. 3: 266 ~306)

第六部分　系统工程

武器装备现代化建设与系统工程

〔摘　要〕　本文在简要地讨论了现代武器装备系统开发与建设的若干基本概念的基础上，重点讨论了科学技术革命与军事工程技术发展的关系，进而阐述了武器装备现代化建设与系统科学的关系，以及我国武器装备系统现代化建设面对的现实社会系统环境。

〔关键词〕　武器装备　系统工程　社会系统环境

1　武器装备现代化建设的历史使命

我军武器装备现代化建设的历史使命，要求我们应当面对武器装备现代化建设的客观环境，对国内外武器装备的历史发展进行深层次的思考，在武器装备建设的思想、观念和理论上进行必要的创新和变革，形成符合我国国情的武器装备建设的理论指导与工程实践，从整体上探索、研究，并解决我们存在的问题。

现代高新技术复杂武器装备系统的开发与建设，呈现出长周期、全局性战略谋划，综合应用各相关领域科学技术新成就的特征，系统综合、权衡、优化与科学决策成为武器装备现代化建设的关键技术。从武器装备体系建设的整体目标出发，思考、探索解决武器装备现代化建设的技术与管理问题，已经成为当今世界科技发展和武器装备建设的核心问题之一。在钱学森院士的倡导和科学实践指导下，我国系统工程的理论研究与实践已经取得世人瞩目的成就，我们在学习、借鉴国外先进科学技术的同时，面对世界范围的科技发展已经走向“复杂与综合”的大趋势，应当系统地总结我们自己的经验与教训，认清世界军事工程技术发展的新形势，充分发挥自己人才、智力、政治和在重大工程领域具有自己工程实践的优势，抓住“科教兴国”、“科技强军”、“质量建军”的历史性机遇，在对我国与世界各国武器装备发展的历史进程进行理性、科学思考的基础上，下决心从“经验”走向科学，从人治逐步走向法制，从简单思辨走向系统科学的理论研究与工程实践，以系统工程的理论为指导，把我军武器装备现代化建设事业真正纳入到科学开发、管理的轨道，使我们能够更加明智、有预见性地组织好我国的有限人力、物力、财力和智力资源，不失时机地推进我军武器装备现代化建设的历史进程。

2 现代武器装备系统的开发过程与系统工程

2.1 武器装备的开发过程

现代武器装备系统以高新技术复杂工程系统为主体，一种现代武器装备系统的开发，通常始于武器装备系统的发展研究，直到退役结束，即武器装备从“摇篮”到“坟墓”的全过程，参见图6－1－1和图1－1－3。一种武器装备系统的采办，通常从立项论证开始，到正式定型交付，实施作战部署后结束（也可以延续到武器装备废型为止）。一种武器装备系统的研制，通常始于立项论证之后，由军方正式提出武器装备系统采办的初步要求时开始启动，从方案论证到定型后正式交付，经过军方使用验证，初步形成战斗力结束。

2.2 武器系统的建设过程

武器系统的建设，系指对一个部队、一个军兵种或全军武器装备作战系统（或称“体系”）进行开发的全过程。图6－1－2示出了组成导弹武器装备作战系统硬件的组成单元，但是，作为导弹武器作战系统的建设，还应包括导弹部队的建设，既包括人，还包括作战运用保障与管理系统，它们与武器装备系统密切协同组成一个有效的作战系统。因此，导弹武器系统的建设，不仅限于一个导弹系统或一个导弹武器装备系统的开发，应包括武器装备系统、人和运用保障与管理系统在内的复杂作战系统的开发、建设过程。

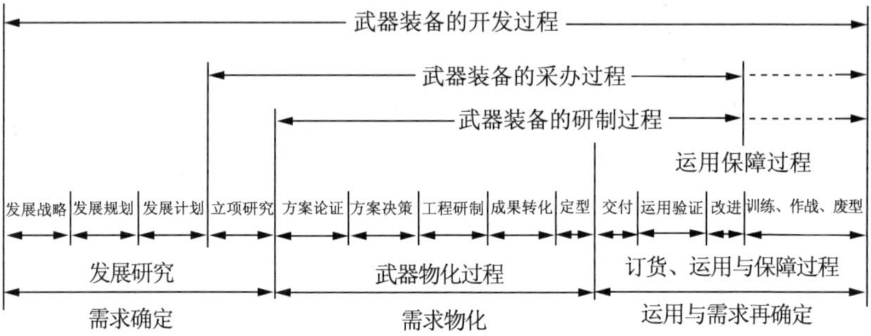

图 6－1－1　武器装备开发过程的内涵

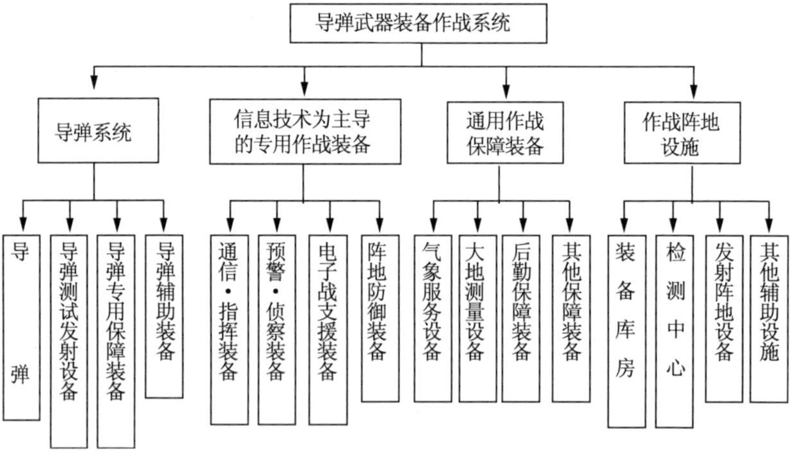

图 6－1－2　导弹武器装备作战系统硬件组成框图

注：含打击效果评判装备

2.3　系统工程

随着科学技术的飞速发展与社会进步，系统工程这门学科正在不断深化，并产生广阔的外延，对其定义众说纷纭，不尽一致，按照钱学森院士 1978 年 9 月的精辟论证，把系统工程定义为：组织管理“系统”的规划、研究、设计、制造、试验和使用的科学方法，是一种对所有“系统”都具有普遍意义的科学方法。

2.4 工程系统工程

我们这里只讨论武器装备系统的开发与建设问题，属于工程系统工程的范畴。通过我国导弹与航天工程近 50 年的成功实践，我们把工程系统工程定义为：对工程系统进行发展研究、工程任务分析与范围界定、工程系统各层次组成单元与相关工程专业之间关系的确定，以及组织、协调、控制工程系统建立、运用与更新过程的分析、综合、权衡与优化的科学方法，是一种实现复杂工程系统创新目标与可持续发展的综合、集成技术。简言之，它是组织、管理复杂工程系统的发展研究、采办、研制、运用和系统更新的分析、综合、集成技术，是一种从整体上研究、解决工程系统具有全局性、系统性问题的科学技术方法[1]。

2.5 运用系统工程

在现代高新技术复杂工程系统的运用过程中，随着现代复杂工程系统运用与保障内涵的扩展和外延，在“工程系统工程”发展的基础上，正在形成一门组织管理现代复杂工程系统运用与保障的综合性工程技术——运用系统工程，包括复杂工程系统操练与运用计划的运筹与运用的计算机系统模拟、工程系统运用的综合性指挥与调度，以及与工程系统运用和保障相关的若干专门工程专业的综合运用。为此，要求使用方的科技人员在复杂武器装备系统的运用与保障过程中，在熟练地掌握武器装备系统运用的知识和技能的同时，要相应地开展运用系统工程的研究，并且还应成为生成新的武器装备系统需求要素，发展新一代武器装备系统的重要力量。

2.6　军事系统工程

在现代战争准备与作战运用过程中，随着武器装备、战场环境和作战样式的改变，在现代作战参谋技术和参谋组织发展的进程中，在“工程系统工程”与“运用系统工程”发展的基础上，逐步形成了组织管理现代战争准备和作战运用的军事系统工程技术，包括训练与作战的运筹与系统模拟，武器装备开发的分析、综合、权衡、优化、评价与决策管理，武器装备运用的综合技术保障，以及现代战争的合成化指挥技术等，形成了一门与现代武器装备系统作战准备与作战运用组织管理直接相关的综合性科学技术——军事系统工程。

部队装备建设的科研机构应当把运用与军事系统工程的研究与实践作为工作的重点。

3　科学技术革命与军事工程技术的发展

自从人类进入封建社会以来，人类科学技术的最新进展，几乎无不首先应用于军事，并推动着军事技术突飞猛进的发展。纵观人类的军事装备发展史，可以概略地绘成图 1 –1 –2 所示图景。

可以毫不夸张地说，工程技术应用理论、方法体系的建立与发展，是伴随着武器装备从近代向现代工程系统发展的进程而逐步建立、完善起来的。在人类的历史上，科学、技术革命的进程推动着军事革命的发生与发展。火药的发明、炼铁术的出现，推动了以火药技术为代表的技术革命，产生了以线膛枪、线膛炮为标志的军事革命，于 18 世纪末，19 世纪初，人类进入了热兵器军事革命时代；伴随着工业革命，电力的发明，引发了以电力为中心的技术革命，推动了以坦克、飞机等武器装备为标志的军事革命，19 世纪末，人类进入了火力加机械化的军事革命时代；20 世纪中期，随着原子弹、火箭和计算机技术的相继问世，近代系统科学和系统工程理论、方法的形成，推动了以导弹核武器、新型战机等为标志、近代机电工程系统为代表的武器装备发展时代；20世纪80年代以来，初步形成了以信息技术、新材料技术、新能源技术和生命科学为基础，军事技术为龙头，新概念武器、航天技术和生物技术为突破口，包括微电子、新材料、新能源、生物技术、空间技术和海洋技术等的高技术群，并且随着现代系统科学的形成与发展，正在推动着以精确制导武器、信息武器和新概念武器为代表的现代机电、信息一体化的复杂武器装备系统的问世，世界已经走向以信息技术为主导的高技术革命时代（参见图1－1－2）。现代高新技术武器装备系统的开发，工程系统的社会性、系统性和复杂性问题成为突出的矛盾，系统科学的理论与工程系统工程的科学实践，将成为推动世界各国武器装备现代化建设的强大武器，具有全局性的理论指导与工程实践指导作用。

4 我国现代武器装备建设的社会系统环境

纵观今天的世界，我国武器装备现代化建设面对的社会环境特征是：

1）由简单机械加能量的武器装备建设时代，较为复杂的机电系统加能量的武器装备系统建设时代，开始向机电、信息、能量一体化的高新技术复杂武器装备系统发展时代转变。

2）高新技术发展及其在军事领域的应用，迎来了新的军事革命，未来战争将是作战体系的对抗，武器装备系统建设面临高新技术主战武器装备与信息技术为主导的专用作战配套装备协调发展的新时代。以第二炮兵的导弹武器装备作战系统（参见图6－1－2）为例，信息技术为主导的专用作战装备，将成为导弹武器装备作战体系的重要组成部分，成为第二炮兵武器装备发展的重点之一。

3）社会主义市场经济在我国面临全面发展的新形势，武器装备的提供由计划经济条件下的“供给制”时代，向市场经济条件下的“采办制”模式转变，在装备管理上将实现由“人治”向“法制”的转变，使用方务须清醒地认识到自己肩负的职责和应当具备的科学技术素质，迎接高新技术复杂武器装备系统开发与建设新时代的挑战与历史性的发展机遇。

4）在世界范围内，和平与发展是当代压倒一切的主题，武器装备的发展，在更大的程度上受到资源支持能力的制约，任何国家在资源支持能力与武器装备的需求之间都存在相当大的差距，要求使用方务须调动一切可以调动的积极因素，科学地预测未来的军事需求，更加合理地分配和运用有限的资源，武器装备系统的发展研究已经成为使用方务须优先考虑的关键性研究课题。借鉴发达国家的成功经验，我们务须集中军队和国内相关科研机构最高水平的科学家、工程系统专家、工程技术专家、武器装备运用专家和某些特定科学技术的领域专家，运用系统工程的理论武器，开展长期、深入、滚动式、全局性的战略谋划，逐步形成真正意义上的武器装备系统的可持续发展决策。

随着科学技术的飞速发展，社会的进步，在现代武器装备系统的开发过程中，武器装备系统的社会性、系统性和复杂性问题成为使用方突出的研究课题，社会性问题涉及到武器装备系统发展的社会需求预测、社会支持能力预测、技术发展预测以及与武器装备立项相关的各种社会性问题。武器装备开发的系统性问题涉及到武器装备发展的系统环境研究；工程系统总目标及与分系统、子系统，乃至重要设备目标要求的分配与协调；武器装备开发过程中重大关键性工程问题的综合、权衡、优化与决策。这类问题与武器装备物化过程中的具体专业技术问题相比较，通常如同数学运算中的整数与小数运算的关系，如果武器装备开发过程中忽视或搞错了武器装备的社会性、系统性问题，将如同数学运算中把整数位算错了，小数位取得再多，算得再精确，也难以补偿武器装备开发可能造成的重大损失。因此，现代武器装备系统的开发与建设过程，既是一个技术过程，也是一个复杂的系统工程管理过程，务须应用组织管理武器装备系统的综合、集成技术——军事系统工程的理论和方法，才能从整体上研究和解决现代武器装备开发与建设工作中的社会性、系统性和复杂性问题，实现我军武器装备现代化建设可持续发展的目标。

参考文献

[1] 钱学森,许国志,王寿云. 组织管理的技术——系统工程[N]. 光明日报,1978-9-27(1).

[2] 霍绍周. 系统论[M]. 北京:科学技术出版社,1988.

[3] 潘永祥,等. 自然科学概论[M]. 北京:北京大学出版社,1986.

[4] 赵少奎,杨永太. 工程系统工程导论[M]. 北京:国防工业出版社,2000.

（本文发表在“军事科学出版社”编辑、出版的《军事系统工程理论创新与实践》论文集,2000年8月:5～11）

航天系统工程

〔摘　要〕　本文对系统工程的基本理论、系统工程的组织管理、系统工程的管理方法、系统工程的决策管理等进行了广泛的讨论，阐述了现代系统工程的发展对航天工程组织管理技术的创新。

〔关键词〕　航天　系统工程　组织管理　决策管理　人的因素

随着科学技术的飞速发展，导弹、航天系统等大型、复杂工程系统的不断涌现，在大型、复杂工程系统的开发和运用过程中，工程的宏观谋划、组织管理、工程计划和质量管理等问题越来越成为十分重要和棘手的问题。作为工程系统开发组织管理技术的创新，工程系统工程的理论、方法应运而生，在大型工程系统的开发过程中发挥着越来越重要的作用。可以这样讲，一项现代导弹、航天工程系统开发成功的关键因素之一是：在其开发过程中，是否实施了科学、有效的管理，包括对从事工程研究、研制人员的组织管理；对工程系统的开发过程的计划管理；对工程系统开发过程中的经费、设备、物质、工程研制质量和科技信息等的管理。

工程系统管理的主要任务是建立工程系统的有效组织结构，形成具有科学预见性的规划、实施计划，以及对工程系统开发实施有效的综合管理。这些问题解决得好，就能够把成千上万的各类参制人员，数以百计的研究、设计、试制、生产和试验单位，难以计数的各种各类研制、试验设备，数量巨大的研究、研制经费，要求严格、种类繁多的物质、器材等，按照工程系统开发的总目标，协调一致地组织起来，有序地投入到工程系统的研究、设计、试制、试验、生产和运用的工作中去，确保工程的成功。

钱学森院士对系统工程的探索与实践，严格地讲，是在 20 世纪

30 年代末，在美国从事现代火箭、导弹研究的开创时期起步的。当时他积极地投入到美国现代火箭、导弹的开发、研究工作中，使其成为美国现代航天科技和系统工程的重要奠基人之一。钱学森的系统工程理念虽然是在美国开始孕育的，但是，航天系统工程理论、方法体系的建立是在他回归祖国，在老一辈无产阶级革命家的领导下，承担起我国航天科技主帅的重任之后，与他的战友们在解决我国航天科技发展的一系列重大问题的实践过程中，逐步完善，并走向成熟的，在此基础上创立了具有中国特色的航天系统工程。

限于篇幅，这里不可能对航天系统工程展开全面的讨论，仅对航天系统工程的基本原理、组织管理、计划管理，以及决策管理等主要内容进行概要地讨论。

1　航天系统工程的基本原理

管理作为一种社会劳动的概念，其产生有久远的历史。素以世界奇迹著称的埃及金字塔、中国万里长城和都江堰工程，就是古人管理与组织才能的生动体现。公元 1776 年，英国人亚当·史密斯（Adam Smith）首先提出了生产经济学的理论，讨论了生产过程的组织管理问题；1911 年，美国人泰罗发表了《科学管理原理》，初创了科学管理的理论。但是，作为一种普遍应用的科学概念，还是在 20 世纪中期，随着近代工业与机电武器装备系统的诞生和发展逐步得到广泛应用。

20 世纪 40 年代以来，随着科学技术与社会生产力的发展，大规模战争和冷战的军事需求，出现了诸如导弹核武器、核潜艇和航天应用系统等技术先进、作战效能高，但是，系统技术复杂、研制风险较大的现代机电工程系统。20 世纪 50 ~ 90 年代，出于争霸世界的政治目的，在人类的历史上，美国和苏联等工业强国，进行了一场史无前例的军备竞赛。它们投入大量人力、物力和财力，争取用最短的研制周期，尽可能少的经费投入，开发、运用和更新这类新问世的复杂武器装备系统。这些复杂工程系统的开发、研制和运用受到社会需求、自然环境和科学技术发展阶段的制约，也受到社会资源支持能力的限制。由于社会需求、科技发展和社会资源支持能力的预测，具有很大的不确定性，因此，使复杂工程系统的开发具有很大的风险，即工程开发的社会性、系统性问题变得十分突出，工程发展进入了系统发展的新时代。

1957 年，美国人 H · Goode 和 R · E · Machol 合著出版了第一本以《系统工程》命名的著述；20 世纪 60 年代，系统工程得到迅速发展，美国和苏联的一些大学开始设立系统工程系、专业或研究中心，从 1964 年起，美国每年举行系统工程年会…… 正是在这种条件下，在相继问世的一般系统论、自动控制理论、信息论、运筹学、管理科学、工程规划与设计理论的基础上，产生了一门以综合应用现代科学领域的新成就、组织管理系统为特征，并包含深刻的社会性，涉及到科学技术、策略、组织、管理等因素的新学科——系统工程学。

系统工程是解决工程进入系统时代而发展起来的一门应用技术学科，系统工程这门学科目前还处于飞速发展之中，正在不断深化并产生广阔的外延。对其定义，目前还众说纷纭，不尽一致。通过我国导弹和航天工程近 50 年的成功实践，我们认为把工程系统工程定义为对工程系统进行发展研究与决策、任务分析与范围界定、工程系统各层次组成单元与各专业之间关系的确定，以及组织、协调、控制工程系统的建立、运用与更新的综合与优化方法，是一种实现复杂工程系统创新目标与可持续发展的综合、集成技术。简言之，它是组织、管理工程系统的发展研究、采办、研制、运用和系统更新的分析、综合、集成技术，是一种从整体上研究、解决工程系统具有全局性、系统性问题，对所有工程系统都具有普遍意义的科学技术方法。系统工程既是一个系统研究的技术过程，也是一个管理过程，是一门组织管理系统的技术，是从整体上研究和解决系统问题的科学方法。

系统工程原理由系统工程的基本观念（或称公理）和方法两部分组成，系统工程原理的主要内容包括：

第一，系统整体或高层次的系统具有低层次系统或系统局部不具有的性质（即整体大于部分和），在系统的开发过程中，应把系统看作一个整体和一个开放的系统。

第二，实现系统整体目标的程序和方法。

第三，系统与其环境相互作用和关联的规律。

第四，系统不同层次组成单元之间相互作用和关联的规律。

第五，系统形成不完整性、复杂性和混沌性的原因，以及保障系统的完整性、化简其复杂性，使其具有有序性的途径和方法。

第六，寻求适用于所有系统开发与建设的共同运行规律和方法。

系统工程的基本观念包括社会需求是系统开发的原动力、整体优化是系统工程的基本目标、综合是系统工程的最基本概念、系统的开放性是系统保持活力和稳定存在的条件、综合效益是系统开发的根本评价标准、策略程序是系统开发应遵循的基本规律，以及系统开发与建设的技术过程与质量控制过程是系统实施的基本保障等主要内容。通过航天系统工程的实践，笔者认为对工程系统而言，系统的需求牵引、综合集成和整体优化是其理论的精髓，系统实施与管理的策略程序是系统工程实践应遵循的基本规律。

系统工程的方法是建立在系统工程原理的基础上，通过一整套科学、规范和辩证的工作程序，阐明每一项系统开发与建设活动的任务背景、任务描述、系统建立与其决策过程，它提供了解决系统开发系统性问题的总原则和基本思路。系统工程的方法主要由系统工程的三维结构、辩证程序、辨识过程、决策策略，以及系统优化等内容组成。

在开创我国航天科技事业的长征中，钱学森提出了一系列有创见的理论思维，把理论创新、技术创新、体制创新和管理机制创新有机地结合起来。在周总理与聂荣臻元帅的直接领导，钱学森的现代工程科学技术理念指导下，国防部五院（包括后来的七机部、航天部）领导集体明智、坚定、有效地强化了总体设计部在航天产品开发全过程、全系统与全局性谋划工作中的总体运筹、协调和管理机制；推进了两条指挥线分工明确、协调配合的组织管理原则；实施了航天发展“三步棋”宏观谋划、航天产品开发“三阶段”程序管理、航天发展三个层次分级决策管理的运行机制，并且大力推广了工程系统工程的理论和方法，使我国用最少的投入，比西方发达国家短得多的周期，走向世界航天大国的道路，创造了人类科技发展史上的奇迹。在我们赞叹中国航天人取得辉煌成果的时候，我们应当从中国航天系统工程理论创新中吸取工程系统开发管理的智慧。

2　航天系统工程的组织管理

在工程系统的开发活动中，通常首先要建立与系统开发和建设任务相适应的组织管理体系。在我国大多数民用企业的实践中，通常采用图 6－2－1 所示的组织管理体制，它由水平和垂直组织管理结构组成。

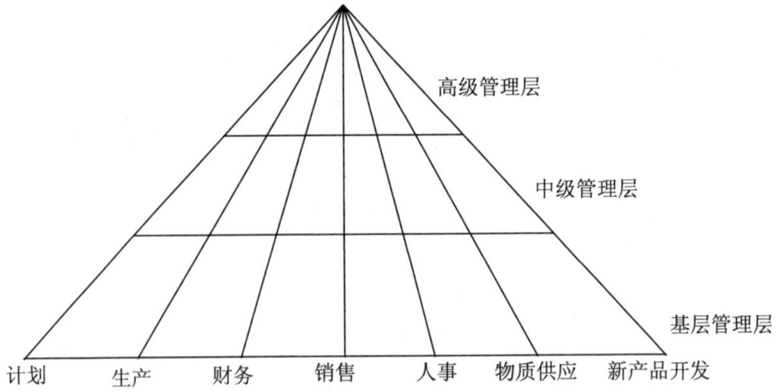

图 6－2－1　系统管理的垂直、水平组织结构

通过我国导弹与航天工程的实践，围绕实现工程总体技术要求和系统整体优化的目标，建立起了结构配置比较合理、部门与人员职责比较明确的组织管理体系，能够对工程系统的技术过程和管理过程实施有效的指挥、协调和控制，在大型、复杂工程系统的开发过程中，它的科学性、合理性和有效性得到比较充分的实践检验。为此，下面重点介绍在我国航天工程实践中建立起来的工程系统组织管理体系。

2.1 分层次的决策管理组织体制

一个国家重大工程建设规划的形成和实施，通常是在国家、部委决策机关的统一领导下，工程建设各层次管理部门各司其职、分阶段实施的基础上进行的。面对越来越复杂的经济社会和科学技术发展，越来越复杂的宏大工程开发与建设管理工作，如果不实施职责明确、分工合理的分层次、分阶段科学管理，难以充分发挥各层次管理机关和科技人员的积极性和创造性，要想低风险、高速度、低投入、高质量地实现工程开发和建设规划、计划，几乎是不可能的。借鉴国内外军事装备建设宏观谋划的成功经验，大型工程系统建设通常划分为决策层、决策管理层和决策实施层三个管理层次(参见图6－2－2)。

在工程建设宏观谋划的过程中，决策层的主要职责是进行工程建设需求、战略方针与政策的指导，资源保障、中长期计划审查与综合决策；决策管理层的主要职责是组织制定工程建设总体需求，进行规划、计划的宏观指导，对工程建设资源进行宏观调控，并在此基础上，进行工程建设规划、计划的综合集成和实施管理；决策实施层除完成本管理层主管的工程建设宏观谋划、运筹与综合论证外，主要职责是在国家、部委决策层和决策管理层的统一领导下，完成分管工程的物化管理任务。

第二次大战期间，钱学森在美国空军工作时，考虑到军用飞机与导弹武器开发管理的复杂性，提出了美军应设立“喷气武器部”

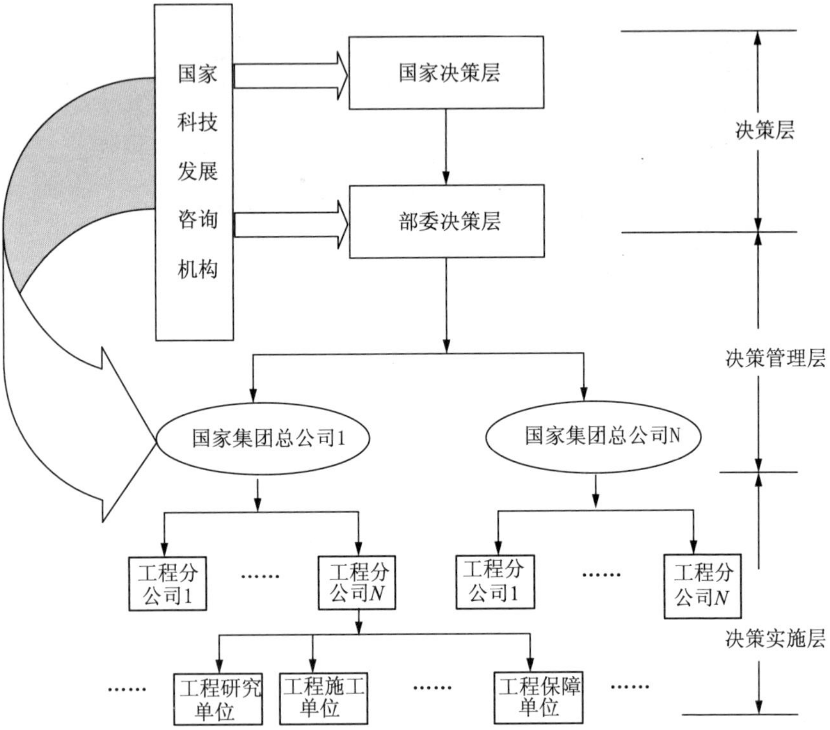

图 6－2－2　工程建设分层次决策管理组织结构

的建议。在开创我国航天事业的过程中，在党中央组织领导与钱学森的推动下，成立了“航空工业委员会”，后来组建了“国防科委”，形成了在党中央决策层直接领导下的我国航天科技决策管理机构。在国防科委领导下，建立了我国导弹与航天科技决策实施机构——国防部五院（后来更名为“七机部”、“航天部”和“航天总公司”……），形成了既有权威、又职责分工明确的三级决策组织管理体系。

2.2　两条指挥线的组织结构

人的组织落实是系统工程管理的第一位任务，建立以总设计师为首的设计师组织体系和以行政总指挥为首的行政指挥系统，组成一个既相互联系、相互协调，又分工明确、相互制约的工程组织管理体系，是我国在计划经济条件下形成的一种较为成功的组织管理结构。在今天社会主义市场经济的条件下，“两条指挥线”管理机制不仅没有过时，而且还在不断产生新的内涵，在载人航天工程等大型、复杂工程系统的开发工作中得到考验，证明它仍然是现代工程系统开发管理的重要组织保障。

（1）设计师组织系统

设计师系统通常划分为总设计师、副总设计师、主任设计师和主管设计师四个层次，形成图 6－2－3 所示的金字塔结构。

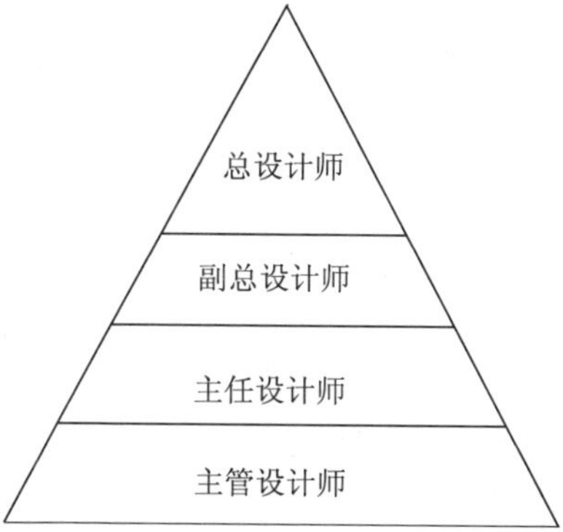

图 6－2－3　设计师系统组织结构

总设计师是工程系统的技术总负责人，是研制过程技术工作的组织者和指挥者，负责工程系统研制过程中重大技术问题的协调和决策，协同行政指挥系统编制工程管理计划和进行重大管理决策，并对目标工程系统的研制质量负责。总设计师通常由其所在单位的上级管理机关任命，总设计师既对任命他的领导机关负责，也对所在单位领导负责，并在其领导下开展工作。为了加强对大型工程系统研制的质量控制和管理，通常在总设计师领导下设总质量师，协助总设计师负责工程质量管理，并建立相应的质量管理系统。总质量师通常也是工程的副总设计师。

副总设计师是总设计师的助手，协助总设计师工作，分工负责工程系统部分技术决策和协调工作。以我国长征系列运载火箭工程为例，一般设总体设计副总设计师、控制系统副总设计师、火箭发动机系统副总设计师和地面设备系统副总设计师。

主任设计师是工程分系统技术工作的组织者和指挥者，技术工作受上级设计师领导，也对同级行政领导和行政指挥系统负责，对分管的分系统进行技术协调和技术决策。

主管设计师和设计师通常是某项课题或仪器、设备的技术负责人，在上级设计师和本单位行政指挥系统的领导下，开展研制工作，是主管课题或仪器、设备研制工作的技术责任者。

综上所述，设计师系统的主要职责是：

第一，组织实施工程系统研制过程中的技术工作。

第二，制定工程系统、分系统、设备和仪器的技术要求、研制任务书、技术方案和设计规范。

第三，对研制过程中的重要问题组织讨论，在充分发扬技术民主的基础上，适时作出正确的决策。

第四，对涉及总体与分系统、分系统之间，以及分系统内部有争议的技术问题，按照工程系统总体目标优化的原则进行技术协调、权衡和取舍。

第五，建立严格的技术责任制和有效的技术工作制度，负责制定研制全过程的试验与评价方案、研制质量保障方案、综合技术保障方案和设计评审制度，确保研制工作的质量。

（2）行政指挥系统

对于重大工程系统的研制，行政指挥系统通常分为三个管理层次，即战略决策层、决策管理层和组织实施层。组织实施层又分为三级，即行政总指挥、行政指挥和基层行政指挥三级，构成行政指挥系统的金字塔结构（参见图 6 -2 -4）。对于一般工程系统，主要只有组织实施层的行政指挥系统，本书重点讨论组织实施层的行政指挥系统。

工程系统研制的各级行政指挥通常由承制单位各级行政主管担任，

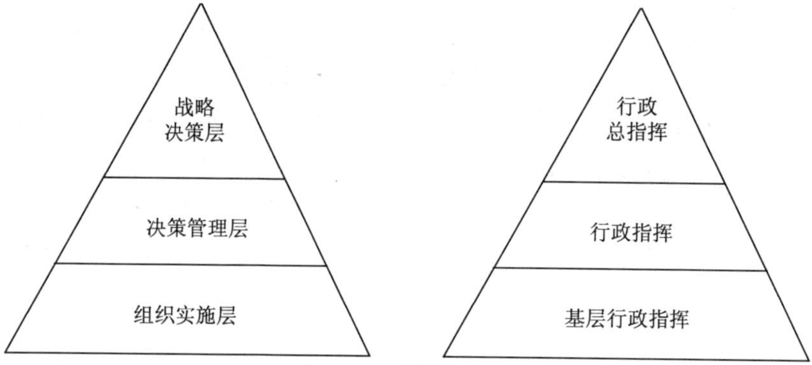

图 6-2-4　行政指挥系统组织结构

并由各级计划、调度和有关职能部门组成同级指挥系统。为了加强大型工程系统的经济管理和调度协调，通常在行政总指挥之下设立总会计师为首的会计师系统，总调度长为首的指挥调度系统，总调度长一般兼任行政副总指挥。行政指挥系统是工程系统实施过程中各级的行政组织者和指挥者，是工程实施过程中的“司令官”，其主要职责是：

第一，确定研制任务的组织分工，对研制工作实施全面组织管理、协调和控制。

第二，制定、发布工程计划，并组织实施。

第三，组织研制配套网，协调解决各种研制条件。

第四，制定、控制技术改造计划，落实重大技术改造措施。

第五，对研制经费进行分包和控制。

第六，检查、协调、调度、考评各承制单位的工作，对工程进行日常调度、指挥。

第七，按照工程管理渠道，提供工程实施过程中的人、财、物等保障条件。

第八，通过行政指挥系统保障设计师系统技术决策的贯彻、落实。

（3）两条指挥线的统一

在我国全面发展社会主义市场经济的条件下，随着教育水平的提高，工程管理人员知识结构的变化，以及计算机信息管理技术的进一步完善，既具有技术决策知识和能力，又具有行政指挥才能的人才将会在工程实践中涌现出来。因此，将为两个系统的融合、统一创造条件，今后将逐步形成图 6－2－5 所示的工程系统组织管理体系。问题的关键是如何发现和选择到合格、称职的工程项目总负责人等人才，并按照系统工程的原理去组织、实施工程的技术、计划和研制管理。

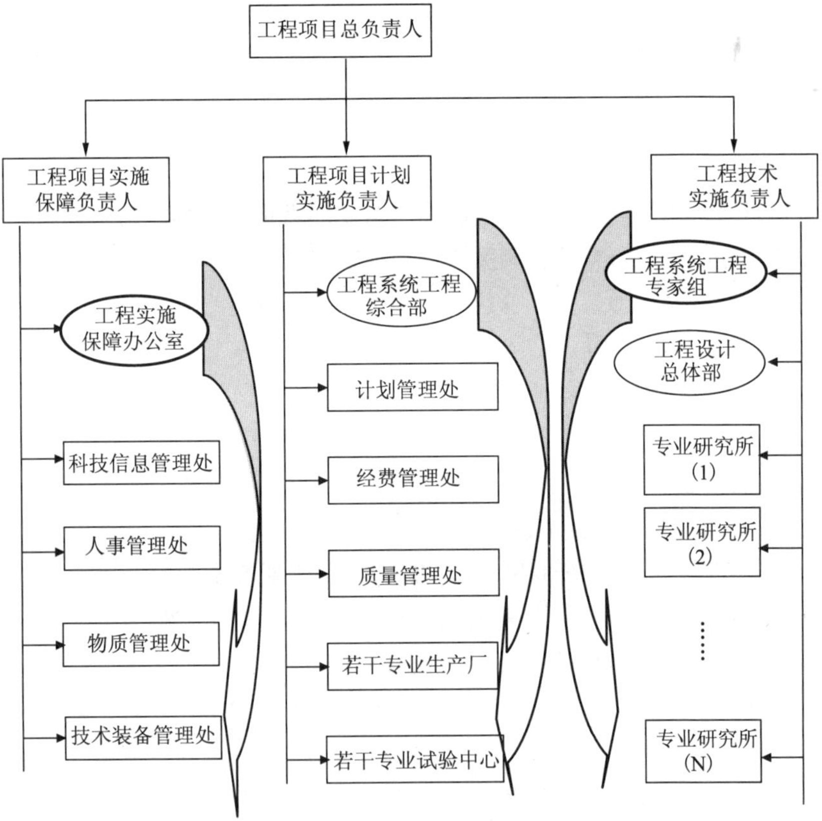

图 6－2－5　工程项目的系统工程组织管理体系

在我国航天事业的起步阶段，周总理、聂荣臻元帅就明确：技术决策由科学家负责。由于周总理、聂荣臻元帅身体力行，聂荣臻元帅对当时国防部五院领导提出了明确要求，为形成著名的研制工作“两条指挥线”的管理机制奠定了坚实的思想和组织基础。一个由科学家、总设计师系统组成的技术指挥线；一个由部门领导、总指挥系统组成的科研生产调度指挥线，两者都向部门领导和上级领导机关负责，相互协同配合。

技术管理体现了以科学技术为基础的科学决策，保障了技术决策的科学化与民主化；计划管理体现了权利为基础的决策执行机制，保证了决策的有效实施，把技术管理与调度指挥系统有机地结合起来，实现了人力、物力和经费等资源的优化运用，这是在我国航天科技开创与大发展时期形成的一种新的现代化的组织管理机制，它渗透着周总理、聂荣臻元帅的心血，凝结着钱学森与老五院领导的集体智慧。在科学技术突飞猛进发展的今天，面对越来越复杂的开发性科研工程的宏观谋划与开发决策难题，我们应当清醒地认识到：“两条指挥线”管理机制不仅没有过时，而且还具有新的时代内涵，仍然是现代工程系统开发管理的重要组织保障。

2.3　工程总体设计部

现代大型工程系统的规模越来越庞大，系统的结构越来越复杂，系统的综合集成越来越困难，特别是先进的现代导弹武器系统、航天工程系统，它们的研制不仅涉及到多学科科学技术、先进的工艺技术和大规模的试验系统，而且涉及到政治、军事、经济与国家资源管理等各个方面，这类复杂工程系统研制的技术管理，只靠总设计师、几位副总设计师和主任设计师已经难以胜任。上个世纪50年代，在我国著名科学家钱学森院士的倡议和推动下，在我国航天系统，按照导弹与航天器型号类型不同组建了型号研究院和对口的总体设计部。在我国导弹、航天工程研制的实践过程中，逐步形成和完善了一种独特的、起着总设计师技术工作总参谋部作用的技术协调和抓总部门——工程系统总体部。正如钱学森指出的：“这样复杂的总体协调任务不可能靠一个人来完成，因为他不可能精通整个系统所涉及的全部专业知识，他也不可能有足够的时间来完成数量惊人的技术协调工作。这就要求以一种组织、一个集体来代替先前的单个指挥者，对这种大规模社会劳动进行协调指挥。在我国国防尖端技术科研部门建立的这种组织就是‘总体设计部’（或‘总体设计所’）”，“他们不是几十个人，而是成千上百学科配套、专业齐全、具有丰富研制经验的高科技队伍”。这个工程系统总体部在我国导弹、航天工程研制工作中发挥了不可替代的重要作用。但是，对于不太复杂的工程系统，也可以由几个或几十个专业配套的技术人员组成的总设计师办公室实现总体部的功能。其工作方法和职责，组成人员的知识结构应大体上与总体部的要求相同，否则，将难以完成工程系统抓总、运筹、协调、控制的任务。对这一成功经验，周总理生前曾期望把它推广应用到国民经济建设的重大工程中去。

2.4 矩阵式组织结构

按照系统工程的原理，总体部通常采用工程任务和工程专业职能相结合的组织形式。从系统工程的基本观念出发，复杂工程系统的研制任务不可能靠各个专业职能部门各自独立去完成，为解决工程系统研制、质量控制、计划和经济管理等多方面的问题，应当集中各学科、专业的科技人员协同工作，组建在某项任务期间内为完成工程任务而形成的任务协同组织，也可称为工程目标组织；又要按专业技术发展的需要建立相对长期稳定的技术支持性组织，即形成所谓矩阵式的组织结构。图 6 –2 –6 示出我国运载火箭设计总体部的矩阵式组织结构形式。

专业技术 / 任务组合	轨道分析	载荷分析	动力系统	控制系统	结构系统	地面系统	计算机辅助设计	……	总体设计
工程项目 A	A_1	A_2	A_3	A_4	A_5	A_6	A_7	…	A_N
工程项目 B	B_1	B_2	B_3	B_4	B_5	B_6	B_7	…	B_N
……								…	
工程项目 G	G_1	G_2	G_3	G_4	G_5	G_6	G_7	…	G_N
专题任务 H	H_1	H_2	H_3	H_4	H_5	H_6	H_7	…	H_N
专题任务 I	I_1	I_2	I_3	I	I_5	I_6	I_7	…	I_N
……								…	
专题任务 K	K_1	K_2	K_3	K_4	K_5	K_6	K_7	…	K_N

图 6－2－6　总体部矩阵式的组织结构

2.5　工程系统宏观谋划与论证的组织管理

当今世界，现代导弹与航天系统的建设已经进入了以高新技术复杂工程系统的开发、组织管理与运用管理为主要特征的新时代，由于装备系统的复杂性，研制周期越来越长，相应的装备建设中长期计划的时间跨度也越来越长。5 年、10 年已经远远不够了，要求我们必须对未来 10 年、20 年、30 年，甚至更长时期的装备发展作出科学的预测与宏观谋划，这已经成为当今工程系统发展的重大课题。我们国家领导人在国际交往中经常讲一句十分精辟的话，就是“登高望远”，其深刻内涵是：“只有站得高的人，才能望得远，才能够对世界的未来更具有责任感和发言权。”装备建设宏观谋划的研究与论证，不仅要站在系统开发的顶层，以系统开发导向性研究为基础，进一步提高发展研究的理论层次，还要建立与任务相适应的组织管理结构，使宏观谋划的组织管理工作能够站在更高的基点上。

面对范围广泛的学术、专业领域，多方面、多因素、动态的复杂环境，对参与发展研究、论证的科技人员有更高的要求，不仅知识层次要高，而且要求他们应当具有丰富的装备建设或运用经验，开阔的思路和辩证的思维。借鉴国内外装备建设宏观谋划研究的成功经验，应充分地利用国内外相关领域专家和部门科研人员的相关研究成果，采取小核心、大外围的机制，在较高的层次上开展装备系统宏观谋划的研究工作，这是做好装备建设宏观谋划研究与管理的捷径和必由之路。

借鉴国内外战略研究的成功经验，结合我国的实际，我们建议在各级装备系统建设管理部门应逐步建立装备建设主管领导指导下的装备建设宏观谋划论证组织体系（参见图1－2－4）。

组织体系的核心是宏观谋划领导小组、顾问组和总体组。领导小组的主要职责是提出并明确任务、实施宏观谋划研究的组织领导、任务协调与决策；顾问组由具有丰富领导、决策经验的老同志和高层次的技术专家组成，主要职责是对装备建设宏观谋划研究进行政策、对策和综合决策研究的指导；总体组的主要职责是开展宏观谋划研究中属于系统工程层次上的研究工作，如制定宏观谋划研究计划及实施方案，开展并指导专题组进行导向性课题研究，进行专题技术研究协调与综合，形成装备发展总体思路和装备建设宏观谋划的综合报告等。专题研究主要是工程技术层次或单项课题的研究与论证工作，应在装备建设统一的宏观谋划指导下，由相应研究机构组织专题论证工作。装备建设宏观谋划论证工作，是装备建设高层次的研究工作，不仅应当有严密的组织，畅通的管理渠道，灵敏的国内外信息通道，称职、配套、相对稳定的研究与论证队伍，以及必要的工作保障条件，在管理上也应有其特殊性，诚如美国大型导弹和航天工程系统建设的负责人指出的："装备建设宏观谋划论证工作，应当由国家最高水平的科学家、工程师来进行……""在发展研究方面，需要更灵活、更自由一些，应充分发挥科学家、工程技术专家的创造性，让他们作出更大的贡献"，"尽量少管、少干预，可能是最好的管理"。这些意见很具有真知灼见和哲理性，应当说道出了现代高技术复杂工程系统建设宏观谋划管理的真经。

3 工程管理方法的创新

在开创我国导弹与航天事业的进程中，钱学森首先遇到的难题，应当说不是导弹与航天技术开发工作中的具体技术问题，而是如何运用科学的组织管理方法，组建一个高效、有序的导弹与航天工程开发的组织管理系统。如何把成千上万的科研人员；数量众多的研究、设计、试制、试验和生产单位；难以计数的研究、研制和试验设备；数量巨大的研究与研制经费；要求严格、种类繁多的物质、器材，按照现代工程科学的理念，导弹、火箭和航天技术开发的总目标，协调一致地组织起来，有序地投入到导弹、火箭与航天工程系统的研究、设计、试制、试验和生产过程中去，也就是钱学森提出的需要建立一种“组织管理系统的规划、研究、设计、制造、试验和使用的科学方法”。

在系统工程理论的指导下，在国内外重大工程实践中，产生了诸多管理方法的创新，综观国内外半个世纪以来的工程实践，最具代表性的管理方法创新是：计划协调管理技术；计划运筹管理技术；规划、计划、预算一体化技术；全寿命周期费用管理技术和价值工程等。

3.1 计划协调管理技术

1958 年～1959 年间，美国在研制“北极星导弹系统”的过程中，提炼出一种称为“计划协调管理技术”（Program Evaluation and Review Technique，缩写为“PERT”）”的大型工程开发管理方法，取得了明显的成效。钱学森敏锐地认识到它的价值，1962 年，在他的倡导和支持下，及时地把它移植到我国导弹与火箭研制管理工作中，结合我国的实际，进行了试点。1963 年，在我国研制战略导弹地面计算机的过程中，运用这种方法很快地发现了研制短线，及时地采取了补救措施，使研制计划提前完成。科学管理的成效，打开了人们的眼界，使系统工程管理在导弹和火箭研制单位全面推广，不仅明显地加快了研制与试验进度，而且更有效地利用了我国有限的人力、物力和财力资源。20世纪80年代，在完成我国太平洋火箭试验、水下发射潜地导弹试验和发射我国地球同步卫星等重大科研活动中，都采用了系统工程管理技术，取得了很大成功，并且适时地推广到了我国国民经济建设的诸多部门，产生了重大经济和社会效益。

3.2　计划运筹管理技术

我国第一代航天产品，从无到有、从小到大的发展过程中，采用了“计划协调管理技术（PERT）”，收到了很好的效果，并获得了多方面的经验。但是，以型号为龙头，单纯实施PERT管理模式，工程系统一旦立项，研制单位从研究、设计，到试制、试验、工程保障等系统全面启动，当工程研制遇到技术关键难以突破时，势必形成骑虎难下的局面，造成人力、物力和经费无法遏制的消耗与浪费。我国某些研制周期一拖再拖的老大难工程，多是由型号带项目的管理模式造成的。

20世纪80年代后期，我军实现了从战时国防建设体制向和平时期国防建设体制的重大转变，在“科教兴国”、“科技强军”、“质量建军”的战略方针指导下，适时地推行了“计划运筹管理技术”(Graphcal Evaluation and Review Technique，缩写为“GERT”)。实施GERT管理，把课题研究与型号项目研制管理分开，在有限、可控制的经费投入情况下，保持关键性研究课题的进展势头，从而保证了重大工程系统和武器装备建设的质量和进度。GERT与PERT的主要差别见表6-2-1。

表 6-2-1 PERT 与 GERT 主要差别对照表

项目	计划协调管理技术（PERT）	计划运筹管理技术（GERT）
目标	在合同规定的性能要求和约束条件下，物化一个目标工程系统	在充分进行预先研究课题攻关的基础上，保持技术发展储备的优势，实现工程系统长远质量建设的目标
计划管理的实质	建立一个工程系统研制全过程的图示计划管理程序，并适时进行计划网络分析，实现型号计划优化管理	在工程系统发展研究的指导下，追求高水平工程系统物化的运筹与管理，以推进关键研究课题的实施为基础，实施工程发展的计划管理
主要管理方法	以型号开发为龙头，通过计划网络分析，发现工程系统物化过程的问题，遇山开路，遇水搭桥。实施以完成型号任务为目标，型号任务完成了，课题研究也基本结束的计划管理模式	根据工程系统发展研究进行概念设计，按照概念设计提出的攻关课题，组织课题计划，根据研究课题进展情况，决策型号立项时机，大力推进以攻关课题管理为基础的工程系统运筹管理。根据工程系统的发展环境预测，如果暂时不急于型号立项，根据发展研究明确的目标、重点，开展新一轮关键课题研究，用适当规模的经费，保持关键技术的发展势头，型号伺机而上
经费管理	以交付符合合同要求的目标工程系统为目标，按照预算、概算、决算程序进行经费管理	把课题研究经费与型号研制费分开管理，根据发展研究明确的重点，适时调整学科、专业课题投入力度，保持技术发展势头。型号立项，按全寿命期费用管理要求，专款提供型号费用

续表

项目	计划协调管理技术（PERT）	计划运筹管理技术（GERT）
管理办法主要利弊	争型号，不争课题，难以保持高新技术发展的势头。在型号立项后，容易因技术短线造成工程研制计划的变更，既延误了研制周期，形成性能指标一退再退，经费一增再增的局面	保持了少而精、关键技术攻关队伍，保障了高新技术进展的势头。型号一旦立项，有利于工程系统的性能要求、研制周期和全寿命期费用控制目标的落实，有利于用户需求的工程系统目标的实现

3.3 规划、计划、预算一体化技术

20世纪中期相当长的时间内，美军的武器装备建设由各军种各自独立组织实施。国防部采取按一定比例“切豆腐块”的办法，实施经费分配与装备建设管理。主要由于管理理论、方法和运行机制的落后，导致装备建设浪费严重，效益低下。20世纪50年代末，美苏之间导弹与航天技术发展形成明显差距。60年代初，新上任的国防部部长麦克纳马拉针对美国三军各自为政，规划、计划与预算严重脱节的弊病，采用美国兰德公司借助系统分析方法编制预算、规划、计划的研究成果，在查里·希契的帮助下，建立了一个科学的规划、计划与预算一体化系统（Planning Programming Budgeting System，英文缩写为“PPBS”）。这一系统把国家安全目标、军事战略、军事需求与装备建设工作，通过规划、计划和预算，按照规定的程序紧密地结合起来，把美国三军的国防发展战略、装备建设规划、计划和预算工作综合成一个整体，实现了以较小的代价，获取最大限度国防效益的目标。

（1）PPBS的特点

1）加强集中统一领导，增强装备建设的整体性。PPBS是以国家安全目标作为宏观谋划的依据，把资源配置作为宏观调控的主要手段，通过全军统一制定规划、计划和预算，对各军兵种和有关装

备部门实施集中统一领导和系统协调，克服了各军兵种各自为政，争相上项目、重复建设和忽视跨军兵种装备建设的弊病，实现了装备建设的总体优化。

2）坚持需求牵引的指导原则。在编制装备建设规划、计划和预算的过程中，把军队建设与装备建设的各方面工作有机地联系起来，依据军事战略方针提出作战任务构想，按照作战任务构想提出军事需求，根据军事需求，确定装备建设规划、计划和预算。充分体现了军事需求牵引的原则，有针对性的优化了资源配置，科学地制定了装备建设规划、计划和预算。

3）遵循军事需求与现实可能相结合的原则。在制定装备建设规划、计划与预算的过程中，以国家科学技术和工业生产能力，以及人、财、物的支持能力为制约条件，进行综合论证与预算审计，按照装备建设的优先保障序列，进行装备发展项目安排的协调与决策，严格遵循军事需求与现实可能相结合的原则。

4）建立规范化、法制化的规划、计划与预算编制程序，形成科学、高效的决策管理机制。在不同计划阶段，对各军兵种和有关装备部门进行装备建设论证的内容、编制文件的要求、计划的审批程序等都有明确的规定，对各项计划工作完成的时间、计划文件传递的程序都有严格的规定，并以法规的形式固定下来，使之规范化、制度化，避免了装备建设规划、计划、预算制定与决策的随意性，保证了装备建设规划、计划和预算的科学性、完整性。

（2）PPBS 的实施

PPBS 的实施通常划分为规划、计划、预算与执行四个阶段（参见图 2－6－3）。

按照 PPBS 规定的程序，装备建设规划、计划、预算与执行四个阶段连续滚动进行，一项新的武器装备从进入规划，到列入年度预算，通常需要经过 21 个月系统分析、评审与决策周期。此外，美国国会批准预算还要 8 个月时间，因此，一项新计划获得经费，正式启动需要 29 个月的计划研究、评审与决策过程。与此同时，在任何一段时间内，各种装备建设的规划、计划与预算是并存的，形成了一个不断深化、持续展开、滚动式推进的装备开发过程。

40 多年来，PPBS 经过多次改进和完善，更趋成熟，被许多国家采用。美国已经把 PPBS 推广应用到国家经济发展规划、计划和预算管理等领域，成为世界各国争相效法的军队和国家建设规划、计划和预算管理的方法。

3.4 全寿命周期费用管理

随着科学技术的飞速发展，无论是民用工程系统，还是军事工程系统，都在日新月异的发展变化，不仅装备性能日益改进，而且自动化程度越来越高，结构越来越复杂，导致在造价大幅度增加的同时，使用和维修费用更加迅猛的增长。因此，在制定工程预算、进行工程开发决策和工程管理的过程中，务须充分考虑其全寿命周期费用（Life Cycle Cost，缩写为“LCC”）问题。

如果把工程全寿命周期的费用比作一座大洋中的冰山，那么，露出水面的工程系统采办费只占工程寿命周期费用的一部分。如果工程开发的决策者只见到“冰山”露出水面的部分，不能充分预计“冰山”的水下部分，那么，工程开发管理的航船必然会遭遇工程开发与运用保障费用的暗礁，难以实现预定的目标。

值得指出的是，工程系统的使用和维修等费用虽然属于工程系统运用阶段的开支，但是，这部分费用是由工程系统前期论证和研制过程中的技术方案决策决定的。因此，对于复杂工程系统的开发，使用方尤其要重视从工程开发的总目标出发，在工程前期就运用工程全寿命周期费用方法进行工程全系统、全过程的综合论证与研制管理。要清醒地认识到工程论证阶段和方案阶段所付出的费用只占工程全寿命周期费用的 2% ~ 5% 左右，但是，工程前期工作却决定了工程全寿命周期 60% ~ 80% 费用的使用效果。在工程开发过程中，尽早运用全寿命周期费用方法进行工程管理，对提高工程费效比、实现工程总目标具有重要作用。如果忽视了这个问题，将可能出现研制得起装备，但是，用不起装备的严重后果。

3.5 价值工程

价值工程（Value engineering，缩写为“VE”）源于二次大战期间，美国通用电气公司从事物质保障的工程师麦尔斯提出的价值分析（Value analysis），是一种把技术和经济紧密结合起来的科学管理方法，其目标是寻求用最低的寿命周期成本，去研制能够满足使用方必要功能要求的产品，最大限度地降低工程造价，提高工程的经济效益。

二次大战期间，面对军火需求紧迫，原材料供应极端紧张的实际问题，从功能的角度对产品进行分析，发现使用方真正关心的是产品的某种功能，而不是产品本身。在此基础上，麦尔斯工程师提出研制新产品时必须首先了解使用方最需要的是什么？然后设法用最低的成本提供使用方所需功能的产品。麦尔斯工程师通过进一步研究和实践，总结出一整套完整的产品研制管理方法，称为价值分析。其应用范围从寻找紧缺材料的代用品，发展到改进工程系统设计、工艺、生产，直到新产品的开发决策，取得了明显的效益。国际工程界一致公认这一方法是提高工程系统功能，降低研制成本，提高经济效益的行之有效的管理技术，命名为价值工程。

在价值工程管理活动中强调寿命周期费用，是因为只有工程系统的全寿命周期费用降低了，才能提高工程的整体效益。在工程的寿命周期内，工程的研制、使用与维修成本有一个最低点（见图6-2-7），应用价值工程的目标是：在保证工程系统的功能 F 必须满足使用方要求的条件下，使工程的研制、使用与维修成本逼近最低点 $C_{min,}$ 如果工程系统的功能从 F_1 到 F_2 都能满足使用方的要求，我们力求按功能 F_0 对应的方案实施。

在实施价值工程管理时，通常把工程系统的功能分解为系统的基本功能和辅助功能两部分，然后首先弄清楚哪些功能是必须要的；哪些功能不是必须要的，属于多余或因设计、试制的需要而产生的附加功能。并通过功能分析搞清楚各种功能之间的关系，进行权衡，找出提高工程系统研制经济效益的途径。进行价值工程分析与决策，涉及到工程系统的各个方面，影响到工程管理的许多部门和各类专业人员，分析与决策都必须从工程的整体上去研究和解决问题。因此，它是一个有组织、有领导的系统工程活动，通常不是简单的个人行为或单一部门、单一分系统能完成的工作，需要运用多方面的知识，集思广益，群策群力才能取得满意的效果。

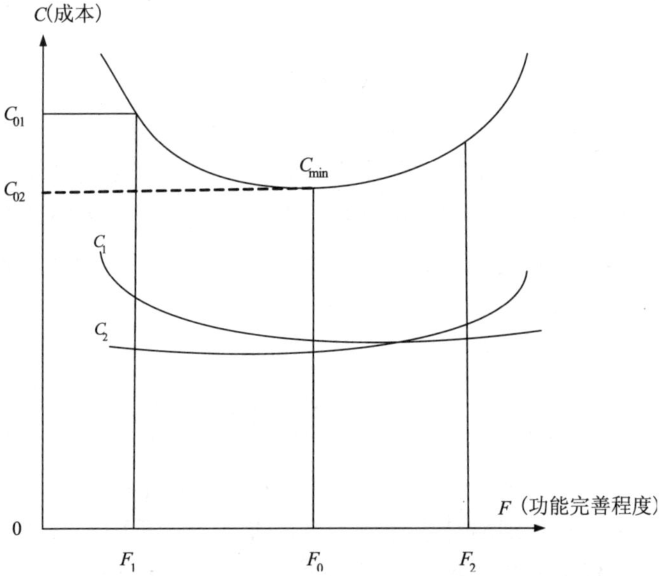

图 6－2－7　工程系统功能与成本关系

C_1—研制成本；C_2—使用与维修成本；C—总成本

4　工程系统的决策管理

决策，对于任何一个国家、军队或部门的管理来讲，几乎每天都会遇到，是一个既司空见惯，又十分重要的事。但是，要做出高明、具有远见卓识的决策，却不是一件容易的事。不仅要求决策者应具有必要的知识、丰富的同类或相关事物的工作或生活经验，还应具有可供选择的决策支持手段，必要的智慧和政治思想素质。篇幅所限，本节重点讨论决策管理的基本概念、决策的分类、决策的结构与策略，以及决策的主要方法。

（略，参见第五部分《工程系统工程的决策》）

5 系统开发与人的因素

系统管理的主要任务之一是适时地做出正确、具有远见卓识的决策。在复杂系统开发和建设的过程中，决策是一个永攀高峰的过程。能否形成正确、高明的工程发展与实施决策，决策之后，能否有声有色、创造性地去实施，最关键的问题之一是能否物色到具有运筹、组织、实施系统开发与建设的人才。系统工程专家是系统开发与建设中最有影响力、最关键的人才，是系统开发与建设的核心和骨干力量。

5.1 系统工程人员在系统管理中的作用

对于工程系统的开发与建设，有三种不可或缺的人才。其一，在某一学科、专业领域具有颇深造诣的“领域专家”，他们是掌握某一特定技术领域知识和技能的专门技术人才（以下简称“领域专家”）；其二，是具有较全面相关工程技术知识和解决实际工程问题能力的工程技术专家；三是具有广阔的知识结构、丰富的实际工程经验，并且具有创造性思维与世界观的系统工程专家。本章主要讨论站在工程系统开发运筹、管理和决策层次上，被称为系统工程运筹者、组织者和决策者的系统工程专家，他们在系统开发和建设工作中起组织器、协调器和控制器的作用。他们是在系统开发与实施过程中从总体上分析、并解决系统开发决策的关键性人才，是系统开发与建设的运筹者、组织者和决策者。综上所述，系统工程人员是站在系统开发与实施工作的不同层次上，对系统开发具有全局性影响力，在系统开发的全过程中扮演协调器和决策者角色的人，我们把他们称为系统工程专家。

系统工程专家分为两大类，即系统开发技术过程的运筹、设计者和系统开发过程的管理者。他们分别在系统开发的技术和管理活动中扮演系统开发的协调器和决策者的角色。古人云：“千军易得，一将难求”。在系统开发与实施的过程中，系统工程专家，特别是较高层次的系统开发与建设的负责人，即系统开发的总设计师和总指挥，就应当是对系统开发与建设工作能够发挥重要作用的“帅才”与“将才”。随着经济社会与科学技术的飞速发展，大型、复杂系统不断涌现，系统实施过程中具有深刻社会性、复杂系统性的问题越来越成为系统开发过程中的突出矛盾。对处于系统开发的协调器、决策者位置上的系统工程专家提出了越来越高、越来越严格的要求。因此，必须对系统工程人员的资格进行客观、科学的论证，把系统工程人员应具备的条件，以及对其合理、有效培养和选拔的问题提高到必要的高度来研究。

5.2　对系统工程人员的要求

回顾世界范围和我国重大工程系统开发与建设的历程，总结我国导弹与航天工程系统成功与失误的经验和教训，可以看出，系统开发与建设的成败，几乎无一不与处于系统开发协调器、决策者层次上的系统工程专家，特别是系统开发与建设顶级层次上的系统工程专家的素质、品格、能力紧密相关，为此，我们不可不对处于系统开发协调器、决策者地位，具有驾驭系统开发与建设全局作用的系统工程人员的资格和对他们的基本要求进行认真的讨论。

（1）系统工程人员应具有的知识结构

对处于不同管理层次上，从事系统管理和技术运筹的系统工程人员，对其知识结构和掌握知识的深度、广度的要求是不同的。但是，肩负驾驭和影响系统开发与建设全局性活动的职责，要求他们应当具有基本共同的知识结构。

首先，系统工程人员应当掌握系统管理技术的基本原理，养成系统思维的良好习惯，并且能够比较熟练地运用系统工程的原理和方法去研究和解决各类复杂工程问题。只有基本上掌握了系统工程的基本原理和方法，建立了系统思维方法的人，才能够面对复杂的系统问题，做到胸有成竹，具有驾驭系统全局的能力。

其次，他们应当掌握具体系统相关的专业知识，熟悉所属各分系统开发与建设的基本原理、系统研究与设计的基本程序和方法，特别是应当了解所属各分系统之间的接口关系及相关知识。在现代开发性科研工程实践中，上一层次的系统工程人员和下一层次的系统工程人员，与不同专业领域的技术和管理专家是大力协同、相辅相成的关系，前者不可能完全取代后者。但是，只有当前者对后者的工作有足够深度和广度的了解时，系统工程人员才真正具有影响和驾驭系统全局的能力，才能在系统开发和实施的过程中，充分发挥系统开发协调器与决策者的作用。

第三，系统工程人员应当掌握与其职责相适应的相关社会科学知识。

对处于系统开发与建设不同层次、负责管理和技术运筹的系统工程人员，对其掌握相关社会科学知识的广度和深度的要求是不相同的。越是处于工程顶层的系统工程人员，对他们掌握相关社会科学知识广度和深度的要求越高。对于承担系统发展研究和总体决策分析的系统工程人员，也应当掌握相关社会科学知识，否则，将难以担当重任。

（2）系统工程人员应具有的工程素质

知识是实施工程开发技能的基础，但是，只有书本上的知识，不能把其转化为解决系统开发与建设实际问题的能力或缺乏实际系统开发经验的人，难以成为称职的系统工程人员。丰富的系统开发与建设经验，特别是相同或相似系统开发与建设经验的积累，对系统工程人员至关重要。面对现代复杂工程系统，特别是具有一定风险和不确定性的工程系统开发问题，相同或相似系统开发与建设的经验将是工程系统人员解决复杂工程问题智慧和判断力的重要源泉。系统工程人员的经验越丰富，他们处理复杂系统的棘手问题时，选择性、灵活性越大，决策的正确性和取得成功的把握性也越大。因此，笔者认为，处于系统顶级的系统工程人员不仅应当具有重大系统开发与建设全过程的工作经验，而且应当是取得系统开发与建设的创新业绩的人才。必须指出，只有局部专业知识和局部工作经验的人，缺少系统开发与建设全局的工作锻炼，又不具有系统工程人员应当具有的知识结构，即使是某些专业领域的专家，也很难成为称职的、具有创造性活力的系统工程人员，这是花大量学费换来的经验教训，是值得认真对待的问题。

（3）系统工程人员的思想品德和心理素质

系统工程人员驾驭系统开发与建设全局的责任和其特定的地位，决定了对系统工程人员思想品德的要求。第一位的要求，应当是具有顾大局、识大体的全局观念。面对大型系统的开发与建设，特别是面对关系国家科学技术、经济发展，甚至国家安危的重大开发性科研工程，如果系统工程人员不能站在国家战略的基点上，经常从小单位、小团体，甚至少数人的利益出发思考与决策问题，必将胸无大略，怪招频出，表面上说得头头是道，实际上追求的不是国家、系统开发与建设的长远发展和效益。笔者曾经指出[4]：“一个技术上较强的系统开发与建设管理或决策分析人员，如果站在小集体利益的基点上进行系统决策分析工作，常常会提出表面上说得头头是道，实际上缺少远见卓识的决策建议。一个技术上较好，并不一定十分突出的系统开发与建设管理和决策分析人员，如果能够站在系统开发与建设全局的基点上，甚至能够站在国家利益的高度，却能够提出高明得多的系统决策建议。”所以，系统开发与建设的决策者在重大系统开发与建设的过程中，要十分重视关键性的系统管理和决策分析人员的思想倾向性，要鼓励、引导他们站在系统全局，甚至国家战略的高度上，去负责地研究和提出对系统开发与实施的决策支持意见。

系统工程人员的职业道德水准，决定了他们在系统开发与建设活动中的精神境界，对公共事业、对国家创造价值的性质。大量系统开发与建设案例表明：系统工程人员的道德水准不仅是一种示范力量、一面旗帜，而且在系统开发和实施过程中是一种凝聚力或耗散力。在一项重大系统开发与建设工作中，如果多数系统工程人员，特别是处于系统开发与建设顶层的系统工程人员职业道德水准越高，系统开发与建设的凝聚力越大；反之，系统开发与建设的凝集力越小。回顾我国导弹与航天等重大工程，不尽人意的工程，多数是与系统工程人员，特别是处于顶层、关键岗位上的系统工程人员的个人品格和素质有关，对此不能不引起我们的重视。不可能指望所有系统工程人员都能够具有高尚的思想品格和道德水准，但是，我们必须十分关注处于顶层的系统工程人员和处于系统关键岗位的系统工程人员的思想和道德水准问题。

（4）工程系统人员的世界观与方法论

系统工程人员的职责，要求他们在系统开发与建设的实践中，经常面对具有深刻社会性、复杂系统性的难题，要求他们应当具有广阔的视野、开阔的思维、宽阔的胸襟，以及正确的世界观和方法论。我国著名科学家、系统科学的奠基人钱学森为我们树立了光辉的典范。钱学森认为：“马克思主义理论是人类迄今最科学的社会科学理论，马克思主义的世界观是科学的世界观。”他把人类的知识概括为十一大门类，他认为“马克思主义哲学是人类知识的最高概括。要发展现代科学技术，必须用马克思主义哲学作指导”。钱学森在系统科学研究和系统工程实践中努力贯彻马克思主义世界观与方法论，他深刻地指出：“交叉学科必须用马克思主义哲学做指导，应用马克思主义哲学指导我们的工作，这在我国是得天独厚的条件。”钱学森学马列，努力应用其立场、观点和方法，但是，不照抄照搬。他曾经指出：“恩格斯概括了一百年前的自然科学成果。恩格斯所讲的东西，在他那个时代是对的，没有问题的。但现在就有很多问题了。我们需要写出一本新的《自然辩证法》。”他进一步指出：“我们要继续前进，肯定是要离经的。……马克思和恩格斯在一百年以前没有看到今天社会主义的新中国，怎么能一切老靠着经典著作呢？所以，要发展。要发展就要有新的东西。有新的东西，就离开了经典著作。但离经不能叛道。我们对马克思主义的基本原理是不能离开的。我认为，马克思主义是指导我们一切工作的。这就是离经不叛道。”这便是一位努力实践马克思主义世界观和方法论的系统科学家的辩证思维，是我国系统工程人员学习的榜样。

具有上述知识结构、工程素质和思想品德，并且能够努力学习、实践马克思主义世界观与方法论的科技人员，将会具有良好的心理素质、自觉的群众观点，面对复杂系统开发与建设问题具有比较高超的协调和决策能力，他们将会成为合格、称职的系统工程人员，将会对复杂系统的运筹、开发与建设管理工作做出更大的贡献。

参考文献

[1] 钱学森,等. 论系统工程[M]. 长沙:湖南科学技术出版社,1982.

[2] (美)弗雷蒙·E·卡斯特,詹姆士·E·罗森茨威格. 科学、技术与管理[M]. 柴本良,华棣,李盛昌,等,译. 北京:国防工业出版社,1979.

[3] 钱学森,许国志,王寿云. 组织管理的技术——系统工程[N]. 文汇报,1978-9-27(1).

[4] 赵少奎,杨永太. 工程系统工程导论[M]. 北京:国防工业出版社,2000.

[5] 杨德志,宦乡,等. 国防发展战略思考[M]. 北京:解放军出版社,1987.

[6] (英)科德尔·哈特. 战略论[M]. 中国人民解放军军事科学院,译. 北京:战士出版社,1981.

[7] 军事科学院. 战略学[M]. 北京:军事科学出版社,1987.

[8] 刘继贤,等. 国防发展战略概论[M]. 北京:国防大学出版社,1989.

[9] 刘继贤. 战争与战略问题研究[M]. 北京:军事科学出版社,1988.

[10] 郑开昭,等. 无形的杠杠[M]. 北京:解放军出版社,1988.

[11] 苏拾忠. 如何策划规划[M]. 北京:生活·读书·新知出版社,1993.

[12] 李成勋. 1996~2050年中国经济社会发展战略——走向现代化的构想

[M]:北京:北京出版社,1997.
[13] 金占明．战略管理[M]．北京:清华大学出版社,1999.
[14] 赵少奎．武器装备发展研究的内涵、程序与方法[J]．科技研究．第二炮兵科技委编辑部,2000(2):2－4.
[15] 赵少奎．对战略导弹决策程序的思考[C]科技研究优秀科技论文选集．第二炮兵科技委编辑部．1993(2):318－322.
[16] 陶家渠．计划协调技术概说[C]//系统工程与科学管理专集(四)．国防科委情报所 1979,10:1－9.
[17] 钱圣已．计划协调技术的探索与初步试验[C]//系统工程与科学管理专集(四)．国防科委情报所．1979. 10:10－56.
[18] 赵少奎．钱学森与中国航天科技事业．中国工程科学,2001,3(8):7－14.
[19] 赵少奎,对我国现代工程科学发展的思考．中国工程科学,2001,3(1):22－31.
[20] 赵少奎．装备建设计划管理[M]//军事装备管理学．北京:军事科学出版社,2002.
[21] 赵少奎．系统工程——组织管理技术的创新[M]//创新思维学引论．北京:高等教育出版社,2005.
[22] 赵少奎．钱学森与航天系统工程[C]//钱学森科学贡献暨学术思想研讨会文集．北京:中国科学技术出版社,2001,12.
[23] 赵少奎．运载火箭的研制[M]//航天技术概论．北京:宇航出版社,1991.
[24] 赵少奎．试验系统工程初探[C]//航空高技术与系统工程文集．北京:航空工业出版社,1991.
[25] 赵少奎．地地弹道式战略导弹飞行试验规范[S]//中华人民共和国军用标准 GJB539－88. 国防科学技术工业委员会．1988.
[26] 赵少奎．弹道式导弹飞行试验的程序和方法[J]. 远方科技．武汉 1989,(4):1－12.
[27] 赵少奎．苏联在太平洋的火箭与导弹试验[J]．靶场与试验技术．北京:国防科委情报所,1979:21－43.
[28] 赵少奎．十年前的太平洋火箭试验[J]．航天杂志．北京,1990(2):1－4.
[29] 赵少奎．弹道式导弹的试验区[J]．远方科技．武汉,1990(1):3－8.
[30] 赵少奎．对完善战略导弹定型办法的研究[J]．科技研究．北京:第二炮兵科技委编辑部,1994:51－54.
[31] 赵少奎．武器装备现代化建设与系统工程[C]//军事系统工程理论创新与

实践论文集. 北京:军事科学出版社,2000.
[32] 周吉,陈文. 管理哲学——系统学[M]. 上海:交通大学出版社,1985.
[33] 中国人民大学管理系统工程教研室. 管理系统工程[M]. 北京:经济科学出版社,1987.
[34] 赵全仁,等. 武器装备论证导论[M]. 北京:兵器工业出版社,1998.
[35] 人类与太空编辑委员会. 人类与太空[M]. 北京:长虹出版公司,1999.

（本文发表在“中国宇航出版社”编辑出版的《导弹与航天技术导论》，2008. 9：381 ~ 417）

工程系统工程

〔摘　要〕在现代工程系统的开发过程中，应用系统工程的理论和方法实施工程全系统、研制全过程的管理，即“工程系统工程”包括对工程系统开发过程的组织管理和对工程系统研究与设计过程的技术管理两部分相辅相成的工作，前者主要通过工程的指挥系统实施，后者主要通过工程的设计师系统完成。本文通过对工程的组织管理、研制程序管理、计划管理、经济管理、技术装备与物质管理、质量与科技信息管理对系统工程的组织管理技术进行了概括的介绍和讨论；通过对工程系统研究与设计过程的任务与功能分析、系统优化与综合、系统的权衡研究、系统设计评审、系统研制规范和技术状态的制定与管理，以及工程系统的生产、试验与鉴定和综合技术保障等内容概括地讨论了工程系统研制的综合集成技术。

〔关键词〕　工程系统　组织管理　研究与设计　研制程序　任务分析　系统优化　系统综合　综合集成

1　工程系统的综合管理

1.1　概述

随着科学技术的飞速发展，大型、复杂工程系统的不断涌现，在大型、复杂工程系统的建立和运用过程中，对人力、物力、经费、信息、工程计划和工程质量的组织管理越来越成为十分突出的问题。作为工程系统“组织与管理”的应用技术，系统工程管理（SEM）在工程系统的建立和运用过程中，正在发挥越来越重要的作用。可以这样讲，一项复杂工程系统开发成功的关键因素之一是：在其开发过程中，是否实施了科学、有效的管理，包括对从事工程研究、研制人员的组织管理，对工程系统的计划管理，对工程系统开发过程中的经济—设备—物质的管理，以及对工程研制的质量和科技信息的管理等。

工程系统工程的管理，主要任务是建立工程系统的有效组织结构，形成具有科学预见性的规划、实施计划，以及能够对工程实施有效控制的综合管理系统。这些问题解决得好，就能够把成千上万的各类参制人员，数以百计的研究、设计、试制、生产和试验单位，难以计数的各种各类研制、试验设备，数量巨大的研究、研制经费，要求严格、种类繁多的物质、器材等，按照工程系统的总目标要求，协调一致的组织起来，有序地投入到工程系统的研究、设计、试制、试验、生产和运用工作中去，确保工程的成功。

在系统工程的实践过程中，系统论、控制论、信息论、运筹学和管理科学相互渗透，协同发展，推动系统工程管理工作不断深入和发展，逐步明确了系统工程管理的基本内容如下：

1）运用系统论的基本观点和系统分析的方法，研究和探讨系统工程管理系统的结构、功能和管理体系；

2）运用控制论的基本原理和方法，研究工程系统建立和运用过程中的协调和控制问题；

3）运用信息论的原理和方法，研究工程系统建立和运用过程中信息的传输和处理问题；

4）运用运筹学和管理科学的方法研究、解决工程系统的计划管理优化与决策问题。

运用系统论、控制论、信息论、运筹学和管理科学的思想方法来研究、解决工程系统的管理问题，是把工程系统的管理视为一个计划、组织实施和协调—控制的综合系统，使其既具有计划和组织管理的功能，又具有对工程系统建立和运用的控制与调节的功能，保证工程系统管理活动的科学性、连续性、完整性和有效性是工程管理的基本任务。

系统工程管理（SEM）活动的要素由人、任务、经费、物质、设备和信息组成。在工程系统建立和运用过程中，系统管理活动，以及各分系统之间的相互作用和相互依存关系，主要通过这六个要素的流通来实现。

（1）人是最重要的要素

对于一个现代化的工程管理系统，核心的问题之一是如何合理、有效的组织和使用人才。应当适时、恰当地把具有不同知识结构、工程背景和不同发展潜力的人才安排到最有利于发挥他们优势和潜能的岗位上。如果在知识经济时代即将到来，科学技术迅猛发展的今天，不能真正做到人尽其力，物尽其用，充分地调动各种科技人才的积极性，就难以提高工程管理活动的水平和工程实施的效益，老大难和蹩脚工程就会在所难免，这已经成为复杂工程系统开发的难点和智者的共识。

（2）明确的任务是工程开发的依据

任何工程系统的实施，必须有明确的目标，即任务。任何任务都必须有明确的质量和数量要求，否则，任务就是空谈。在社会主义市场经济进一步全面发展的条件下，企业将主要通过市场竞争获得任务，获取任务和明确任务是管理系统的一项重要职责。

（3）及时、畅通、准确的信息是系统决策的重要依据

当今世界已经进入信息时代，企业的发展、工程的预测都依赖于正确反映环境变化和工程活动情况的信息，为了使企业和工程领导人能够及时地作出正确的决策，取得市场竞争和工程调控活动的主动权，以便取得企业和工程的最佳效益，必须采取一切可以使用的手段，及时地获取环境变化和工程活动的第一手信息。

（4）资金是企业发展、工程实施的基础

资金包括投资、流动资金，成本核算和工资等，在企业经营管理活动中，这是十分重要的系统管理问题，一定要有明确、具体的经济管理指标作为经济综合评价的准则。现代工程管理已经采用工程全寿命期经费管理的方法，对工程建立和运用的系统工程管理工作提出了更高的要求。

（5）物质是工程开发的基本保障

常言道："兵马未到，粮草先行。"物质是工程开发的基本保障条件。现代工程开发所需的物质包括能源和种类繁多的原材料、外

购件和半成品等。随着科学技术的发展，对工程系统的性能要求越来越高，相应的对原材料、外购件和各种半成品的质量要求越来越高。伴随着社会主义市场经济在我国全面发展的新形势，物质的保障已经成为大型工程研制越来越重要、越棘手的问题。

（6）技术设备是工程开发的物质技术基础

技术设备是现代化企业进行工程开发的物质技术基础，是企业固定资产的重要组成部分。设备的先进程度，技术状态的好坏，对工程开发、产品质量、产量和成本都有直接影响，是工程系统研制的重要保障。

上述要素在工程系统开发过程中是不断变化，不断流动的。根据不断变化的社会发展环境，适时、正确地调整、更新、改革工程的管理模式和研制手段，是使工程管理活动保持活力的重要条件。

1.2 工程系统工程管理的组织体系概述

在系统工程管理活动中，首先要建立与工程系统开发任务相适应的系统管理的组织体系。在我国大多数民用企业的工程实践中，通常采用图 6－2－1 所示系统管理组织结构。

通过我国航天航空工程的实践，围绕实现工程总体技术要求和系统整体优化的目标，建立起了结构配置比较合理、部门与人员职责比较明确的组织管理体系，能够对工程系统的技术过程和管理过程实施有效的指挥、协调和控制，在大型、复杂工程系统的研制过程中，它的科学性、合理性和有效性得到比较充分的实践检验。为此，下面重点介绍在我国航天航空工程实践中建立起来的工程系统管理体系。

（略，参见本书第六部分《航天系统工程》的“航天系统工程的组织管理”）

1.3 工程系统的研制工作程序

大型复杂工程系统，特别是复杂的武器装备系统，通常是科学研究主导型的开发工程，研制过程的不确定因素多，而且是一个逐步深化的认识客观世界，改造客观世界的过程，是一个由低级阶段逐步向高级研制阶段逼近工程总目标的物化过程。采用循序渐进，科学、合理的工作程序，能够有效的分散难点，降低工程风险，提高工作效率，保障工程系统的研制质量。

大型工程系统的研制，从工程立项论证，制定工程系统的总要求，开展工程研究、设计、试制、试验到定型、交付使用，工作千头万绪，参制人员千军万马，需要的物质、器材难以计数，如果不能科学地安排研制工作程序，要想取得工程的成功是难以想象的。

工程系统工程管理的一个重要内容是制定科学的研制工作程序，他明确了工程系统实施的科学逻辑顺序，反映了工程开发过程的客观运动规律，是经过实践检验证明能够实现工程总目标的最佳行动路线。它包括研制阶段的划分、各阶段工作目标和主要工程研制工作，以及各项重大工程活动的接口关系等，具有强制执行的作用，通常由工程管理的决策机关颁布执行，参见图 6 – 3 – 1。

对于大型工程系统研制的工作程序，世界各国都有一个摸索和认识的过程。20 世纪 60 年代初，美国总结了从第一颗原子弹到氢弹，北极星导弹、民兵导弹到阿波罗登月等大型工程项目组织管理的经验教训，在 60 年代后期形成了一整套大型工程系统的管理文件和标准，明确制定了大型工程系统的研制工作程序。我国在 20 世纪 60 年代初开始仿制苏联早期设计的“P – 2 导弹”，在此基础上自行研制中近程地地导弹系统，总结仿制与自行研制工作的经验，形成了确定任务、制定方案、初步设计、技术设计、试制、综合试验、定型、移交八个阶段的研制程序。1962 年，在导弹和数字计算机的研制过程中，钱学森院士进一步倡导推广“计划协调管理技术”和绘制系统研制程序图，推动了我国导弹—航天工程研制的科学管理工作。我国通过一系列运载火箭和导弹系统的研制，总结自己的经验，70 年代逐步形成了具有代表性的工程系统研制工作程序。可以说是殊途同归，经过世界各国导弹和航天等大型工程的实践，不谋而合，形成了极为相似的结论：大型复杂工程系统的研制大体上应分为论证、方案、工程研制、成果转化、运用保障和系统更新等六个阶段。

研制阶段	论证阶段	方案阶段	工程研制阶段		成果转化阶段			运用保障阶段
			初样阶段	试样阶段	综合试验验证	定型阶段	投产	
阶段目标	界定任务范围，备选方案论证，可行性论证报告，制定研制总要求	备选方案综合、优化，备选方案演示验证，备选方案竞争，总体方案决策，制定正式研制任务书	初步确定工程系统的性能，确认工程系统的可用性	确认工程系统的可行性，全面检验系统的性能，形成研制成果	全面鉴定工程系统的性能，进一步暴露设计薄弱环节，有效改进	设计定型，工艺定型	小批生产、批生产	使用方使用、保障，改进、改型
系统工程管理	任命工程项目主要负责人，工程投标，提出备选方案计划、经费及相关保障预测，签订论证合同	制定研制程序、编制综合计划，任命分系统工程项目负责人，工程项目研制经费概算方案阶段决算、初样阶段预算，提出备选方案技术、经济分	修订研制程序，编制计划流程，任命分系统以下主管设计师等，经费预算，初样决算，试样预算，签订工程研制合同	修订研制程序，编制计划流程，组织综合试验队伍，总成本核算，试样决算，完成工程系统研制成果技术经济分析	制定定型鉴定试验计划、组织定型鉴定试验队伍，研制经费决算，组织针对性产品改进计划	编制定型计划定型投产合同	编制生产计划	编制改进、改型计划，评估改进、改型对全寿命期费用影响
	工程管理计划；全寿命期经费分析、管理 →							

图 6-3-1

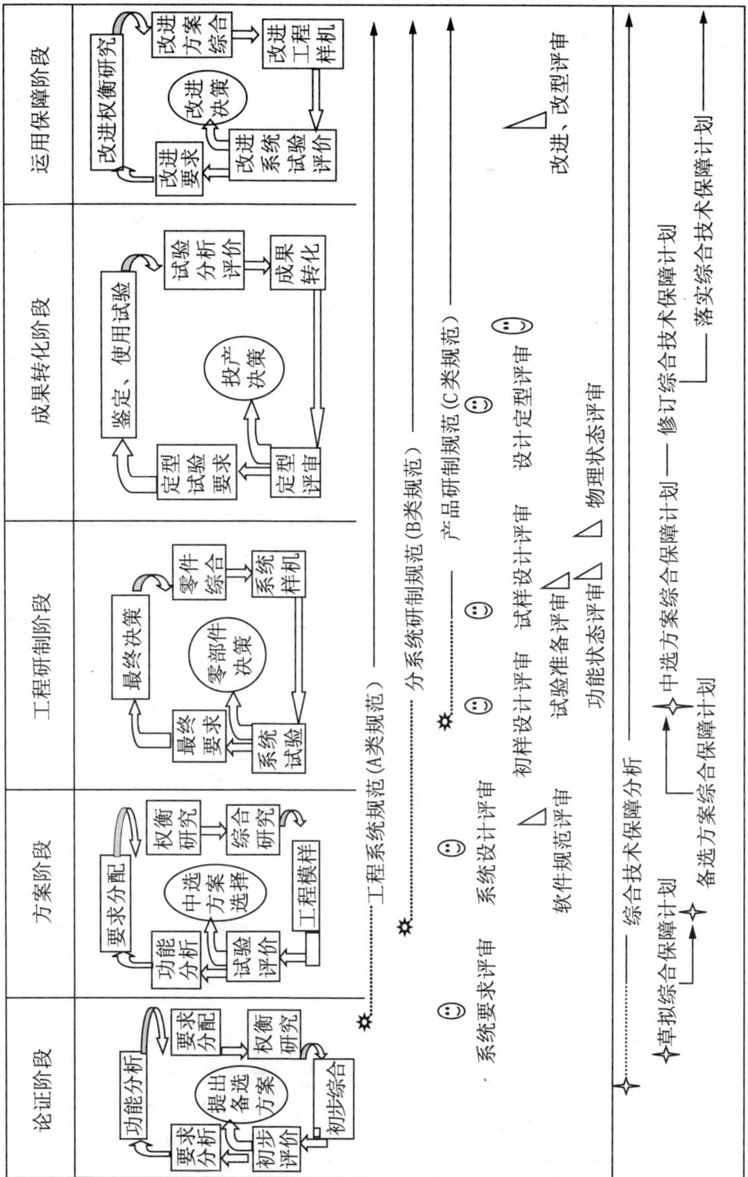
研制阶段
论证阶段
方案阶段
工程研制阶段
成果转化阶段
运用保障阶段
工程系统研究与设计
综合技术保障
要求分析
功能分析
要求分配
权衡研究
初步综合
初步评价
提出备选方案
试验评价
中选方案选择
综合研究
工程模样
最终要求
最终决策
零部件决策
零件综合
系统样机
系统试验
定型试验要求
鉴定、使用试验
投产决策
试验分析评价
成果转化
定型评审
改进要求
改进权衡研究
改进决策
改进方案综合
改进工程样机
改进系统试验评价
工程系统规范（A类规范）
分系统研制规范（B类规范）
产品研制规范（C类规范）
系统要求评审
系统设计评审
软件规范评审
初样设计评审
试样设计评审
试验准备评审
功能状态评审
物理状态评审
设计定型评审
改进、改型评审
综合技术保障分析
草拟综合保障计划
备选方案综合保障计划
中选方案综合保障计划
修订综合技术保障计划
落实综合技术保障计划

图 6-3-1

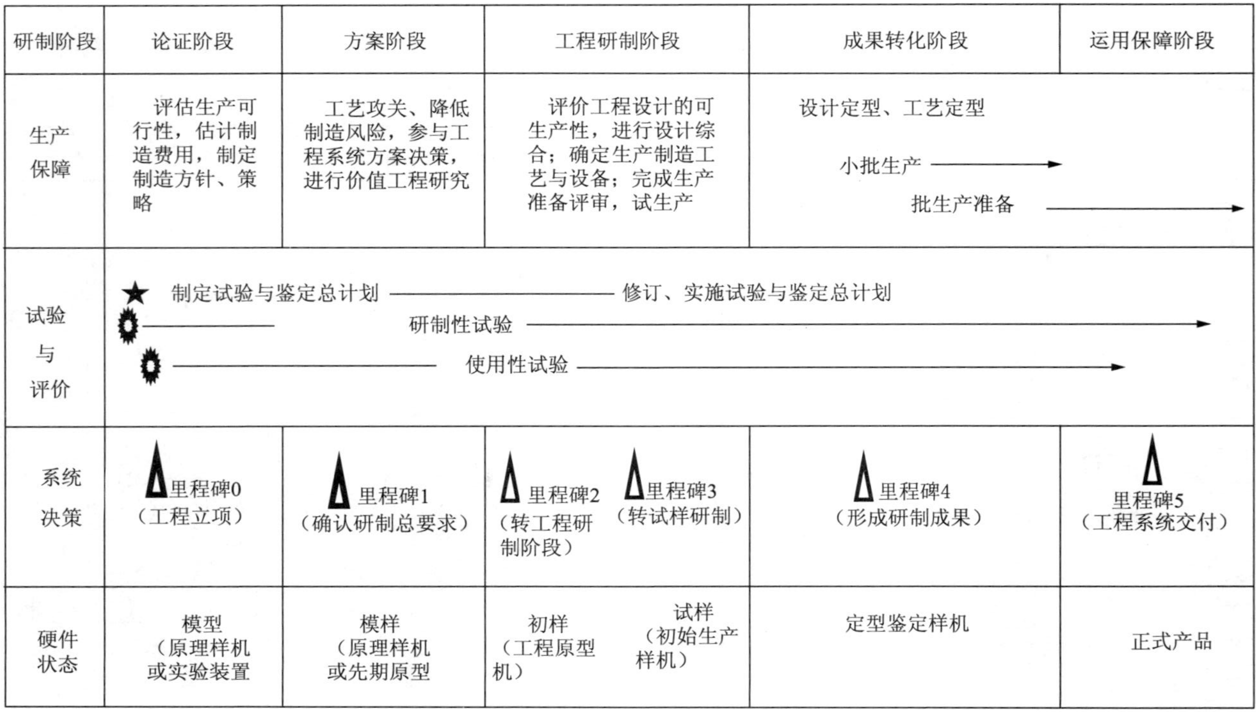

图 6－3－1　研制工作程序简要框图

工程种类、复杂程度不同，有不同的研制工作内容和特点，研制程序也不完全相同。因此，对于每类工程系统，应由其主管部门制定本部门同类工程系统专用的研制工作程序。但是，大型工程系统具有复杂性、综合性和科研开发性质的共同特征，使其具有基本相同的研制规律，大体相似的研制程序。总结我国导弹—航天工程的研制经验，借鉴国外大型武器装备研制的成功经验，我们推荐大型工程系统从立项到交付使用，划分为论证、方案、工程研制、研制成果转化和运用保障五个阶段（参见图6-3-1）。

1.3.1 论证阶段

明确任务要求，提出总体技术方案设想的研究阶段。主要任务是进行工程总要求合理性和总体技术方案可行性论证，所以，又称为可行性论证阶段（国外一般称为“方案探索阶段 Concept Exploration Phase”，缩写为 CEP）。

通常先由用户提出初步的工程总要求，以及经费、进度控制指标。研制方分析、研究用户的要求后，提出满足用户要求的总体技术方案设想、大型试验方案设想、保障条件和经费、进度预测。并对技术方案的先进性、合理性、可行性和经济性等进行论证，用户会同研制单位初步选定工程系统的备选技术方案，并形成《工程方案论证报告》、《工程系统总要求》，在此基础上签订方案阶段的研制合同。

1.3.2 方案阶段

开展工程总体技术方案综合、权衡、优化，进行技术途径的决策阶段（国外一般称为“论证与确认阶段 Demostration Validation Phase”，缩写为 DVP）。主要任务是方案设计、模样研制和模样验证。经过方案权衡和优化，关键技术、新部件、新系统攻关与验证，初步确定系统的性能，因此，它是明确工程系统可用性的关键阶段。

该阶段主要由研制方进行备选技术方案综合、权衡、优化，继续对关键技术组织攻关，展开新部件、分系统试制与试验验证。在关键技术已经突破，经初步验证，系统性能基本能够满足用户要求的条件下，研制单位提出《备选方案研制报告》和有关文件，由用户组织方案评审，进行方案决策，编制《工程研制任务书》，确定工程研制阶段合同，然后正式转入工程研制阶段。方案决策是大型工程系统最重要的技术决策，可以说是决定整个工程系统命运的决策。

1.3.3 工程研制阶段

该阶段是工程研制的实施阶段，包括初样研制、试样研制和试验验证三部分。这是工程最重要的研制阶段（国外一般称为“全尺寸研制阶段 Full - Scall Development Phase”，缩写为 FSDP)，通常在这一阶段要投入整个工程 60% ~80% 的研制费。

工程研制阶段包括初样和试样研制两个阶段。初样研制阶段是工程样机（简称“初样”）的研制—试验阶段，包括初样设计、初样试制和初样试验。其主要任务是用工程初样对设计、工艺方案等进行试验验证，进一步完善工程系统的总体和分系统技术方案，为全系统正式试验样机（简称“试样”）研制提供全面、准确的依据。

试样研制阶段是全系统正式试验样机的研制阶段，包括试样设计、试样试制和试样试验三部分工作。其主要任务是全面鉴定工程系统的研制质量，全面检验工程系统的性能、由研制转入试制决策，是确定工程系统适用性、形成工程系统研制成果的关键阶段。

1.3.4 研制成果转化阶段

它是接受用户全面试验与鉴定，在工程系统性能得到全面评定，可靠性增长达到用户要求，保障性得到进一步验证，工程系统投产风险得到全面控制，工程系统的研制成果真正转化为符合要求的商品或武器装备的条件下，进行的工程系统设计和工艺定型的阶段(国外一般称为“生产与部署阶段 Production Deployment Phase”，缩写为 PDP)。其主要任务是:

1）进行全系统鉴定与使用验证试验，全面评价工程系统的性能；

2）针对工程系统存在的薄弱环节，进行相应的设计改进与试验验证，完成工程系统的成果转化工作；

3）整理、鉴定设计文件，进行设计文件定型；

4）整理、鉴定工艺文件，进行工艺文件定型；

5）鉴定专用工装、设备，完成工装、设备定型；

6）参与外协产品定型；

7）提出《工程系统定型报告》，经评审、审批手续，完成定型工作；

8）签订工程系统生产合同，准备投产；

9）完成研制与采办工作总结，相应资料归档。

1.3.5 运用保障阶段

该阶段从工程系统交付用户时开始，一直延续到工程系统废型为止，包括在整个使用过程中对用户的技术支持、服务保障，以及必要的产品改进工作（国外一般称为“使用和保障阶段 Operation and Support Phase”，缩写为 OSP）。

由于工程系统种类、技术复杂程度不同，对使用保障的要求差别较大，通常在拟制《工作说明报告》（它是合同文本中技术协调和管理方面最主要的文件，国外通常缩写为 SOW，即 statement of work）和合同的过程中，明确使用保障阶段的内容。一般应包括人员培训、工程运用初期的技术支持和服务，备附件和工具生产供应，全寿命期技术服务，以及意外灾害或事故的技术支持等。

随着科学技术的进步，工程管理经验的积累，特别是计算机辅助设计（CAD）和计算机辅助制造（CAM）技术的进一步完善，在国外复杂工程系统的研制工作中出现了并行工程的概念，并已经应用于工程实践，取得了很大成功，正在推动着工程研制程序的重大变革，图 6 – 3 – 2 示出了国外大型客机研制程序发展变化的趋势。随着科学技术的进一步发展，将会出现工程实施组织形式的进一步变革，也会推动工程研制程序的发展。在技术发展的进程中，当已经具备了变革工程研制程序的必要条件的时候，仍然固守过去的经验，不实施变革，势必阻碍工程技术的进步，是不可取的。但是，如果技术条件尚不成熟，人为地超越工程研制阶段，也会造成得不偿失的后果。因此，对复杂工程系统研制程序的变革应取审慎态度，应视工程项目的技术要求、技术特点和实施工程项目单位的具体条件，实事求是的决策。

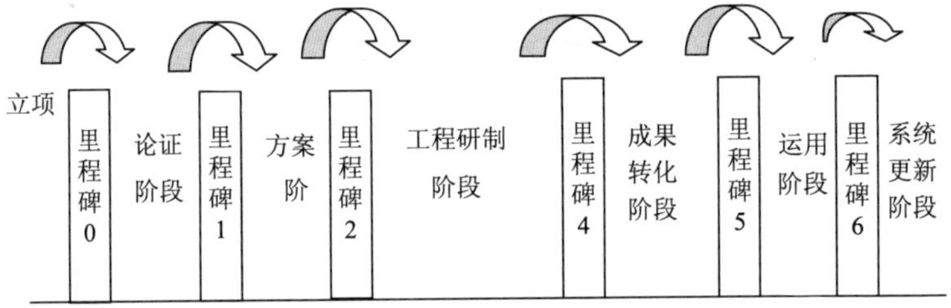

（a）过去沿用的研制程序

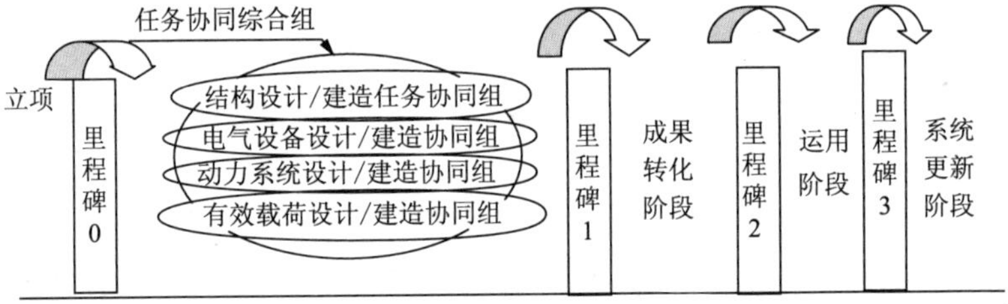

（b）已经使用的并行研制程序

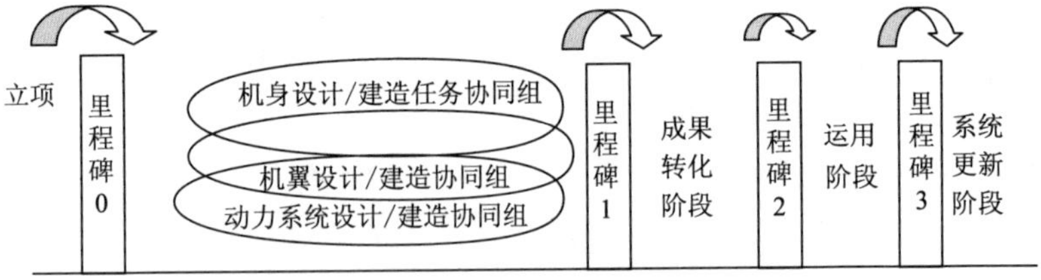

（c）投入试行的并行研制程序

图 6－3－2　工程研制程序的变革发展趋势示意图

1.4　工程的计划管理

大型复杂工程系统通常是国家、军队、地区或工矿企业的重点工程，通常具有科研开发的性质，其计划目标是建造一项或几项技术先进的大规模工程系统。工程开发起始于发展研究、方案构想，终结于交付配套的工程系统，并投入运行。

大型工程系统的计划管理是建筑在对工程系统研制规律认识和对工程系统开发预测的基础之上。所谓计划管理，就是按照大型工程研制科学规律形成的计划管理原则，按预定的计划对工程活动进行有组织的领导、监督和控制的过程。

1.4.1 计划的种类

按照管理业务的性质，工程系统的计划可分为工程研制计划和工程保障计划两大类，如图 6－3－3 所示[10]。

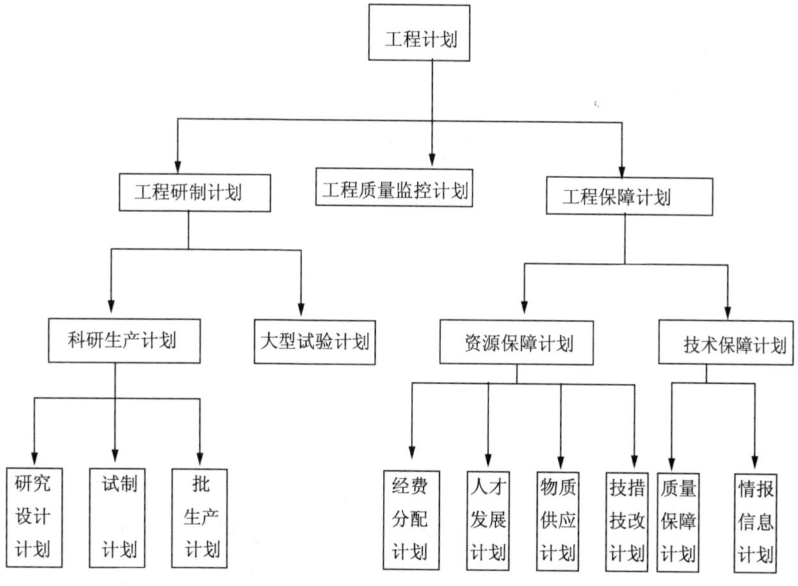

图 6－3－3 工程计划的分类

工程研制计划可分为科研生产计划和试验计划，科研生产计划包括研究设计计划、试制计划和批量生产计划；工程保障计划可分为资源保障计划和技术保障计划，资源保障计划包括经费分配计划、人才发展计划、物资供应计划和技措技改计划。技术保障计划包括质量保障计划和情报信息保障计划。工程研制计划是各项工作的中心，工程保障计划为完成研制工作提供保障条件，服从、服务于工程研制计划。

按照计划周期，计划可划分为总体规划、年度计划、季度计划和月计划等。总体规划是工程系统研制全过程的计划，是工程抓总部门和上级管理部门的工作重点。年度计划与财政年度一致，一般可反映工程研制的一个阶段，是各管理层次计划部门的主要管理业务。季度计划和月计划主要用于重点项目、关键项目，以及工厂、研究所以下计划部门的计划管理。

1.4.2 计划管理模式

在大型工程系统的研制计划中，科研生产计划是中心，技措技改计划、质量保障计划、物资供应计划和经费管理计划等是工程研制的保障条件。这些计划以工程研制程序为链条，连环相套，相互协调，各种计划的目标、相互关系如图 6 -3 -4 所示[10]。

各类计划是一个整体，在总体和时间安排上相互协调。其管理模式可以概括为：各种计划连环相套，长短计划滚动前进，层层计划交叉覆盖，在一般情况下，目标确定后倒排研制周期暴露问题，采取针对性措施，再顺排计划，落实任务。根据工程系统的组成和管理层次，从总体到设备，从决策管理层到基层管理部门，计划从粗到细，由低向高逐级覆盖，各级突出各自的重点，一级保一级计划的实施。

1.4.3 工程的目标管理

工程的目标管理将工程的管理内容抽象为各种定性或定量化的目标，以指标或口号的形式表现出来。目标管理包括三层含义：一是明确指标；二是规定实现指标的时间；三是确定实现指标的程序。常用的方法是 PDCA 循环法。这种方法的每一个过程包括下述四个阶段，即计划阶段；实施阶段；检查阶段与处理阶段。目标管理做得是否成功，关键在于能否建立一个好的目标体系，并相应制定一个好的目标计划。

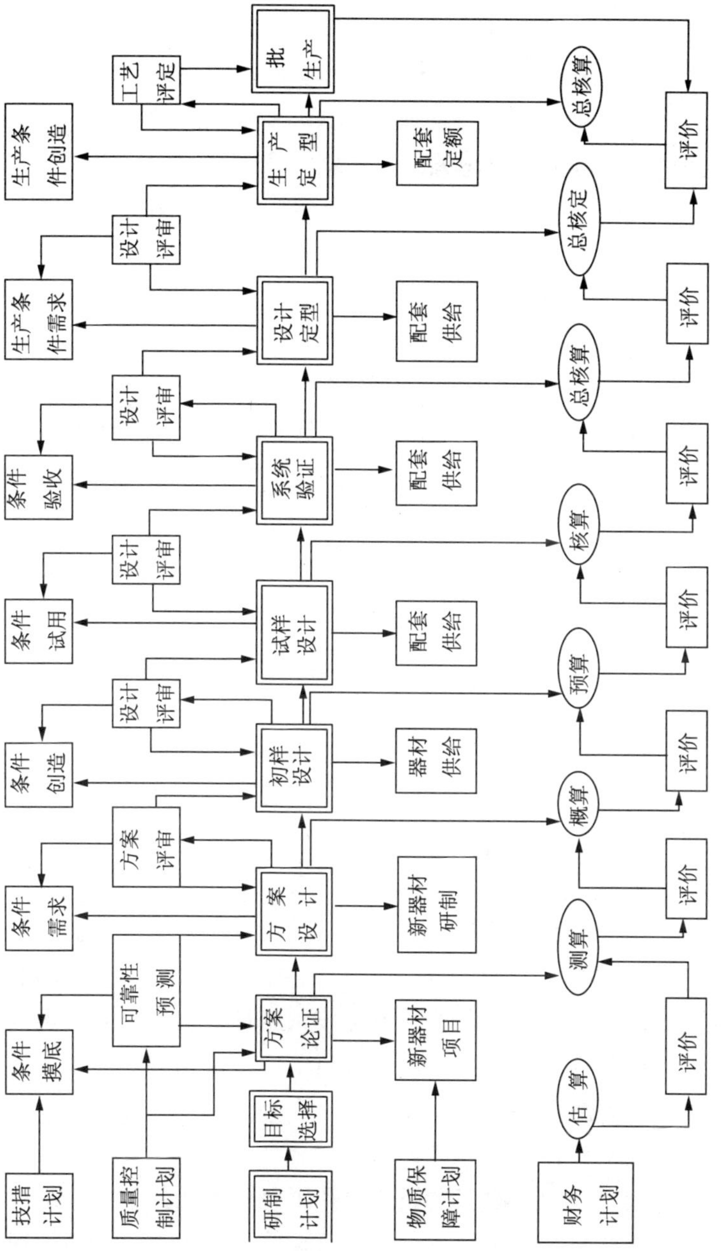

图 6-3-4　各种计划目标及相互关系

（1）目标体系的建立

大型工程系统的管理涉及到多个层次，工程性质不同，管理层次也不同。以我国航天工程为例，管理层次分为战略决策层、决策管理层和组织实施层。管理层次不同，目标体系的内容也不相同。管理层次越高，目标内容越笼统、抽象，具有指导性；管理层次越低，目标越具体、明确，便于考核。以组织实施层为例，研制一种战术导弹的目标体系如图 6 –3 –5 所示。

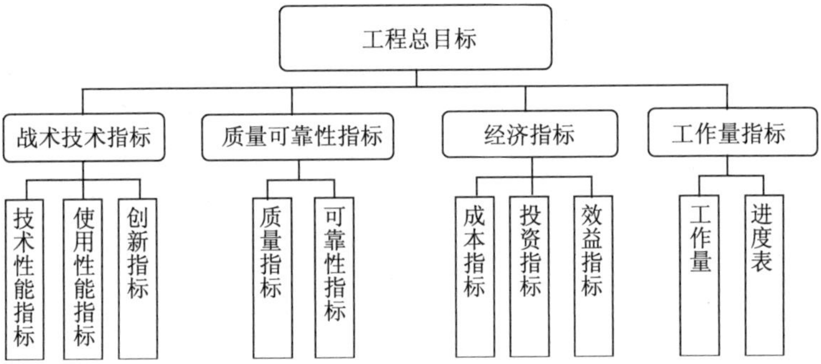

图 6 –3 –5　工程目标体系表

工程总目标包含着丰富的内容，经分解可划分为工程效能指标、质量指标、经济指标和工作量指标，在低层次的管理系统中，还可以进一步分解为可以测试、观察和统计的指标。

为了突出重点，便于检查和考核，每个管理层次可按三类指标分别管理。第一类为统计观察指标，通过观察和测试进行监督，以便估算目标实现的状况。第二类指标是计划指标，列入目标计划表，参与计划的综合调度，要求承制单位按预定计划实施。第三类是考核指标，它们是管理的重点，要求承制单位必须完成。上述三类指标之间的关系如图 6 –3 –6 所示。

（2）目标管理的实施

任何工程研制过程都有主任务线和紧急任务线，上一层次目标管理要抓住这两条线的关键点，突出目标管理的重点。计划管理的

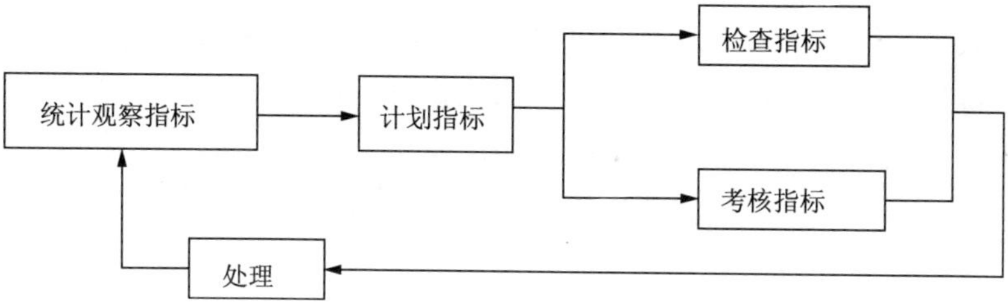

图6－3－6　各层次管理指标及其相互关系

重点是研制阶段计划和年度计划，工程目标通常按研制阶段划分，按年度下达，按月或季度分解。在研制的过程中，经过反复平衡、协调落实之后，在年度计划和各研制阶段计划中明确关键目标，这个过程一般称为“划线、定标、提口号”。有了明确的年度计划和研制阶段计划的目标和口号之后，就可以进一步组织、动员参制人员，协调工作，步调一致地去开展工程研制。工程总目标是号召书、动员令，一经确定，就要组织全体参制人员，按照规定的时限，共同努力去完成。

1.4.4　工程的配套管理

在科研开发性工程的研制过程中，工程项目配套具有不确定性，在不同研制阶段，对不同的管理业务，有不同的配套关系。工程立项时，配套比较模糊，我国一般先明确各种配套的研究课题（国外一般先建立工程项目的简要工作分解结构，即 Work Breakdown Strakture，缩写为 WBS。它类似我国航天系统的型号技术状态表和配套表），课题配套工作贯穿于工程系统研制的全过程。配套课题包括新理论、新设备、新方法、新工艺等的研究，研究结果产生硬成果和软成果。随着研制工作的深入，目标逐步明确。其硬成果转化为设备配套，软成果转化为资料配套。设备研制提出元器件、原材料需求，由物资部门编制物资配套。软成果包括研究报告、设计——试验要求、设计图纸、工艺和使用文件等，由文档管理部门编制资料配套。在国外大型工程的研制过程中，使用简要 WBS 及其派生的各种 WBS 作为技术和管理活动的依据。工程项目管理通常使用工程的简要 WBS，以及派生的 WBS 作为进一步开展工程研制、经费预算、资源供应、签订合同、制定计划和执行计划的协调工具，国外应用 WBS 进行计划管理的经验值得我们借鉴[3,4,7]。

工程项目的配套管理是计划管理的基本内容，配套项目体系如图 6－3－7 所示[10]。

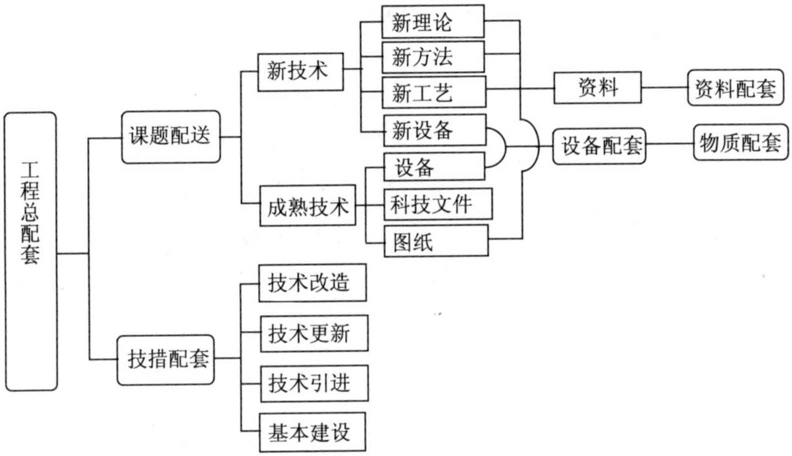

图 6－3－7　工程配套的项目体系图

编制计划配套是对工程项目进行统筹、协调的过程。工程项目配套由工程设计总体部和工程抓总的计划部门统筹、协同进行，统筹的内容包括配套构成分类和编制计划配套表，并通过分析论证明确主任务、自己承担的工程项目和外协工程项目，工程项目统筹管理的核心是编制计划配套。计划配套表的依据是技术配套表（也称“技术状态表”），技术配套表明确工程组成的单项配套项目和数量。将技术配套表转化为计划配套表，需要将配套项目转化为任务项目，单项配套数量转化为研制生产的总数。计划配套是编制计划、组织研制和生产的重要依据。

1.4.5 计划管理的形式

(1) 计划配套表

计划配套表是计划项目的依据，是工程项目管理的核心内容。配套表主要有四种形式，即设备配套表、资料配套表、课题配套表和物资配套表。设备配套表是其核心，它包括工程系统的设备配套、测试设备配套、其他地面设备配套，以及工具、备附件配套等，是工程研制的物资成果；资料配套与设备配套相对应，包括设计、生产、试验、使用的文件、图纸、规程、计算机软件和运用文书等；课题配套把研制项目分解为课题任务，有的课题是设备，有的课题是技术方案、设计文件或计算机软件；物资配套是研制工作的保障条件，与设备配套、课题配套相对应，提供物资保障。

配套表一般包括五个要素，即配套项目名称、技术状态、数量、去向和承制单位。通过配套管理，明确了系统构成、分配、交付路线和责任单位，这是工程管理的基础，工程配套的关系见图6-3-8。

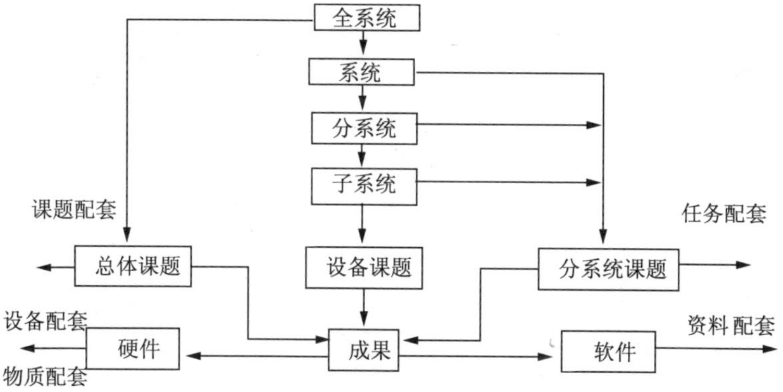

图6-3-8 工程配套系统框图

(2) 计划进度表

计划进度表是在工程某一阶段或工程全过程中，对各项研制活动进行详细分解后编制的研制活动时间安排，是工程计划的主要表现形式。工程系统在各个层次上的任务都可以转化为课题，课题计划是工程研制计划的基础。随着研制进程，各层次计划目标越来越明确，成果形式越来越确定，因此，可以进一步按成果形式编制设备研制计划。对于大型工程系统的研制，编制计划时一般都突出设备研制计划。这种计划通常有两种形式，一种是线条图（或称“甘特图”），它显示从任务开始到结束的一个连续期，便于基层承制单位计划管理。另一种形式是项目计划表，只反映项目完成时间。这种计划简明，便于高层次计划管理，通常在工程项目负责人以上层次使用。

（3）计划网络图

计划网络图又叫统筹图，是计划的一种直观、图式表现形式，这种图由各级计划管理部门通过综合平衡、全面运筹后绘制。管理层次不同，计划管理的重点不同，计划网络图也应突出本管理层次的重点。以运载火箭研制为例，决策管理层网络图的重点是跨部门和研制全过程的事项，包括外购器材、大型试验协调等项目；组织实施层抓总部门要绘制工程系统研制的各种网络图，以满足整个工程计划管理的需要，其重点是设备研制和设备配套网络图。具体承制部门绘制的重点是承制项目计划安排和每个项目的详细计划网络图。

为了便于网络图管理，必须加强各管理层次和各种网络图的接口控制，要反复进行统一、协调。按照工程系统配套的关系，通常采用建立网络图体系的办法，比如，工程抓总部门绘制全系统网络图，任务细化到系统、关键课题和设备；工厂、研究所绘制本单位承制的系统或分系统网络图，细化到关键设备，同时绘制关键设备和课题的单项网络图。按照工程系统配套的原则，每个管理层次的网络图都可以按三级管理，一级为总网络图，二级为系统网络图，三级为设备网络图。每种网络图都应突出重点，不宜过细，以利于操作和管理。

在计划实施过程中，调整计划是常常发生的事，一般通过采集计划变动信息，把网络图绘制成动态形式。

1.4.6 计划管理的方法

我国大型工程系统的计划管理方法产生于20世纪60年代，当时我国大力推广统筹法、优选法和方框图等管理模式，国外又传入了“计划协调管理技术（Program Evaluation and Review Technegue，缩写为PERT）”和“计划运筹管理技术（Graphcal Evaluation and Review Technegue，缩写为GERT）”。20世纪60年代初期，在钱学森院士的倡导下，在导弹—航天工程与计算机工程实践中，“PERT”技术得到推广[18,19]，逐步形成了符合我国工程实际的网络管理方法。

（1）计划协调管理技术

在大型工程的实施过程中，科学的组织与管理是关键性的环节，制定计划并组织好计划的实施是工程管理工作的中心任务。当今世界各国大型工程系统的组织管理多采用计划协调管理技术（PERT）的方法实施计划管理。这种计划管理方法是由美国政府与工业部门组织的联合运筹小组，在1958年～1959年间进行美国海军北极星导弹系统研制的过程中提炼出来的。当时承担北极星导弹系统研制任务的有8家总承包商、250多家分包商、9000多家转包商，管理工作十分复杂，使用PERT方法，实现了计划管理工作的优化，提高了工作效率，使研制计划提前两年完成，对北极星导弹系统的研制工作起了重要保障作用。因为这种计划管理方法比较简便，应用效果好，一般能够缩短大型工程系统研制周期的20%～30%，所以，在国外得到广泛应用。不仅用于大型武器系统研制、作战指挥管理，还推广到土木工程、海洋开发、航天工程、航空工程、核能工程、水利工程和交通运输等行业中。

1962年，在钱学森院士的倡导和支持下，在我国导弹工程系统和S－1数字计算机的研制工作中，结合我国的实际情况进行了试点，取得了成功[18,19]。以后又推广到航天工程、航空工程、核能工程、船舶工程和土木建筑工程等多个工程领域，颇具影响的我国太平洋运载火箭试验和北京亚运村建设工程等都采用了计划协调管理技术，在工程实施中取得了很好的效果。可以说：这种计划管理方法是大型工程系统研制工作管理方法上的一次飞跃。

计划协调管理技术的基础是网络分析法，它以时间为基础，把工程计划和工程控制过程作为一个整体表述出来。一个大型工程计划用网络图的形式显示出来，使人们可以直观的了解到各分系统的内在联系，增加了工作的条理性；计划网络图不仅反映了各部分工作的内容和进度要求，而且表明了它在整个计划中的作用，增强了各部分工作的全局性观念；通过网络分析，找出了计划的紧急线、富裕线，便于有针对性地采取措施，减少了计划的盲目性，增强了工作的主动性和完成计划的把握性，详见参考文献［8，19，24］。

（2）计划运筹管理技术

谢光选院士在参考文献［24］的序言中指出："运载火箭技术研究院的第一代产品，从无到有、从小到大的发展过程中，都采用了计划评审技术 PERT（Program Evaluation and Review Technegue），收到了很好的效果，并获得了多方面的经验。在下一代产品的研制中，按系统工程的概念，要由随机网络评审技术 GERT（Graphcal Evaluation and Review Technegue）来取代"。PERT 与 GERT 究竟有什么不同呢？参见表 6－2－1。从表 6－2－1 可以看出：以型号为龙头，单纯实施 PERT 管理模式，工程系统一旦立项，研制单位从研究、设计，到试制、试验、工程保障等全面启动，当工程研制遇到技术关键难以突破时，势必形成骑虎难下的局面，造成人力、物力和经费无法遏制的损失。我国某些研制周期一拖再拖的老大难工程，多是由型号带项目造成的。实施 GERT 管理，把课题研究与型号管理分开，在有限、可控制的经费投入的情况下，能够保持关键性研究课题的进展势头，必将有利于高新技术工程系统和重大武器装备的计划与质量建设。

20 世纪 80 年代后期，我军已经实现了从战时国防建设体制向和平时期国防建设体制的重大转移，在"科教兴国"、"科技强军"、"质量建军"的战略方针指导下，我国重大工程系统和武器装备建设的管理模式应当不失时机地由 PERT 转向 GERT。当然，PERT 与

GERT 也不是对立的，在和平建设时期，重大工程系统与武器装备建设应采用 GERT 管理为主，在临战状态的工程系统和武器装备建设过程中，PERT 管理仍然有其优势。

1.4.7 计划管理的组织

计划部门是各级计划管理负责人的办事机构。各级计划管理部门分为综合管理部门和专业管理部门。计划管理组织的最上层是决策管理机构，最下层是承制单位的计划管理部门，计划管理的重点部门是工程抓总机构。就某一项工程而言，计划管理主要依靠工程抓总部门。

工程抓总部门必须建立计划管理体系，实行全系统、全过程的计划管理。通过严格、全面的工程计划，对整个工程的研制活动实施指导、协调与监督。纵向计划管理，按照分级管理、条块结合、相互协调、服从全局的原则执行，由抓总部门向上向下延伸。横向管理一般按照综合管理、归口负责、集中平衡、统一下达的原则实施，按照基础管理、专业管理和综合管理三个方面，建立起配套的全面计划管理结构，计划管理的组织结构参见图 6－3－9。

（1）基础管理

主要内容是：课题管理、配套管理、信息管理、统计业务、劳动定额管理、标准管理、以及成本、价格、成果和合同管理等。基础管理实施单项业务管理，对专业管理和综合管理起支撑作用。

（2）专业管理

主要包括科研生产计划、物质供应计划、劳动工资计划、技术保障计划、固定资产投资计划、后勤保障计划等。专业管理从工程研制的各个方面实施，是综合管理的组成部分。

（3）综合管理

综合管理统筹基础管理和专业管理。通常在工程计划抓总部门设置专业和综合计划管理部门，基础管理工作分散到两个部门之中。同级计划管理部门之间的关系是相互联系、彼此配合、主动协作、互相制约，为实现工程总目标协同工作。

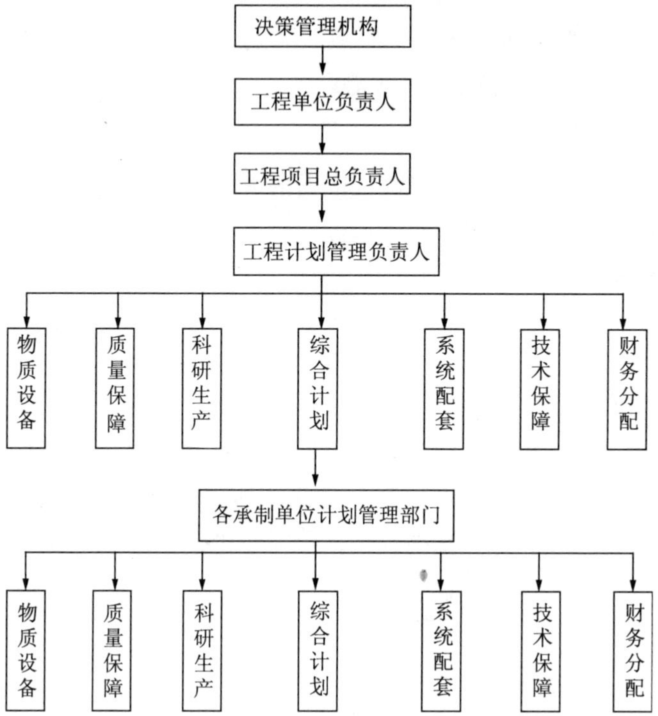

图 6－3－9　计划管理的组织结构框图

1.5　工程系统的经济管理

（略，详见参考文献［22，24，26］）

1.6　技术装备与物质管理

（略，参见参考文献［24］）

1.7　质量管理

（略，参见参考文献［20，21，24］）

1.8 科技信息管理

（略，参见参考文献［24］）

2 工程系统研究与设计过程的组织管理

2.1 系统研究与设计的过程

大型复杂工程系统的研制过程，包括工程的技术过程和研制质量控制两个相辅相成的过程（参见图1－1－4），构成工程系统总体技术开发的综合集成过程，在这个过程中，设计师系统起主导作用，工程指挥系统起保障作用。工程的技术过程是研制方把传统工程的系统设计与蓬勃发展的工程专业、生产制造工程、试验工程、综合技术保障工程和软/硬件工程纵向展开、横向综合的过程，这一过程是工程系统功能和工程质量的根本保证；研制质量控制过程是研制方利用系统工程原理开展工程系统设计、系统评审、系统试验验证，并由使用方参与系统设计、系统评审和系统试验验证，实施研制质量监控的保证过程。工程系统的研制过程是一个多次综合、权衡、优化的迭代过程，该过程的结果产生一个定义明确、用设计文书表述的符合使用方要求的目标工程系统。

工程系统研究与设计过程是工程系统工程技术过程的核心活动，它贯穿工程研制过程的始终，是在系统工程原理指导下，传统工程与专门工程专业、生产工程、试验工程、综合技术保障工程，以及软、硬件工程进行系统综合与权衡研究、优化与决策的过程，其主要目标是：

1）确保对工程总体、分系统及其工程细节（包括硬件、软件、人员、设施和技术资料等）的确定和设计能够满足工程系统的全面技术和使用要求。

2）能够按照规定的工程技术和使用要求的保障序列，把设计队伍中各专业专家的技术成果适时地综合到系统设计中去，获得一个整体效益优化、各方面要求得到均衡满足的系统设计。

3）能够形成一个关于工程系统技术和使用要求正确、完整、合理，并且具有可追踪性的系统工程文件系统，成为工程硬件、软件、接口设计和生产制造、工程试验验证与综合技术保障实施的依据。

4）为制定系统工程管理计划 SEMP、编制工程合同及其相关文件（如工作说明报告 SOW、工作分解结构 WSS、工程研制规范 EDS 和试验与鉴定总计划 TENP 等）提供技术支持。

5）为进行综合技术保障分析及相关文件的编制提供技术支持。

6）保障在所有研制阶段的设计过程中，都能充分考虑、并严格按照全寿命期费用管理的要求实施设计。

工程系统的研究与设计过程也是一个技术开发、创新、综合与优化的过程，通过一系列技术研究、设计和试验验证程序，逐步明确任务要求、任务约束条件，并将使用方的需求转化为满足使用方要求的工程技术方案、研制要求和能够对工程系统实施控制的相应研制技术文件的过程。

研制方实施的工程系统的技术过程，不限于传统的工程设计过程，它是应用系统工程原理，把与大型工程系统研制质量保证相关的可靠性、维修性、安全性、电磁兼容性、可生产性、测试性、保障性、运输性、生存性、全寿命期费用管理、价值工程、人机环工程、包装工程、贮存工程以及标准化和保密性等研究成果协调、均衡地综合到工程系统的研究与设计中，将传统工程设计的系统性能优化，提高到工程整体效能优化的创新过程（参见图 1 –1 –4）。

工程系统的研究与设计过程也是对系统技术性能的优化、控制和管理的过程，即在整个工程研制过程中，设计师系统始终按照工程系统总目标的优先保障序列要求，抓住影响工程系统的关键环节和因素，通过功能分析、系统综合、权衡研究、系统评审和系统试验验证等关键性环节，进行工程系统的性能优化和控制，确保实现工程系统的预期目标。显见，工程系统的研究与设计过程包括传统工程的设计过程、专门工程专业的综合过程和工程整体技术性能的控制过程，它创造性的扩展了传统设计的内涵。

工程系统的研究与设计过程，从明确任务要求开始，通过任务分析、功能分析、系统综合、权衡研究和系统优化的迭代过程，实现技术方案的优选与决策，并经过功能分析、系统分解将工程要求逐步向低层次系统分配，有序地指导工程系统研制工作的展开[2,3]（参见图6－3－10）。

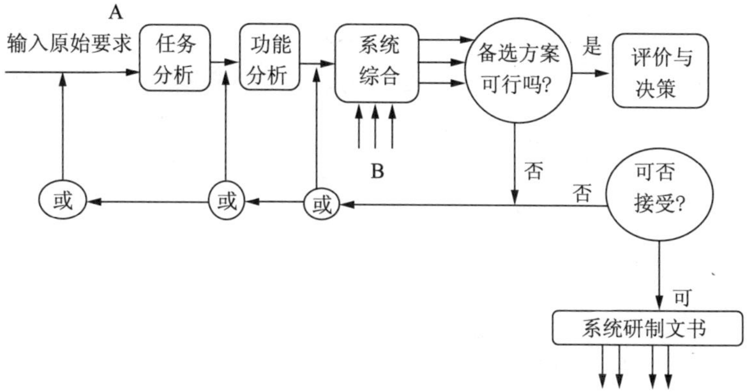

A. 原始要求
- ☆任务目标
- ☆任务环境
- ☆任务约束条件
- ☆技术性能与使用要求
- ☆工程相关接口要求

B. 系统综合的主要因素
- ☆可靠性
- ☆维修性
- ☆安全性
- ☆电磁兼容性
- ☆可生产性
- ☆测试性
- ☆生存性
- ☆运输性
- ☆价值工程
- ☆人机环工程
- ☆综合技术保障工程
- ☆贮存工程
- ☆包装工程
- ☆电子战特性
- ☆计算机资源
- ☆标准化
- ☆保密性
- ☆全寿命期费用
- ☆系统总体特性

C. 系统研制的主要指导文书
- ★系统工程管理计划 SEMP
- ★技术要求分配单 RAS
- ★工程研制规范 EDS 与技术状态基线 CDL
- ★接口控制文件 ICD
- ★工作分解结构 WBS
- ★可靠性与维修性计划 R&MP
- ★综合技术保障计划 ILSP
- ★风险管理计划 VMP
- ★人机环工程计划
- ★软件开发计划
- ★电磁兼容控制计划
- ★试验与鉴定总计划 TEMP
- ★生产性计划 PEP
- ★权衡研究报告 TSR
- ★其他设计文书

图6－3－10　工程系统工程的研究与设计过程

工程系统的研究与设计是一个多次迭代的过程。尽管它的结果不是产生一个实际的工程系统，但是，这一过程产生了一个定义明确、用一系列技术文书和图纸表述的能够满足用户要求的工程系统。这一过程制定的研制文书和图纸可以生成一个完全符合用户要求的实际工程系统。

为了保证工程的正确、顺利实施，对工程系统的研究与设计过程生成的文件系统有下述基本要求：

1）工程系统的研制要求，无论是作为工程实施依据的基本文件，还是相关文件，都应前后一致，具有可追踪性；

2）整个文件系统，不论从研制要求规定的详细程度上看，还是从全系统要素角度审查，都形成了工程系统完整的技术文件系统；

3）在文件系统的形成过程中，及时、恰当地综合了诸如可靠性、维修性、安全性、电磁兼容性、可生产性、测试性、运输性、生存性、全寿命期费用管理、价值工程、综合技术保障工程、人机环境工程、包装工程、贮存工程以及标准化和保密性等专业对工程系统的要求；

4）保障了对工程系统主要技术目标及时、连续的预测和试验验证；

5）完整地规定了工程系统全过程的设计评审和审核要求；

6）对系统和工程项目要求的任何更改，都必须及时地追踪到相关的最低层次文件，并保持要求的一致性；

7）任何重要的工程决策都应与工程研制的有关原始依据的要求相吻合；

8）在满足上述要求的前提下，工程系统研究与设计的文件应保持数量最少。

随着计算机辅助设计（CAD）和辅助制造（CAM）技术的进一步完善，系统工程文件的数量将明显减少，甚至可以实现不需要文书和图纸形式的文件，也能够实施工程开发的目标。

2.2 系统的任务分析

在工程发展研究提出的工程发展总体思路的指导下，通常由使用方制定工程系统的长期发展规划（一般为 10 ~ 15 年）和短期发展计划（一般为 5 年），根据单项工程系统的发展计划安排，使用方适时地提出工程研制的意向和初步要求，启动工程论证阶段的工作。任务分析是论证阶段的核心工作内容，其主要依据是使用方对工程的原始技术要求（参见图 6 - 3 - 10）。明确工程的原始技术要求，界定任务范围，与工程系统的其他环节工作一样，也是一个多次综合、权衡、优化的迭代工程。

在任务分析过程中，使用方应当在逐步明确使用环境条件、工程投资额度和进度等约束条件的情况下，逐步明确工程目标、工程系统的技术和使用性能要求，以及相关的接口要求。

由此可见，在任务分析过程中，使用方在逐步明确工程系统总目标、工程的约束条件和使用条件的前提下，任务分析的核心问题是明确要什么？真正懂行的用户应当在规定的工程约束条件下，分层次、及时地提出工程的优先保障序列：

——必须确保的技术和使用性能要求；

——第二、三……位保障的技术和使用性能要求；

——争取实现的技术和使用性能要求。

研制方参与任务分析的基本目标是逐步明确要做什么？在反复推敲并逐步明确工程的约束条件、使用环境，以及对工程的质量和数量要求的条件下，确定工程系统的总要求，界定任务范围，并把用户的总要求表述成工程系统可度量的参数，进而借助这些参数设计工程系统的备选方案。这一过程与工程系统的其他活动一样，也是一个多次综合、权衡、优化的迭代过程。

2.2.1 确定工程系统的初步要求

尽管工程系统的种类繁多，性质和功能千差万别，但是，对绝大多数工程系统和武器装备而言，技术要求都可以用质量、作用范围、及时性、有效性和数量等可度量的参数表述。以研制一种弹道导弹为例，其质量要求可以用命中精度、可靠度等表示；作用范围可以是射程、弹头威力；及时性可表示为发射准备时间；有效性可用允许发射条件、贮存期（寿命）、突防能力和发射方式等表示；数量要求可以是对给定目标达到规定杀伤概率所需的发数，或对潜在战争对手实施攻击，使其达到经济瘫痪线所需的发数。这些可度量的参数，通过任务分析逐步明确。

上述表示弹道导弹可度量的技术参数属于工程系统最高层次的技术要求，在任务分析的过程中，还要进一步进行分解，向下分配到系统的低层次系统，以便转化为工程系统较低层次系统的技术要求。以上述弹道导弹的命中精度指标为例，可以用圆概率误差具体表示命中精度的指标，进而将总误差分解为制导误差和非制导误差；制导误差又可分解为工具误差和方法误差；工具误差可以进一步分解到导弹控制系统的主要仪表上等（参见图 1 –2 –7）。

2.2.2 技术要求间的相互影响

系统内部的各组成单元之间是相互联系、相互影响和相互制约的，因此，在制定和分配系统技术要求的过程中，必须考虑这些要求之间的相互影响。通过任务分析能够进一步深化对系统各种技术要求的了解，有利于获得各种技术要求的均衡组合。例如，弹道导弹的命中精度和弹头威力两项指标就是相互联系，又相互制约的。对于使用方规定的对目标杀伤效果的要求，在命中精度指标能够提高的情况下，弹头威力指标就可以小一些，进而又影响到射程指标。如果弹头威力可以小一些，弹头质量可以降低，导弹射程又可以增大……等。

工程系统各种技术要求之间存在着十分复杂的相互制约关系，通常需要用计算机辅助决策的方法进行分析、研究，以利于快速、准确地获得协调、优化的技术要求组合和合理的技术要求分配。

2.2.3 形成工程系统备选技术方案

在工程系统技术要求基本明确后，就可以借鉴以往型号的设计经验，提出各种满足要求的可供选择的技术方案。工程系统的技术方案是逐步形成和完善起来的，以上述弹道导弹为例，通常先依据射程、弹头威力和杀伤类型，以及某些使用要求选择导弹的级数、弹体直径、推进剂的类型、战斗部种类和发射方式，以及发动机、控制系统和伺服机构的类型，然后确定导弹的结构外形、各壳段结构形式、弹上仪器与设备的部位安排，以及弹头——弹体和各子级之间的分离方式。在此基础上形成了导弹的方案设想。根据方案设想可以进行初步的方案分析、计算……得出导弹的各种总体参数，如导弹质量、射程能力等，与用户要求进行比较，然后调整、修改技术方案……如此往复循环，多次迭代，直到满意为止。这样可以预选出多个能够满足使用方要求、可供进一步权衡、优化的技术方案。当技术细节足够详细之后，可以进一步进行方案分析，评估各种技术方案的性能、全寿命期费用、进度和风险等综合效能的优劣，从中选出费效比最好的方案作为预选的技术方案。

2.2.4 制定工程系统研制总要求

初步明确工程系统的预选技术方案之后，使用方与研制方协同工作，有针对性地对工程系统总要求进行调整和修正，在系统要求评审“SRR”的基础上，最后确认工程研制总要求，作为签订方案阶段研制合同的依据。

在使用方与研制方协调研制总要求的过程中，往往出现下述情况[29]：

研制方常常认为使用方要求过于刻苛，难以实现；使用方则认为研制方忽视实际需求和综合技术保障等使用要求，偏爱新技术。为此，在确认工程研制总要求的过程中，双方必须始终以工程采办总目标为出发点，工程的原始要求，全寿命期费用、研制周期等基本可度量的约束条件为依据统一认识。

在确认工程研制总要求的过程中，研制方通常希望尽早确定任务要求，以便尽早开展技术方案和技术要求的细化工作。但是，过早确定任务要求，往往与系统设计的成熟程度不协调。过早生成成堆的技术细节文件，容易冲淡装备系统的关键因素，往往掩盖了决定系统成败的主导技术要求（即使用方明确的确保和主要技术要求）。因此，在确认工程研制总要求的过程中，要严格按照研制工作程序办事，始终把系统研制的主导要求放在最重要的位置。一方面，要首先明确工程系统的主导要求；另一方面，使用方应适时地提出任务要求的优先保障序列，即工程系统研制的基本保障条件，作为供需双方协调的准则。

还有一种倾向，在确认工程研制总要求的过程中，研制方常常用较多的精力去研究系统的技术性能，忽视系统的可用性和外部接口。而这类问题往往成为导致研制费增加、研制进度推迟和产生新的风险的主要原因。比如，忽视了系统的可用性，研制后期会发现系统、分系统和部件的可靠性不满足要求，将导致研制成本的大幅度增加。忽视了外部接口，在系统投入运行的过程中，就可能失去外部设备和系统的必要支持，拖延了工程系统的交付计划。因此，在确认工程研制总要求的过程中，既要突出工程系统主导要求的协调、落实，又要对影响工程系统性能、费用、进度、风险和其他约束条件进行全方位、深入地综合研究。

值得重视的是，在以往大型工程系统的发展研究工作中，常常发生下述情况：使用方关门进行发展研究，研制部门不参与需求分析。提出任务需求后，研制部门又关起门进行任务分析……这种关门进行发展研究和任务分析的工作方式会产生严重的后果。不是导致方案的多次反复，就是产生不应有的高成本或不理想的技术方案和综合技术保障。为了能够有效的进行发展研究，应当要求发展研究人员与工程系统的研制部门进行早期接触，拆除用户和研制部门之间的人为屏障，形成一支整体的研究队伍。一支好的发展研究队伍不仅要考虑工程系统或武器系统如何运用、能够适时的明确任务目标和系统要求，而且要能够充分地考虑国家工业基础和对新型工程系统的研制能力，国家经费的支持能力，使发展研究的成果能够通过任务分析，及时地转化为技术性能与综合技术保障效能满意、全寿命期费用合理的工程系统技术方案。

2.3 系统的功能分析

功能分析继任务分析之后可交叉进行，并在系统的功能范围、功能联系和接口等方面支持任务分析的展开。功能分析的主要任务是逐层地分解系统的功能，是把系统的功能和技术要求逐步分解到低层次系统，乃至最底层的元器件、子程序和接口的系统工程设计过程。为系统工程设计师和工程系统设计师进行工程系统的技术要求分配、系统综合和系统权衡研究创造条件。

通过功能分析建立起来的功能流程方框图、时间基线图和 N^2 图[3,4,24]等文件，有助于工程系统人员进一步开展系统综合、系统优化和工程管理，进一步完善工程系统的整体性能，对推进工程系统的研制工作具有重要作用。

2.3.1 系统功能分析的基本途径

功能是工程系统组成要素（硬件、软件、设施、人员和技术资料等）具有的一种特定的能力，一个系统的功能可以按照时间、逻辑或其他次序逐级进行分解。在研制一个全新的工程系统时，通常采用自上而下的分解方法，形成一个自上而下、有层次的树状结构，进而不断细化和分配系统的要求，直至系统最底层的元器件、子程序和接口为止。这种方法通常称为顶层法（top-down）[2,3]，参见图 6-3-11。对于实际工程系统的研制，经常利用某些现成的硬件、软件或它们的现成组合，为了更方便的利用具有确定功能的硬件、软件或它们的组合，功能分析更适于从下向上分解。但是，在实际设计中，常常把两种方法结合起来运用，能够更有效地提高工程系统研制的工作效率，为系统设计、系统仿真试验和系统更新创造更为方便的条件。

2.3.2 系统功能的确定

系统功能分析的主要目的是确定系统各层次组成单元的功能和

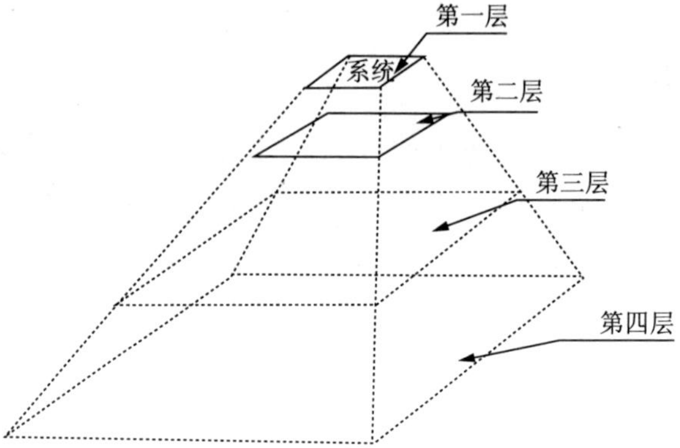

图 6 - 3 - 11　功能分解顶层法

性能要求，为系统任务分析、系统综合、系统权衡研究、系统优化和工程系统的设计要求分配提供技术支持。有多种分析方法，广泛采用的方法有功能流程框图（FFBD）法、时间基线法和 N^2 图法，详见参考文献［3，4，24］。

2.3.3　技术要求的分配

在功能分解和确认的过程中，将系统级的技术要求进一步分解，分配到各个硬件或软件，形成了工程研制技术要求的分配单（RAS），这是系统功能分析的必然结果。

在技术要求分配的过程中，有些要求可以由功能确认中直接导出，有些要求需要做必要的分析或计算机仿真工作，例如涉及到系统可用度要求，需要用相应技术状态项目的可维修性、可靠性要求表述。而且从系统的功能到系统全部组成单元的功能，都应对系统的技术要求具有可追踪能力，即：

1）由系统的一个组成单元的技术要求可以追踪到其执行的全部功能；

2）从一项特定的技术要求能够追踪到提出该项要求的原始依据，包括原始分析资料和合同中规定的有关约束条件；

3）通过工作分解结构（WBS），能够追踪到系统级设计要求与系统最低层次部件之间的技术要求的联系。

技术要求的可追踪性是系统工程文件十分重要的特征，它能够保证对任何一级系统工程文件的有关技术要求和技术规范进行修改时，都可以从对整个工程系统产生的影响去评估，确认其正确性和可行性，这是保证工程协调、顺利进行的关键之一[3,4,24]。

工程系统技术要求分配的结果是制定出工程的研制规范，它们是工程系统工程研究与设计过程的主要工作成果，是整个工程实施的主要工作依据。因此，完整、正确地完成工程的技术要求分配文件的编制工作，是工程系统工程研究与设计过程中的一项十分重要的工作，技术要求分配与系统工程文件的形成过程详见参考文献[3，4，24]。

2.4 系统的综合

系统综合是对工程系统提出“如何去做”的研究与设计过程，也可称为方案设计过程。它包括设计师系统对传统工程、专门工程专业、硬件、软件和系统接口的设计综合，以及对试验工程和生产制造工程的设计综合。这一过程的目标是保证能够按照工程总要求或研制任务书的要求，综合设计队伍中各门类专业专家的工作成果，获得整体效益优化，保障合理、均衡的工程设计。

系统工程的综合过程，依靠具有不同知识结构和工程背景的工程系统工程设计师、传统工程设计师、系统分析工程师、专门工程专业工程师、结构集成设计师、试验工程师、生产制造工程师、计算机辅助设计工程师和技术支持工程师组成的团队进行，在我国航天领域称为总体设计部和相关专业研究所。在论证和方案阶段，更多地依靠系统工程设计师、工程系统设计师、系统分析工程师、专门工程专业工程师和计算机辅助设计工程师。在工程研制阶段，设计队伍的构成转向更多地依靠熟悉传统工程设计的工程师，如结构、电器、动力、无线电等专业的设计师，以及结构集成设计师。在工程研制阶段后期和生产阶段，生产、试验和综合技术保障工程师成为重要的设计力量。

2.4.1　系统综合的总体框架

系统综合的过程可以用图6－3－12概要的说明。过去相当长的时间内，系统工程综合过程是按照研制阶段严格划分的接力过程（参见6－3－12（a）），通过不同研制阶段的系统综合，使工程设计逐步细化。随着计算机技术的发展，并行设计方法的推广，工程研制过程中的系统综合发生了重大变化，系统综合将会成为一个从论证阶段开始，到工程研制阶段告一段落的连续综合过程（参见图6－3－12（b））。

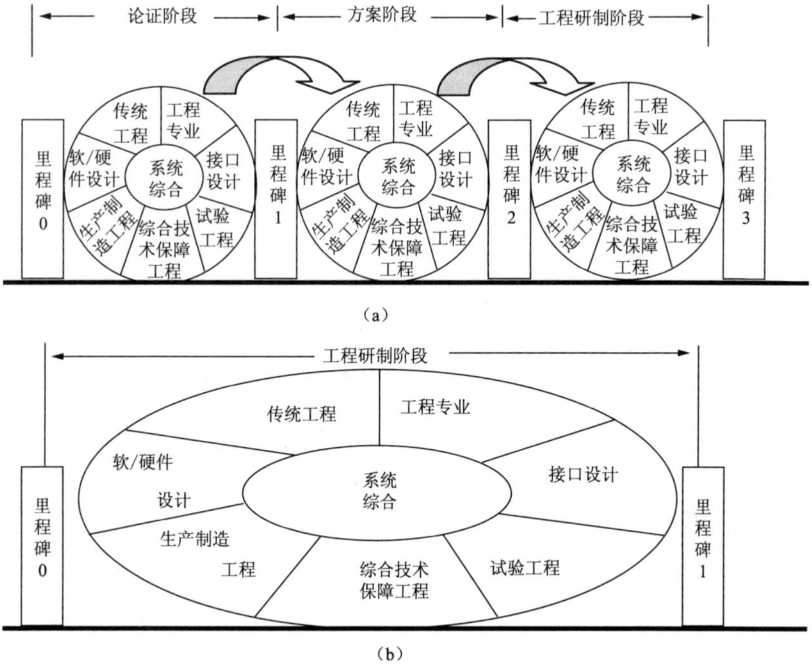

图6－3－12　系统综合的过程

在上述两方面设计综合的基础上，形成用技术要求或技术规范、图纸等形式记述的系统工程文件，传递给软/硬件设计、接口设计，以及生产制造工程、试验工程和综合技术保障工程的综合过程。通过这一过程形成不同研制阶段的工程系统设计、生产和试验的技术文件。总之，系统综合是一个逐步深化的工程设计迭代过程，是进行工程系统工程策划、运筹和设计的重要环节。

2.4.2 传统工程的综合

传统工程的综合过程，即传统工程的设计过程（参见图1－1－4），通常通过工程总体配置设计，总体方案物理模型、数学模型研究和计算机仿真的途径，完成工程系统总体方案的设计、确认系统的技术状态项目工作分解结构，并进一步制定相应研制阶段的工程设计要求或研制规范，详见参考文献参考文献［3，4，24］。

2.4.3 专门工程专业的综合

专门工程专业是随着复杂武器系统的出现和开发而蓬勃发展起来，是一种支持工程系统设计、扩展工程系统整体效能的新兴工程技术，包括可靠性、维修性、安全性、保障性、测试性、人机环工程等。专门工程专业的综合，实质上就是在系统设计的过程中，应用相应工程专业的知识，适时地介入工程的系统设计，实现对工程系统整体效能扩展的设计支持。所以，专门工程专业综合的目标是如何把可靠性、维修性、安全性、人机环工程、保障性、测试性……等工程专业的技术要求纳入到工程系统的设计中去，形成一个对各方面要求能够相互兼容、协调，并且均衡满足的工程系统设计。工程专业的综合不仅对硬件，而且对系统软件、人员、设施和技术资料都要进行，保证工程所有组成部分都能协调地工作，出现问题最少，能够满意地实现工程系统的目标。

（1）综合的总体框架

在论证阶段，可靠性、维修性工程专家应较早参与系统的任务分析和功能分析过程，把工程专业的要求纳入不同层次系统组成单元的技术要求中去。在论证阶段，可靠性、维修性是对工程设计影响比较大的工程专业，要特别重视对可靠性、维修性技术要求的综合工作。

在方案阶段，要编制每一项工程专业的相应实施计划，如可靠性实施计划、维修性实施计划、安全性实施计划、人机环工程实施计划、电磁控制计划、保障性实施计划等，并且要明确在工程研制阶段如何执行，说明其任务、工作程序、资源利用和进度保障要求等。

在所有研制阶段，工程专业专家都是一系列设计评审专家队伍的重要成员，它们负责参与对研制方提供的评审资料的审查，评价相应工程专业的要求是否落实。工程专业专家还负责编制相应专业领域的试验要求，如可靠性试验、电磁兼容和电磁干扰试验、维修性拆卸试验等，并将工程专业领域的试验纳入到工程系统的试验与鉴定总计划中。

工程专业的专家通常更多地介入系统的详细设计和试验过程，他们适时地提出相应的设计要求，推进工程系统的研制进程。为保证工程整体效能和系统的均衡设计。工程专业专家提出的要求需要经过工程系统设计师的审查和认可，以利于保证这些要求不致对工程进度、研制经费，以及工程的总体研制目标产生负面的影响。

（2）可靠性工程综合

可靠性是反映工程系统性能稳定性的质量指标，即保持系统性能的能力。例如，某种导弹试射，第一枚试射结果性能指标满足设计要求，那么是否能保证多枚导弹发射，各项性能指标都能符合设计要求呢？这就需要用可靠性指标来衡量。可靠性工程综合就是设法排除工程系统各种固有的故障因素，是实现工程系统可靠性要求的设计过程。

一旦使用方明确了工程系统的可靠性要求，设计师系统的首要任务就是把可靠性指标自上而下进行分配，从工程各分系统直至每一元器件。并根据功能分析的结果，建立工程系统的功能和数学模型，计算出各分系统、整机、单机、部件和整个工程系统的成功概率或故障率。然后通过系统分析找出系统设计的薄弱环节，在整个工程研制过程中，可靠性设计工程师不间断地与工程系统设计师、系统工程设计师及其他专业的设计师交换意见，寻求有效的设计改进措施，把可靠性的技术要求适时地综合到工程系统的设计中去。具体地讲，可靠性工程综合的主要内容包括：

1）工程系统可靠性指标分配；

2）建立工程系统可靠性数学模型，进行系统可靠性指标预计；

3）进行工程系统故障模式、影响和危害性分析；

4）进行工程系统潜通路故障分析；

5）实施工程系统可靠性设计，包括预防性可靠性设计、基础性可靠性设计、耐环境可靠性设计、安全裕度设计、边缘性能设计、冗余设计、人机环工程设计和维修性设计[41]等；

6）制定可靠性试验要求，包括可靠性研制/增长试验大纲、可靠性鉴定试验大纲和综合环境可靠性验收试验大纲[42]等。

（3）维修性工程综合

根据使用方明确的维修性要求，维修性工程师应适时地提出工程系统维修保障方案，包括故障预防、检测、隔离和修复方案，相应的确定对人员维修技能要求和对维修设备的要求，以及工程全寿命期维修费用指标等，并在整个工程研制过程中，不断地与工程系统设计师、系统工程设计师进行维修性保障措施的对话，把维修性技术要求适时地纳入到工程系统的设计中去。

在整个工程研制过程中，维修性专家要将前述维修性保障方案和技术要求适时地转换成每个技术状态项目的详细维修方案和实施计划，建立起系统维修模型去检验备选的技术状态项目、测试技术和维修方法，使系统的停机时间和维修费用尽最大可能减至最少，并将对应的维修技术要求分配到系统可维修的技术状态项目上去。依据上述定性和定量分析，确定工程系统的维修性设计要求，保证设计师系统能够适时地把这些要求纳入到工程系统的细节设计中去。

随着工程细节设计的完成，可靠性与维修性专家及时地提出可维修项目的维修频率估值，通常用平均维修间隔时间 MTBM 表示。维修性专家进一步确定每个项目以及工程系统的平均修复时间（MTTR）、每次维修活动需要的人员、时间和费用的估值。然后将这些维修性要求、维修所需资源的预测与工程设计结果进行比较，由设计师系统进行系统权衡，并转入下一次设计迭代过程，直至获得一个系统优化的设计为止。

（4）系统安全性工程的综合

系统安全性涉及到对工程制造、试验、包装、装卸、运输、储存和使用过程对人员和设备的安全，以及对设备或设计的特殊安全性要求。在系统综合的过程中，安全性专家实施系统综合的主要工作内容包括：

1）应用系统分析的方法和常规的危险性标准，审查工程设计，为系统生产准备提供设备的安全性认证；

2）通过危害性分析和设计评审程序，把安全性技术要求贯彻到工程系统的设计和操作中去；

3）确认和控制关键的安全性项目及其使用，尽最大努力把危害减少到可以接受的风险水平；

4）应用故障树分析方法，确定工程系统产生危害的模式、条件及引起意外事件发生的概率，对安全性进行定量分析，提出安全性的定量技术要求。

（5）人机环工程的综合

人机环工程综合的目标是把人的可达性、目视要求、提拿操作、联想、理解和反应能力等因素适时地综合到系统工作环境和技术要求中去，实现工程系统的优化设计。人机环工程专家在系统综合过程中的主要工作内容包括：

1）将工程系统的功能要求分配到人员、设备、软件或设施上；

2）规定人员介入工程活动的要求；

3）运用任务分析和时间基线研究的手段，确定人的能力是否能适应系统的要求；

4）应用系统模型或样机评价备选设计方案，进行人的极限能力模拟试验；

5）与工程系统设计师、系统工程设计师、有关工程专业专家，以及系统试验、生产、训练和使用人员一起，研究、解决在危险工作状态下，如何保护使用人员与装备的安全问题。

（6）其他工程专业的综合

就目前的认识，专门工程专业还涉及到电磁兼容性、测试性、保障性、保密性、标准化等技术领域的设计综合问题，限于本书篇幅，不准备展开讨论。但是，本章所提出的系统综合的总体框架、基本思路和方法对其他工程专业是可以共用的，参见参考文献［3，4，24］。

2.4.4 软件和硬件的综合

工程系统软件和硬件的综合对保证复杂工程系统的质量起着重要，甚至关键性的作用，因此，通常在工程设计总体部设立专门的软件与硬件综合机构负责这一工作。该机构的组成人员应由既熟悉计算机硬件和软件，又具有系统工程经历、对工程技术状态熟悉的设计师组成，软件与硬件综合工作的主要内容包括：

1）确认和分配每个计算机程序的技术要求，并负责审核计算机程序；

2）向软件设计师提出接口设计要求，并提供接口输入数据，保证硬件与计算机软件的正确综合；

3）对计算机软件的使用、存储资源和技术发展潜力进行评价；

4）负责实施相关设计评审，审核研制方内部软件的设计更改，确认软件是否满足里程碑决策的要求；

5）与试验部门一起验证计算机程序与硬件之间是否正确地进行了综合；

6）在规定的使用条件下，演示验证工程系统是否能够满意地运行。

实施软件与硬件综合的主要手段是接口控制文件（ICD），ICD

规定了计算机软件与必须一起使用的硬件之间的功能接口，将接口要求传递给计算机软件设计师，使其完整、准确地理解，并在系统综合工作中具体考虑对计算机程序设计的影响。

2.4.5 系统接口的综合

随着功能分析的展开，工程系统各层次组成单元之间的接口逐步明确，并以技术要求文件的形式确定下来。系统接口可以是物理的，也可以是功能的，或两者兼而有之，通常用机械、电子、或功能数据、软件程序表达，形成物理接口、电子接口、液压/气压接口、软件接口、软/硬件组合接口和环境接口等。对系统接口进行设计综合的主要工作内容包括：

1）使用功能流程框图和功能接口输入/输出图，初步确定接口，并规定接口之间的数据流；

2）在功能分解完成后，依据接口设计要求，进行接口设计；

3）在工程设计总体部组建接口控制技术组，负责接口设计协调，确保所有接口的兼容性，进而制定相应的接口控制文件（ICD），完成接口的研制工作；

4）考虑到接口研制涉及到诸多专业领域和众多实施部门，通常在接口控制技术组之下，设立若干专门专业接口工作小组，处理诸如电磁兼容、计算机资源和测试计划等专门技术领域的问题，完成相应的 ICD 的制定工作；

5）由工程设计总体部负责工程系统所有接口设计要求的汇总、技术协调工作，最终形成整个工程系统的 ICD，并由所有相关单位会签，发送到所有有关设计实施单位，作为系统设计的共同依据。

2.4.6 生产制造工程的综合

系统研制是一项涉及到工程设计、试验和生产制造的复杂过程，产品设计与生产保障密切相关，而工程设计的好坏对产品的可生产性起决定性作用，因此，在工程设计过程中要充分考虑与生产制造工程的综合。一个生产性好的工程设计，必将产生一个研制进度满意、生产费用合理的工程系统。

生产制造工程综合的目标是以尽可能低的生产费用，按照工程进度要求生产出高质量的工程系统。为此，在研制过程中，要适时地对生产功能和生产要求有关的系统要素进行分析、综合，在提出备选设计方案之后，及时地提出相应的备选制造方案，它将直接影响工程系统技术方案的决策。生产制造工程综合的过程可用图 6－3－13 概要地描述。

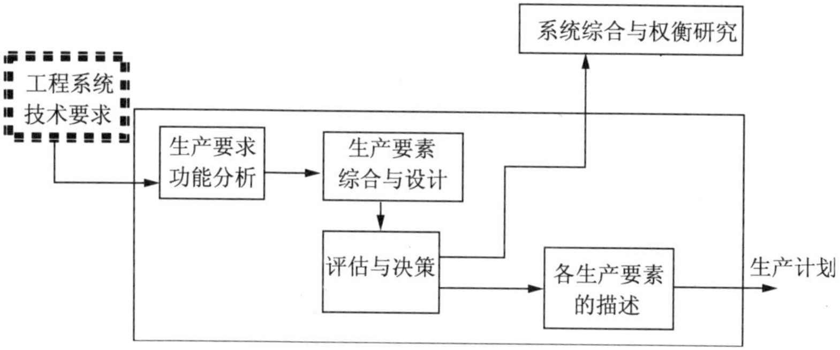

图 6－3－13　生产制造工程的综合过程

在论证和方案阶段，生产制造工程师与其他工程专家一起，适时地介入工程系统的设计工作，参与工程系统的技术方案评审，及时地把技术状态项目的生产性要求纳入到系统工程文件系统中，保证工程系统设计具有必要和良好的生产性。

在工程研制阶段，生产制造工程、产品质量保证、生产计划和生产设施研制等方面的人员全面参与系统综合过程，在全面质量管理计划的指导下，参与生产准备评审、功能/物理技术状态评审，并对生产过程进行质量控制，对生产样机进行样机试验验证，鉴定产品是否满足有关设计规范的要求等，详见参考文献［24，45］。

2.4.7　试验系统工程的综合

在工程的研究与设计过程中，试验系统工程的综合是伴随着对工程系统或其组成单元的技术性能、环境的适应性和系统间的协调性等的一系列评估活动而展开，这一过程的实质是把工程应开展的试验活动及时的综合到工程系统的研究与设计过程中，包括制定试验方案、编制试验计划、进行试验和对试验结果进行分析、评价等活动。

工程系统的试验，可分为使用性试验和研制性试验两大类（参见图6－3－14），前者侧重于对使用要求的评估和验证，要求尽可能在接近实际使用的环境下进行；后者侧重于能否实现工程研制技术要求的评估和验证，通常在模拟的条件下进行。试验系统工程综合的主要目标是评估并减少工程系统的研制风险，及时评价工程系统的技术和使用效能。在论证阶段，主要目标是帮助设计师系统优选备选设计方案，初步评估备选设计方案的使用效果，对工程的研究和设计提供技术支持。在方案阶段，协助设计师系统选择和确认满意的技术途径，包括减少技术风险的可行技术途径和解决办法。在工程研制阶段，进一步验证工程系统的技术性能、工程设计的正确性和完善程度。在整个研制过程中，为了更有效地利用资源，通常把使用性和研制性试验结合进行，但是，为了保证工程系统的研制质量，在工程研制阶段，不是在十分必要的条件下，使用性和研制性试验应分别进行。

随着工程研制的逐步深入展开，试验与鉴定方案、大纲的制定、修订与实施管理的重要性更加突出的表现出来，成为系统设计与管理的关键环节。在不同工程研制阶段，试验要求、方案、大纲的制定是一个逐步完善的过程，在试验要求、方案、大纲的形成过程中，试验系统设计师把系统组成单元和整个工程系统的试验验证要求纳入到系统工程文件之中，保证了系统组成单元和整个工程系统试验要求、方案和大纲的落实，这一过程就是试验系统工程与系统设计的综合过程。试验要求单（TRS）和试验与鉴定总计划（TEMP）是这一过程形成的主要系统工程文件。

试验与鉴定总计划（TEMP）是一份动态文件，但是，包含的内容应当密切结合工程实际，明确具体，强调工程系统使用和技术要求的定量性和可验证性，主要内容包括：

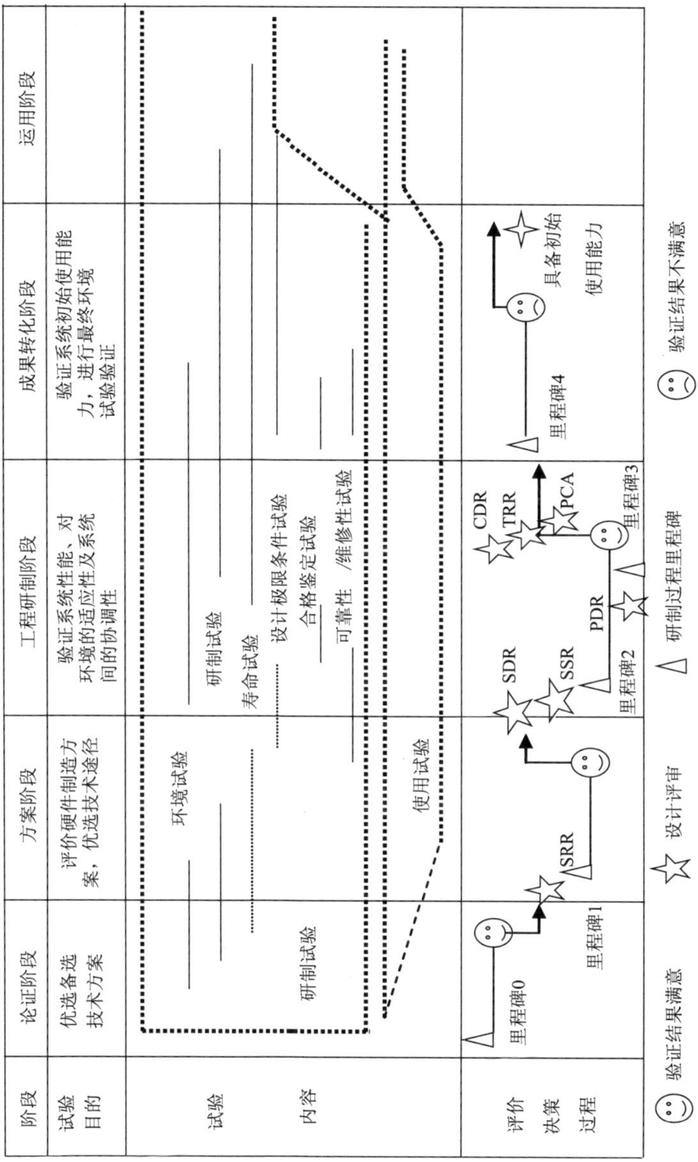

图6-3-14 工程系统试验的内容与决策过程

SRR—系统要求评审；SDR—系统设计评审；SSR—软件规范评审；PDR—初步设计评审；CDR—关键设计评审；TRR—试验准备评审；FCA—功能技术状态评审；PCA—物理技术状态评审；FQA—正式合格评审

1）工程系统的说明；

2）试验管理和进度安排；

3）工程试验范围和要求；

4）试验与鉴定的保障条件等。

软件在工程研制过程中的试验与鉴定有其特殊性，为此，安排了试验与鉴定的专门程序和设计评审，构成整个试验工程综合的有机组成部分。

2.4.8　综合技术保障工程的综合

在工程的研究与设计过程中，尽早地开展工程综合技术保障要求的综合工作，将系统的装备完好性和系统保障特性落实到工程设计中去，是综合技术保障工程综合的基本目标。在论证和方案阶段，对系统综合技术保障要求及时地开展设计，可以有效地提高工程系统的综合保障能力，有利于降低工程全寿命期费用；在工程研制阶段，通过一系列系统设计的权衡研究和设计评审，把工程的综合技术保障要求纳入到工程设计中去。图 6 -3 -15 示出了在论证和方案阶段综合技术保障工程综合过程的示意图，图的上半部分描述了工程系统主设备和有关软件的研究与设计过程，下半部分描述了综合技术保障工程的综合过程。与工程系统的主设备一样，工程系统技术保障功能的综合也可以通过功能流程框图和技术要求分配等手段进行，为了取得综合技术保障诸因素之间的平衡，必须根据使用方的要求，由设计师系统明确提出综合技术保障要求的优先保障序列，以及进行权衡、决策的指导原则，纳入系统工程的文件系统之中，力争做到：

1）装备完好性的目标既是高标准的，也是能够实现的；

2）在保障实现可靠性和维修性要求的基础上，落实综合技术保障要求；

3）在系统综合与权衡研究的过程中，把综合技术保障要求放在恰当的保障位置上。

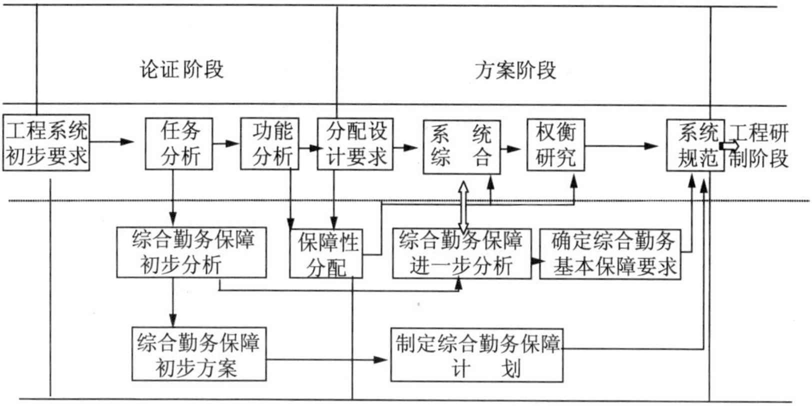

图6-3-15　综合勤务保障工程综合示意图

综合技术保障系统的设计通常包括对自动、非自动测试与保障设备、模拟器、训练设备和机动维修训练器的设计，维修和修理设施要求的分析，以及包装、装卸和运输保障的研究和设计，关键的工作是制定综合技术保障大纲。

系统工程的研究与设计过程，是一个通过任务分析、功能分析、系统综合与权衡研究实现各方面要求均衡满足的设计过程，这一过程包括把工程主设备及其软件的各种备选技术方案，各种可靠性和维修性保障备选技术方案，以及工程系统装备完好性的要求恰当、协调地综合在一起，而且对工程总研制经费和研制进度不产生负面影响，这样将有助于工程综合技术保障系统目标的落实。

2.5 系统权衡研究

系统权衡研究是对影响工程设计的诸多因素，如系统的技术与使用性能要求、专门工程专业各方面的要求、系统的可生产性与试验验证要求，以及工程的综合技术保障要求、工程的全寿命期费用和研制进度要求等进行统筹分析、平衡，并提出决策建议的系统工程过程。因此，他通常面对的是多目标决策的复杂问题。权衡研究的基本任务是通过系统研究，适时地提出决策建议，指导系统技术方案的决策、系统设计要求与技术状态的建立、推进系统各组成单元详细设计等项工作的落实。

权衡研究是工程系统工程研究与设计过程的重要组成部分，在论证阶段，通过权衡研究，对用户提出的需求，进行系统任务分析与任务范围界定，以利于用户要求与技术保障措施的落实；在方案阶段，对各种系统性能要求和工程专业等方面的要求进行综合与平衡，并依据工程系统总目标的要求对工程总体技术方案进行优化和决策；在工程研制阶段，对分系统、部件、组件设计方案进行初样和试样设计权衡，在多个备选方案中优选出综合效能好的技术方案；在定型后，当需要进行工程系统改进时，权衡研究是评估更新技术方案的重要手段。

开展权衡研究的基本目标之一是防止设计人员习惯于按过去的经验办事，常常搞单方案设计。通过权衡研究，在系统工程研究与设计的程序上堵死单方案研制与决策的通道，为能够优选出满意的设计方案创造条件。

2.5.1 权衡研究的基本方法

为了保证决策过程不偏颇哪一个方案，能够客观、公平、合理地进行技术方案决策，通常采用一种程序化的权衡研究方法，图 6－3－16 示出了一种用于分析、评价一组备选技术方案或设计完整性的工作框架[3,4]，其分析步骤如下。

（1）确定权衡目标和要求

研制阶段不同，决策的问题不同，权衡研究的具体目标和要求也不相同。但是，不论对何种问题进行权衡研究，都必须用明确、清晰的语言表述权衡的目标和要求，以利于形成正确的决策。以方案阶段总体技术方案权衡研究为例，主要以论证阶段明确的工程系统总要求为依据，确定权衡研究的目标和要求。

（2）明确备选方案

备选方案可以是预先选定的，如在论证阶段初步优选出的若干可供权衡研究的备选总体技术方案，经过方案阶段进一步综合、试验验证和完善，提供方案决策权衡研究。也可以是在权衡研究之前或权衡过程中，为进一步进行优化决策，新提出的技术方案。不论怎么产生的备选方案，都必须作详细、全面的描述，其详尽程度应足以应用图 6－3－16 所列程序进行权衡研究。

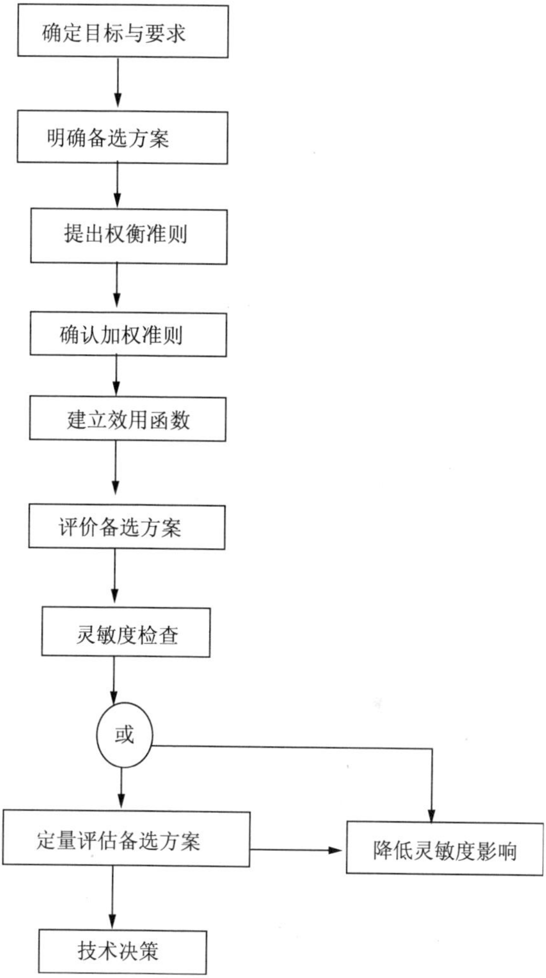

图 6－3－16　权衡研究的基本程序框架

对提供的备选方案，一般应先进行预选，筛选掉不满足工程约束条件，不具有实现现实可能性和应用前景的技术方案，保证权衡研究不把时间消耗在没有意义的技术方案上。以我国“东方红二号甲”通信卫星运载火箭总体技术方案权衡研究为例，当时提出的若干方案中，有一个常规推进剂三级运载火箭方案，尽管这一方案当时受到很多领导和技术人员的青睐，但是，在方案筛选过程中，通过运载能力分析发现：在论证阶段，这一技术方案按照最理想的推进系统推力特性进行方案分析，把“东方红二号甲”卫星送入预定轨道没有必要的设计余量，而且是一个没有应用前景的方案，因此，还是被筛选掉了。

（3）确定权衡准则

权衡准则是技术方案权衡的标准，决定着权衡研究的成败，必须严格按照工程总目标和不同研制阶段制定的系统工程文件明确的技术要求进行。研制阶段不同，依据的文件也不同（详见表6－3－1）。这些文件能够提供技术方案性能、费用、研制周期等可度量的参数、约束条件及有关信息。

表6－3－1　确定权衡准则依据的文件

阶段	依据文件
论证阶段	工程项目立项论证报告 工程项目总目标 工程系统初步要求
方案阶段	工程系统总要求 工程系统总体技术方案报告 工程系统管理计划 工程系统试验与鉴定总计划 备选方案综合技术保障计划

续表

阶段	依据文件
工程研制	工程系统研制任务书 中选方案综合技术保障计划 工程系统试验与鉴定总计划 工程生产保障计划 系统工程管理计划
使用—保障阶段	工程改进设计要求 综合技术保障计划 工程生产保障计划 系统工程管理计划 工程使用、部署计划

（4）准则的加权

为减少评价人员个人偏见对权衡结果的影响，决策者通常根据需求总目标，控制备选方案评价的侧重点，对权衡准则进行加权处理。当然，加权也会带有主观因素，为此，决策者应尽量利用工程项目已有的较为完整的系统效能模型、已经过使用验证的信息，使加权过程既能充分反映任务需求的侧重点，又比较客观、公正。

（5）制定效用函数

制定效用函数的目的：在不同准则下，对有关性能的评价转换到同一比较尺度，以利于备选方案决策。效用函数可通过工程判断或定量分析的办法确定[24]。

对于难以定量和度量的特性，可以建立效用值的相对尺度，通过对备选方案的结构进行比较，也可以确定出“最佳”备选方案。这种办法通常用于非技术性参数的权衡研究，如研制周期、经费等。

（6）评价备选方案

评价备选方案按下述程序进行：

1）依据技术方案试验验证的测试值、设计参数分析结果、技术方案的计算机仿真结果，权衡研究人员综合给出各备选方案按评价准则确定的性能参数；

2）权衡研究人员根据已确定的效用曲线，将上述性能参数转化为对应的效用评分；

3）决策者确定准则加权值，权衡研究人员对各备选方案的全部效用评分结果进行加权处理，得出加权后的效用评分；

4）权衡研究人员对各备选方案加权后的效用评分结果进行排序，供决策者进行技术方案决策参考。

（7）灵敏度检查与决策

如果各备选方案或其中几个备选方案的总效用函数加权评分相近，决策将难以进行，必须对权衡研究进行灵敏度检查。

灵敏度检查的重点是那些没有经过充分试验验证和使用的性能参数。通常的做法是：首先按一定置信度水平给出这些性能参数的估计值变化范围，然后重新对各备选方案进行效用评分，并给出各备选方案的总效用加权评分的变化范围，供决策者作进一步决策参考[24]。

在工程系统工程的研究与设计的过程中，进行权衡研究使复杂工程问题的决策程序化、科学化了。但是，定量的分析结果也只是向决策者提供了决策的参考资料，而不是决策的直接依据。工程系统越复杂，多目标系统的定量决策越困难（详见第五部分《工程系统工程的决策》）。定量分析并不能代替决策者的创造性思维，对于复杂系统的最终决策往往还是靠人进行，依靠决策者与决策分析人员群体的智慧和经验。

2.5.2 权衡研究的要点

权衡研究的方法和技术是多种多样的，诸如系统分析法、逻辑分析法、层次分析法、灰色评估法、专家调查法、模糊综合评估法、效用函数分析法和作战模拟法等，详见参考文献[40]。对于不同专业、不同性质的设计和决策问题，常常采用不同的权衡研究方法，但是，一项成功的权衡研究应当完成下述基本的研究内容：

1）是否对所有有价值的技术方案都进行了权衡研究？

2）所有的重要权衡准则是否都是可测定的？是否适于鉴别本项目的各备选技术方案？

3）权衡准则是否是可接受的？

4）综合效用评分准则是否正确地制定了？

5）评价决策方法是否用文件确认了？

6）是否实施了灵敏度分析？

为了减少技术方案的决策风险，权衡研究要重视如下要点：

1）在工程设计初期，尽可能选用能够满足任务要求、成熟、通用或标准化的部件，如经过长期使用验证的电子设备、阀门、火工品等；

2）在工程研究、设计、试制、试验和鉴定早期，把重点质量保证项目的权衡研究参数作为优先安排的任务来落实；

3）对备选技术方案进行的权衡研究结果应形成正式文件，并包括在设计评审文件之中，确保对设计要求分配的可追踪性；

4）在进入工程研制阶段之前，对所有采用新技术，又没有在生产过程中充分试验验证的设计，必须进行全面、充分的试验。

2.5.3 权衡研究的报告

权衡研究报告（TSR）是权衡研究过程中产生的主要系统工程文件，它以系统工程文件的形式确认了权衡研究的辅助决策过程，每份报告至少应包括权衡分析的依据、备选方案的说明、权衡准则和权重的制定原则、权衡分析的主要结果等。

权衡研究报告（TSR）是正式设计评审过程中的一项重要的系统工程文件，其详细程度随着工程研制阶段而变化。在系统要求评审（SSR）时，权衡研究侧重于系统效费比和全寿命期费用等内容的分析。初样设计评审（PDR）时，权衡研究的重点是具体设备设计方案中的决策问题，如安全性保障方案、故障隔离方案或目标采办等敏感的问题。试样设计评审（CDR）时，通常包括对制造工艺选择的权衡研究。

权衡研究报告可以为许多专门领域的技术决策问题提供有价值

的决策支持，如工程风险分析和风险管理方面的重要决策问题。不管是风险管理，可靠性、维修性和综合技术保障，还是其他专业领域的权衡研究，在权衡研究工作中，最重要的问题是：对一个系统所作的权衡研究要使用统一的权衡准则和加权原则，才能保证技术决策具有共同的基础。

2.5.4　小结

前几节讨论了工程系统工程研究与设计过程中的任务分析、功能分析和系统综合等内容，与权衡研究一样，这些系统工程活动都贯穿于系统研制的全过程，是一个多次迭代的系统工程过程，它们之间的关系可用图 6－3－17 概要地说明。

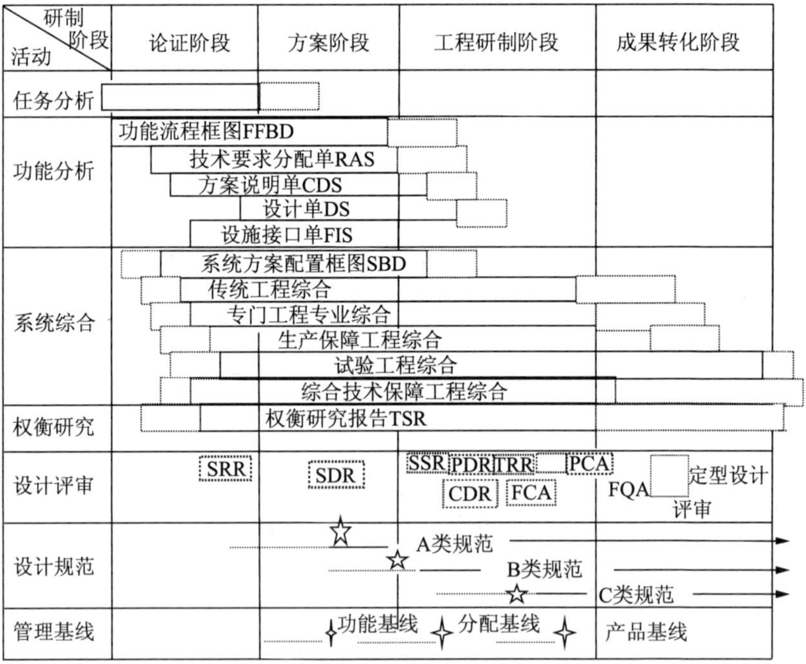

图 6－3－17　导弹头体散布区示意图

在工程系统的研制过程中，任务分析、功能分析、系统综合与权衡研究的迭代过程是需要很多时间、经费来完成的，它是一个反复确认的决策过程，但是，也不是永无休止的研究与设计过程，随着工程技术规范和管理基线的建立，工程系统工程的研究与设计过程告一段落。

2.6 系统的设计评审

（略，详见参考文献［3，4，24，43］）

2.7 工程研制规范、技术状态管理与工作分解结构

（略，参见参考文献［3，4，24，44］）

2.8 系统的改型设计

（略，参见参考文献［24］）

2.9 计算机辅助设计

（略，参见参考文献［24，37，38］）

3 工程系统的生产保障

（略，详见参考文献［24，46，47］）

4 工程系统的试验与鉴定

（略，详见参考文献［24，50］）

5 工程系统的综合技术保障

（略，详见参考文献［24，56，57，59］）

参考文献

[1] 钱学森,等. 论系统工程[M]. 长沙:湖南科技出版社,1988.

[2] 钱学森,许国志,王寿云. 组织管理的技术——系统工程[N]. 文汇报,1978-9-27.
[3] (美)防务系统管理学院. 系统工程管理指南(1986 年版)[M]. 王若松,等译. 北京:航空工业出版社,1991.
[4] (美)防务系统管理学院. 系统工程管理指南(1990 年版)[M]. 国防科工委军用标准化中心,译. 北京:宇航出版社,1992.
[5] 钱振业,等. 航天技术概论[M]. 北京:宇航出版社,1991.
[6] (美)MIL-STD-499A(USAF). 工程管理[S]//美国军用标准. 1974,05,1.
[7] (美)MIL-STD-881B. 防务装备项目的工作分解结构[S]//美国军用标准. 国防科工委军事标准化中心,译. 1993,03,25.
[8] (美)MIL-HDBK-245B:工作说明(SOW)的编写[M]//美国军用手册. 1983,06,01.
[9] 王炳章. 飞机系统工程的回顾和展望[M]//航空高技术与系统工程. 北京:航空工业出版社,1991.
[10] 张广仁. 大型科研工程的计划管理[M]//中国大型工程管理. 武汉:华中理工大学出版社,1993.
[11] 刘国良. 航天工程的两条指挥线[M]//中国大型工程管理. 武汉:华中理工大学出版社,1993.
[12] 陈明仲. 总体设计部与系统工程[M]//中国大型工程管理. 武汉:华中理工大学出版社,1993.
[13] 柴本良,王晓平. 军事科技项目管理方法简介[M]//中国大型工程管理. 武汉:华中理工大学出版社,1993.
[14] 吕慧敏. 美国国防部重大工程项目采办管理分析及其评价[M]//中国大型工程管理. 武汉:华中理工大学出版社,1993.
[15] 赵少奎. 对战略导弹研制决策程序的研究[M]//科技研究优秀论文选集. 1993,6.
[16] 黄春平,等. 运载火箭系统工程管理[M]. 北京:宇航出版社,1994.
[17] 范维生. 航天系统工程管理概论[M]. 北京:宇航出版社,1992.
[18] 陶家渠. 计划协调技术概说[M]//系统工程与科学管理(三). 国防科委情报资料研究所,1979,8.
[19] 钱圣己,等. 计划协调技术的探索和初步试验[M]//系统工程与科学管理(三). 国防科委情报资料研究所,1979,8.

[20] 王世洪．航天工程型号运载质量管理分析及其评价[M]//中国大型工程管理．武汉:华中理工大学出版社,1993.
[21] 胡遵乾．总体设计部的系统设计质量管理概述．航天总公司二院二部,1983,10.
[22] 罗云,等．设备寿命周期费用方法及其应用[M]．北京:海洋出版社,1992.
[23] 中国人民大学管理系统工程教研室．管理系统工程[M]．北京:经济科学出版社,1987 年.
[24] 赵少奎,杨永太．工程系统工程导论[M],北京:国防工业出版社,2000. 3.
[25] 王连成．总体部历史经验与工程系统论[N]. 中国航天报 . 1998,10.
[26] 赵之林．价值工程及其应用[J]．航天部一院院刊编辑部 . 1984,5.
[27] 赵全仁,等．武器装备论证导论[M]．北京:兵器工业出版社,1998,6.
[28] 高存厚,荣明宗．飞行器系统工程[M]. 北京:宇航出版社,1996,12.
[29] Werth JR, Larson WJ. Space Mission Analysis and Design. Published by Kluwer Academic Publisheers, 1991.
[30] 沅镰,章国栋．工程系统工程及其在型号研制中的应用[M]//航空高技术与系统工程．北京:航空工业出版社,1991.
[31] 赵少奎．运载火箭的研制[M]//航天技术概论．北京:宇航出版社,1991.
[32] 钱振业,杨广耀,程玲珠,韦德森．中国航天发展战略[M]. 国务院发展研究中心国际技术经济研究所,1990.
[33] 赵少奎．中国航天运载技术发展的决策研究[M]//中国航天发展战略探讨. 北京:宇航出版社,1991.
[34] 赵少奎．运载火箭推力线偏差的分析与测量[J]. 宇航学报,1984(1).
[35] 赵少奎．弹道式导弹结构偏差特性的分析计算[J]. 战术导弹技术,1990(1).
[36] 赵少奎．对改进设计的研究[J]. 湖北航天科技,1993(5).
[37] 任仲贵 . CAD/CAM 原理[M]．北京:清华大学出版社,1991.
[38] 汤德忠,李正吾 . CAD/CAM 应用技术[M]．北京:机械工业出版社,1988.
[39] 于景元．系统工程的应用和发展．中国航天工业总公司七一零所,1998,3.
[40] 赵双仁,等．武器装备论证导论[M]．北京:兵器工业出版社,1998.
[41] 荣明宗,高存厚．飞行器系统工程[M]．北京:宇航出版社,1996.
[42] 冯秉初．全弹 CERT 试验技术的新进展[J]．运载火箭技术研究院,1999,1.
[43] 国家军事标准．设计评审(GJB1310 - 91)[S]．中国国防科学技术工业委员会,1992.

[44] 国家军事标准. 武器装备研制项目工作分解结构(GJB2116－94)[S]. 中国国防科学技术工业委员会.
[45] (美)DoDD4225.7. 从研制到生产的转移[S]. 国防科工委军用标准化中心研究室,译. 国防部指令,1989,1.
[46] (美)DoDD4245.6. 国防生产管理. 国防科工委军用标准化中心研究室,译国防部指令,1989,1.
[47] (美)DoDD5000.38. 生产准备状态审查. 国防科工委军用标准化中心研究室,译. 国防部指令,1989,1.
[48] (美)DoDD5000.45. 选定的重大系统基线的确定. 国防科工委军用标准化中心研究室,译. 国防部指令,1989,1.
[49] 航空科学技术研究院系统工程研究室. 航空高技术与系统工程[M]. 北京:航空工业出版社,1991.
[50] (美)防务系统管理学院. 试验与评价管理指南. 国防科工委军用标准化中心,译. 北京:航空工业出版社,1992,3.
[51] 赵少奎. 地地弹道式战略导弹飞行试验规范. 中华人民共和国军用标准GJB539－88:国防科学技术工业委员会,1988,6.
[52] 赵少奎. 弹道式导弹的飞行试验程序与方法[J]. 远方科技,1989,10.
[53] (美)美国军用手册 MIL－HDBK－781(1987). 工程研制、鉴定与生产可靠性试验方法、方案和环境. 航空航天部301研究所,1988,10.
[54] 赵少奎. 弹道导弹的飞行试验与精度鉴定//航天控制《制导精度分析技术》文集,1991,5.
[55] 赵少奎. 试验系统工程初探[M]. //航空高技术与系统工程. 北京:航空工业出版社,1991,8.
[56] 徐宗昌,等. 装备保障性分析. 中华人民共和国军用标准(GJB 1371－92). 国防科学技术工业委员会,1993,3.
[57] 马绍民. 综合保障工程[M]. 北京:国防工业出版社,1995,12.
[58] 陈学楚. 装备系统工程[M]. 北京:国防工业出版社,1995,3.
[59] (美)防务系统管理学院. 综合后勤保障指南. 国防科工委军用标准化中心,译. 国防科工委军用标准化中心,1990,12.

(本文发表在国防工业出版社编辑、出版的《工程系统工程导论》，2000.9：67～264)

第七部分　钱学森科学思想研究

钱老的风范

〔摘　要〕　通过20世纪60到80年代与钱学森同志工作接触的几个事例，对钱老科学大师的风范做了生动描述。

〔关键词〕　钱学森　科学家　科学思想　大师风范

从1964年4月到1989年底，在25年间我一直在运载火箭研究院总体部从事导弹与运载火箭的总体设计工作，因此，有较多机会接触钱老，多次直接向钱学森同志汇报技术工作，聆听他的指导。钱老学识渊博，思路开阔，对工作极端负责任，提携年轻人才的科学家风范，在我的心目中留下了不可磨灭的印象。

20世纪60年代，我刚刚到当时的国防部第五研究院总体部工作，曾参加我国第一种自行研制的运载火箭的总体设计工作。我们总体室副主任钱振业同志发现运载火箭发动机的压力调整装置设计不合理，既笨重，又不可靠，提出了新的设计方案，并且经过多次地面试验证明设计是成功的。因此，向领导提出装箭参加飞行试验的报告。当时大家都缺乏经验，主管领导怕冒风险，争论了一年多仍然不同意装箭飞行试验。钱老知道这件事后，亲自来到总体设计部听汇报。钱老听完青年科技人员的汇报后，当即明确表示：这一技术方案如同太阳从东方升起一样，自然是成立的。在钱老的支持下，我国青年科技人员突破了德国和苏联火箭发动机设计的常规，在火箭技术的心脏动了手术，飞行试验取得了成功。这一成功，使我们年轻科技人员深受鼓舞，深深地理解了钱老常说的一段话："别人讲不清楚的问题，我们应当讲清楚，我们也能够讲清楚，因为中国人并不笨"的真正含义。在这种勇于创新思想的鼓舞下，我们年轻科技人员跟着钱老闯出了一条具有中国特色的航天技术发展之路。

在研制我国第一代洲际运载火箭的过程中，由于国内有限射程靶场的限制，研制工作遇到了极大的困难。为了突破这一难题，在运载火箭研究院总体设计部成立了试验研究的专题论证组，领导委托我担任负责人。经过专题论证组全体同志的奋力拼搏，终于提出了一整套切实可行的技术方案，得到时任七机部副部长的任新民和时任国防科委副主任的钱学森的支持。在听取我们技术方案汇报时，钱老发自肺腑地说："你们做了一件很有意义的工作，立足国内试验解决了我们洲际运载火箭研制的难题，方案是正确的、可行的。这是我多年来想解决而没有解决的问题……"在场的每一个人无不为之感动。钱老不仅不讳言自己多年来没有解决这一技术难题，而且以青年人能够解决这一技术难题而由衷地高兴，充分表现了一位大科学家实事求是、提携后辈的博大胸怀。

钱老十分注重理论联系实际，经常深入到科研、生产第一线。20 世纪 70 年代末，我国第一代洲际弹道导弹的一次重要的飞行试验在我国西部大戈壁进行。弹着点在远离居民区的茫茫戈壁，生活条件极其艰苦，连生活用水都需要从远处运进去。为了能够及时掌握试验的第一手资料，年近 70 的钱老仍然亲自奔赴连火箭设计技术人员都很少去过的弹着区，他一路风尘扑扑，身先士卒，不畏艰难，深入到弹着区的每一个测量点，为科技人员树立了一位模范共产党员、人民科学家的生动形象。

在完成了我国首批太平洋火箭飞行试验后，我准备写一份"试验系统工程的初步尝试"的技术小结，为此给钱老写信征求他的意见。他收到我的信之后，亲笔写下了"我很愿意学习您的报告"几个大字，并且工工整整的签上他的名字，让他的秘书王寿云同志亲自转交给我。在钱老的鼓励下，我终于完成了小结，钱老阅后做了批示，转给时任国防科委三局局长的丁衡高等领导同志审阅，并推荐给时任七机部科技委主任的任新民同志，建议七机部科技委组织一次讨论。这件事后来由于某种原因经历了一些曲折，但是，钱老虚怀若谷、提携后进的大科学家风范，却使我终生难忘。

当今科技界，著书立说、申报科技成果挂名顶替的事时有发生，钱老却不参加修订版《工程控制论》的授奖大会，把荣誉让给做具体工作的青年科技人员，在学术界树立了永远值得我们学习的榜样，一位真正的科学大师的风范。

在我们怀着极其沉痛的心情悼念世界著名力学和工程控制论大师、中国现代航天科技的奠基人和卓越领导者、我国现代科学技术体系理论的开拓者和领路人、中华民族伟大复兴的杰出代表、中国科学技术界的模范共产党员和光辉旗手钱学森同志的时候，让我们继承他的遗志，学习他的科学思想和革命精神，永远向前、向前、向前。

（本文作者曾以赵健的笔名发表在 1991 年 11 月 23 日《中国科技日报》第 1 版，钱老逝世后，文字做了局部修订。）

学习钱学森，沿着钱老开辟的现代科学技术体系探索研究的道路前进

——从工程技术走向科学论

〔摘　要〕　在钱学森院士的科学人生中，经历过三次大的飞跃：20 世纪 40 年代，在现代力学、工程控制和物理力学等领域作出了开创性贡献，提出了“技术科学”的思想；50～60 年代以来，在开创我国导弹与航天事业的过程中，创建了具有中国特色的系统工程理论和航天系统工程；70 年代末以来，创新提出了“现代科学技术体系”的思想和“开放的复杂巨系统理论”，创建了“系统学”等科学大部门，开拓了科学的新领域，从工程技术走向了科学论。对从事工程技术研究与实践，有志于献身科学事业的人们，是一种鼓舞的力量，也具有指导和启示的意义。

〔关键词〕　工程技术　科学论　工程科学　系统科学　现代科学技术体系

1　前言

21 世纪之初，钱学森明确地指出[1,2]：“我是从搞工程技术走向科学论的……”。在各种工程技术中，对他形成现代科学观影响最深远的应当说是系统工程。在开创现代航天科技的实践中，钱学森不仅深深感受到现代工程科学技术的魅力，而且在这块高科技的沃土上，萌发了他的系统工程与系统科学的理念，系统工程与系统科学是其影响最广、最深远的事业之一。

钱学森对系统工程的探索与实践，严格地讲，是在美国从事现代火箭、导弹研究的开创时期起步的[2-4]。钱学森抱着科学救国的

理想，远涉重洋到美国求学，选择了航空工程与工程力学的专业方向，他的研究领域十分宽广，但是，他紧紧瞄准航空和火箭技术的发展方向，20 世纪 30 年代末，就积极地投入到美国现代火箭、导弹技术的探索研究工作中，使其成为美国现代航天科技的重要奠基人之一。

钱学森的系统工程理念虽然是在美国开始孕育的，但是，系统工程理论、方法体系的建立是在回归祖国，在老一辈无产阶级革命家的领导下，承担起我国航天科技主帅的重任之后，与他的战友们在解决我国航天科技发展的一系列重大问题的实践过程中，逐步完善，并走向成熟的。他的系统科学理论与方法，是钱老退出国防科工委主要领导岗位之后，在组织国内志同道合的科研人员，办起了一个个名为“系统科学”、“思维科学”和“人体科学”的研讨班，率领我国一批高层次的中青年科学家和工程技术专家，向系统科学、思维科学、人体科学发起跨世纪之战的过程中逐步形成和发展起来的。

2　钱学森的现代工程科学观

1936 年初秋，在美国加州理工学院，钱学森师从世界著名的航空工程与力学大师冯·卡门，1939 年取得航空、数学双博士学位后，成为冯·卡门的得力助手与合作者。在进行现代工程科学研究的起步阶段，钱学森有幸对高速飞行器的“声障”、“热障”和“薄壳结构稳定性”等世界性前沿课题进行一系列开创性的研究工作，并有机会参与美国现代火箭、导弹技术的开创工作[2,3]，为其在 20 世纪 40 年代超前建立现代工程科学观，形成钱学森科学人生中的第一次创新高峰提供了得天独厚的科研条件。

通过近 20 年现代工程科学技术前沿领域的研究与教学实践，在导师冯·卡门现代科学思想的影响下，钱学森深刻地认识到：在现代自然科学基础理论与工程技术之间已经形成了一个独立的科学体系，即现代工程科学（钱老回国后，按照国内习惯，改称“技术科学”），现代科学与工程相结合对推动国家发展具有极端重要性，已经成为决定国家和国际事务的关键因素[3]。

1948年，钱学森发表了《工程与工程科学》的论文，明确地指出[3]：当代，科学与技术研究已经不再是没有计划的个人活动，任何一个大国的政府都已经认识到，这种研究是增强国力和国民福利的关键所在，因此，必须严密地加以组织。并且指出：“纯科学的发现与工业应用之间的距离已经很短，留长发的纯科学家与理短发的工程师之间的差别也非常之小，他们之间的紧密合作需求产生了一种新的职业，就是工程科学家，他们在纯科学与工程之间架起了桥梁，运用基础知识解决工程的实际问题。”在这一时期，钱学森向他的导师冯·卡门明确地提出[4]“火箭导弹技术同其他类型的武器所要求的技术完全不同，必须委托给军事部门的一个新的团体，要用新的军事思想和思想方法进行研究……”并建议美国应成立一个“喷气武器部”，统一组织领导火箭导弹技术的发展工作[4]。可见，钱学森在开创美国现代火箭与导弹事业的过程中，已经逐步明确地建立起了现代工程科学的理念：

——在现代自然科学与工程技术之间已经形成了一个独立的科学体系，即现代工程科学体系；

——科学与技术研究已经不再是没有计划的个人活动，任何一个大国的政府都应当认识到，现代科学与技术研究已经是增强国力和国民福利的关键所在，因此，必须进行严密、科学的组织管理；

——纯科学的发现与工程应用之间的距离已经缩短，自然科学家与工程师之间的差别也在缩小，在他们之间产生了一种新的职业群体——工程技术科学家，他们在纯科学与现代工程之间架起了桥梁，把传统工程的内涵推进到现代工程技术发展的新阶段（参见图1－1－4）；

——火箭、导弹等复杂工程系统同其他简单工程装备的开发与运用完全不同，必须建立一种新的组织管理机制，用新的理论、技术思想和方法进行研究、开发和运用；

……

20 世纪中期，随着运筹学、一般系统论、信息论和控制论的出现，计算机、火箭技术等的发明，推进了一门崭新的技术科学——工程系统工程[6,7]的形成。在这一进程中，钱学森在美国加州理工学院喷气推进实验中心（JPC）担任实验室主任与 Goddard 讲座教授，使 JPC 成为美国工程系统工程的重要发源地[2,8]，并且于 1954 年秋，钱老完成了《工程控制论》的巨著，与此同时，他明确地指出[2,3]："一个社会主义国家搞建设，在如何进行组织管理，加强计划性方面，运筹学会起更重要作用"，这说明钱学森当时已经把握了系统工程最前沿的理论和方法，为回国后结合我国的实际，创新建立航天系统工程打下了坚实的基础，进行了必要的理论和技术准备。

3　中国航天工程的组织管理

在开创我国导弹与航天事业的进程中，钱老迎来了科学人生的第二次创新高峰。钱学森当时首先遇到的难题，不是导弹与航天技术开发工作中的具体技术问题，而是如何运用科学的组织管理方法，组建一个高效、有序的导弹与火箭工程开发的组织管理系统。如何把成千上万的研制人员；数量众多的研究、设计、试制、试验和生产单位；难以计数的研究、研制和试验设备；数量巨大的研究与研制经费；要求严格、种类繁多的物质、器材，按照现代工程科学的理念，导弹、火箭和航天技术开发的总目标要求，协调一致地组织起来，有序地投入到导弹、火箭与航天工程系统的研究、设计、试制、试验和生产过程中去，也就是钱学森提出的：建立一种"组织管理系统的规划、研究、设计、制造、试验和使用的科学方法"[7]。

在创建我国导弹和火箭研制体系之初，钱学森就明确指出[9,10]"健全的航空工业，除了制造工厂之外，还应该有一个强大的为设计服务的研究及试验单位，应该有一个做长远及基本研究的单位。"钱学森当时就清醒地认识到：现代复杂工程系统的开发与传统工程研制有很大不同，组织管理工作必须符合科学技术工作的客观规律，也要结合中国的具体情况，应当建立具有宏观谋划指导与系统设计运筹、控制与管理职能的总体研究机构。按照钱学森的这一思想，借鉴苏联航空技术总体设计部的经验，我国导弹、火箭与航天技术研究院陆续都建立起总体设计部，以及相关专业研究所、试制与生产厂和配套的试验基地，形成了我国航天系统独特的组织管理体系，把钱学森对我国导弹、火箭发展的宏观战略谋划付诸组织实施。钱学森在总结我国导弹与航天工程研制实践中形成的、起着总设计师技术工作总参谋部作用的总体设计部的工作经验时指出[6,7]：“这样复杂的总体协调任务不可能靠几个人来完成，因为他们不可能精通整个系统所涉及的全部专业知识，他们也不可能有足够的时间来完成数量惊人的技术协调工作。这就要求以一种组织、一个集体来代替先前的单个指挥者，对这种大规模社会化劳动进行协调指挥。”“他们不是几十个人，而是成千上百学科配套、专业齐全、具有丰富研制经验的高科技队伍。”钱老明确指出[7]：“总体设计部的实践，体现了一种科学方法，这种科学方法就是系统工程。”这一成功经验，周总理生前曾经期望把它推广到国民经济建设中去。

面对我国航天工程开创与大发展时期的繁重任务，摆在钱学森面前的另一个重要课题是导弹与航天系统宏观发展战略谋划[5,6,11]。复杂的航天科技发展宏观战略谋划，涉及时间跨度较长的科技发展预测、工业发达国家航天科技发展形势分析，我国科学技术与工业生产能力、发展潜力分析与预测，以及其他诸多相关环境因素的分析、综合与预测等复杂问题，是难度很大的研究课题。钱学森院士深知肩负的重任，在我国航天科技开创和大发展时期，对我国航天事业的宏观发展谋划付出了一位大科学家的辛勤劳动和聪明才智，作出了不可磨灭的重大贡献[12]。

1956 年 2 月 17 日，在周总理的鼓励下，怀着对新中国国防事业的强烈责任感，他给中央写了关于《建立我国国防航空工业的意见书》[9,10]，钱学森的《意见书》，实际上就是中国发展导弹、火箭与航天事业的宣言和行动纲领，引起了党中央、毛主席的高度重视。

1956年春，周总理组织数百名科学家、技术专家制定了“56～67年科学技术发展远景规划纲要”，由钱学森主持拟订了“喷气和火箭技术的建立”的规划[9,10]。根据钱学森的《意见书》和主持制定的“喷气和火箭技术的建立”的规划，正式启动了我国的导弹与火箭事业……应当说钱学森是在我国航天科技发展历程中“登高远望”的人，是我国导弹、火箭与航天技术领域的首席科学家，航天技术发展的宏观谋划战略家，航天技术战略决策运筹与管理的主要组织者。我们应当从我国导弹与航天事业宏观战略谋划管理、具有远见卓识技术决策的视角，全面评价钱老对我国航天科技事业发展所做出的重大贡献。

系统工程管理的主要任务之一是适时地作出正确、具有远见卓识的决策。能否形成正确、高明的工程发展与实施决策，决策之后，能否创造性地去实施工程计划，最关键的问题之一是能否物色到具有运筹、组织、实施工程计划能力的人才。因此，“决策和人”是实施系统工程管理的关键因素。

在总结我国航天科技开创与大发展时期的经验教训时，钱学森院士语重心长地指出[13]：“当时在党中央、毛主席的领导下，由周总理和聂帅具体组织实施，他们采取什么办法组织实施这项巨大的系统工程呢？就是民主集中制的办法。一是真正发扬民主……二是高度集中……我在周总理和聂老总领导下做技术工作，做技术决策，也按周总理和聂老总的办法，实行民主集中制。……由于我们既讲民主，又讲集中，而且是真正的民主，高度的集中，所以把方方面面的积极性都调动起来了……”1996年7月16日，钱老给航天总刘纪原总经理的信中写道：“您信中说今年10月将是我国航天事业创建40周年，并嘱咐我写几句话。我对航天事业已经发表过许多文字，现在回想起来，最重要的实在只有一句话：我们航天事业的科技人员在周恩来总理和聂荣臻元帅领导下，贯彻了民主集中制，我们今后仍必须坚持民主集中制[13]。”他殷切地希望把“民主集中制”作为航天事业的宝贵财富发扬光大，是钱老发自内心“尊重知识，尊重人才”美德的表现，也是钱老深刻认识到民主集中制是实施科学决策的制度保障和辩证思维的深刻体现。

4 探索现代科学技术体系，创建系统科学

随着科学技术突飞猛进地发展，面对越来越复杂的世界，越来越复杂的航天工程和国家经济社会发展的宏观谋划与科学决策问题，主要依靠少数领导人和领域专家已经越来越困难重重。当今时代，任何个人和单一职能部门都有其知识、能力和工作的局限性，在复杂性问题面前，越来越显得力不从心。20 世纪 80 年代以来，钱老站在现代科技的“群山之巅”，明智地指出[1]：“现在要建设社会主义，要在建国 100 周年使我们的国家达到世界先进水平，这是一段好长好长的路……65 年你要走完这条路，老在‘摸着石头过河’，那可不行，要不犯大错误，必须有预见性，预见性来自何方？来自科学，这个科学是什么？就是‘系统科学’！”

总结几十年来航天科技研究、组织、决策管理的实践经验，钱老潜心研究系统科学，20 世纪 80 年代初提出将科学理论、经验知识、专家的判断力相结合，通过半理论、半经验的方法来处理复杂系统的决策问题。1989 年提出了从定性到定量的综合集成方法（Metasynthesis），又称为综合集成技术或综合集成工程。1992 年以来，钱学森院士又进一步提出了“从定性到定量综合集成研讨厅体系”和“大成智慧工程”的概念，开创了人机结合、人网结合，知识增长的新途径，进一步提高了人处理复杂系统决策问题的智能和智慧[1]。

与国外的系统（复杂性）科学研究者不同，钱老坚定地信仰马克思主义哲学，用辩证唯物主义指导系统科学的研究与实践，他对毛主席的哲学著作、指导战争的理论与实践极为重视，在形成系统

科学理论的过程中，既融合了中国的传统文化，又集中了中国革命和航天工程实践中的集体智慧，因此，钱学森开创的系统科学具有鲜明的中国特色，创造性地提炼出了开放的复杂巨系统的概念、从定性到定量综合集成方法、“从定性到定量综合集成研讨厅体系”的决策运行机制，以及“大成智慧工程”…… 实践已经证明，现在能有效地处理开放的复杂巨系统的方法，唯一能用、可行的方法就是从定性到定量综合集成方法。按照钱老的话说[1]：“我是从搞工程技术走向科学论的，技术科学的特点就是理论联系实际。因此，我思考问题，一方面在理论上要站得住，另一方面在工程上还要有可操作性。23 年来，系统工程和系统科学已经有了很大发展，我们已经从工程系统走到了社会系统，进而提炼出了开放的复杂巨系统的理论和处理这种系统的方法论，即以人为主，人机结合，从定性到定量的综合集成法，并在工程上逐步实现综合集成研讨厅体系。将来我们要从系统工程、系统科学发展到大成智慧工程，要集信息和知识之大成，以此来解决现实生活中的复杂问题。”“开放的复杂巨系统的概念及其方法论”是人类认识与改造世界方法论的革命性变革，钱老的系统科学思想反映了社会系统的科学发展观，是钱学森院士近 20 年来对现代科学技术发展作出的新贡献，是他科学人生中第三次创新高峰的重要成果。

学习钱学森，使我深深地认识到：钱老的传奇人生与科研探索历程是不能复制的，钱学森科学思想对于我国科学技术与社会发展、中华民族振兴是一座无价的宝藏，我们应当认真组织力量，深入地学习、探索研究，并且进一步挖掘、梳理与解读钱老的科学技术思想。我们对钱老的认识不应当仅仅停留在他的工程技术成就的层次上，停留在导弹与航天领域；我们应当从人类科学发展的层次上认识这位百年一遇的科学巨匠。通过在美国 20 年超乎常人地刻苦学习与攀登，使钱老成为名副其实的世界级力学家、控制论和火箭专家，通过在祖国社会主义革命与建设熔炉里 50 年的锤炼，使他成为真正具有深厚马克思主义哲学功底的世界级科学大师、大成智慧者。我们应当从钱老的科技活动历程和高瞻远瞩的科学思想中得到启示和鼓舞，对于正在从事或准备从事工程技术研究与实践，有志于献身科学事业的朋友们，我们不要仅仅停留在工程技术的层次上，在可能的条件下，应当向钱老学习，坚定地走一条从工程技术到科学论的正确道路，为祖国和人民作出更大的贡献。

参考文献

[1] 钱学森．创建系统学[M]．太原:山西科技出版社,2001.
[2] 苗东升．钱学森与系统科学[J]．中国工程科学,2001,3(8):1－6.
[3] 郑哲敏．钱学森手稿[M]．太原:山西教育出版社,2000,12.
[4] 祁淑英,魏根发．钱学森[M]．保定:花山文艺出版社,1998.
[5] 刘纪原．高新技术发展及产业化学术研讨会文集[C]．中国高技术产业化研究会,2001,4:97－103.
[6] 赵少奎,杨永太．工程系统工程导论[M]．北京:国防工业出版社,2000.
[7] 钱学森,等．论系统工程[M]．长沙:湖南科学技术出版社,1982.
[8] 许国志,戴汝为,顾基发．面向21世纪的系统科学与工程[N]．文汇报,2001,3(11).
[9] 王寿云,等．钱学森传略[J]．航天,1992(1):2－7.
[10] 胡士弘．钱学森[M]．北京:中国青年出版社,1997.
[11] 赵少奎．对我国工程科学技术发展的思考[J]．中国工程科学,2001,3:22－30.
[12] 赵少奎．钱学森与中国航天科技事业[J]．中国工程科学,2001,3(8):7－14.
[13] 刘纪原．航天春秋(第一缉)．中国航天工业总公司,1996,8.

（本文以“从工程技术走向科学论”为题发表在《西安交通大学学报》社会科学版第24卷第69期，2004：7～10。钱老离世后，怀念之情久久不能自制，思绪翻滚，一面浏览网上的报道，一面修改学习钱老的报告，现以“学习钱学森，沿着钱老开辟的现代科学技术体系探索研究的道路前进”为题成文发表。）

钱学森与中国航天科技 50 年

〔**摘　要**〕　通过中国航天科技发展 50 年的回顾，展现了钱学森作为我国导弹和航天事业的开创者、宏观谋划战略家、重大技术开发的决策者和组织者的生动形象。

〔**关键词**〕　中国　导弹　航天　开创者　战略家　决策者　良师益友

2005 年 10 月 8 日，是人民科学家钱学森院士在党中央和周恩来总理的关怀下，挣脱美国政府的羁绊，回国参加祖国社会主义建设 50 周年纪念日，这是一个值得庆贺和纪念的日子。

2006 年 10 月 8 日，将迎来我国导弹航天事业创建 50 周年，这是我国在十分艰难的条件下，开创、发展国防尖端科技事业，从无到有、攻关拔寨、惊心动魄的 50 年，从艰辛走向辉煌的 50 年。钱学森院士为此付出了近半个世纪的心血、智彗和辛勤的劳动，在中国导弹、航天发展史上取得了无人可以比拟的重要地位。可以说，他是中国导弹航天事业的开创者；中国导弹航天事业发展的宏观谋划战略家；中国重大导弹航天技术开发的指导、决策者；中国重大导弹航天计划管理的运筹、组织者；我国中、青年科技工作者的良师益友和我国科学技术自主创新的楷模。

1　中国导弹航天事业的开创者

新中国刚刚诞生，百废待兴，当时的美帝国主义在我国东南沿海部署了一个“新月形”战略包围圈，妄图把新中国扼杀在摇篮之中。中国要生存、要发展，不能没有巩固的国防，党中央和军队的领导人为此日夜操劳。

1955 年 10 月，钱学森回到祖国，12 月就由中央安排，赴东北考察。在哈尔滨军事工程学院受到专程赶到哈尔滨的陈赓大将的接见。陈赓大将急切提出他考虑了很久的问题："钱先生，您看我们能不能自己造出火箭、导弹来？"钱老几乎是毫不思索，直率、胸有成竹地回答："有什么不能的，外国人能造出来，我们中国同样能造出来，我们又不比他们矮一截。"陈赓大将高兴地说："好！很好！我就要你这句话。"

钱老掷地有声的话与党中央一拍即合。1956 年 2 月 27 日，钱老又向党中央提交了《建立我国国防航空工业的意见书》，对如何发展我国导弹航天技术，从组织、科研、设计、试验和生产等方面提出了组织国家规模高科技工程的总体思路和实施方案，进一步推动党中央、毛主席做出了高瞻远瞩的战略决策，启动了中国的导弹航天事业。

在评价钱老开创我国导弹事业的贡献时，聂帅由衷地指出[1]："从培训干部做起，克服重重困难，终于用 4 年时间，于 1960 年冬成功地发射了我国制造的第一枚中近程导弹。接着又用 4 年时间，成功地发射了我们自行研制的中近程导弹。然后又用 2 年时间，于 1966 年我们有了自己的中近程导弹原子弹。短短 10 年里，我国导弹核武器得到飞速发展，国防力量有了很大的加强，从而震惊中外，使我国跻身于世界强国之列。这是与学森同志出色工作分不开的。"因此，在我国导弹航天事业开创阶段，他是无人可以取代的。诚如涂元季同志指出[2]"没有他的积极建议与推动，中国的火箭导弹和航天事业的开拓与创建，至少要往后推迟若干年"，这是完全符合实际、十分中肯的。

2 中国航天事业发展的宏观谋划战略家

钱老在《建立我国国防航空工业的意见书》[3,4]指出："健全的航空工业，除了制造工厂之外，还应该有一个强大的为设计服务的研究及试验单位，应该有一个做长远及基本研究的单位。自然，这几个部门应该有一个统一的领导机构，做全面规划及安排的工作。”《意见书》还提出了我国导弹、火箭事业初期发展的组织方案、发展计划和具体实施步骤，提出了包括任新民、罗沛霖、梁守槃、庄逢甘等21人的专家名单。钱老的《意见书》，实际上是中国发展导弹、火箭与航天事业的行动纲领和总体谋划方案。

1956年春，周总理组织数百名科学家、技术专家制定了“56～67年科学技术发展远景规划纲要”，由钱老主持拟订了“喷气和火箭技术的建立”的规划[3-5]

1958年1月9日，钱老主持制定国防部五院第二个五年计划期间的研制规划。

1964年春，钱老负责制定了我国地地弹道导弹发展的“八年四弹”规划，得到中央批准，并组织实施。

1965年1月8日，钱老正式提出“早日制定我国人造卫星研究计划，并列入国家计划”的报告[3,4]。

1968年5月30日，作为中国空间研究院院长，钱老直接领导编制了“我国人造卫星、宇宙飞船十年规划（草案）”[3,4]。

1974年9月，钱老主持国防科委会议，邀请军委、海军领导和有关部委领导听取了七机部一院“关于向太平洋海域发射我国远程运载火箭的试验方案和请求开展我国首次远洋考察的报告”，当即部署了国防科委着手安排我国远洋考察工作，全面启动了我国首批太平洋海域远程运载火箭试验的准备工作。

现在回顾我国导弹航天事业走过的辉煌历程，我们可以清晰地看到一位高瞻远瞩的大科学家对我国国防科学技术发展辛勤操劳、登高望远的身姿。在我国航天科技开创和大发展时期，为了我国导弹航天事业的发展，他付出了一位航天科技宏观谋划战略科学家的辛勤劳动和聪明才智，作出了不可磨灭的重大贡献。

3 中国重大航天技术开发的指导者和决策者

在我国航天事业的起步阶段，周总理、聂帅就明确地建立了技术决策由科学家负责的规矩。在周总理、聂帅亲自过问、身体力行下，真正形成的“尊重知识、尊重人才”的工作环境下，钱老和一批确有真才实学的科学家、技术专家真正有了用武之地。

1960年春，在我国导弹与火箭研制刚刚起步的关键时刻，原苏联赫氏集团单方面撕毁了中苏技术合作协定，撤退全部专家，使我国导弹与火箭事业发展面临新的重大抉择。当时国防部五院曾提出两种地地导弹发展技术途径，在聂帅“先学走路，再学跑步”的正确思想指导下，钱老果断地暂缓了东风三号导弹研制，支持先行研制东风二号改进型导弹，为我国自行开展导弹研制做出了具有重大意义的发展途径决策。

1966年，“两弹结合试验”准备工作遇到十分棘手的弹头安装核装置的适应性设计难题，是钱老以其渊博的学识和工程科学研究的实践经验，果断做出了决策，并且协助聂老总在1966年10月27日组织实施了我国，也是世界上首次在本国领土上进行导弹核武器的联合试验，震惊了全世界。

1970年，我国进行第一颗人造地球卫星发射准备工作，在研制运载火箭过程中，遇到一系列技术难题，其中有一个运载火箭滑行段推进剂晃动问题，成为研制过程的拦路虎。钱老亲临实验现场，做出了科学的判断。指出：这一现象是在近于失重的状态下出现的，原来的晃动模型已经不成立了，不会影响正常飞行[3,4]。试验证实钱老的判断是完全正确的，保证了我国第一颗人造卫星于按照预定计划顺利升空。

……

其他诸如：

20个世纪70年代，我国洲际导弹弹头防热系统设计、工艺攻关与试验工程；导弹命中精度分析、测量与试验鉴定工程等联合攻关；

70 年代中、后期，我国洲际导弹的首批太平洋全程试验方案的制定和组织实施；

70 年代后期，他指导国防科工委情报所的研究人员编辑出版了一系列火箭技术最新进展和系统工程文集等专题资料，极大地开阔了我们的眼界，使我们取得了若干重大的科研成果。长征三号运载火箭总设计师谢光选院士在谈到这些珍贵资料时，深有感触地说："当时按照钱老的要求，国防科工委情报所编辑出版了好几本火箭技术最新进展的专题资料，对我们解决长征三号运载火箭二次启动和滑行段动力学等问题起了十分重要的作用……" 等。

在我国航天科技开创和大发展时期，钱老把他多学科的研究成果、经验和智慧都无私地奉献给了我国的导弹与航天事业，以他科学家的豁达和民主作风，对推进我国导弹与航天技术发展作出了令人信服的卓越贡献。

4 中国重大导弹航天计划管理的运筹者和组织者

20 世纪中期，在开创我国导弹与航天事业的进程中，钱老首先遇到的难题，应当说不是导弹与航天技术发展中的具体技术问题，而是如何组建一个高效、有序的导弹航天工程开发组织管理系统。如何把成千上万的研制人员；数量众多的研究、设计、试制、试验和生产单位；难以计数的研究、研制和试验设备；数量巨大的研究与研制经费；要求严格、种类繁多的物质、器材，按照导弹航天任务的总体目标要求，协调一致的组织起来，有序地投入到导弹航天工程系统的研究、设计、试制、试验和生产过程中去，形成一个具有科学预见性的实施计划，建立起一个高效的工程管理系统[6]。

1962 年，美国在研制"北极星导弹系统"过程中，提炼出了"计划协调管理技术"，钱老结合我国的实际，进行了试点[7,8]，在战略导弹地面计算机的研制工作中，很快发现了研制短线，及时地采取了措施，使研制计划提前完成[8]。科学管理的成效，打开了人们的眼界，很快在导弹和火箭参制单位全面推广，明显地加快了研制进度，更加有效地利用了有限的人、财、物资源。

80年代，在完成我国太平洋火箭试验、水下发射潜地导弹试验和发射我国地球同步卫星等重大科研活动中，都采用了系统工程管理技术，取得很大成功，并且推广到我国国民经济建设诸多部门，取得了重大效益。

在创建我国导弹和火箭研制体系之初，按照钱老应当“尽先建立包括研究、设计和试制的综合性导弹研究机构”的思想，我国导弹航天技术单位陆续建立起总体设计部、专业研究所及相关的试制、生产厂与配套的试验基地，形成了我国独特的航天系统组织管理体系，把钱老对我国导弹航天事业发展的宏观战略谋划付诸实施。对这一成功经验，周总理生前曾期望推广到国民经济建设中去。80年代，钱老首先把它推广到军队装备建设工作中，在人民解放军总部、海、陆、空军和第二炮兵的建制中陆续地建立起名为“系统所”、“综合所”、“运筹所”“论证中心”和“装备研究院”等新型的研究机构，在我军武器装备与部队建设中正在发挥着重要作用。

5 中青年科技工作者的良师益友

1956年10月8日，聂荣臻元帅亲自主持了我国第一个火箭、导弹研究院的成立大会。这是一个别开生面的大会，主要是由钱老对新中国156名首批投入我国导弹航天事业的大学毕业生讲“导弹概论”课。从此钱老开始了培养我国导弹航天技术人才的漫漫征程，承担起培养和指导我国一代中、青年科技人员攀登航天科技高峰的重任。

20世纪60年代初，我国自行研制的第一种弹道导弹发射失败，在钱老的直接指导下，国防部五院成立了导弹姿控系统研制攻关组。当时钱老身兼国防部五院技术领导的重任，但是，无论工作多忙，他几乎每周都挤出 1 ~ 2 天时间与年轻的科技人员一起进行研讨，钱老几乎是手把手地把他在美国从事技术研究、系统设计的经验和“工程控制论”的理论、方法毫无保留地传授给年青的科技人员，参与过当时这一工作的同事们回忆起这一段亲身经历的时候，都难以忘怀与钱老既是师生，又是同事、战友的深情。

作为多个型号运载火箭的主管总体设计师，本人有机会在我国导弹、运载火箭重大技术方案和试验方案论证的过程中直接向钱老汇报工作和请教。在重大技术问题的决策过程中，他总是站得很高，抓住关键问题，从总体上提出思路十分清晰的指导意见，不仅使我们明确下一步工作的方向，而且思路更加开阔，从他那里真正学到航天技术和系统工程理论、方法的真经。

70 年代，在研制我国第一代洲际导弹的过程中，受国内有限射程靶场的制约，导弹飞行试验考核遇到了技术上的难题。根据七机部领导的要求，在运载火箭研究院成立了跨部门的专题论证组，由我担任专题组组长。通过专题组同志们群策群力，终于突破关键技术，提出了一整套切实可行的技术方案，得到任（新民）老和钱老的坚定支持。在听取我们汇报时，钱老讲了一段使我终生难忘的话：“你们做了一件很有意义的工作，提出了立足国内试验，解决我们面临技术难题的很好的试验方案，技术上是可行的。这个问题，我考虑很久了，是我多年来想解决，而没能解决的问题…… 现在可以向中央报告了，我们已经找到了解决难题的办法了。”在场的每一位同志都深深地为钱老高度的事业心和责任感所感动，他不以自己多年没有解决这一问题而讳言，而以年轻同志解决了这一难题而喜悦，自然地流露出一位大科学家博大的胸怀，为我们树立了楷模。

50 多年来，钱老在科技战线树立了一面光洁无暇的镜子，鞭策和教育我们在科学技术攀登的道路上，要做一个脚踏实地的人、一个诚实的人、一个脱离了低级趣味的人，一个主要依靠自己的诚实劳动立足于科学技术殿堂的人。钱老把一批批中、青年科技人员带入到了科学技术的殿堂，钱老是他们名副其实、最可尊敬的良师益友。

6 科学技术理论创新的楷模

根据不完全的统计[3,4]：钱老一生中已经发表了七部专著，500 余篇学术论文，在应用力学、喷气推进与航天技术、工程控制论、物理力学、系统工程、思维科学、系统科学等方面都作出了重要的理论创新。

1948 年，钱学森发表了《工程与工程科学》的论文，并通过几十年的理论与工程实践超前地推动了世界技术科学体系的建立。

1954 年，完成了传播于世界科学界的《工程控制论》，进一步形成了很有创意的系统思想，在“复杂性科学”研究的重要分支——《控制论》的研究中做出了富有创造性的贡献，使其跻身于世界系统科学与复杂性科学早期研究者、开拓者之列，超前地建立了系统工程的理念。

20 世纪 50 ~ 70 年代，钱老作为中国航天科技事业的首席科学家，在极其困难的条件下，负责我国现代尖端科学技术发展的组织管理工作，坚定、明智、有效地推广系统工程的理论和方法，创立了航天技术创新、体制创新与组织管理创新三位一体的系统工程管理技术，有效地加速了我国导弹航天事业的发展步伐，推进了具有中国特色的航天系统工程的建立和发展。

20 世纪 70 年代末，在钱老即将退出我国国防科研领导岗位的过程中，他果断地开始了以理论探索为主的科学生涯：

1978 年，钱老、许国志与王寿云同志在文汇报联合发表了《组织管理的技术——系统工程》，并出版了《论系统工程》一书[15]，创建了具有中国特色的系统工程理论体系。

1979 年 10 月 11 日，在我国系统工程学术讨论会上做了《大力开展系统工程，尽早建立系统工程的科学体系》的报告，明确地提出了创建系统科学体系，落实科学发展观的任务。从创建系统学走向复杂性科学研究，结合中国的实际，寻求解决中国社会主义现代化建设的理论与方法，启动了创建系统学的新的征程……

在钱老的组织、指导下工作，我们有一种豪气，外国人能干的事，我们敢干；外国人没干过的事，我们也敢试一试……钱老常说的一句话是："别人讲不清楚的问题，我们应当讲清楚，我们也能够讲清楚，因为中国人并不笨。"从工程科学、航天系统工程，到系统学、思维科学、人体科学，钱老走过了一条自主科技创新的道路，对人类和我国科学技术发展做出了难以估量的巨大贡献。

我们贯彻党的十六届五中全会的战略部署，要学习钱老几十年如一日，热爱祖国和人民，在科学技术攀登的道路上，坚持科学发展观，不断探索新的科学领域，着力自主理论与技术创新，促进科学技术和社会进步的大无畏精神。

参考文献

[1] 聂荣臻．聂荣臻元帅贺信[N]．人民日报,1991－10－16.

[2] 涂元季．钱学森和中国的导弹航天事业//中国航天腾飞之路．北京:政协文史出版社,1999,9:590－598.

[3] 王寿云,等．钱学森传略[J]．航天,1992(1),2－7.

[4] 胡士弘．钱学森[M]．北京,中国青年出版社,1997.

[5] 任新民．航天历程中的几点回忆//中国航天腾飞之路．北京:政协文史出版社,1999,9:62－69.

[6] 赵少奎,杨永太．工程系统工程导论[M]．北京:国防工业出版社,2000.

[7] 陶家渠．计划协调技术概说[J]．系统工程与科学管理．北京:国防科委情报所,1979,9.

[8] 钱圣已．计划协调技术的探索与初步试验[J]．系统工程与科学管理．北京:国防科委情报所,1979,8.

[9] 江泽民．授予钱学森同志"国家杰出贡献科学家"仪式上的讲话[N]．人民日报,1991－10－16.

（本文发表在上海交通大学出版社编辑、出版的《钱学森研究》，2007 年 1 月：57 ~ 67）

钱学森系统科学的战略思考与科学实践

——记钱学森若干战略思考与科学实践

〔摘　要〕　本文通过记述钱老本人和他领导下的航天系统工程理论创新和科学实践，生动地反映了钱老情系中华、高屋建瓴、运筹帷幄，对我国社会主义现代化建设进行战略思考、自主创新的赤子之心。

〔关键词〕　钱学森　系统工程　战略思考　科学实践　科学发展观

1　引言

20 世纪 50 年代以来，在党和国家老一辈无产阶级革命家的英明决策和领导下，在钱学森等老一辈科学家、技术专家的运筹、组织下，我国在科技与经济社会等领域，特别是国防科研战线，取得了世人瞩目的成就，研制成功了以“两弹一星”为代表的一系列高新技术装备，组建了研究、开发、试验与生产配套的国防科技、工业体系，使我国跻身于世界军事尖端技术发展国家的行列。

20 世纪中叶，系统工程的理论、方法在世界范围内蓬勃发展，在现代工程与经济等领域，特别是军事工程领域相继得到广泛应用，取得喜人的成果。1955 年钱老回国后，在开创我国导弹与航天事业的同时，登高望远，深刻地认识到系统工程的理论、方法对我国工程科学技术和社会主义建设事业具有特殊的重要性，并在创建我国导弹与航天事业的关键时期，结合我国实际，大力开拓、发展系统工程，指导我国国防科研部门的科技人员结合国防工程的开发，深入探索、研究，并运用系统工程的理论、方法，取得了诸多重大自主和原始创新成果。

笔者先后于 1957 年和 1964 年初参加我国国防科研科技信息与

总体设计单位的工作，亲身参与我国国防高科技事业的初创、成长和大发展时期的工作，并有幸亲身聆听钱老在我国国防高科技事业发展的不同阶段，关于我国高科技事业发展的许多重要指示和教导，钱老的身传言教，使笔者在几十年的科研工作中受益匪浅。

在钱老挣脱美国政府的羁绊，回国参加祖国建设50周年，又恰逢钱老95华诞的前夕，我们共同回顾在钱老的指引下，学习、研究、运用系统工程和系统学的收获和体会，倍感亲切。钱老情系中华、高屋建瓴、运筹帷幄，进行了深邃、精辟的战略思考，运用系统科学的理论、方法谋划并组织了我国国防高科技事业的科学实践。我们越来越深刻地认识到：钱老这些颇具远见卓识的战略思维与科学实践，不仅在当时对我国国防高科技，乃至整个科技事业的发展产生了重大影响，而且对我国未来的社会主义建设事业仍然具有深远的指导意义。这里所述，主要是笔者亲身经历的几件事，从中可以深刻地感受到钱老对发展我国科技事业超前的科学意识，睿智的战略思维。

2 组织国家规模的国防高科技工程，抢占科学技术的制高点，促进国家科技与经济事业的发展

新中国成立后，经过短短几年的经济恢复，国家就进入了大规模的经济建设时期。1956年1月，毛泽东同志在最高国务会议上明确地提出："我国人民应该有一个远大的规划，要在几十年内，努力改变我国在经济和科学文化上的落后状况，迅速达到世界上的先进水平。"[1]

1955年，在周总理的亲自关怀下，钱老冲破重重障碍，从美国归来，满怀激情地投入到祖国的社会主义建设事业中。1956年2月27日，响应党中央的号召，提交了《建立我国国防航空工业的意见书》。[2]该《意见书》对如何发展我国导弹航天技术，从组织、科研、设计、试验和生产等方面提出了组织国家规模高科技工程的总

体思路和实施方案，很快得到党中央的肯定，同年10月国防部第五研究院正式成立，钱老任首任院长，全面负责我国导弹航天工程的实施。在党和国家正确政策的指导下，经过五院领导和全体员工的艰苦奋斗，仅仅10多年时间就组建了学科专业齐全、研制、生产、试验工作配套的导弹航天产业体系，走过了我国导弹航天事业从仿制到自行研制，既艰辛又光辉的历程，研制成功了近、中、远程多种型号导弹武器系统和航天器。我国导弹航天计划的实施，有力地带动了我国相关科学技术和制造工艺技术的提高，抢占了世界高科技发展的制高点，增强了我国的综合国力，使我国跻身于世界国防高科技发展国家的前列。今天，回顾我国导弹航天事业的光辉历程时，使我们更加深刻地认识到钱老关于组织国家规模国防高科技发展计划战略思考和实践的重大意义。

钱老组织国家规模国防高科技发展计划的真知灼见，是建筑在他长期从事现代科学与工程技术前沿探索与实践的基础之上的[3,4]。1936年秋，钱学森师从世界著名航空工程和力学大师冯·卡门，1939年取得航空与数学双博士学位，进而在当时科学技术前沿课题攻关的过程中，迅速崭露头角，成长为“现代科学”研究的高手；20世纪40年代，他曾经是美国著名的加州喷气推进实验室主任，同时兼任哥达德航空中心的讲座教授，亲自参与了美国空军制订的著名的“飞向新高度”规划的科学实践，直接起草了规划的重要部分……在美国工作期间，形成了他独特的系统工程理论基础和实践经验。在推进工程（技术）科学体系创立的过程中，他充分地认识到“纯科学的发现与工业应用之间的距离已经很短，留长发的纯科学家与理短发的工程师之间的差别也非常之小，他们之间的紧密合作需求产生了一种新的职业，就是工程科学家，他们在纯科学与工程之间架起了桥梁，运用基础知识解决工程的实际问题”[5]。并且认同“我们已从大规模生产的时代发展到工程的时代”，“各种科学学科，似乎互不相关，……会以一种意想不到的方式彼此影响与促进，这种复杂的相互影响是科学和技术的生命和灵魂，自然的奥秘和财富往往隐藏在最微妙和最意想不到的地方”[6]。钱老身处在当时高科技发展的风头浪尖之中，通过亲身的科学实践，对现代科学知识体系和工程开发管理问题进行了新的思考，提炼出发展当代科学技术的真知灼见。因此，在20世纪70年代末，国家实行改革开放政策，我国科技事业迎来了又一个春天的时候，针对如何快速、有效地推进我国科技事业的发展，钱老通过笔者（柴本良）所在单位，要求笔者进一步撰写《组织国家规模的现代科技工程》，介绍国外如何组织国家级高科技工程的做法和经验教训，经过钱老过目修订后在中国国防科技信息中心的刊物上发表，在社会上引起了广泛的影响。

当小平同志明确指出：“科学技术是第一生产力”时，钱老进一步就我国社会主义建设事业发展的战略措施问题明确指出：21世纪的发展，不是以工业促进科学技术，而是反过来，以科学技术促进工业发展。并进一步指出：“要解决这个问题必须国家下决心，而且不能象现在这样分头去干。像大规模集成电路，要专门有一个公司，公司要设一个谋划全局的总体部。……过去我们有搞‘两弹一星’的经验”，“只要中国狠抓科学技术，一下子就跨入21世纪。……我今天提出的战略不是以工业促进科学技术，而是反过来，以科学技术促进工业发展”[7]。

在半个多世纪的时间里，在不同的历史发展阶段，钱老一而再，再而三地提出要组织国家规模的现代科学技术工程，以此抢占世界科技发展的制高点，全面推进国家社会与经济的发展，充分反映出钱老对现代科学技术发展规律的深刻认识和钱老的科学发展观，他的这种战略思考，直接推动了我国国防高科技武器装备发展的历史进程，而且必将会深刻地影响着我国新一轮技术革命向新的产业革命发展的进程。

3 系统工程是当代产业革命进程中组织管理技术创新的源泉

20世纪中期，在工业发达国家相继出现计算机技术、航天与核技术，以及电子通信技术的推动下，武器装备发展出现了划时代的变革。在这些高新技术武器装备的研究、开发、试验与生产过程中，出现了前所未有的工程开发组织管理的新理论和新方法，从而导致组织管理技术划时代的创新与变革，孕育了工程系统工程的诞生。

20 世纪 50 年代初期，系统工程只是在美国等工业发达国家的少数高新技术研制单位开始研究和探索。1948 年，钱学森就发表了“工程与工程科学”的论文，明确地指出[5]：“当代，科学与技术研究已经不再是没有计划的个人活动，任何一个大国的政府都已经认识到，这种研究是增强国力和国民福利的关键所在，因此，必须严密地加以组织。”并且在美国火箭、导弹研究的开创时期，钱老就极富远见地提出“火箭导弹技术同其他类型的武器所要求的技术完全不同，必须委托给军事部门的一个新的团体，要用新的军事思想和思想方法进行研究……”并且建议美国应成立一个“喷气武器部”[8]，统一组织领导火箭导弹技术的发展工作。1954 年，他在完成《工程控制论》[9]的过程中，又进一步形成了很有创意的系统思想，在“复杂性科学”研究的重要分支——《控制论》研究中作出了开创性的贡献，超前地建立了现代系统工程与系统科学的理念，使其跻身于世界系统科学早期研究者、开拓者之列。

20 世纪 50 年代，对于刚刚诞生的新中国，系统工程更是很少有学者关心的领域。但是，1956 年，当钱老主持我国导弹航天事业时，他就在国防部五院设置了“作战研究室”，开创性地推进军事运筹学的研究与实践。记得在 1958 年，在北京永定路国防部五院二分院的一间办公室里，钱老亲自给国防部五院的干部和科技人员作美国军事运筹学发展的学术报告。笔者（柴本良）清楚地记得，钱老当时以二战期间美军士兵在食堂排队洗碗过程中出现的碱水池与清水池设置问题为例，来说明怎样调配碱水池与清水池的配置，可以避免士兵洗碗排长队浪费时间的问题。他用极其生动的语言，简明的实例，深入浅出地向我们这些刚刚走上工作岗位的科技人员介绍了军事运筹学的基本原理和方法，使笔者至今记忆犹新，历历在目。

在创建我国导弹与航天工程研制体系之初，钱学森就明确指出："健全的航空工业，除了制造工厂之外，还应该有一个强大的为设计服务的研究及试验单位，应该有一个做长远及基本研究的单位"[5]。他当时就清醒地认识到：现代复杂工程系统的开发与传统工程研制有很大不同，组织管理工作必须符合科学技术工作的客观规律，也要结合中国的具体情况，应当建立具有宏观谋划指导与系统设计运筹、控制与管理职能的总体研究机构。按照钱老的这一思想，借鉴国外航空技术总体设计部的经验，我国导弹、火箭与航天技术研究院陆续都建立起总体设计部、专业研究所和相关的试制、生产厂与配套的试验基地，形成了具有我国特色的导弹、航天工程组织管理体系，把钱老对我国导弹、航天工程发展的宏观战略谋划付诸组织实施。随着我国导弹研制工作的逐步展开，钱老十分重视在我国导弹与航天研制计划中，采用先进的组织管理技术和方法，推进我国高科技工程项目的实施。这一时期钱老特别重视研究美国大型武器装备系统组织管理技术的进展，为此，在钱老的指导下，笔者（柴本良）所在的中国国防科技信息中心先后印发了《工程技术管理资料汇集》、《国外工程技术管理资料》，以及《科学技术管理》等文集，专门登载以系统工程为核心的项目管理技术和方法，供国防部五院领导和机关制定体制、编制和工作条例时参考。1964 年，国家酝酿在国防部五院基础上组建导弹工业部，钱老亲自指示笔者（柴本良）所在单位将美国有关大型导弹研制计划中关于抓总机构的设置资料进一步整理，由钱老亲自审定后，提供五院和有关领导在论证导弹总体部等体制设置问题决策时参考。

20 世纪 50 ~ 70 年代后期，钱老作为中国导弹、航天科技事业的首席科学家，负责这支队伍在极其困难的条件下开展现代尖端科学技术发展的组织管理工作，形成了颇具中国特色的航天系统工程思想和方法。钱老在主持引进系统工程为核心的大型武器装备系统的项目管理技术与方法的时候，十分重视研究我国的国情和工程实施的具体环境，组织推行了包括"计划协调管理技术"和"总体设计部”等一系列行之有效的系统工程管理理念和技术，有效地加速了我国导弹航天事业的发展步伐，推进了具有中国特色的航天系统工程的建立和发展[10]。恩格斯早在一百年前曾说过：“一个民族要想登科学的高峰，究竟是不能离开理论思维的”[11]。在开创我国航天科技事业的长征中，钱学森提出了一系列有创见的理论、技术，把理论创新、技术创新、体制创新和管理机制创新有机地结合起来。在周总理与聂荣臻元帅的直接领导，钱学森的现代工程科学理念的指导下，国防部五院（包括后来的七机部、航天部）领导集体明智、坚定、有效地强化了总体设计部在航天产品研制全过程、全局性谋划与全系统综合集成工作中的技术运筹、协调和管理机制；推进了两条指挥线分工明确、协调配合的组织管理机制；实施了航天产品发展“三步棋”的宏观谋划、航天型号研制“三阶段”的程序管理与航天产品开发的三个层次分级决策管理的运行机制，并且大力推广了系统工程的理论和方法[10]，使我国用最少的投入、比西方发达国家短得多的周期，走向世界航天大国的道路，创造了人类科技发展的奇迹。在赞叹中国航天人取得辉煌成就的时候，我们应当从钱老创新我国航天系统工程理论和身体力行科学发展观的实践中吸取丰富的营养和智慧，把我国社会主义现代化建设事业一步一步地引导到科学发展的轨道。

4 系统工程理论、方法在我国导弹航天工程实践中的应用

在我国第一代战略导弹的研制与试验过程中，特别是在我国首批洲际导弹全程试验近10年的准备与实施过程中，在钱老的身传言教和指导下，笔者（赵少奎）对系统工程的理论、方法边学习，边实践，受益良多。不仅开创性地完成了我国首批洲际导弹全程试验的一系列实施方案的总体设计、系统运筹与试验实施的协调工作，而且在航天工程实践的基础上完成了《工程系统工程导论》等著

述[10,12,17,19,37,38]，结合我国国情，系统地提出了工程系统工程的理论和方法。下面主要谈一谈在钱老指导下实施的几个工程案例。

4.1 我国首批洲际导弹全程试验目标与基本保障条件的制定

1980 年 5 月 18 日 ~20 日期间，我国向太平洋中部海域发射了 2 枚洲际弹道导弹，进行了我国首批洲际导弹的全程飞行试验，震动了世界。

1980 年 5 月下旬，在运载火箭研究院的一次设计师会议上，当时的张镰斧院长十分明确地指出[14]：“进行全程飞行试验，准备工作做了 10 多年，但是，究竟需要不需要进行全程飞行试验，我们也争论了 10 多年，我看，全程试验打完了，我们的意见才真正统一起来了……”那么，我们为什么要进行洲际导弹的全程飞行试验？争论的焦点究竟在哪里呢？

1974 年 5 月，笔者（赵少奎）向军委 718 工程和国防科委领导汇报我国洲际导弹全程试验方案时，钱学森明确指出[13,14]：“洲际导弹全程试验是我国建国以来规模最大的一次科学试验，具有重要政治、军事和科学意义，我们一定要组织好，做好各方面准备工作。”可是，为进行我国洲际导弹全程试验而开展的“718 工程”却几经反复和波折，直到 1979 年年初，在全程试验准备的关键时刻，国防科委领导听取运载火箭研究院关于全程试验工作汇报时，火箭研究院总体部总体室的某主管领导代表火箭研究院发言时提出：“全程飞行试验是我国洲际导弹定型的充分条件，不是必要条件，可试可不试，我们立足通过国内试验完成定型工作。”引起了激烈的争论。钱老在做总结时，从我国洲际导弹研制的全局出发，用十分平和，但是，非常坚定、有说服力的语言指出：“立足国内试验定型是我们的愿望，可以说是一个良好的愿望，但是，从我们现在国内试验、测量条件和精度分析工作进展的实际情况看，我们还不具备这个条件，全程飞行试验仍然是我国洲际导弹定型试验的重要组成部分，所以，全程试验我们还是要做，而且要扎扎实实地做好一切准备工作”。实践表明：在我国当时的研制条件下，洲际导弹的全程试验不是“可试可不试”，而是通过全程试验的科学实践，进一步暴露了我们在运载火箭系统设计中存在的薄弱环节，有力地推进了我国洲际导弹的研制和定型工作。全程试验是从我国国情和导弹研制的全局出发，从总体上思考并解决问题的明智之举。

作为全程试验的主管总体设计单位，为了更好地统一各参试单位对进行洲际导弹全程试验总体目标和工作思路的认识，以利于各参试单位能够大力协同做好各方面技术准备工作，我们按照钱老提出的：“总体设计部把系统作为若干分系统有机结合成的整体来设计，对每个分系统的技术要求都首先从实现整个系统技术协调的观点来考虑，总体设计部对研制过程中分系统与分系统之间的矛盾、分系统与系统之间的矛盾，都首先从总体协调的需要来选择解决方案，然后留给分系统研制单位或总体部自身去实施”的思想[15]，从我国洲际导弹研制的全局出发，进行了全程试验的目标分析和试验基本保障条件论证[14,16]。这一课题研究涉及到对国内特殊弹道飞行试验结果的深层次分析，特别是在当时的试验与测量技术条件下，通过国内短程特殊弹道飞行试验，对导弹命中精度分析与鉴定究竟能够做到什么程度？对导弹弹头再入大气层的力、热和动力学综合环境能考核到什么程度？在这些问题认识不一致的情况下，各分系统势必从局部工作和本单位的利益出发，不适当地强调本系统在全程试验准备工作的重要性，导致领导机关在人力、物力、经费和计划安排上遇到棘手的决策问题。针对这些问题，我们学习了在钱老指导下汇编的《系统工程与科学管理》文集，参照哈罗德·兰德在二次大战期间帮助邱吉尔制定“英国空军部署方案”时进行的快速系统分析案例[14,17]，按照哈罗德·兰德的办法，用图 7－4－1 形象地说明了国内特殊弹道飞行试验的预期结果，明确地提出了对我国首批太平洋火箭试验的指导性综合分析意见[14]。

批次	弹道 \ 飞行段 / 试验项目	主动段				自由飞行段		再入段			
		井下热发射	总体方案	主要性能 精度	主要性能 射程	姿态控制系统	突防系统	力、热综合环境	引爆控制系统	核装置冷试	再入散布
零一批	射程关机低弹道		○○	✧✧	✧✧						
零一批	速度关机低弹道		○○	✧✧	✧✧			☆☆	✧☆		○○
零一批	卫星弹道		○○○○○○	✧✧✧✧✧✧	✧✧✧○○○						
零二批	速度关机低弹道		○○	✧✧	○○			☆☆	✧☆		☆☆
零二批	射程关机高弹道	○○	○○	○○	○○	☆☆	○○				
零二批	射程关机低弹道		○○	○✧	○✧						☆☆

图 7-4-1 全程试验前，国内特殊弹道飞行试验的预期结果

☆—充分考核；○—基本考核；✧—部分考核

第一，在当时条件下，仅通过国内特殊弹道飞行试验，不能完成我国洲际导弹命中精度分析与鉴定任务，有待全程飞行试验进一步解决这一难题。就技术工作而言，完成我国洲际导弹命中精度验证是全程飞行试验的主要目的。

第二，弹头射程适应能力等性能指标通过国内特殊弹道试验基本能够实现考核的目的，但是，试验发数尚少，应在全程飞行试验中进一步考核，这是全程飞行试验的第二位任务。

第三，运载火箭通过国内特殊弹道飞行试验，证明其总体方案基本正确、各系统匹配、协调，对特殊弹道环境基本适应，但是，在真实的飞行弹道环境下，对弹上环境敏感的系统和设备存在的薄弱环节，还有待通过全程飞行试验进一步考核。

将上述分析结果向火箭研究院、七机部和国防科委的领导汇报后，统一了对我国首批洲际导弹全程试验目标与基本保障条件的认识，推进了全程试验准备工作的落实。

面对从陆地到海洋，从海洋到空中由全国 20 几个省市科研力量形成的庞大试验系统，实施计划如何落实，成为国防科委领导面临的一个棘手课题。1974 年钱老提出力争在建国 30 年大庆时“干它一下”，但是，具体落实实施计划成为国防科委司令部领导的一个难题。1976 年 5 月，我国首批远洋考察队返回广州一上岸，当时主管全程试验组织实施工作的国防科委孙茂祥副参谋长就把笔者（赵少奎）叫到他的房间，了解考察情况，并且提出：“你讲一讲，咱们的全程试验究竟什么时间可以进行?”当时笔者很难具体地回答这一问题。但是，在钱老潜移默化下形成的系统工程思想影响下，笔者明确地指出：“现在的问题，首先要明确我国洲际导弹全程飞行试验的主要目标和试验准备的基本保障条件序列，然后把全程试验前必须完成的工作，按照‘计划协调管理技术’的方法排出实施计划网络图来，那时就自然可以得出结论”。

按照系统工程的方法，我们制定了我国洲际导弹全程飞行试验的主要目标和试验准备的基本保障条件[14,16]，为领导机关决策各分系统人力、物力、经费等安排的轻重缓急；处理试验系统准备过程中按照怎样的优先保障序列进行协调或弃取；如何制定全区最低发射条件的保障序列；综合全区发射窗口和安排全区各分系统联试、校飞与近海演练计划，以及统筹决策全程飞行试验计划等提供了基本依据，为落实全程飞行试验计划网络图提供了决策依据。

通过全程试验系统工程的实践，使我们深刻地认识到：一个宏大工程开发涉及的领域越多、系统越复杂、研制进度越紧张，越要求工程系统开发的总体设计部门，特别是主管总体设计师和项目总负责人要紧紧抓住工程开发的目标分析与基本保障条件分析工作。工程开发目标分析与基本保障条件分析是指导工程开发的出发点和基本依据，是工程实施全过程的指南。通常工程规模越大，新的技术问题越多，人们往往越容易忽视这一根本性的问题，常常被不时出现的技术难题，以及经费、进度、人力和物力安排等的具体决策所困扰，在这种情况下，越容易做出错误的判断和不明智的决策，导致经费、进度、人力和物力的不合理运用，甚至影响整个工程计划的顺利实施。因此，对于工程系统开发的总体设计部门，特别是总设计师，应及时、准确地做好工程系统的目标分析与基本保障条件论证工作，为工程项目总负责人进行工程决策提供充分、正确的决策支持，这是系统开发组织管理的核心问题之一。

4.2 弹着点测量系统技术方案的提出与实施

20 世纪 70 年代，在我国首批洲际导弹全程试验的准备过程中，开展了海上测控系统的研制工作，命名为“718 工程”。其中有一个十分重要的项目——“弹着点测量系统”，它的成功与否，在很大程度上关系到我国首批洲际导弹全程试验测控系统准备与实施的成败。但是，由于测控系统的负责人对“弹着点测量系统”研制的意义认识不足，没有结合我国的实际情况进行必要的技术创新，导致研制的水声测量系统遇到了难以克服的困难[14,18]：

1）对座底水声测量系统的工作环境调研不够充分，试图在太平洋中找到一个有无人小岛依托的试验区，解决测量系统自身的精确定位问题，实际上是不可能实现的；

2）由于当时国内工艺与技术水平的制约，我国研制的座底水声测量系统只能在 2 km 水深以内平坦的水域使用，在大洋中难以找到适合这种测量系统要求的适当试验海域。

在这种情况下，钱老常常讲的一段话：“别人讲不清楚的问题，我们应当讲清楚，我们也能够讲清楚，因为中国人并不笨。”鼓起了我们的勇气，我们毅然决然地从试验系统工程的全局出发，跨越技术分工的界限，对洲际导弹全程试验弹着点测量方案进行了广泛调研，在海军海上打靶确定炮弹命中点思路的启发下，提出了前无古人的“船载弹着点水柱测量雷达”的应急技术方案。按照“向阳红五号”船的舰桥高度，利用通用的船用导航雷达进行了分析论证，得出的初步结论是：只要适当提高雷达转数和测量距离，就有可能实现洲际导弹全程试验弹着点的测量任务。但是，测控系统主管部门的专家持反对意见，明确表示这是不可能的实现的。其理由是[14,18]：

1）国外根本没有这种测量系统。

2）我们的导弹弹头击水会不会产生水柱、水柱有多高、能停留多长时间，谁说得清楚？

（3）即使方案可行，从研制雷达做起，时间也来不及。

在此之后的两年时间内，该方案被测控系统主管部门连续否定了三次。1978 年年初，在我们已经从 AD 报告中发现美国人正在进行同类弹着点测量系统的试验。但是，我们仍然对弹着点测量方案争执不下。当时的国防科委科技部四局李国枢局长面对只有一年的准备周期，果断决策[14,18]：“你们总说别人提的方案不行，那你们拿出一个可行的方案啊！你们拿不出来，我看就按这个船载弹着点水柱测量雷达的技术方案做。”在这种情况下，才开始了“船载弹着点水柱测量雷达系统”的研制工作。

在钱老提倡的系统工程理论、方法的指导下，我们参照意大利军方应用系统工程的方法研制“茵地果”地空导弹系统的成功案例[14,19]，参照他们利用本国装甲兵的装甲运输车、陆军的高加速固体火箭、空军的探测雷达，引进计算机信息处理系统，迅速研制出一种技术上先进、在世界军贸市场上很有竞争力的“茵地果”地空导弹的系统工程方法，经过调研，很快提出了利用我国现有的打捞船、当时已投入使用的“船用导航定位系统”，改进海军现有的船用雷达，加上目标显示、记录系统，综合集成就形成了一个完整的应急弹着点测量方案，通过几个月的近海试验，很快就研制成功了急需的“船载弹着点水柱测量雷达系统”。主要依靠这一测量系统，获得了我国首批洲际导弹太平洋试验弹着点的精确测量数据，完成了我国洲际导弹全程试验弹着点测量的关键任务[20]。

4.3 运用从定性到定量综合决策的办法解决海上试验区划定的问题

4.3.1 问题的提出

1974 年 5 月，笔者（赵少奎）向军委“718 工程”和国防科委领导汇报我国洲际导弹太平洋试验方案时，钱学森明确指出[12]：“目前的试验方案基本可行，但是，导弹的海上试验区，一定要比美苏初期试验水平高，试验区要小；封锁时间要短。”钱老登高远望，明确地指明了我国首批洲际导弹全程试验技术准备工作的方向，但是，要完成这项任务却是一个很大的难题（试验区与试验禁区参见图 1－2－5 和图 1－2－6）。

4.3.2　国外的做法

对于远程、洲际导弹的试验考核与鉴定，美苏都立足于在公海上进行全程试验。太平洋、大西洋几乎可以说是美国人的“内湖”，试验区的选择与划定自然没有什么约束；苏联在进行首次太平洋导弹试验时，采取先斩后奏的办法，事先没有宣布，准备好了就打。以后苏联各批次太平洋导弹试验海上试验区如表 7－4－1 所示[21]。

当时我国还不具备在公海上进行全程试验的条件，按照当时的研制计划，到 1979 年年底，我们可以进行 6 ~ 8 发国内特殊弹道的短程飞行试验，如何通过 6 ~ 8 发短程特殊弹道飞行试验，确定我国首批太平洋导弹的试验区？既要保障试验船队的安全，又不伤及试验禁区外的航空器和船只，还要确保试验区与禁区的划定比美苏初期试验水平高，对我国科技人员提出了挑战。

表 7－4－1　苏联太平洋火箭试验各批次的海上禁区

批次	通告时间	结束时间	型号	射程/km	发数	范围大小/km	说明
0			东方号火箭	12 500	1 ~ 2		1959 年发射，射前未公告
1	60. 1. 8	60. 2. 2	东方号火箭	12 500	2	500 × 300	苏联首次公开导弹试验，弹头落入试验区
2	60. 6. 29	60. 7. 8	新型多级火箭	13 000	2	320 × 190	美国人两架巡逻机跟踪了试验，未看清弹头再入时是否损坏

续表

批次	通告时间	结束时间	型号	射程/km	发数	范围大小/km	说明
3	61. 9. 11	61. 10. 30	改进型多级火箭	大于 12 000	8	290×320	10 月 7 日发射的火箭装有新型制导系统，可能是当时赫鲁晓夫吹嘘的“环球火箭”
4	62. 10. 16	62. 10. 18	新方案多级火箭	大于 12 000	2 以上	210×210 600×300	首次使用两个试验区
5	63. 5. 12	63. 7. 11	改进型多级火箭	大于 12 000	4 以上	320×260	
6	63. 11. 29	64. 1. 24	改进型多级火箭		1 以上	330×310	
7	64. 8. 1	64. 12. 30	新型多级火箭		1 以上	*R*120	首次使用圆形试验禁区
8	65. 1. 10	65. 2. 2	新型多级火箭	13 000	1 以上	*R*120	
…	…	…	…	…	…	…	…
31		75. 6. 7	SS－18	9 200	2	*R*240	美国范登堡号测量船跟踪侦察，弹片落在范登堡号测量船上
…	…	…	…	…	…	…	…
37	77. 12		潜地导弹	7 400	4 以上	～*R*90	从白海的潜艇上发射的潜地导弹

4.3.3 还原论方法的困惑

导弹射击总误差包括制导误差和非制导误差两部分，对于我国当时的洲际导弹来讲，非制导误差所占比重很小，主要矛盾是搞清楚制导误差。制导误差中的方法误差所占比重也很小，因此，主要矛盾是搞清楚导弹的制导工具误差。

制导工具误差包括两部分：制导系统测速（加速表）误差与基准（陀螺）误差，参见图 1 – 2 – 7。

制导误差可以通过导弹飞行试验遥、外测数据进行数学处理获取

$$\Delta W = W_{YC} - W_{WC}$$

式中 W_{YC}——导弹飞行的遥测数据；

W_{WC}——导弹飞行的外测数据。

略去遥测的系统误差，外测的系统误差事先扣除或作为误差项进行分离，可以得到

$$\Delta W = \Delta W_{测速} + \Delta W_{基准} + \eta = \Delta W_{工具} + \eta$$

式中 η——遥测、外测系统的剩余随机误差。

从理论上得到上述结果并不难，但是，实际上解决这一问题，遇到了难以克服的难题：

1）由于我国测量系统研制滞后，当时的测量系统获得的测量数据的可靠性与精度都难以满足精度分析的要求；

2）导弹制导误差分析方法有待试验验证，虽然当时提出了诸如贝叶斯法、岭估值法、超椭球法、主成分法、改进主成分法和特征根估计法等精度分析方法，但是，分析方法的可靠性仍然不能令人满意，特别上难以得到试验的可靠验证；

3）即使到全程飞行试验之前，我们默认所有飞行试验的测量数据都能满足精度分析的要求，最多也只能获得 6 ~ 8 发特殊弹道数据，供精度分析用的信息仍然是有限的。

因此，我们当时采用“还原论方法”指导下的精度分析方法解决这一工程问题时，现代科学方法遇到了难以克服的困难。

4.3.4 从定性判断到定量综合分析决策

对于开发性科研工程，特别是前无古人的开发性科研工程，我们常常遇到研究对象原始信息十分不足的难题，采用还原论指导下的“简单性科学”方法常常遇到难以克服的困难。在客观条件的逼迫下，我们不得已采取了扩大研究对象原始信息源的办法，把客观世界存在的所有相关信息都作为原始信息，在广泛收集、分析相关

信息的基础上，走一条从定性判断到定量综合决策的道路。

首先，收集了我国所有弹道导弹型号正常武器弹道飞行试验的实测数据，进行统计分析，得出东风型号导弹横向射击误差很小，而且多远弹的统计规律。考虑到我国东风型号导弹控制系统研制的继承性和设计方法的一致性，对我国洲际导弹命中精度的理论设计做出了基本可信的定性估计，对洲际导弹的弹头试验区做出了定性判断。然后，通过理论计算与统计分析确定了导弹弹头与弹体落点的中心点距离 $L_{头体中心距}$，并且通过对洲际导弹国内特殊弹道试验区的实际勘测，初步确定了我国洲际导弹的弹体残骸散布区[14,22]，详见图 7－4－2。

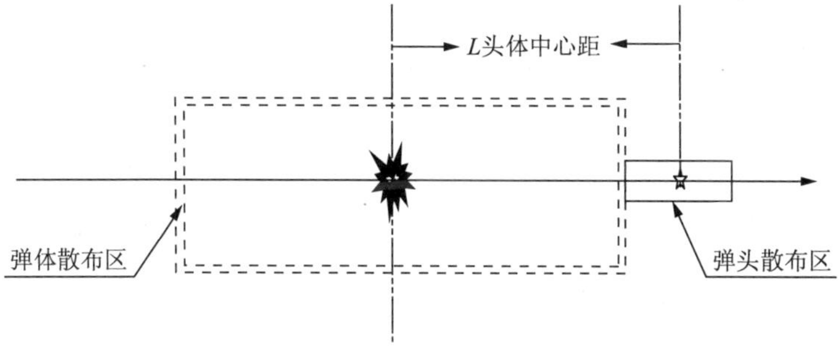

图 7－4－2　导弹头体散布区示意图

在此基础上，进行综合集成，形成我国首批洲际导弹全程试验的弹着点试验区与试验禁区的决策支持意见，给出了半径为 65 ~ 70 海里的试验禁区（参见图 1－2－5），被领导采纳，并付诸实施。

5　与时俱进，不断创新，开拓社会系统工程，拓展系统科学，推进科学发展观

早在 1977 年，国家正在着手筹备召开全国科学大会之际，国防科委办公厅王勉主任向国防科技信息中心传达了钱老等著名科学家积极推动发展系统工程的主张，并提议把发展系统工程纳入国家科技发展纲要之中。按照钱老的指示，在其秘书王寿云同志的具体帮

助下，笔者（柴本良）与陈宝庭、王芝仙等同志组织编辑了一批国外有关系统工程发展概况的资料，并于 1978 年年底，出版了不定期的内部刊物——《系统工程与科学管理》。钱老十分重视刊物的编辑工作，亲自过问组稿、审稿等全过程。这是国内第一份专题刊载系统工程研究与实践的刊物，一经出版，立刻引起国内各方面的热烈反响。同时，钱老明确指出：系统工程与以计算机为核心的信息技术相结合，不仅能够应用于工程领域，在经济、军事、生态、环保等领域也有广泛的推广应用前景。这种跨部门、跨行业、跨学科的推广应用，必须运用社会系统工程的理论和方法，通过综合集成、协调发展的总体思路促进社会的和谐发展。钱老充分认识到社会系统工程的活力孕育在这种跨部门、跨行业、跨学科的交叉与协调发展之中，为此，钱老与许国志、宋健等同志多次研究讨论，十分关心系统工程在各行各业的统筹规划、协调发展问题，并且针对我国各行各业普遍存在的垂直领导、部门条块分割的不利环境因素，探讨与社会系统工程内在的系统性、综合性、和谐性等固有特性存在的矛盾和解决的对策，并且摸索出了一套现实可行的应对措施，在全国范围内进行推广，在多领域取得明显的成效。

首先，1978 年钱老、许国志与王寿云同志在文汇报联合发表了《组织管理的技术——系统工程》[23]；1979 年，钱老、王寿云与柴本良共同撰写了《军事系统工程》[24]……1982 年，他对国内外系统工程理论的现状进行了梳理和总结，澄清了学术界认识的混乱，形成独特的理论观点，出版了《论系统工程》一书[15]，形成了具有中国特色的系统工程理论体系。在此期间，钱老还在北京、成都、昆明、长沙等地举行了一系列系统工程讲座，运用社会媒体广泛开展系统工程的宣传工作，在全国范围内掀起了普及与推广系统工程的热潮。

第二，1979 年 10 月 11 日，在钱老的推动下，我国第一个全国性的系统工程学术讨论会在北京召开，钱老亲自主持会议，并在开幕式上做了《大力开展系统工程，尽早建立系统工程的科学体系》的报告[25]…… 在钱老和国内众多知名科学家的大力推动下，1980

年 11 月 18 日中国系统工程学会获准正式成立。钱老进一步通过系统工程学会，组织、发动和协调全国各地、各部门的学术交流和系统工程的推广应用工作，取得明显的成效。

第三，1986 年，面对越来越复杂的现代科学技术和现代经济社会的迅猛发展，钱学森站在振兴国家科技发展与社会主义现代化建设事业全局的高度，在更加广阔的范围高屋建瓴地考察国际系统科学研究的发展态势，不失时机地亲自带领我国一批相关学术领域的中青年科学家和各学术领域的高层次学者组成了“系统学讨论班”，开展了持续长达六年之久的系统学前沿探索，明确地提出了创建系统学，落实科学发展观的任务。并且从创建系统学走向复杂性科学研究，采用系统科学的观点和方法研究复杂性，结合中国的实际，寻求解决中国社会主义现代化建设的理论与方法。

近 20 多年来，钱老怀着情深切切的赤子之情，不顾八九十岁高龄，以其在科学技术领域中的崇高威望、扎实的马克思主义哲学功底、深厚的现代科学技术和中华传统文化的底蕴，向系统科学、思维科学、人体科学等前沿科学领域发起了跨世纪之战，取得了丰硕的成果，提出了现代科学技术体系结构[26]；社会主义建设体系结构[27]；系统科学的核心概念——开放的复杂巨系统[28]；“复杂性”是开放的复杂巨系统的动力学特性[29]，“凡现在不能用还原论处理的或不宜用还原论方法处理的问题，而要用或宜用新的科学方法处理的问题，都是复杂性问题”[30]的具有深刻内涵、可操作的“复杂性”定义；目前唯一能够有效处理复杂巨系统问题的一种方法论——从定性到定量综合集成方法[31]，探寻了一种进行复杂性问题研究与推进我国社会主义现代化建设事业科学决策现实可行的组织形式与运行机制——从定性到定量综合集成研讨厅体系[32]和总体设计部体系[33]，并且正在推进现代科学技术与马克思哲学、唯物辩证法与中国传统文化相结合的大成智慧学[34]…… 建立了结构完整的系统科学的理论框架。钱学森提出的“现代科学技术体系”、“开放的复杂巨系统”、“从定性到定量综合集成方法”、“总体设计部体系”和

"大成智慧工程与大成智慧学"等一系列科学思想和科学方法，是在马克思主义哲学的指导下进行的，是钱老探索与研究系统科学及整个现代科学技术体系在理论上的升华，是马克思主义哲学与现代科学技术、中国传统文化相结合，在现代交叉科学前沿领域综合集成的开创性成果，是解读和落实科学发展观"智慧的钥匙"，是钱老晚年在科学——哲学理论上的重大贡献。随着科学技术与现代社会的复杂化发展，系统科学将越来越显现出其强大的生命力和重大的科学价值，系统科学的理论、方法将成为推进我国社会主义现代化建设事业全面、协调、可持续发展的强大理论武器，成为全人类的宝贵财富。

6 结语

20 世纪 80 年代初，在钱老指导王寿云同志进行作战模拟研究的过程中，就明确地提出了"把科学理论、经验知识和专家的判断力相结合，通过半理论、半经验的方法处理复杂系统的决策问题"的总体思路。在创建"系统学"的过程中，提出了研究开放的复杂巨系统的方法论——"从定性到定量综合集成法"，又称为"综合集成技术"或"综合集成工程"，把人的思维、思维的成果、人的经验、知识、智慧，以及各种情报、资料和信息系统集成起来，用结构化的方法逐步逼近非结构化的复杂系统决策问题，从多方面的定性认识逐步上升到能够实施决策的定量认识。1992 年以来，钱学森进一步提出"从定性到定量综合集成研讨厅体系"的复杂系统决策运行机制的构想，开创了以人为主，人机结合、人网结合的新途径。如果我们在社会发展和装备建设发展战略、规划和计划研究与制定的过程中，运用这套理论和方法，建立一种社会发展和装备建设发展的新机制，将为我们在科学发展观的指导下，使我国经济社会发展和军事装备建设增添新的活力[35,36]。钱老的研究与实践把我们又带进了系统科学与复杂性科学探索、研究的大门，指引我们向世界科学技术发展的前沿继续奋进。

参考文献

[1] 张钧．当代中国的航天事业[M]．北京:中国社会科学出版社,1986.
[2] 谢光．当代中国的国防科技事业[M]．北京:中国社会科学出版社,1992.
[3] 胡士弘．钱学森[M]．北京:中国青年出版社,1997.
[4] 祁淑英,魏根发．钱学森[M]．保定:花山文艺出版社,1998.
[5] 郑哲敏．钱学森手稿[M]．太原:山西教育出版社,2000.
[6] (美)弗雷蒙 E 卡斯特,詹姆士 E 罗森茨威格,等．科学、技术与管理[M]．柴本良,华棣,李盛昌,等,译．北京:国防工业出版社,1979.
[7] 钱学森．创建系统学[M]．太原:山西科学技术出版社,2001.
[8] 王文华．钱学森实录[M]．成都:四川文艺出版社,2001.
[9] 钱学森．工程控制论[M]．戴汝为,何善榕,译．北京:科学出版社,1958.
[10] 赵少奎．钱学森与航天系统工程//钱学森科学贡献暨学术思想研讨会文集．北京:中国科学技术出版社,2001.
[11] 马克思,恩格斯．马克思、恩格斯选集,第四卷．北京:人民出版社,1995.
[12] 赵少奎．十年前的太平洋火箭试验[J].航天杂志.1990(2):1－4.
[13] 赵少奎．飞向太平洋的洲际火箭[J].航天杂志增刊.1999:44－46.
[14] 赵少奎．试验系统工程的初步尝试——在 DF－5 全程飞行试验准备过程中,学习、运用系统工理论、方法的小结．运载火箭研究院总体部,1982,4.
[15] 钱学森,等．论系统工程[M]．长沙:湖南科学技术出版社,1982.
[16] 赵少奎．试验系统工程初探[C]//航空高技术与系统工程文集．北京:航空工业出版社,1994.
[17] 哈罗德·兰德．运筹学的起源[C]//系统工程与科学管理专集．国防科委情报研究所,1978(1).
[18] 赵少奎,李世辉．从源头上保护原始性创新[J]．中国工程科学,2003,5(11):88－91.
[19] 赵少奎,杨永太．工程系统工程导论[M]．北京:国防工业出版社,2000.
[20] 谢光．当代中国的国防科技事业[M]．北京:当代中国出版社,1992.
[21] 赵少奎．苏联在太平洋上的火箭与导弹试验[J].靶场与试验技术．国防科委情报研究所,1979,(2):21－43.

[22] 赵少奎. 弹道式导弹的试验区[J]. 远方科技. 航天部○六六基地,1985(2):3-8.

[23] 钱学森,许国志,王寿云. 组织管理的技术——系统工程[N]. 文汇报,1978-9-27(1).

[24] 钱学森,王寿云,柴本良. 军事系统工程[M]//系统工程与科学管理专集(三). 北京:国防科委情报资料研究所,1979,8:1-29.

[25] 钱学森. 大力开展系统工程、尽早建立系统工程的科学体系[M]//论系统工程. 长沙:湖南科学技术出版社,1988.

[26] 钱学森. 现代科学技术的特点和体系结构[M]//论系统工程. 长沙:科学技术出版社,1988.

[27] 钱学森. 社会主义的协调发展需要社会主义政治文明建设[M]//创建系统学. 太原:山西科学技术出版社,2001.

[28] 钱学森,于景元,戴汝为. 一个科学的新领域——开放的复杂巨系统及其方法论[M]//创建系统学. 太原:山西科学技术出版社,2001.

[29] 苗东升. 钱学森复杂性研究述评[J]. 西安交通大学学报,2004,24(70):67-71.

[30] 王寿云,于景元,戴汝为,等. 开放的复杂巨系统[M]. 杭州:浙江科技出版社,1996.

[31] 钱学森. 再谈开放的复杂巨系统[J]. 创建系统学. 太原:山西科学技术出版社,2001.

[32] 钱学森. 创建系统学[M]. 太原:山西科学技术出版社,2001.

[33] 钱学森. 社会主义建设的总体设计部[M]. 创建系统学. 太原:山西科学技术出版社,2001.

[34] 钱学敏. 钱学森关于复杂系统与大成智慧的理论[J]. 西安交通大学学报,2004,24(70):51-57.

[35] 赵少奎. 现代化建设理论与决策管理机制的创新[J]. 中国工程科学,2002,8:26-33.

[36] 赵少奎. 工程系统开发复杂性的讨论[J]. 中国工程科学. 2004,2:1-8.

（本文由作者与总装备部柴本良研究员合作，发表在上海交通大学出版社编辑、出版的《钱学森系统科学思想研究》，2007 年 1 月：243 ~ 258）

科学技术与国家发展需要理论与管理机制的创新

——学习钱学森院士《创建系统学》的思考

〔摘　要〕对钱学森院士提出的“宇宙五观世界”、“21世纪产业革命的进程”、“现代科学技术体系结构”、“社会主义建设体系结构”、“复杂巨系统的概念及其方法论”、“综合集成研讨厅体系”、“大成智慧学”与“社会主义建设总体部体系”等一系列创新理论、方法学习的基础上，阐述了笔者的点滴思考。

〔关键词〕创新　科学技术体系　社会主义建设体系结构　总体部体系

近20多年来，钱学森“从工程技术走向科学论”，提出了“宇宙五观世界”、“现代科学技术体系结构”、“社会主义建设体系结构”、“复杂巨系统的概念及其方法论”、“综合集成研讨厅体系”、“大成智慧学”与“社会主义建设总体部体系”等一系列理论、方法与管理机制的创新，并预测了21世纪世界产业革命的发展进程。

钱老从总体上思考、探索了客观世界的本质，提出了五观世界与复杂巨系统的概念，为开拓、建立系统科学奠定了理论基础；在创建“系统学”的过程中，钱老从现代科学技术体系结构、社会主义体系结构与现代科学方法论的高度提出了认识与改造客观世界的理论创新，奠定了“系统学”的理论基础，构建了系统科学体系的总体框架；在推进我国社会主义现代化建设的进程中，他又明确地提出了现代人才观与决策管理机制的创新，为推进科学发展观、创建社会主义和谐社会指明了方向和可操作的总体思路。并且从总体上思考、预测了21世纪世界产业革命的进程，为开拓、发展系统科学指明了我们面对的科学技术与社会环境，为科学地认识与改造客观世界，发展现代科学技术，推进我国的社会主义现代化建设事业指明了前进的方向。

1　五观世界与复杂巨系统的概念

在中国这块广袤的土地上，历经上下五千年，我们观察、探寻和赖以生存的世界，究竟应该如何描绘？著名科学家钱学森院士用他的慧眼给我们绘出了一个“五观世界”的生动图景（参见图 7－5－1[2]），巧妙地概括了客观世界的基本图像。

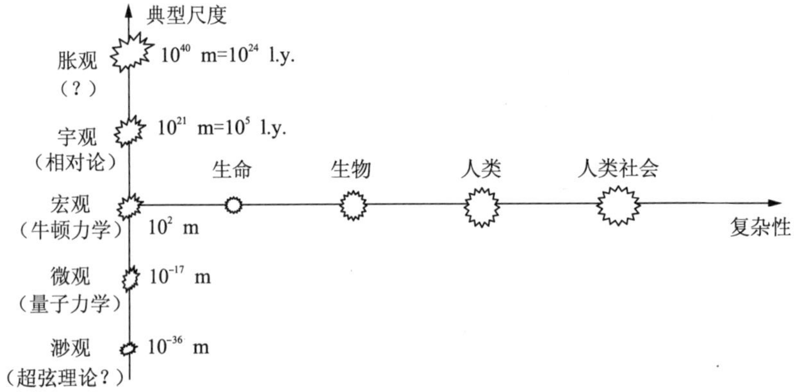

图 7－5－1　人类探寻的客观世界及其基本理论

1985 年 4 月，钱学森在《国内哲学动态》上指出：我们正面临一次新的科学革命。牛顿创立了“宏观”科学理论，量子力学创立了“微观”科学理论，广义相对论创立了“宇观”科学理论。目前，希克斯场、宇宙大爆炸等现象要求有新的理论来解释自身，前者我称之为“渺观”，后者我称之为“胀观”。这样，人类对客观世界的认识就有了“胀观”、“宇观”、“宏观”、“微观”、“渺观”五个层次。上述“五观”讨论的就是客观世界的本质问题。本体论用思辩没能解决的问题，用科学可以解决。所以，自然科学中有一个即将到来的科学革命。

1986年7月，在《学习月刊》第7期，钱学森著文指出：关于决定论与非决定论的问题，我认为，所谓非决定论，无非是有些因素、有些因果联系还没有认识到，这些因素在起作用，但却不在你的控制之内，所以产生了非决定论。在自然科学领域常举这样一个例子：在量子力学中，爱因斯坦与波尔的争论，现在已经有苗头说明为什么产生量子力学的非决定论，这就是由于我们还没有深入到物质世界再下边的一个层次。如果深入到物质世界再下边的一个层次，进一步揭示了物质世界的规律，就会是决定论而不是非决定论了。这个问题自量子力学产生以来，一直在争论。现在看来，解决这一问题的途径就在于向物质世界更深层次挖掘。在五六年以前出现一种理论（所谓“宇宙大爆炸理论”）。这个理论就解决了上述问题，它认为宇宙不只我们这一个，我们这个宇宙是在我们特殊条件下形成的。在更大的范围里还有更多的宇宙，五花八门的宇宙。这又是无限的了。这个范围很大，我给它起了个名字，叫胀观。所以，现在不是“宇观”、“宏观”、“微观”，而是“胀观”、“宇观”、“宏观”、“微观”、“渺观”，是五观了。但是，五观是不是到头了？没有。科学是无止境的。在一定的层次里，你说是非决定论的，但这只是一个层次的看法，不要认为这是天经地义的。在实际生活中，非决定论的因素总是错误的。人不可能了解全部情况，你不了解的那一部分在起作用，无法控制，当然是非决定因素。决定与非决定是辩证的统一。1989年10月，在《哲学研究》第10期《基础科学研究应该接受马克思主义哲学的指导》一文中，钱学森明确支持“渺观”和“胀观”还没有严格的理论，并指出这就是基础理论的研究方向。

客观世界由各种物质及其能量、信息组成，系统是在自然界和人类社会中普遍存在的形式。按照不同的原则，可以划分为各种不同类型的系统。钱学森从系统科学的角度出发，抓住系统的本质，按照系统中所含子系统、子系统种类的多少和它们之间关系的复杂程度，把系统划分为简单系统和巨系统两大类：

简单系统的特点是组成系统的子系统数量比较少，相互间关系比较单纯，如一台机器。若子系统数量相对较多，达到几十、上百个，则可称简单大系统，如一个工厂。

子系统数量非常多，达到成千上万、上百亿、万亿个，则称之为巨系统。若巨系统中子系统种类不太多，有几种、几十种，而且相互关系比较简单，称为简单巨系统，如激光系统等。研究这类系统用简单系统的方法不行，巨型计算机也不够用了，可以用在统计力学基础上发展起来的“耗散结构理论”和“协同学”来解决[1]。

子系统、子系统种类很多，并有层次结构，相互关联很复杂，甚至层次也说不清楚，就是复杂巨系统。若其对环境是开放的，可称为开放的复杂巨系统。对人类生存与发展具有重要影响的人脑系统、人体系统、地理系统、星系系统、社会系统，以及农产业系统、林产业系统、草产业系统、海产业系统、沙产业系统等都是开放的复杂巨系统，它们具有明显的复杂性特征。社会系统里一个重要的组成部分是人，人是极其复杂的，他的反应和行为是多种多样的，迄今为止，在人类探寻到的客观世界里，社会系统是最复杂的系统，因此，称其为“开放的特殊复杂巨系统”。我们研究客观世界的复杂性，是为了改造客观世界，这些复杂巨系统是我们研究的主要对象。

对于复杂巨系统，人类对它们的认识还很有限，迄今还没有深入研究和处理它们的成熟理论和方法。正如钱学森院士指出的[1]“人脑中的认识不等于客观世界本身，永远不会如此，只能经过曲折的道路逐步逼近。人的认识过程是对客观存在的、开放的复杂巨系统的研究过程……”客观世界中还有哪些属于复杂巨系统？它们的系统结构是怎样的？它们演化、协同和控制的一般规律如何？还需要我们进一步研究，这是新世纪摆在我们面前的一项认识和改造客观世界的重要而艰巨的任务。

2 21世纪产业革命的进程

按照马克思提出的产业革命概念，钱学森指出：在人类历史上已经经历了四次产业革命[1]，即第一次产业革命——农业革命。大约发生在一万年以前的新石器时代，即人从采集、狩猎为生发展到种植业、畜牧业，开创了第一产业——农业。由此引起由原始公社到奴隶社会的社会政治革命。

第二次产业革命——商业革命。出现在奴隶制后期，即出现商品，人们开始为交换而生产…… 时间大约在3千年前，由此引起由奴隶社会到封建社会的社会政治革命。

第三次产业革命——经典著作中的工业革命。18世纪末首先在英国发生，后来19世纪扩展到整个欧洲。这次产业革命创立了第二产业，即工业。由此引起欧洲由封建社会向资本主义社会的过渡。

第四次产业革命发生在19世纪末，20世纪初，西方工业比较发达的国家出现了大规模、有组织的跨国生产工厂，原料从这个国家出来，产品可能在另一个国家生产，然后向世界输送，发展成世界性产业，由此开始创立第三产业——服务业，有人称其为“垄断业革命”[3]。

现在正在经历第五次产业革命，即信息产业革命。钱学森指出[1]：它是以微电子、信息技术为基础，以计算机、网络和通信等为核心的信息革命。由于计算机、网络和通信的发展与普及，使劳动的信息化、智能化程度大大提高，人类将开创新一代人机结合的劳动体系，标志着世界经济开始从工业化进入了信息经济时代，知识与技术的密集型产业将成为创造社会与物质财富的主要形式，由此将创立第四产业：科技业、咨询业和信息业；第五产业：文化业。计算机与通信网络的结合与普遍使用，不仅改变着人们的生产方式、学习方式、生活方式和娱乐方式，计算机软件也将成为人类文化的组成部分，开创了人机结合的精神生产力，将有可能最终导致消灭体力与脑力劳动的差别。

1984 年，钱学森院士在中国农业科学院提出大农业应包括五个方面：农业、林业、草业、海业和沙业[1]。这五业一旦采用高新技术，又是一件了不起的事。钱学森预测将发生第六次产业革命，它是以微生物、酶、细胞、基因工程为代表的生物工程革命，到 21 世纪将发展成以动、植物工程、药物和疫苗、蛋白质工程、细胞融合、基因重组等为核心的生物工程产业，它的产业化将创造出高效益的物质生产，将引发新的大农业生产为特征的第六次产业革命[1]。这次产业革命的实质是以太阳能为能源，利用生物（动、植物和菌类)、水和大气，通过农、林、草、畜、禽、菌、药、鱼，加上工、贸等途径，形成新的知识密集型产业，即开创大农业生产，包括新型的农产业、林产业、草产业、沙产业和海产业，这样发展起来的第一、二产业，除生产的产品不同外，在生产方式上已无实质上的差别，将可能最终导致消灭工业和农业、城市和农村的差别。

钱学森还指出：人体科学（包括医学、生命科学）的发展，将渗透到各行各业，无疑将引发一场涉及人民体质建设的第七次产业革命[1]。通过采用系统科学发展起来的“从定性到定量综合集成法”，把中医、西医、民族医学、中西医结合、体育医学、民间偏方、气功、人体特异功能、电子治疗仪器等几千年来人民防病治病，健体强身的实践经验集成起来，总结出一套科学的、全面的现代医学，包括测试身体和查病的第一医学、辩证施治的第二医学、防病的第三医学、人体器官再造和补残缺的第四医学，以及提高人体功能的第五医学等。这样就可以真正科学地进行人民体质建设了，人民体质和人体功能都将大大提高，这将是医疗卫生事业的一场革命，人类历史上的第七次产业革命。

21 世纪三次产业革命相继到来，将有可能逐步消灭人类历史形成的三大差别（脑体劳动、工农和城乡），并引发一次新的社会革命。随着纳米技术的发展，钱学森预测将产生又一次如同现在信息技术推动的产业革命[1]。系统科学是 20 世纪中叶兴起的一场科学革命，系统工程的实践又将引起一场技术革命，这场科学与技术革命必将在21世纪推动又一场新的组织管理革命的到来[1]。即将到来的21世纪，由于信息技术、生物工程和人体科学、医学的发展，钱学森院士预测：将相继在一定时间段重叠出现人类历史上三次新的产业革命，将开创人类历史上社会生产力发展的新阶段，也必将导致经济社会形态的飞跃发展，同时引起政治和意识社会形态的变革，迎来中国当代第三次社会革命的到来，成为一场创造生产力的社会大革命[1]。显然，科学地预见人类社会的发展，既需要智慧，也需要勇气。

3 科学地认识客观世界需要理论创新

3.1 现代科学技术体系

从整体上看，现代科学技术研究的对象是整个客观世界，但是，从不同的角度，以不同的观点和不同的方法研究客观世界的不同问题时，现代科学技术产生了不同的科学技术门类。

面对科学技术突飞猛进地向前发展，在马克思主义哲学的指导下，钱学森深入地研究时代特征的发展变化，提出科学技术不能只是自然科学和社会科学，而是一个大的科学技术体系[1]（参见图7-5-2）。

到现在为止，按照钱学森的看法：科学技术体系横向划分为十一大类：自然科学、社会科学、数学科学、系统科学、思维科学、人体科学、文艺理论、军事科学、行为科学、地理科学和建筑科学。纵向划分为三个层次，即工程技术、技术科学和基础科学。唯一例外是文艺，文艺恐怕只有理论和文艺创作两个层次，从文艺理论到文艺创作不是科学问题，而是艺术。每个部门都有一个联系马克思主义哲学的桥梁，即从这个部门的科学研究成果中提炼出来的思想精华，它要能丰富和发展马克思主义哲学，而马克思主义哲学又通过这一桥梁指导这个部门的科学研究。这个科学技术体系随着社会

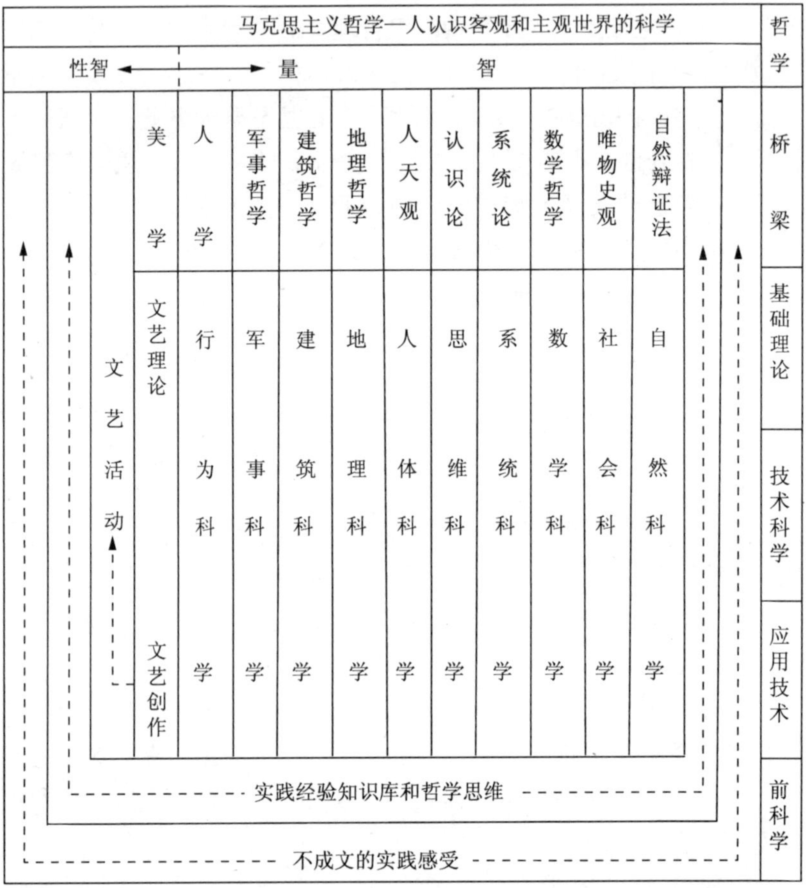

图 7－5－2　现代科学技术体系结构框图

进步，还在不断演化、不断发展，是一个开放的动态网络系统。

现代科学技术不仅仅研究一个个事物，一个个现象，还要研究更加复杂的事物、更加复杂现象的发展、变化过程，相互之间的关联和运动规律。建立了现代科学技术的体系结构和发展层次体系，将有利于我们自觉地理论联系实际，更加清醒地认识到当今门类繁多、迅猛发展的学科、专业在现代科学技术体系中的位置、作用，有利于更加迅速地明确学科、专业的核心问题与薄弱环节，以便抓住不同层次学科的主攻方向，组织力量实现突破；在现代科学技术体系的指导下，有利于我们分层次地培养、开发人才、人力资源，分层次地组织研究、开发力量，高效率的实现科学技术的产业化。总之，现代科学技术体系还要进一步完善、细化，它是我们认识、改造客观世界的强大武器；我们不应当坐井观天、故步自封，人为地把科学技术部门分割、分隔开。我们应当充分发挥科学技术体系的整体优势，进一步提高认识客观世界的水平、改造客观世界的能力，并自觉地运用它去解决我国社会主义现代化建设的复杂性问题。

3.2 社会主义建设的体系结构

社会是一个开放的复杂巨系统，社会主义建设是一项复杂的社会系统工程，应当用科学的方法研究、解决社会系统的复杂性问题，认识要全面，方法要创新。

钱学森认为，我国社会主义建设基本上有四个层次问题[1]：

第一个层次是总的方针、政策、战略决策，这些由中央制定。

第二个层次的问题，就是长远观点，王任重同志曾讲过："我们共产党不能只考虑5年、10年、15年的事，而是要考虑50年，100年的事。"

第三个层次是科学技术研究问题，现在的问题：一是认识上不够重视；二是只顾眼前，急于创收…… 三是学风不够民主，权威说了算，新思想培养不出来。再者是人才问题，要尊重知识、尊重人才，要用创新的思路大力培养新世纪的建设人才，特别是总揽全局的人才，即帅才。

第四个层次是老年问题…… 等到老年人有好几亿，占人口的30%～40%时，才去思考和解决这些问题，就太迟了。

这些都属于长远问题，要预测长远问题，需要我们科学地认识面对的社会系统结构，需要创建复杂巨系统的方法论，建立复杂巨系统学。

按照马克思创立的社会形态概念，从宏观角度看，任何社会系统，都有三个最基本的社会形态，即经济的社会形态、政治的社会形态和意识的社会形态，经济的社会形态、政治的社会形态和意识的社会形态密切联系在一起，组成一个社会整体[1]（参见图7－5－3）。相应的社会主义文明建设也有三个方面，即物质文明建设、政治文明建设和精神文明建设。相对应的也有三个环境，即政治环境、文化环境以及地理环境建设。当然建设社会主义必须有一个中心，这个中心就是经济建设。

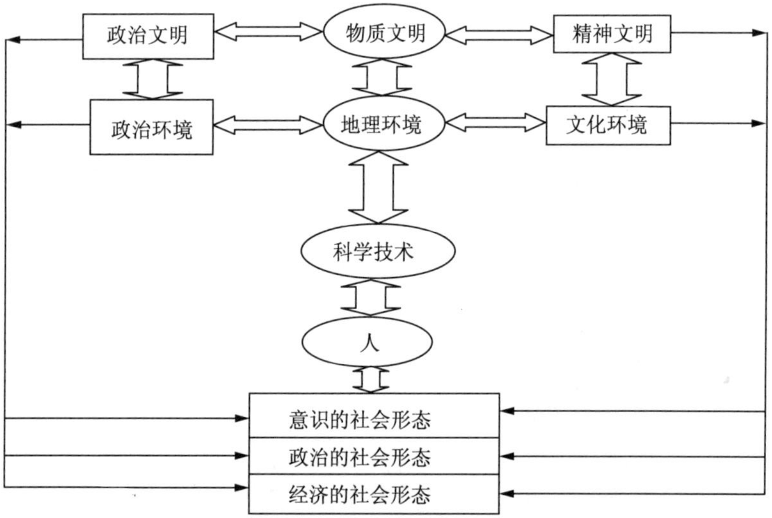

图7－5－3　社会系统体系结构

我国的社会主义建设事业，从总体上讲，就是这样一种系统结构（参见图7－5－4[2]）。钱学森指出[1]：我们的社会主义改革是一项极其复杂的社会系统工程，我们把前述的科学技术体系、社会主义建设体系结构建立起来了，就跟放卫星一样，哪个先，哪个后；哪个多投入，哪个控制投入规模…… 就可以用科学的理论、方法，有序开发，合理配置资源，成功地建设社会主义了。

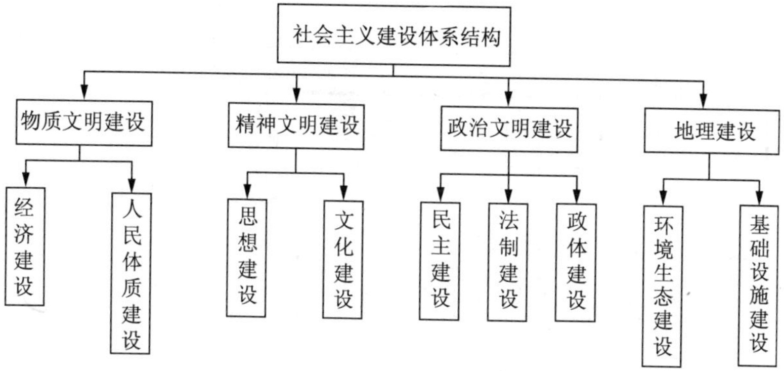

图 7-5-4 社会主义建设体系结构框图

3.3 综合集成方法论

1989 年，在国务院发展中心马宾同志的指导下，航天部 710 所于景元研究员领导的研究集体，在参与解决国家经济决策问题咨询工作的过程中，开创了一条“定性定量相结合”解决社会经济系统问题的新途径。钱学森敏锐地认识到“定性定量相结合的综合集成法”对解决复杂巨系统问题的科学价值，从理论上进行了总结和提炼，站在辩证唯物主义方法论和认识论的高度提出了“从定性到定量综合集成法”的概念，并且进一步提出了“从定性到定量综合集成研讨厅体系”和“大成智慧工程”的概念，这是目前能够解决开放复杂巨系统问题唯一现实、可行的理论思路（参见图 7-5-5[4]）。

其特点是把不同人（包括古、今世界的人们）的定性认识综合起来，从低层次的定性提高到高层次的定量，然后把定量累计起来形成高层次的定性认识。这个“从定性到定量综合集成法”是在《实践论》的基础上构筑的，在综合集成的过程中以《矛盾论》为指导，在建立数学模型的曲折过程中，注意发现主要矛盾和矛盾的主要方面。而且充分认识到矛盾是一个发展运动，不是一成不变的，是会不断转化的。这是人认识客观世界过程的重要发展，即毛泽东

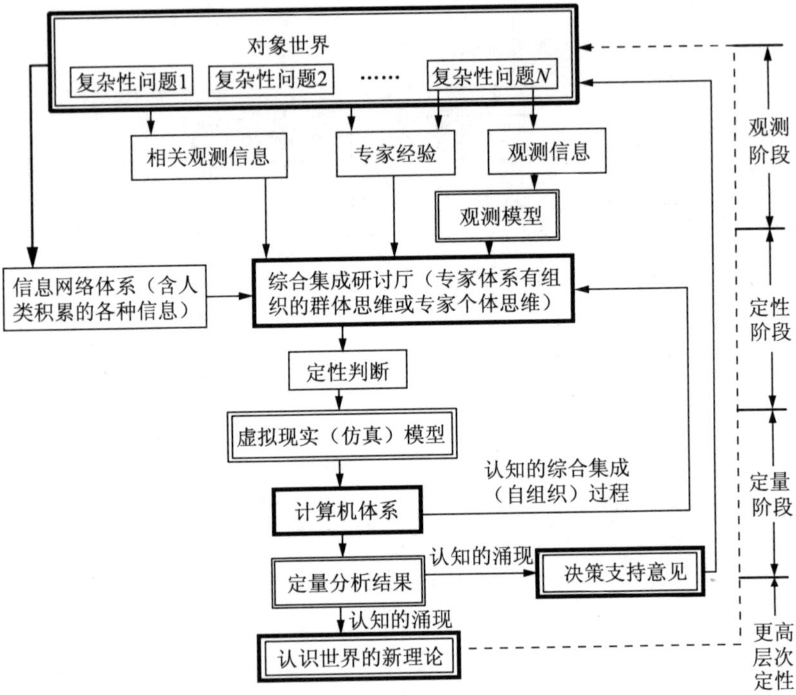

图 7－5－5　系统论研究、处理复杂性问题的总体思路

同志提出的从感性到理性认识的循环往复发展过程。

从马克思主义哲学来理解，定性、定量是辩证的统一，就是说，在定量的认识过程中，要使用大量定性的东西，目的是最后能够建立起比较正确地反映客观世界的模型，实现最后的定量分析。从定性到定量，定量又上升到更高层次的定性…… 就是把许多好东西，点滴的东西综合起来，集腋成裘，成为一个大的结构，正确的结构。把人工智能、知识工程这套东西也用到从定性到定量综合集成的过程中，这样收集知识的范围还可以扩大，除了专家意见外，从数据库、知识库里都可以收集，这些用人工难以做到，但是，计算机可以把信息库贮存的信息全面进行搜寻，把一切有用的东西都集成起来，这样“综合集成法”就更上了一层楼，人对客观世界的认识就发展到了一个新的阶段。

概括地讲，处理复杂性问题的基本理论是“复杂巨系统的概念及其方法论”。具体讲，凡是不能或不宜用还原论方法处理的问题，都属于复杂性问题，复杂性问题应当采用“系统论”的原理，运用从定性到定量综合集成的方法去处理。基本方法是：对于非结构化的复杂性问题，组织相关领域专家进行群体思维碰撞，在充分利用一切可以利用的相关信息的条件下，通过定性判断，在对复杂性问题进行结构化近似处理的基础上，采用人机结合，以人为主的方式，通过多层次的人机对话，逐步实现认知的涌现。工程实践的基本思路是：针对各学科、专业的具体复杂性问题，采用“从定性到定量综合集成研讨厅”体系的运行机制、总体部的组织形式，组织相关领域专家，利用一切可以利用的相关信息进行分析、综合、集成，通过专家群体思维碰撞，在定性判断的基础上，建立计算机仿真支持下的“自组织的认知涌现过程”。这样做，我们面对复杂性问题，将不会束手无策，往往能够迎刃而解或容易找到解决问题的方向或正确的思路[4]。

从图7－5－5中可以看出，应用系统论的方法处理复杂性问题，信息采集不仅仅针对研究对象本身，而是与研究对象相关的整个客观世界，极大地扩充了珍贵的原始信息源；对复杂巨系统研究的方法通常采用人机结合、以人为主的方式，以结构化的分析方法为基础，通过从定性到定量多层次、多循环的分析、综合、集成，逐步实现对复杂性问题的认知涌现，在此基础上提出以定量研究结果为基础的决策支持意见，并进而实现认识世界理论的升华。因此，可以说，系统论是采用“以人为主、人机结合、仿真支持下的人机交互方式”进行复杂性问题研究的理论、方法，它在研究对象总体、认识客观世界方法，以及认识与改造世界的运行机制上发展了还原论与整体论，是还原论与整体论的辩证统一[4]。

20多年来，系统工程和系统科学已经有了很大发展，我们已经从工程系统走到了社会系统，进而提炼出了开放复杂巨系统的概念和处理这种系统的方法，即以人为主，人机结合，从定性到定量综合集成法，并在工程上逐步形成综合集成研讨厅体系。“综合集成研讨厅体系”是在汇总了几十年来世界学术界的专家研讨会（Seminar）、作战模拟、信息技术、人工智能、灵境技术、从定性到定量的综合集成方法和人机结合智能系统等科学研究与实践活动的成功经验的基础上形成的[1]。大成智慧工程以及从定性到定量综合集成研讨厅体系要求每个参与者除了遵行国际上的研讨会（Seminar）精神，除了无保留地放开思想，充分交流，知错公开宣布改正外，还要具有高度的政治思想性、高度的科学计划性、高度的组织纪律性。这是从千百万革命先烈流血牺牲的经验教训中总结出来的，所以，是继承了先辈革命精神的[1]。

3.4 系统学与大成智慧学

什么是系统学？钱学森明确指出[1]：系统学是研究系统结构与功能（包括系统的演化、协同与控制）一般规律的科学。

1979 年 10 月，在北京召开系统工程学术讨论会时，钱老提出了建立系统科学体系的问题[1]。

1980 年，在中国系统工程学会成立大会上，钱老明确地提出了系统科学“三个层次，一个桥梁”的体系结构[1]。

1981 年提出创建“系统学”[5]，并且在 1986 年 1 月明确指出[1]：“现在要建设社会主义，要在建国 100 周年使我们的国家达到世界先进水平，这是一段好长好长的路，65 年你要走完这条路，老在‘摸着石头过河’，那可不行，要不犯大错误，必须有预见性，预见性来自何方？来自科学，这个科学是什么？就是《系统科学》!”这个科学的理论基础就是“系统学”。钱老指出：“理论、观念和方法的问题很重要，因为它对我们认识与改造客观世界具有决定意义。”现在国外学术界兴起“复杂性科学”研究热，而我们讲的复杂性是指复杂巨系统的动力学特性，即复杂系统的自组织特性和其整体的涌现规律。“系统学”是研究系统理论与其一般规律的科学，首先应研究与人类社会发展息息相关的复杂巨系统，复杂巨系统的结构本质上是自组织的，所以，复杂系统的自组织特性与系统的整体涌现规律是系统学研究的核心问题，开放的复杂巨系统的概念及其方法论是系统学的精髓，“整体论与还原论”的辩证统一是系统学的理论基础。我们应在复杂系统动力学特性，即系统的自组织特性与整体涌现性的一般规律基础上建立系统学。

从定性到定量综合集成技术，名称太长，不好译成英文，按照中国的文化习惯，钱老给它取了个名字，叫大成智慧工程。就是把人类几千年来的智慧集其大成，把人的思维，思维的成果，人的认识、智慧，以及各种情报、资料、信息统统集成起来，把计算机科学技术、人工智能、作战模拟技术、思维科学、学术交流经验，加上马克思主义哲学，合成为“大成智慧工程”[1]。实际上是系统工程的一个发展，目的是为了解决开放的复杂巨系统的问题。今天搞的综合集成研讨厅体系，是要把今天世界上千百万人的智慧，和已经不在世的古人的智慧都综合起来，所以叫大成智慧工程。这是按照毛泽东同志的“实践论”，结合现代系统工程和大家的实践经验发展起来的，是方法论上的一个大飞跃，大发展。熊十力先生认为人的智慧有两个方面，文化、艺术方面的智慧叫“性智”；科学技术方面的智慧叫“量智”。“性智”是人根据自己的经验，从整体上看世界，也是综合集成。这方面，我国古代的智者和毛泽东同志给我们做出了榜样，毛泽东的智慧基本来源于此，即革命实践、马列主义加中国的传统文化。从前我们搞科学技术的，只是从科学技术方面讲人的智慧，这是不够的，还要看到智慧的另一个源泉，即传统文化艺术。按熊十力的说法，既有“性智”，又有“量智”，就是“大成智慧”。我国系统科学工作者在钱老的指导下，把马克思主义认识论与现代系统科学的方法结合起来，构建了大成智慧工程。进一步发展，把马克思主义哲学与现代科学技术结合起来，将创建“大成智慧学”。这是几十年来，特别是近二十多年来，钱老潜心研究和探索的时代课题，其目的是使人们更加聪明、更加具有创新能力，使人们面对复杂的客观世界，面对新世纪社会发展的错综复杂问题能够更加迅速地做出科学、明智地决策，不断有所发现，有所发明，有所创新。大成智慧学赋予马克思主义哲学以新的内涵，是马克思主义哲学的深化和发展，可以说是对科学的哲学体系发展的重大尝试。

4 现代化建设需要人才观与决策管理机制的创新

4.1 树立科学的人才观，培养大成智慧人才

20 世纪 80 年代以来，随着科学技术的迅猛发展，工业发达国家开始从工业经济逐渐向以知识为基础的经济社会转变，科学技术已经成为“第一生产力”。提高科技创新能力成为各国经济增长的主要驱动力，“发展高科技，实现产业化”成为国家经济社会发展的核心战略，因此，21 世纪在世界范围内，科学技术知识和高层次人才将成为最重要的战略资源，科技创新人才将成为竞争的焦点。

在创建系统学的过程中，钱老十分重视我国现代人才观和教育体系的创新[1,6]，推进我国科学的人才管理与教育机制的建立。当今世界，人类在科学技术领域的创新活动，已经不是爱迪生发明电灯泡的时代。在工程科学技术领域，特别是在军事工程技术领域，随着信息技术的飞速发展和广泛应用，已经迎来了构建“一体化军事装备系统”，即“军事装备体系建设”的新时代。与之相适应，科学方法论将迎来“还原论”与“整体论”的辩证统一，走向“系统论”发展的新阶段。现代工程科学技术的发展已经进入了以若干单项高新技术突破为支撑，以“综合集成”为主要创新手段；以社会化、高度社会化研究与开发活动为主要组织形式，以复杂工程系统的开发、建设与运用的科学管理为主要特征的新时代。工程技术的复杂化发展，使工程系统开发和实施过程中的社会性、系统性问题成为突出的课题。无论是工程系统的采办方，还是研制方，在工程开发与实施的过程中，最缺乏的是一批能够对复杂工程问题进行全面深入地系统分析，并从总体上考虑、解决问题的综合性高素质人

才。诚如美国负责原子弹、氢弹、弹道导弹和阿波罗登月等重大工程项目的主要负责人和科学家们在总结他们的经验教训时明确地指出[7]：“不论工业界，还是军方、政府，都要把注意力放在发现懂技术、善管理、工作能力强的人才身上，他们能够巧妙地处理洞察力和工程判断力之间的关系。我们最缺乏的是能够从总体上考虑、并对复杂工程问题进行背景分析、从总体上处理问题的科技人才。对复杂工程系统，最需要的是系统分析，我们需要一批有能力和技术经历的人才。”

古人云：“千军易得，一将难求”。在现代经济社会发展与复杂工程系统的开发过程中，对复杂系统的发展研究、系统开发的技术途径和总体方案能够提出具有举足轻重意义的创新思路的总体论证人员，特别是较高层次的系统发展与开发负责人，是对系统发展与开发工作能够发挥重大作用的“将才”与“帅才”。面对科学技术复杂化发展的总趋势，21 世纪将是一个在交叉、边缘学科与专业最易创新、出成果的时代，人才需求总的趋势是向一专多能型、创新型、通才型、未来型、应变型、开拓型和国际型等高层次人才倾斜。而我国当今工程科技人才的现状基本是：

- 一般性人才多，创新型人才较少；
- 守业型人才多，开拓型人才较少；
- 单一学科、专业人才多，综合型高素质科技人才较少；
- 工程实施人才多，复杂工程系统总体论证、战略谋划型的高素质科技人才更少。

总之，了解、掌握一个部门、一个学科或专业一般信息的人才较多；掌握一个部门、一个学科或专业系统知识的人才较少；具有创新思维、理论和智慧的综合型、战略型人才就更少，“小专业大专家”现象司空见惯，成为当今颇为普遍的社会现象。

在现代复杂工程系统的开发过程中，我们必须面对多学科、多工程专业的综合与信息一体化问题，并需优先解决系统开发过程中经常遇到的发展环境预测和其他复杂性问题。这些问题与系统实施过程中的具体技术问题相比，通常如同数学运算中的整数与小数的关系，如果在系统开发过程中对其系统性、社会性问题疏忽或搞错了，如同数学运算中，把整数位算错了，小数位算得再精确，也难以补偿系统开发可能造成的损失。因此，重大社会与工程系统发展研究、概念设计、技术途径选择与总体方案（包括前无古人的重要试验方案）的提出与制定，往往不仅具有原始创新性质，而且对系统的实施和开发效益具有决定性影响。诚如美国著名科学家在总结他们重大军事装备研制的经验教训时明确指出[7]：对重大装备发展预测、概念设计、技术途径或总体方案提出创新、正确的开发思路或反对意见，比提出工程系统一整套既定的技术要求更能有效地促进人们采取更加创造性的态度，去设计一个新的工程系统。为此，我们应当对单一学科、专业领域的人才，二维知识世界的创新人才，多维知识世界的高素质、综合性科技人才的培养与使用制定相适应的对策。并且应当下决心逐步改变各级决策层领导干部大多处于信息层次，少数处于系统知识层次，很少数达到智慧层次的不理想状态，以利于对国家社会主义现代化建设事业实施具有远见卓识的宏观指导。

钱老的科学实践充分说明[8]，掌握了现代科学知识、对国家和人类具有高度责任感、又有用武之地的人才，是最具活力的生产力要素。人才是科技进步和经济社会发展最重要的资源，建立一整套有利于人才培养和使用、符合科学规律的激励机制是十分重要、迫切的任务。历史的经验表明：一个国家科学技术落后、军事装备落后、经济落后，尽管有其历史原因，但是，从某种意义上讲，科学思想和管理上的落后是其根本原因，能否合理地使用人才与人力资源对其具有决定性影响。社会主义现代化建设事业管理的重要任务之一是适时地做出正确、具有远见卓识的决策。科学决策的形成、决策之后的组织实施，关键的问题是能否物色到具有宏观谋划、总体运筹和组织实施能力的人才。面对 21 世纪科技、经济发展的全球性竞争和较量，说到底是史无前例的“科技战”、“智力较量”和“人才战”，竞争和较量的焦点是争夺高智慧人才，特别是科技将才和帅才。钱老指出，科技将才和帅才不一定是科学技术领域中最有成就的科学家和工程专家，但是，他们必须是具有广博的知识，具有某一科技领域或管理领域丰富的实践经验，能看到现代科学技术发展的全貌，能敏锐地展望未来，并且能够联系经济社会发展的实际，具有从总体上考虑和解决问题的能力。

用已故周恩来总理的话说，帅才应当在大事面前能够做到“举重若轻”，即在重大决策面前，能够居高望远，统揽全局，抓住关键；而在落实工作中又要“举轻若重”，在制定实施计划时，善于抓住一切细节，重视各方面的影响因素。从定性到定量综合集成法和大成智慧工程的角度来认识，就是能够要把众人的“举重若轻”与“举轻若重”结合起来，就是具有马克思主义哲学指导、大成智慧的人才了。

4.2 国家现代化建设需要决策管理机制的创新

科学决策不仅是对国家现代化事业进行长远谋划与运行管理实施宏观调控的重要“闸门”，而且是提高国家全面、协调、可持续发展能力的关键性管理环节和手段。钱老依据其丰富的科学研究与社会实践经验，清醒地告诫我们：“用系统工程的方法代替老的经验决策做法，只是方法上的一种革新。如果不同时改革我们老一套的体制，不改革我们老一套的观念，科学方法是行不通的。”[1] 因此，现在实施科学决策最大的障碍不是方法问题，而是旧的体制与观念的束缚。决策民主化、科学化其实是政治体制改革的重要问题。政治体制改革，就是要改革不适应生产力发展、束缚生产力发展的生产关系和上层建筑，对我们国家来讲，其中一个重要的问题就是科学管理和科学决策问题。

长期以来，特别是近 20 多年来，钱老潜心研究、不断探索适合我国国情的决策管理组织体系和运行机制，提出设立国家总体咨询部体系[1]（以下简称“总体部”），建议采用我们自己创造的“从定性到定量综合集成法”，推进国家决策机构、决策支持系统和决策信息系统密切配合；高水平的相关领域专家、高素质的系统工程专家与信息网络系统紧密结合，建立起国家科学决策的组织管理体系和运行机制。

用系统科学的理念认识这一问题，实质上就是如何建立一个科学、高效的国家现代化建设体系结构和运行机制的问题。一个复杂的社会组织系统，其子系统间具有强烈的交互作用，整个系统及其子系统与环境也有着复杂的交互影响。要使这样的复杂系统协调、可持续运行，首先，必须建立科学、合理的系统结构。一个社会系统组织得好，即系统结构合理，子系统间主次分明、运行协调、对环境适应，才能使整个系统与其环境产生良性的相互关联、制约和作用，使复杂的社会系统在运行的过程中产生良性的自组织特性和整体涌现功能，有效地避免或减少社会系统的复杂性。否则，复杂的社会系统必将是一个缺乏宏观长远谋划、运行效率很低，甚至是不断产生内耗、打乱仗、容易产生腐败的系统。因此，我们应当十分重视国家管理体制与决策运行机制的创新，它是推进我国社会主义现代化建设事业全面、协调、可持续发展的根本性保障措施之一。

我国的社会主义现代化建设事业是一项非常复杂的社会系统工程，钱老认为：今天我国社会主义现代化建设事业出现的问题，从大的方面说，一是缺乏长远考虑，二是缺乏整体思考[1]。其主要原因之一是：我们还没有建立起能够对国家长远发展和复杂的重大建设问题进行具有远见卓识的宏观谋划、深思熟虑的总体运筹、对实施过程进行有效监控与及时妥善协调的科学管理机制，对社会系统发生的问题进行协调与决策的速度太慢，措施不够得力。因此，应当下决心解决好国家长远发展和重大建设问题的科学决策管理体制和运行机制问题，真正建立起能够及时、科学地对国家长远发展和重大建设问题进行总体分析、总体论证、总体规划、总体设计和总体协调的决策管理体制与运行机制。国家长远发展和重大建设问题通常是跨部门、跨学科领域的复杂性问题，领域专家的意见往往带有一定的局限性，需要采用“从定性到定量综合集成法”和“从定性到定量综合集成研讨厅体系”的运行机制，才能把各方面知识和专家的意见收集、综合起来，产生认识上质的飞跃，形成定量研究基础上的科学决策支持，这就是钱老提出的国家总体部体系的概念，它是实施“从定性到定量综合集成法”和“从定性到定量综合集成研讨厅体系”运行机制的组织保障。

在第二次世界大战期间，由于战争的复杂化，国外发展了“军事运筹学”，进而产生了作战参谋部的新机制。第二次世界大战后，西方工业发达国家把军事运筹学方法和谋划机制推广应用到制定国家国防建设规划、重大军事装备系统开发和经济发展的计划管理工作中，发展了所谓“计划协调管理技术（Progrem evaluation and review technique，缩写为PERT）”、“计划运筹管理技术（Graphical evaluation and review technique，缩写为GERT）”和“规划、计划和预算一体化技术（Planning，Progremming and budgeting system，缩写为PPBS）”等一系列系统工程管理方法和相应的管理机制，取得很大成功，使人们认识到复杂系统问题的决策与管理，采用科学的方法和管理机制才能够做到事半功倍。20世纪50年代，我国研制战略导弹，党中央清醒地认识到所面临问题的复杂性，适时地建立了为领导科学决策服务的技术咨询单位——总体设计部。20世纪80年代，航天部系统工程研究中心为国家价格体系改革提供的决策咨询工作，对国家价格体系改革的决策发挥了重要作用，也起到了总体部的咨询与论证作用……钱老把这些经验与国家现代化建设的科学决策管理工作结合起来，提出国家应当建立能够科学地运用“从定性到定量综合集成法”，实施国家长远发展谋划、重大建设问题决策咨询的工作集体——总体部体系。显然，现代复杂工程系统的开发需要总体设计部；现代国家经济社会发展，乃至政治、军事、外交和地理环境长远建设等复杂问题的运筹管理，也需要具有宏观谋划、总体运筹、适时监控与协调监控能力的决策咨询“参谋部”。所以，我们应当进一步开展建立国家总体部体系必要性和可行性的研究与论证工作，以利于进一步从体制创新入手，从根本上提高我国社会主义现代化建设事业的宏观决策管理水平和能力。

这一建议是有理论根据和实践基础的。当然，从工程系统开发管理和较小规模的社会系统管理实践，发展到国家规模，实施对复杂社会系统的管理，需要有一个逐步完善的过程，为此，建议分两步走：第一步，按照钱老提出的社会主义建设体系结构的思想，建立科学的现代化建设管理体系结构和相应的总体部体系框架，对国家长远建设的重大问题进行研究试点；第二步，随着国家改革开放事业的进一步深化，国家管理“宏观控，微观放”原则的逐步落实，在国家总体部体系逐步完善的条件下，有步骤地提升总体部体系在国家宏观谋划、社会发展总体运筹、实施过程监控与协调的职能。到那时将水到渠成，形成真正意义上的国家现代化建设的科学管理体系结构和运行机制。

十几年前，钱老按照上述思考，向国家提出设立社会主义建设总体部体系的建议，是钱老积几十年科学研究与现代宏大工程开发的实践经验，在近20多年系统科学研究成果的基础上，对我国社会主义建设事业科学管理体制和决策运行机制提出的具有重大现实意义的创新思路，应当引起我们的高度重视。

5　结语

2005年7月1日，美国《科学（science）》杂志报道：“美国科学促进会”在华盛顿集会讨论人类在21世纪急需解决的科学难题。与会科学家通过研讨提出了125个科学难题，归纳成四大主题，与钱老近20多年的理论探索基本一一对应：

客观世界（宇宙）的本质——钱老提出的“五观世界”；

记忆、意识与生命——钱老提出的“思维科学”；

基因、蛋白质与疾病——钱老提出的“人体科学”；

社会可持续发展问题——钱老提出的“系统科学”。

110年前，恩格斯就说过：“人们自己的社会行动规律，这些直到现在都如同异己，统治着人们的自然规律与人们相对立，到那时将被人们熟练地运用起来，将服从人们的管制…… 一直统治着历史的客观异己力量，现在正处在人们自己的控制之下了。只有从这时起，人们才完全自觉地自己创造自己的历史；只是从这时起，由人们使之起作用的社会原因才在主要的方面和日益增长的程度上达到他们预期的结果。这是人类从必然王国进入自由王国的飞跃”[1]，这是多么具有远见卓识的科学预见!

面对越来越复杂的世界，使我们越来越清楚地认识到：科学新思想、新理论的突破与运用；新型综合性科技人才的培养与合理使用；国家科学管理体制与运行机制的建立，关系到国家的前途和命运。钱老指出：在当代科学技术发展的许多前沿领域中，我们应当相信我们有自己的优势，我们有办法取得胜利，如果我们真正用马克思主义哲学做指导，我们一定能够成功[1]。

参考文献

[1] 钱学森. 创建系统学[M]. 太原:山西科学技术出版社,2001.

[2] 于景元. 钱学森的现代科学技术体系与综合集成方法论//钱学森与现代科学技术. 北京大学现代科学与哲学研究中心编. 北京:人民出版社,2001.

[3] 黄顺基. 钱学森论产业革命//钱学森与现代科学技术. 北京大学现代科学与哲学研究中心编. 北京:人民出版社,2001.

[4] 赵少奎. 工程系统开发复杂性的讨论[J]. 中国工程科学,2005,7(2):1-8.

[5] 钱学森. 再谈系统科学的体系[J]. 系统工程理论与实践,1981(1):2.

[6] 钱学敏. 论钱学森与大成智慧学. 中国工程科学,2002,4(3):6-15.

[7] (美)弗雷蒙 E 卡斯特,詹姆士 E 罗森茨威格. 科学、技术与管理[M]. 柴本良,华棣,李盛昌,等译. 北京:国防工业出版社.

[8] 赵少奎. 钱学森与中国航天科技//钱学森与现代科学技术. 北京大学现代科学与哲学研究中心编. 北京:人民出版社,2001.

[9] 钱学森,等. 论系统工程. 长沙:湖南科学技术出版社,1988.

（本文发表在《中国工程科学》第4卷第8期，2002.8：26～33）

第八部分　导弹与航天科技译文选

利用卡尔曼滤波技术处理飞行试验数据

〔摘　要〕为了通过几个测量站信息获得弹道导弹再入弹道的最佳估值，本文提出了利用卡尔曼滤波技术处理飞行器再入弹道估值的计算方法。除介绍一般性的计算程序外，还讨论了方法的实际应用，并阐述了实际应用中遇到的问题。

〔关键词〕卡尔曼滤波　飞行试验　再入弹道　测量站　观测数据

1　引言

本文研究在有几个测量站观测数据的情况下，如何进行飞行器再入弹道的估值问题。这个问题与飞行条件、测量设备的类型和所要求的弹道计算精度有关，是比较复杂的。在某些情况下，当精度要求不高时，再入弹道可以由一个测量站提供的信息计算出来。当用雷达站时，提供的信息包括时间、距离、方位角和高低角。为了消除测量的高频随机干扰，先对信息进行平滑处理，然后用平滑的数据迭代解弹道运动方程。然而当对计算弹道的精度要求很高时，由一个测量站提供的信息就可能不够了。在这种情况下，为了获得弹道的最佳估值。提出了综合利用几个测量站信息的课题。本文提出了飞行器再入弹道估值的计算方法。除介绍一般性的计算程序外，还研究了方法的实际应用，并介绍了实际应用中遇到的一些问题。

2　问题的提出

跟踪再入大气的飞行器可以由几个不同类型的测量站来完成（见图 8 –1 –1），如雷达站、弹道摄影机和电影经纬仪，在飞行器的舱体上还可以通过惯性传感器组合件测量。由此可见，为了获得弹道的最佳估值，确定再入弹道的问题要靠综合利用几个测量站的信息来完成。显然，每个测试站提供的数据汇集起来可以适应不同弹道的测量，并且具有不同的测量误差。任何类型的测量站总有系统测量误差和随机测量误差。本文介绍了用卡尔曼滤波理论评定系统误差的方法。

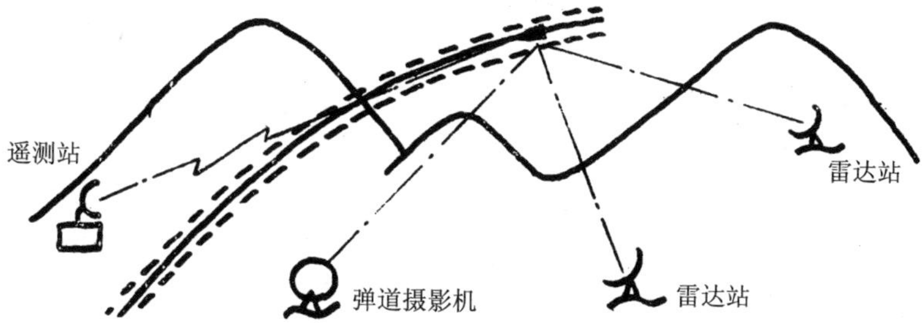

图 8－1－1　跟踪再入大气目标的示意图

3　卡尔曼滤波原理的简要分析

卡尔曼滤波法实质上是一种反馈控制方法，它保证了物理现象数学模型对实时测量数据的影响。这是借助于系统的状态预测和接着进行的与观测数据更好拟合的校正来实现。对于每个观测时刻，算出状态变量的总和，它保证使模型数据与测量数据之间的误差方差总和最小。数值的大小通常由测量误差均方差和状态矢量偏差的协方差矩阵来确定。

4　广义卡尔曼滤波

卡尔曼理论不能直接用来解描述飞行器再入大气的运动方程组，因为这些方程是非线性的。因此，原始物理方程组的线性化是应用卡尔曼滤波器的必要步骤。

卡尔曼指出：如果系统和它的状态观测能用下述线性方程组描

述的话

$$\boldsymbol{X}(k+1)=\boldsymbol{\Phi}(k+1,k)\boldsymbol{X}(k)+\boldsymbol{U}(k)\quad(k=0,1,2,\cdots)\tag{1}$$

$$\boldsymbol{Z}(k)=\boldsymbol{H}(k)\boldsymbol{X}(k)+\boldsymbol{V}(k)\quad(k=1,2,\cdots)\tag{2}$$

那么就有可能建立离散的线性滤波器。

方程（1）表示与时间相关的线性系统，这里矢量的分量 $X(k)$ 是系统的状态变量。随机高斯矢量表示实际的输入干扰或系统模型的不精确性。方程（2）是观测方程，假定随机高斯干扰矢量 $\boldsymbol{V}(k)$ 与 $\boldsymbol{U}(k)$ 无关。

卡尔曼滤波器的方程有下列形式

$$\hat{X}(k/k-1)=\boldsymbol{\Phi}(k-1)\hat{X}(k-1/k-1)\tag{3}$$

$$P(k/k-1)=\boldsymbol{\Phi}(k-1)P(k-1/k-1)\boldsymbol{\Phi}^{T}(k-1)+Q(k-1)\tag{4}$$

$$\hat{X}(k/k)=\hat{X}(k/k-1)+K(k)[Z(k)-H(k)\cdot X(k/k-1)]\tag{5}$$

$$K(k)=P(k/k-1)H^{T}(k)[H(k)P(k/k-1)\cdot H^{T}(k)+R(k)]^{-1}\tag{6}$$

$$P(k/k)=[1-K(k)H(k)]P(k/k-1)\tag{7}$$

方程（5）告诉我们，矢量 X 在 $t=k$ 时刻的最佳估值等于计及 K 点以前观测结果所获得的状态矢量 X 的预测值加上实际观测值与预测值之差同权矩阵 $K(k)$ 的乘积。在有新的观测值情况下，权矩阵决定原始估值的变化量。$K(k)$ 矩阵的元素由 $t=k$ 时刻的测量结果计算。如果这些元素很小，那么原始估值是足够正确的，新的观测值对它的影响很小。

如果 $K(k)$ 的元素很大，那么，新的测量获得的估值变化会很大。用方程（6）来计算最佳权矩阵。用方程（3）和（4）来确定在已有 $t=k-1$ 观测的情况下，$t=k$ 时刻的状态估值和它的协方差矩阵。方程（7）用来计算 $t=k$ 时刻观测后的协方差矩阵。为了解这些方程必须有初始估值 X（%）和协方差矩阵 $\boldsymbol{P}$（%）。这里 $\boldsymbol{Q}$（$k-1$）和 $\boldsymbol{R}$（k）是与随机矢量 $\boldsymbol{U}$（$k-1$）和 $\boldsymbol{V}$（k）相对应的协方差矩阵。

如上所述，再入稠密大气层过程的非线性是应用卡尔曼滤波器的唯一障碍。所以，主要问题在于建立能够应用卡尔曼线性滤波器的观测模型和研究对象的运动模型。

在本文中，用“系统”这个术语表示跟踪再入飞行器的测量装置的误差线性模型的总合，由这一系统获得的观测值用测量数据的差值来表示。

5 系统误差模型的确定

雷达、弹道摄影机和电影经纬仪是测量站的典型设备。光学测量数据通常包括弹道不连续点的时间，方位角和高低角。雷达测量数据包括弹道上一些点的时间，斜距，方位角和高低角。

为了简化光测站信息的处理，通常利用邻近雷达站测得的虚拟距离值，这个虚拟距离与光测站的角测量相对应。在卡尔曼滤波器中，这些虚拟距离不做为可靠的观测值来研究，实际上被忽略了。

由任一地面站测得的斜距可以用下式表示

$$R_{m}=R_{A}+R_{B}+R_{mRSF}+N_{R} \tag{8}$$

式中 R_A——斜距的真值；

R_B——常值测量误差；

R_{mRSF}——与测量值成正比的误差；

N_R——随机误差。

方位角和高低角测量值的解析表达式可以写成

$$A_{m}=A_{A}+A_{B}+N_{A} \tag{9}$$

$$E_{m}=E_{A}+E_{B}+N_{B} \tag{10}$$

这个线性观测模型在必要的情况下可以扩展。然而，即使是这种简单的关系式，在大多数情况下，仍然是很接近于真实情况的。经验证明，测量系统误差的主要误差源用这些线性方程来模拟是正确的。

弹上敏感元件的测量方程是相当复杂的。惯性传感器组合件通常由 3 个加速表和 3 个陀螺组成。惯性传感器组合件按发射坐标系安装。相对于惯性坐标轴的速度增量和目标的定向角是惯性传感器组合件的输出信号。为了获得目标的坐标增量把速度值对发射点积分。为了确定目标的实际位置，必须把用惯性传感器组合件测出的数据标出的坐标增量与初始速度和重力作用引起的坐标变化加起来。

用惯性传感器组合件测得的数据算出的坐标增量用下式表示

$$X_1 = X_A + \Delta X_0 + \Delta \dot{X}_0 t + AX_B \frac{t^2}{2} + \Delta\varphi Y_0(-Z_1) + \Delta\varphi Z_0 Y_1 + GY_B\left[-Z_1 t + 2\int_0^t Z_1 \mathrm{d}t\right] + GZ_B\left[Y_1 t - 2\int_0^t Y_1 \mathrm{d}t\right] \tag{11}$$

$$Y_1 = Y_A + \Delta Y_0 + \Delta \dot{Y}_0 t + AY_B \frac{t^2}{2} + \Delta\varphi Z_0(-X_1) + \Delta\varphi X_0 Z_1 + GZ_B\left[-X_1 t + 2\int_0^t X_1 \mathrm{d}t\right] + GX_B\left[Z_1 t - 2\int_0^t Z_1 \mathrm{d}t\right] \tag{12}$$

$$Z_1 = Z_A + \Delta Z_0 + \Delta \dot{Z}_0 t + AZ_B \frac{t^2}{2} + \Delta\varphi X_0(-Y_1) + \Delta\varphi Y_0 X_1 + GX_B\left[-Y_1 t + 2\int_0^t Y_1 \mathrm{d}t\right] + GY_B\left[X_1 t - 2\int_0^t X_1 \mathrm{d}t\right] \tag{13}$$

方程（11）中，X_A——坐标 X 的实际增量；ΔX_0，$\Delta \dot{X}_0$——坐标和速度的初始条件误差；AX_B——加速表的常值误差；$\Delta\varphi Y_0$，$\Delta\varphi Z_0$——惯性传感器组合件的初始定向偏差；GY_B，GZ_B——陀螺沿 Y 和 Z 轴的常值漂移速度。方程（12）和（13）中的符号与上述类似。

方程中的时间 t 由惯性传感器组合件工作的起始时刻算出。

6　系统状态模型的确定

为了求出实际测量误差和估值误差，我们引进系统状态矢量这个概念，所求的误差都是系统状态矢量的元素。

$$
\boldsymbol{X}(k)=\begin{bmatrix}
\left.\begin{matrix}\Delta X_0\\ \Delta Y_0\\ \Delta Z_0\\ \Delta\dot{X}_0\\ \Delta\dot{Y}_0\\ \Delta\dot{Z}_0\\ AX_{\mathrm{B}}\\ AY_{\mathrm{B}}\\ AZ_{\mathrm{B}}\\ \Delta\varphi X_0\\ \Delta\varphi Y_0\\ \Delta\varphi Z_0\\ GX_{\mathrm{B}}\\ GY_{\mathrm{B}}\\ GZ_{\mathrm{B}}\end{matrix}\right\}\text{惯性传感器组合件的系统误差}\\
\left.\begin{matrix}R_{\mathrm{B1}}\\ A_{\mathrm{B1}}\\ E_{\mathrm{B1}}\\ R_{\mathrm{SF1}}\end{matrix}\right\}\text{第 1 地面测量站的系统误差}\\
\vdots\\
\left.\begin{matrix}R_{\mathrm{B}N}\\ A_{\mathrm{B}N}\\ E_{\mathrm{B}N}\\ R_{\mathrm{SF}N}\end{matrix}\right\}\text{第 }N\text{ 地面测量站的系统误差}
\end{bmatrix}
$$

为了简化处理方程（1）描述的系统动力模型；我们假定测量误差是时间的常值函数。

因而，在给定的情况下，转换矩阵 $\boldsymbol{\Phi}(k)$ 是 $\boldsymbol{I}$ 矩阵。同时假定误差与目标的动态特性无关。此外，认为状态的干扰矢量 $\boldsymbol{U}(k)$ 等于零。这样一来状态矢量的动态方程变成下式

$$\boldsymbol{X}(k+1)=\boldsymbol{X}(k)\ (k=0,1,2,\cdots) \tag{14}$$

考虑上述假定，求解协方差矩阵 $\boldsymbol{P}(k/k-1)$ 的方程（4）简化成下式

$$\boldsymbol{P}(k/k-1)=\boldsymbol{P}(k-1/k-1) \tag{15}$$

在我们所研究的情况下，观测矢量 $\boldsymbol{Z}_k$ 由惯性传感器组合件数据算出的坐标（X_I，Y_I，Z_I）和 i 个地面测量站测得的坐标（$X_{\mathrm{S}i}$，$Y_{\mathrm{S}i}$，$Z_{\mathrm{S}i}$）之差确定。上述数据对应同一时刻和同一坐标系（坐标原点在地球中心的惯性坐标系 *ECI*）。由此可见，观测矢量可写成

$$\boldsymbol{Z}(k)=\begin{bmatrix} X_1-X_{\mathrm{S1}} \\ Y_1-Y_{\mathrm{S1}} \\ Z_1-Z_{\mathrm{S1}} \\ \vdots \\ X_1-X_{\mathrm{S}N} \\ Y_1-Y_{\mathrm{S}N} \\ Z_1-Z_{\mathrm{S}N} \end{bmatrix} \tag{16}$$

在方程（2）中，观测矩阵 $\boldsymbol{H}(k)$ 与状态矢量 $\boldsymbol{X}(k)$ 及观测矢量 $\boldsymbol{Z}(k)$ 有关。在我们当前研究的情况下，观测矩阵有两个作用，其一是表示单个误差源与每个测量装置坐标总误差的关系，其二是由它可以导出对于单一坐标系的误差。因为假定每个测量站的系统误差是很小的，所以观测矩阵可以写成下述形式

$$\boldsymbol{H}(k)=\begin{bmatrix} H_1 & -H_{S1} & 0 & \cdots & 0 \\ H_1 & 0 & -H_{S2} & & \vdots \\ \vdots & & & \ddots & \\ H_1 & 0 & \cdots & & -H_{SN} \end{bmatrix} \tag{17}$$

坐标 X，Y，Z 对15个状态矢量变量的一次偏导数是 3×15 维观测矩阵 $\boldsymbol{H}_i$ 的元素（这里的状态矢量变量是指惯性传感器组合件的系统偏差）。3×4 维观测矩阵 $\boldsymbol{H}_{Si}$ 的坐标 X，Y，Z 对状态矢量 $\boldsymbol{R}_{Bi}$，$\boldsymbol{A}_{Bi}$，$\boldsymbol{E}_{Bi}$，$\boldsymbol{R}_{SFi}$的一次的导数组成。

$\boldsymbol{X}(k/k)$ 是在所有观测基础上获得的最佳估值，当使用最终的状态矢量 $\boldsymbol{X}(k/k)$ 时，很自然地引进测量的校正，校正是靠对测量数据重复进行连续处理消除偏差来实现。

7 计算程序

本文中所叙述的计算程序包含3个相关联的过程，即1）输入过程；2）卡尔曼滤波；3）输出过程。图8－1－2给出了输入过程方块图（虚线框框内所示）。可以看出，信息进入输入过程之前，要进行计算量很大的预处理。预处理包括校准，消除散点、计算折算系数和把不同类型的测量数据变成相同量纲的数据。进行上述处理是很复杂，很费功夫的，需要由专门的程序来完成，因此，预处理不包括在卡尔曼程序中。

（1）输入过程

改变测量数据的形式和重新组合数据是输入过程的主要作用，这样做是为了能够直接应用卡尔曼滤波器。例如把所有的数据变成同样的输入频率，频率通常是4 Hz（即压缩数据），并把数据变换到标定的ECI坐标系上。除此之外还要计算坐标函数。坐标函数是用来组成卡尔曼线性滤波器观测矩阵的。变换后的数据打印在光学和雷达测量站的数据纸带上。

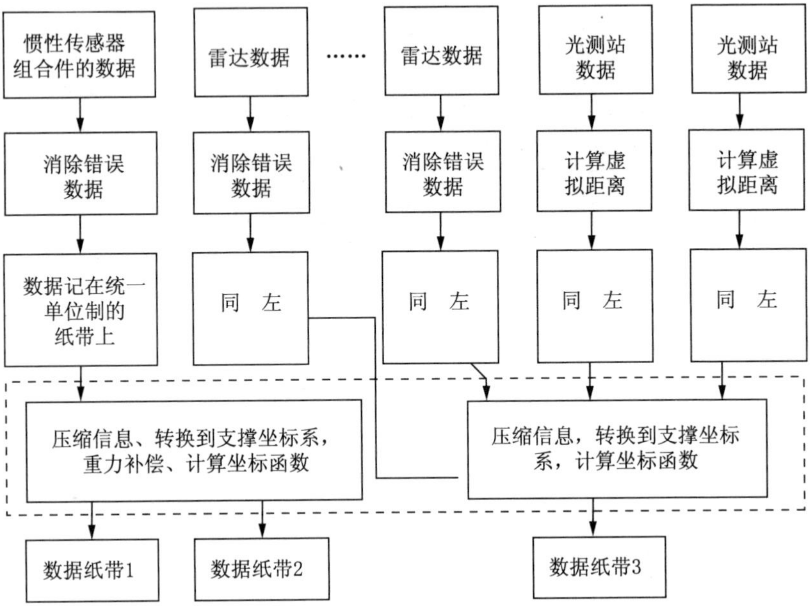

图 8－1－2　预处理和输入过程方块图

输入过程通常做为单独的程序进行。除数据纸带外，程序打印成专门形式的纸带，这种纸带记录了变成同一时间和同一坐标系的数据，因此，通过它能够对测量质量做出初步的估计。

弹上惯性传感器组合件测得的数据也进行与上述相似的预处理（压缩信息，计及重力加速度、计算坐标函数，把数据记录在纸带上）。

（2）卡尔曼滤波

卡尔曼滤波器的相互关系方块图如图 8－1－3 所示（图中所示程序是用来处理测量数据，以便估算出测量装置的系统误差）。图 8－1－3 表明：输入过程所得到的数据纸带作为卡尔曼滤波程序的原始信息。

观测矢量直接由测量数据算出。观测矩阵由前面算出的坐标函数组成。对于给定的初始条件，要连续处理所有信息，一直到系统

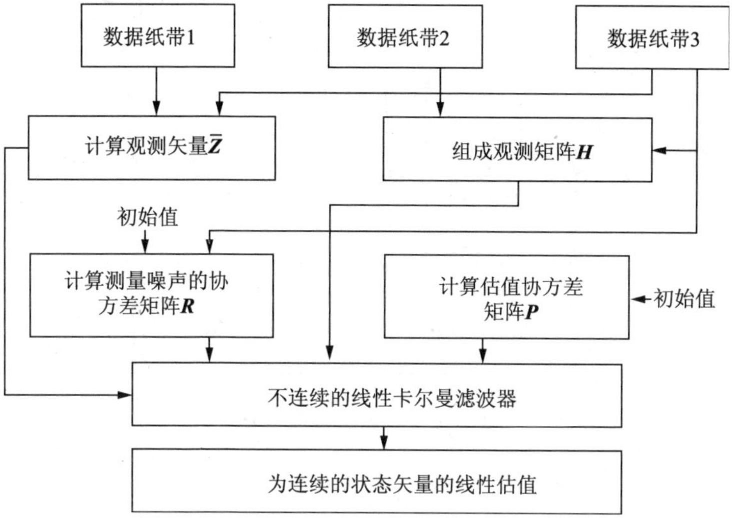

图 8-1-3　线性卡尔曼滤波器程序方块图

误差的最终估值和相应的协方差矩阵获得以前。

(3) 输出过程

计算弹道的最佳估值，并且经过卡尔曼滤波评定系统误差。其计算程序方块图见图 8-1-4。

输出过程的计算可以采用不同的方法。再入飞行器坐标的最佳估值可以用惯性传感器组合件测得的坐标值与地面测量站测得的坐标值进行综合补偿来求出。坐标的补偿值由修正掉测量参数中的系统误差估值求得。综合补偿值可以利用最小二乘法。权值可利用它与测量噪声和系统误差估值的均方差成正比的关系算出。

在我们所研究的问题中，最佳估值的弹道参数包括坐标，速度分量和飞行器的定向角。因为速度和定向角不能仅由地面测量站的数据直接得到，因此，应用惯性传感器组合件的经补偿的数据确定的弹道做为最佳估值。

图 8-1-4 表明，经输出过程后能够得到各种曲线。特别是能够画出最佳估值弹道参数和未经补偿数据之间的偏差曲线，而不论

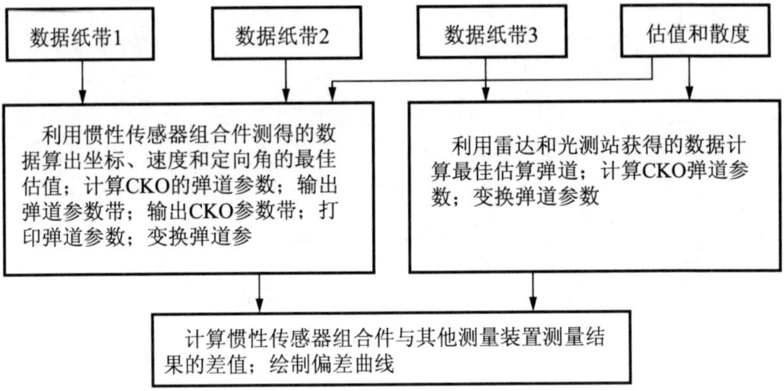

图 8－1－4　输出过程方块图

原始数据是在仪器坐标系或笛卡尔坐标系中，除此之外，在输出过程中，把在规定坐标系中的弹道最佳估值参数记录在磁带、穿孔卡片或打印在纸带上。偏差曲线是最佳估值的重要质量指标。这些曲线也提供了按照测量误差的数值和频率特性计算随机测量误差的可能性，进而也可以分析出未显示出来的系统误差。

误差协方差矩阵是输出过程的另一有用结果，在它的基础上能够算出校正系数。这些系数表明了系统误差估值的质量。但是，每个误差源之间的交互作用很大，因此，使分离这些误差和估算每个误差值十分困难。

由误差协方差矩阵能够进一步得到坐标，速度和定向角的协方差矩阵。这些都是对称矩阵，它们的对角线元素是上述参数估值的散度。

8　卡尔曼滤波法的实际应用

上面研究过的计算程序已多次用来分析飞行弹道，这节介绍其中一个实例。

用歼击机 F－106 模拟弹头下降弹道的运动情况，这是在白沙火箭试验场进行的试验中的一部分。在试验中要求对飞行弹道测量精度较高（坐标误差不大于6 m，速度误差不大于0.3 m/s，定向角误差不大于0.1°）。

在上述试验中，地面测量设备有5部C波段FPS－16型雷达和1部S波段RAMPART雷达。雷达测量参数包括时间、距离、方位角和高低角。

雷达站的配置情况和弹道的地面轨迹见图8－1－5。

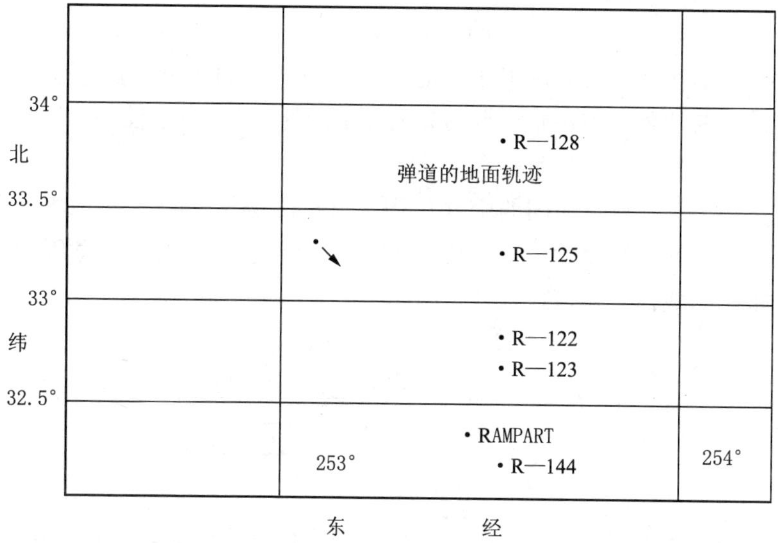

图8－1－5 雷达站配置图

在机舱里装了惯性传感器组合件，传感器测得的信号通过遥测传到地面。实际上惯性传感器测的是飞机的视速度。

（1）测量数据的预处理

FPS－16型雷达的无线电测量数据以20 Hz的频率记录在磁带上。经校阅后，测量参数（时间、距离、方位角和高低角）以同样的信息频率记录在标准磁带上。

RAMPART米制雷达的数据用100 Hz的频率记录在磁带上。经校阅后，以同样的频率记录在标准磁带上。在火箭试验场，对 RAMPART 雷达没有进行大气折射修正，所以，对其测量数据要考虑用大气折射的季节影响模型进行修正。

惯性传感器组合件测得的参数内容取决于传感器的类型。在我们研究的实例中，参数包括时间和 3 个视速度矢量分量，这些参数以 66.7 Hz 的信息频率记录在磁带上。如图 8－1－2 所指出的，为了消除明显的错误值，惯性传感器组合件的参数要预先进行滤波处理。通常把这些参数换算到相对于新的对应初始点上。

（2）输入过程中信息的处理

如前所述，为利用卡尔曼滤波器准备所有的测量数据是输入过程的主要任务。雷达站测量的数据经平滑处理并压缩到每秒 4 个点，而后转换到地心惯性坐标系 ECI 上。

为了消除测量之间的交互作用，目标的位置参数（即距离、方位角和高低角）变换成每间隔 0.25 s 一个点。间隔内的信息用最小二乘法的线性方程进行处理，因此给出的信息频率为 4 Hz。

$$F(t) = \frac{\sum_{i=1}^{N}(\Delta t_i)\sum_{i=1}^{2N}f_i - \sum_{i=1}^{N}\Delta t_i\sum_{i=1}^{N}\Delta t_i f_i}{N\sum_{i=1}^{N}(\Delta t_i)^2 - (\sum_{i=1}^{N}\Delta t_i)^2} \tag{18}$$

这里 $t=0.25$，0.5，0.75，…

在输入过程还要计算坐标函数，坐标函数是组成观测矩阵 $\boldsymbol{H}(k)$ 所必须的。雷测结果和计算的坐标函数按下列顺序记录在一个磁带上：1 号地面站的时间、坐标（X_{S1}，Y_{S1}，Z_{S1}），1 号地面站的 12 个坐标函数……6 号地面站的坐标（X_{S6}，Y_{S6}，Z_{S6}），6 号地面站的 12 个坐标函数，然后是 6 个地面站后续点的时间和相应数据等。

为了确定惯性坐标和它们的坐标函数，对惯性传感器组合件测量的数据进行同样的处理。因为速度值按 0.15 m/s 的水平进行量化，而其输入频率为 66.7 Hz，因此可以利用数字积分法

$$\Delta P(t) = \sum_{i=1}^{N}\Delta V(t_i)(t_{i+1} - t_i) + (t - t_n)V(t_n) \tag{19}$$

这里 $t_n \leqslant t \leqslant t_{n+1}$

为了更接近速度变化的实际连续规律，在积分过程中，对速度的离散值进行换算，换算按下列关系式进行

如果 $V(t_i) < V(t_i + 1)$，那么 $\hat{V}(t_i) = V(t_i) + \frac{1}{2}[V(t_{i+1}) - V(t_i)]$

如果 $V(t_i) = V(t_{i+1})$，那么 $\hat{V}(t_i) = V(t_i)$

如果 $V(t_i) > V(t_{i+1})$，那么 $\hat{V}(t_i) = V(t_i) - \frac{1}{2}[V(t_i) - V(t_{i+1})]$

由于惯性传感器的组合件的加速表不测量重力加速度，因此，坐标和速度应当进行相应的修正。在这种情况下，我们假定仅仅是地球重力势能的 2 次和 4 次谐波起作用。

在输入过程中，处理后的惯性传感器测量数据记录在两个磁带上。一个磁带上记录信息的时间、坐标（X_1，Y_1，Z_1）和速度（$\dot{X}_1$，$\dot{Y}_1$，$\dot{Z}_1$）。另一个磁带上记录矩阵 $\boldsymbol{H}$ 的全部坐标函数。

由此可见，地面测量站和弹上传感器组合件测得的所有参数都变换到同一坐标系中，而且参数值与同一时刻相对应，信息输入频率也相同（均等于 4 Hz），用来组成观测矩阵的全部坐标函数都已预先计算好，记入纸带并准备用于滤波程序。

估算弹道过程的这个阶段是为了便于预先迅速地分析随机结果。从输入过程的纸带中可以看出；没滤波的测量数据是分散的而且不同测量装置的数据之间是不那么匹配的。

（3）线性滤波和初始条件

在所研究的实例中，为评定出测量装置的系统误差，6 部雷达站的测量数据和弹上传感器组合件的测量数据用线性滤波程序进行处理（考虑先验条件）。

输入过程结束后，通常卡尔曼滤波与输出过程一起进行，以利于分析滤波前的数据。以不同的初始条件反复多次进行滤波，这是很重要和所期望的。但是，反复处理测量数据和计算坐标函数，也不是对于各种方案都是效果很好的。因此，选用的计算程序应能保

证在原始信息不失真的条件下重复进行滤波。

在实际应用线性卡尔曼滤波程序时，选择测量噪声协方差矩阵的初始值和估值协方差矩阵的初始值是一项重要任务（见图 8－1－3）。在我们研究的实例中，测量随机误差均方值的初始值由以前使用雷达时的经验数据给出，详见表 8－1－1。

表 8－1－1　测量随机误差的均方值

雷　　达	σ_R/m	σ_A/（°）	σ_E/（°）
FPS—16　R—114	0.9	0.003	0.004
FPS—16　R—122	3.0	0.004	0.005
FPS—16　R—123	2.7	0.002 5	0.005
FPS—16　R—125	1.8	0.002 5	0.002 5
FPS—16　R—128	0.6	0.004	0.004
RAMPART	1.8	0.002 5	0.002 5

应当指出，表 8－1－1 给出的 σ 值考虑了预先平滑处理，预先平滑处理是在输入过程中压缩信息时进行的。

在我们研究的例子中，弹上惯性传感器组合件输出信号的离散度是 0.15 m/s。如果弹上惯性传感器组合件测量误差达到量化水平，那么它的误差与雷测比较是很小的，因此我们可以认为弹上惯性传感器组合件没有随机误差。

有很多确定雷达测量误差的实际方法，其中一些方法已深入地研究过了，其他方法都是很相似的。其中最精细的方法是以数字滤波的方式处理测量数据，用这种方法能够消除高频干扰和计算噪声的均方值。这种方法很准确，但很费时间。

另一种方法是“拟合法”，利用目标运动方程拟合每个测量站的测量结果，并依次算出运动方程确定的弹道参数与测量站未经滤波的数据的差值。这种方法能很明显地从误差曲线上判断测量误差。

还有一种经常用来确定雷测噪声的方法，这种方法要利用雷达站过去的试验数据做为初始条件。并用输出过程得到的标准误差曲线检查采用的测量噪声初始值的合理性。

对于飞行器再入大气的多数情况下，确定测量噪声不是很困难的。另外对于典型的再入弹道测量噪声几乎是不变的。在我们研究的实例中，假定干扰在全弹道上是不变的，这个假设是根据对误差曲线分析得出的。

P 估值协方差矩阵的初始值是应用卡尔曼滤波所必需的第二组初始条件。

正确地选择描述系统初始状态特点的这些初始条件，经常是成功地应用卡尔曼滤波程序的钥匙。

目前发表了很多文章，都提出了一些确定初始条件对协方差矩阵特性有何影响的尝试。这些文章多半是纯理论的，只研究一些极特殊的情况，很少有分析目前实际遇到的问题。

幸运的是，对于我们所研究的问题，初始条件对系统状态估值的影响已经做过详细的研究。为此，我们模拟了上述弹道，并综合处理了与地面测量站和弹上惯性传感器相应的测量数据。人为的模拟测量往往会有保留的系统误差和随机干扰（或者不含随机干扰）。为了能够确定实际存在的明显的系统错误，在卡尔曼滤波程序中，利用不同的初始条件对这些人为的测量进行处理。处理模拟弹道数据的一些结果绘成图 8－1－6。

上述分析材料被直接用来分析飞行后的真实弹道。例如，在仅利用 R－114、R－122，R－123，R－124 作为地面站时，估值结果主要由协方差矩阵的初始值决定。然而，当增加了其他地面站的信息时（如果这些地面站配置得合理），那么就能消除协方差矩阵初始值对估值结果的明显影响。

（4）弹道分析结果

在处理实际测量数据时，考虑了事先的模拟结果。采用的测量

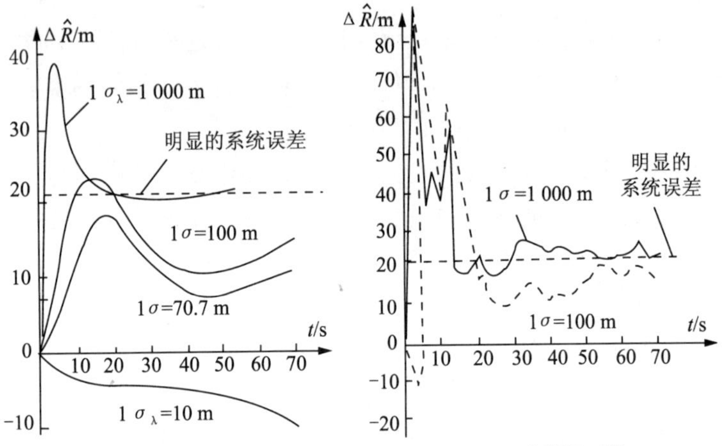

(a)没有随机干扰　　　　(b)有随机干扰

图 8－1－6　R－114 雷达测量距离的明显系统误差估值曲线

误差初始值见表 8－1－1。估值协方差矩阵对角元素的初始值列入表 8－1－2。

表 8－1－2　状态变量散度的初始值

状态变量	散　度	状态变量	散　度	状态变量	散　度
ΔX_0	8×10^6 m^2	AX_B	1 000 m^2/s^4	GX_B	9×10^{-10} rad^2/s^2
ΔY_0	8×10^6 m^2	AY_B	1 000 m^2/s^4	GY_B	9×10^{-10} rad^2/s^2
ΔZ_0	8×10^6 m^2	AZ_B	1 000 m^2/s^4	GZ_B	9×10^{-10} rad^2/s^2
$\Delta \dot{X}_0$	2.25×10^4 m^2/s^2	$\Delta\varphi X_0$	1 rad^2	R_{Bi}	1×10^6 m^2
$\Delta \dot{Y}_0$	2.25×10^4 m^2/s^2	$\Delta\varphi Y_0$	1 rad^2	A_{Bi}	3×10^{-4} rad^2
$\Delta \dot{Z}_0$	2.25×10^4 m^2/s^2	$\Delta\varphi Z_0$	1 rad^2	E_{Bi}	3×10^{-4} rad^2
R_{SFi}	1×10^{-3} m^2/s^2				

表8－1－3给出了下一时刻观测矢量值、状态矢量变量值和下一组数据处理之后估值的协方差矩阵的对角元素值（测量周期为70 s）。系统状态矢量包括15个弹上惯性传感器组合件的系统误差和6个地面站的4×6＝24个误差值。

表8－1－3　下一测量点的矢量 Z、$\hat{X}$值和 P 矩阵对角线元素值

观测矢量 Z	测量装置	状态变量	状态矢量 $\hat{X}$	协方差矩阵的对角线元素
17.514 4		ΔX_0	30.70	4.92
－148.360 9	бид　R－114	ΔY_0	－2.45	2.34
178.356 4		ΔZ_0	－10.41	14.15
19.604 8		$\Delta \dot{X}_0$	－2.58	1.47×10^{-3}
－151.800 4	бид　R－123	$\Delta \dot{Y}_0$	19.93	1.49×10^{-3}
148.736 3		$\Delta \dot{Z}_0$	3.79	7.71×10^{-4}
		AX_B	－0.03	9.00×10^{-6}
		AY_B	0.01	3.45×10^{-5}
7.745 9		AZ_B	0.04	5.94×10^{-7}
－173.855 2	бид　R－122	$\Delta\varphi X_0$	0.088	1.08×10^{-6}
164.602 8		$\Delta\varphi Y_0$	－0.007	4.50×10^{-7}
9.592 2		$\Delta\varphi Z_0$	0.066	7.30×10^{-6}
－170.808 6	бид R－125	GX_B	2.26×10^{-4}	1.38×10^{-10}
172.189 6		GY_B	-3.03×10^{-5}	3.16×10^{-10}
－23.154 4		GZ_B	2.91×10^{-5}	8.61×10^{-10}
－215.095 6	бид R－128	R_{B1}	－21.55	7.60
220.317 3		A_{B1}	6.60×10^{-5}	2.94×10^{-10}

续表

观测矢量 Z	测量装置	状态变量	状态矢量 $\hat{X}$	协方差矩阵的对角线元素
		E_{B1}	-2.94×10^{-5}	1.82×10^{-9}
−10.482 2		R_{SF1}	-1.11×10^{-4}	1.53×10^{-9}
−137.015 2	бид RAMPART	R_{B2}	−13.49	8.60
227.540 2		A_{B2}	-8.6×10^{-6}	1.28×10^{-9}
		E_{B2}	7.4×10^{-5}	2.21×10^{-9}
		R_{SF2}	6.4×10^{-5}	4.71×10^{-9}
		R_{B3}	−14.94	8.65
		A_{B3}	-4.0×10^{-5}	1.28×10^{-9}
		E_{B3}	9.84×10^{-5}	3.45×10^{-9}
		R_{SF3}	-6.0×10^{-5}	4.74×10^{-9}
		R_{B4}	21.74	69.90
		A_{B4}	-3.4×10^{-4}	1.72×10^{-9}
		E_{B4}	-1.9×10^{-4}	4.11×10^{-9}
		R_{SF4}	-7.6×10^{-4}	3.42×10^{-8}
		R_{B5}	40.49	31.00
		A_{B5}	-3.0×10^{-4}	2.22×10^{-10}
		E_{B5}	-4.0×10^{-4}	7.54×10^{-8}
		R_{SF5}	-1.9×10^{-4}	1.97×10^{-9}
		R_{B6}	−94.21	6.0
		A_{B6}	-1.6×10^{-4}	4.44×10^{-10}
		E_{B6}	4.8×10^{-5}	2.10×10^{-9}
		R_{SF6}	1.2×10^{-4}	1.56×10^{-9}

注：1. 列入表中的值单位是 m，s，(°)；

2. бид 是惯性传感器组合件的缩写。

正如前面指出的，在计算弹道参数的最佳估值时，考虑了弹上惯性传感器组合件输出系统误差的补偿。这些参数与地面站的指示进行比较。其偏差曲线的实例见图 8－1－7。由这些曲线能够得出两点结论。

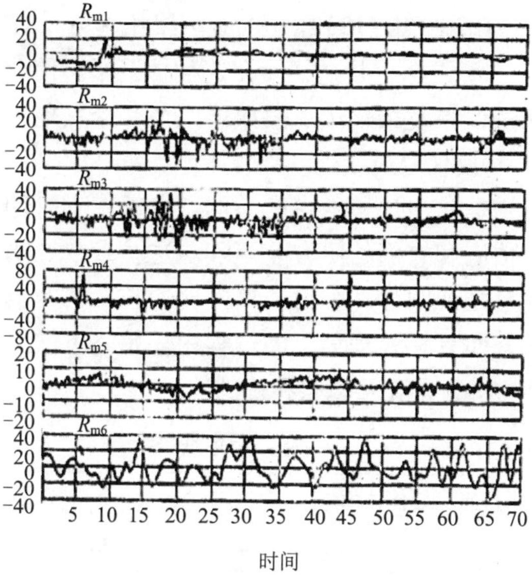

图 8－1－7　斜距偏差曲线图

1）没有在滤波过程中不反映出来的任何误差；

2）误差是有零平均值的随机值。仅仅依据这些曲线，就可以确信，弹道参数是与所有地面站的测量数据相吻合的，没有过大或无法解释的偏差。

9　评定计算弹道质量的标准

评定最佳估值弹道的质量有 4 条标准：

1）测量系统误差估值的大小和符号（正负号）；

2）最佳估值弹道参数与地面测量参数之间的偏差曲线；

3）地面站相对再入弹道的几何位置；

4）系统误差修正系数的最终估值。

这4条标准表明了计算弹道的相对意义。例如：图8－1－5所示的地面站配置方案对再现给定的弹道是不利的。R－114雷达的观测线始终与R－122和R－123雷达的观测线相垂直。R－128雷达与R－122和R－123雷达也是这样。在这种情况下。使分离距离和方位角的系统测量误差复杂化了。假如再取消一个其他地面站，例如取消R－125，将使估值质量进一步变坏。

表8－1－4是输出过程纸带的举例。在纸带上打印了坐标、速度、方位角的估值和它们的协方差矩阵。这些参数说明了所得到的估值精度，而且是说明计算弹道质量的非常重要的数据。如果系统模型是正确的，而且在处理信息的过程中，始终不破坏数据的相关性，那么，协方差矩阵是可以很精确的。

表8－1－4　输出程序纸带举例

t＝0.25 s　坐标和速度最佳估值		
－11 039.840 280 31	8 625.984 367 24	－48 328.641 765 33
1 179.859 135 96	12.692 487 07	10.786 843 47
坐标和速度的初始值		
－1 541 013.689 627 7	－5 134 538.067 447 6	3 471 243.697 889 2
460.271 980 1	－323.289 730 3	－278.391 825
坐标的协方差矩阵		
0.529 159 03E－02	－0.164 985 86E－01	0.875 753 24E－01
－0.764 985 86E－01	0.251 517 71E－02	－0.193 013 06E－02
0.875 753 24E－01	－0.193 013 06E－02	0.151 971 85E－03
速度的协方差矩阵		
0.156 322 84E－01	－0.115 540 14E－04	－0.223 544 03E－02
－0.115 540 14E－04	0.162 457 95E－01	－0.289 192 73E－02
－0.223 544 03E－02	－0.289 192 73E－02	0.926 384 30E－02

续表

惯性传感器组合件的数据相关性		
0. 272E - 01	- 0. 991 0E - 01	- 0. 307E - 02
方位角	高低角	距离
- 0. 382 22E - 01	0. 422 50E - 00	0. 506 20E - 01
定向角的协方差矩阵		
0. 354 707 12E - 02	- 0. 640 695 3E - 04	0. 630 329 52E - 02
- 0. 643 069 53E - 04	0. 146 453 16E - 02	- 0. 723 914 94E - 03
0. 630 329 52E - 02	- 0. 723 914 84E - 03	0. 239 249 08E - 01

10 解这类课题的主要难点

测量数据的质量是最常遇到的一个难题，由于一段时间内丢失目标、记录数据时失真、数据传输过程中的干扰和其他原因，常常损失掉一部分信息。测量数据的散乱（特别是雷测数据）经常是很大的，每个坐标数据可达 100 m 的量级。在选择初始条件时，这种数据散乱现象引起了特殊的问题。因为确定初始条件时，要借助于未经滤波数据的曲线。

未被模拟的系统误差也造成一定的困难，它取决于采用的地面站的数量和质量。如果测量站数量少，而且布站不合理，那么在滤波时未被模拟的系统误差能够使估值恶化。当增加一些测量站，特别是它们布置得合理时，未被模拟的系统误差的影响将减小，一般来讲，在这种情况下，未被模拟的系统误差的影响是无关重要的。这就说明很好地设计一个试验场地面测量系统，是获得最佳测量信息的必要条件。

在确定再入弹道时，总是存在另外一个问题。即怎样从数据测量数量和每个测量装置布站的观点出发，正确地选择地面测量站的实际作用区域。如果地面站布置得相互很靠近，将使作为卡尔曼滤波用的信息质量降低，因为在整个跟踪过程中，这些测量站的测量数据几乎是一样的。

上面讨论的问题都是相互关联的，因此，为了高精度的确定弹道，采用数量足够多，布站合理的高质量测量装置是无可争议的。如果布站不够合理，而且它们的测量误差较大，就要求增加测量装置的数量。如果没有一个很好的试验场测量设施综合方案，没有相应的原始信息，无论采用什么方法，也不能精确的确定弹道。

11　结语

本文所讨论的实例表明：在已经有了一些地面测量信息的情况下，用卡尔曼滤波法处理弹道测量的程序是计算最佳估值弹道较快速和较精确的方法。当然，计算弹道的实际质量取决于测量数据本身。但是，上述计算程序并没有解决所有问题，在目前，它是用于在计算高精度弹道时，处理飞行试验数据的一种手段。

还计划搞某些计算程序的改进，以便于改善方法的有效性，缩短计算时间，减少目前程序工作所必须增加的设备，并确定弹道的置信度。

（译自〔苏〕“Вопросы ракетной техники” 1972 年第 2 期，发表在运载火箭技术研究院《科技情报》，1975 年第 1 期：22 ~ 37）

民兵导弹试验中的弹着点误差校正

〔摘　要〕美军通过民兵导弹飞行试验，对民兵导弹弹着点误差进行了成功的分离和校正，对测地误差和地球物理因素误差对命中精度的影响有了进一步的认识。

〔关键词〕民兵导弹　弹着点误差　测地误差　地球物理因素误差

早在 1964 年就很清楚，作用在自由飞行段弹道导弹上的重力场误差和瞄准点位置误差（即测地误差和地球物理因素误差）是东靶场民兵导弹研制试验中两个主要误差源。已经发现：当把飞行试验中单个测得的分系统产生的脱靶量相加时，各分系统产生的脱靶量之和不完全等于从溅落探测网得到的武器系统总脱靶量。换言之，过去常常遗漏了一个很重要的弹着点误差，它不可能是由制导系统、姿态控制系统、推进系统、分离系统、弹头或测量系统等误差产生的。可以断定，它只能是由目标运动方程中采用的重力场模型不准确和目标位置误差造成的。

虽然 1964 年已经可以用“子午仪（Transit）”、“安纳（Anna）”、“塞考尔（SECOR）”和其他卫星计划收集到阿森松岛的大地测量数据和更为转确的全球重力数据，但尚未得到一种综合应用这些数据的办法，或者采用其他方案可以精确地校正民兵导弹从肯尼迪角到阿森松弹着区、沿研制性试验弹道飞行时由于测地误差和地球物理因素误差所产生的总脱靶量。为了确定在东靶场测地误差和地球物理因素误差产生的总脱靶量，TRW 公司调查研究了现有的和将来的卫星计划（如测地卫星和校准卫星）和地面大地测量计划。结论是：对于射向“阿森松”的“民兵”弹道的特殊情况来说，确定测地和地球物理因素总误差的最精确、最快和最省钱的办法是：

利用现有的雷达网来跟踪“民兵”导弹。所以“民兵”飞行试验计划参与了它自己专用的测地和地球物理因素测量计划。

为了鉴定大地测量和地球物理因素的影响，专门安排了三次“民兵”导弹飞行试验。这个计划分两个阶段。第一阶段安排两次“民兵”导弹飞行，目的在于得到射向“阿森松”的“民兵”导弹的测地和地球物理因素的总误差。这一阶段计划现已完成。两次飞行得到的误差非常一致，并且和研制性试验计划中以前几次所观测到的未知原因的落点误差一致。对产生这一误差的可能原因，当时曾这样假设：认为主要是由于在“民兵”导弹的目标运动方程中使用 1960 全球测地系统（WGS）重力场谐波展开式项目不够造成的。

在这两次飞行试验中，由于弹道几何形状的限制，要把重力场误差和“阿森松”弹着区的测地误差从得到的测地和地球物理因素总误差中完全分离出来是不可能的。为了证实“阿森松”弹着区的测地误差比重力场误差对“民兵”导弹弹着点误差影响小，第三次“民兵”飞行试验选择了一条特殊弹道，它使得上述两种误差可能完全分开。这就构成了这一计划的第二阶段，它只有一次导弹飞行试验。

下面对“民兵”导弹测地和地球物理因素误差两个阶段校准计划采取的技术途径作一介绍。

在第一阶段，计划把“民兵”发射到距发射区约 8 524 km 的阿森松岛附近的弹着区。测量设备和“民兵”导弹都没有做任何改变。这两次试验所选用的弹道只稍微与研制性试验弹道不同。按照这条新弹道，弹着点选择在离阿森松岛 160 km 左右的开阔洋面上，而不是在离阿森松岛 40 km 左右的溅落探测网中的标准目标点上。选择这一目标的原因是企图利用 C 波段雷达取得对再入飞行器最高质量的跟踪测量数据。

利用导弹飞行试验来鉴定测地和地球物理因素总误差的方法和原理如下：如果用一部雷达或整个雷达网来跟踪与运载火箭分离后的再入飞行器，那么就可以估计导弹进行惯性飞行时的初始位置和速度矢量。这一初始状态矢量可用一个方便的坐标系（例如全球测地系 1960 地球固定坐标系）来表示。利用目标运动方程，可以得到这一矢量，并由它算出自由飞行弹道。利用再入飞行器参数和大气特性参数计算再入弹道，那么计算弹道与地球数学模型的交点就是从上靶场数据算出的弹着点最佳估值，它用描述初始状态矢量的同一坐标系（1960 全球测地系统）表示。现在可以用计算弹着点和预定瞄准点，以及计算弹着点与实际测得的溅落点进行比较。

不难看出，计算落点和预定瞄准点之差就是整个主动段和分离段误差（如制导、发动机、姿态控制、结构偏差、制动火箭的羽流引起的误差等）加上上靶场雷达的各种误差造成的弹着点总误差。注意，除了在自由飞行段之前所产生的那些测地和地球物理因素误差（这些误差通常归并到制导误差内）外，弹着点这一误差包括任一测地和地球物理因素误差的影响。

另一方面，如果把上述计算弹着点（即从上靶场自由飞行段数据得到的弹着点）与从溅落探测系统得到的实际弹着点进行比较，那么，两落点之差都只能是由下述一个或几个误差共同产生的结果：

1）由上靶场雷达误差引起的初始状态矢量的测量误差；

2）作用于导弹上的实际力场与目标运动方程中假设的力场之间的偏差（即重力测量误差）；

3）在下靶场场区位置对上靶场（在 1960 全球测地系中）坐标系原点的处理中，使下靶场弹着点定位系统产生大地测量误差（即测地误差）；

4）下靶场弹着点定位系统的测量误差；

5）估算再入飞行器参数和大气参数的误差，使飞行器实际再入弹道与预定再入弹道间产生偏差。

为了把测地和地球物理因素误差引起的散布从上靶场推算落点和测得的实际落点之差中分离出来，必须采取一些办法，分别计算上靶场和下靶场的测量设备误差和再入误差。

在再入前进行下靶场测量，就可以不考虑再入误差。这样就可以用一部下靶场雷达或雷达网代替弹着点定位网，其优点为：它提供了弹道设计的灵活性，弹头不再被限制落在一个有限的溅落区内，而可以落到一个很宽阔的区域内的任何地方，只要再入弹道在下靶场雷达的作用范围之内即可。

下靶场的雷达数据，与上靶场的雷达数据同样被用来获得弹头的初始位置和速度矢量。应用阻力特性和再入方程，从这一矢量可以推导出弹着点。如果将这一弹着点和导弹的实际弹着点比较，两者的差别只能是由于再入误差、雷达和弹着点定位系统的误差造成的。另一方面，如果以下靶场雷达在再入前所测数据算出的弹着点和上靶场雷达数据算得的弹着点比较，就可发现，这两条计算弹道都与实际再入弹道无关，因此它们都不是再入误差的根由。这两个弹着点间的偏差只能是由下述原因造成的：

1）上靶场雷达的测量误差；

2）下靶场雷达的测量误差；

3）根据假定的重力场模型计算而造成的目标运动方程误差；

4）下靶场雷达相对于上靶场（1960 全球测地系统）坐标系原点的位置误差。

后两项误差是本文关心的测地误差和地球物理因素误差。

各弹着误差间的关系如图 8 -2 -1 所示，图中各种雷达的测量误差和其他测量系统的测量误差假设为零。

为了鉴定测地误差和地球物理因素误差造成的“民兵”导弹弹着点总误差，需要组织试验。从试验要求来看，上靶场雷达和下靶场雷达的误差对弹着点的影响应比测地和地球物理因素误差影响小，或者能把雷达的各项误差分别计算出来，并从测量数据中去掉。一旦消除了上靶场和下靶场雷达的测量误差，那么从上靶场数据和下靶场数据分别推算得的两弹着点间的任何偏差只能是由于测地和地球物理因素误差引起的弹道偏差。

为了有效地消除在自由飞行段上靶场雷达跟踪数据中的系统误差，可以把雷达与主动段的“米斯特拉姆（MISTRAM）”，“尤多普

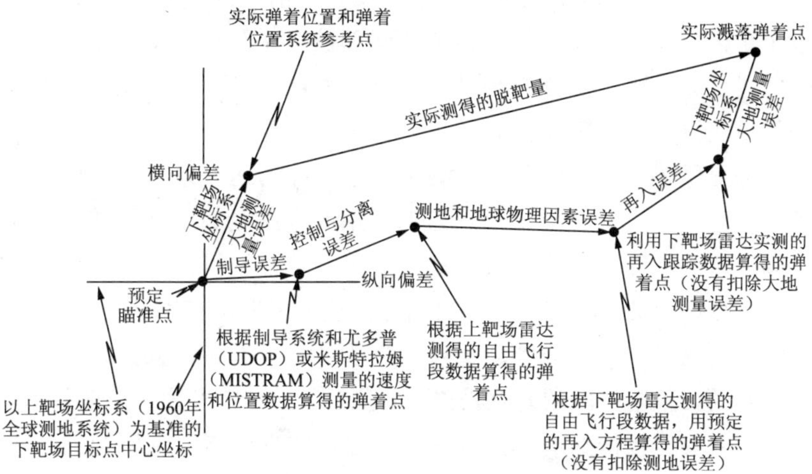

图 8-2-1　“民兵”导弹飞行试验的典型弹着误差分析

（UDOP）测量雷达”和惯性制导数据进行比较。因为后三个系统都有很高的精度，所以能把大于 3 m 的测量误差（包括任何雷达误差，延迟和时统误差）容易地分离出来。一旦知道了这些系统误差，就可以补偿自由飞行段的雷达测量数据。即为了得到在自由飞行段导弹的精确初始位置和速度矢量，只需要平滑一个足够长时间间隔的雷达数据（一般为 200 ~ 300 s），以便把数据中的随机误差对计算落点的影响减小到可以忽略不计的程度。

可惜，在弹道末段没有像“米斯特拉姆（MISTRAM）”，“尤多普（UDOP）”或制导系统那样精确的测量雷达，用来鉴定下靶场雷达的系统误差。但是，通过适当的弹道设计，可以用雷达进行自我校正。因此，在东靶场“民兵”的测地与地球物理因素测量计划中的第一阶段最重要的是使导弹的飞行轨迹与卡角到‘阿森松”的标准研制性试验弹道非常接近。从下靶场雷达的角度来说，提供了雷达测量波道足够的动态试验，就能够识别和鉴定可能出现的任何系统误差。

特别应该选择这样一种弹道，当用下靶场雷达向上靶场方向观测时，导弹一开始就被捕获，然后，从再入前到再入大气层过程中，以至于再入体落在下靶场的整个期间都被雷达跟踪。这样大幅度地跟踪飞行器弹道，使我们有可能分离各种误差，进而扣除测量数据中的雷达误差和时统误差。

综上所述，在“民兵”计划中用来估计测地和地球物理因素误差对典型的“民兵”弹道落点影响所用的方法是测量导弹在自由飞行弹道两端点的实际速度矢量和位置矢量，并用目标控制运动方程分别根据两点的这些矢量推导出落点。假如采取了特别认真的措施，消除了测量自由飞行段弹道上段和下段各矢量的雷达误差，那么计算得到的两个落点间的差就是预计的测地和地球物理因素总误差。

当需要直接得到所需要的测地和地球物理因素误差引起的落点总误差，而不需要专门把大地测量误差和重力场误差的各自影响分离开或用基本的地球物理量（如较高阶的重力调和函数、万有引力常数、地球半径、扁率、椭球模型等）表示这些误差时，上述方法尤显得优越、简捷和高效率。如果要分离各种误差或用地球的基本物理量表示这些误差，势必要把这些误差换算成“民兵”导弹的误差，进而计算它们对落点的影响。这样一项工作涉及到高阶回归分析中多维互相相关问题，这是很难求解的问题，它需要大量的各种轨道和倾角的实测数据，以便得到比较精确的结果。而且这种分析方法需要利用卫星数据，才能根据一条“民兵”弹道确定测地和地球物理因素的误差。

显然，对于多数预定的弹道来说，除了使用卫星数据来增加对测地和地球物理参数的了解外，别无其他选择余地，但是，对于东靶场试验弹道，可以用导弹试验本身这样一种简单的方案。实际上，本文所说的方法是对已经完成的卫星测地和地球物理工作的补充。采用卫星提供的数据得出对于试验弹道测地和地球物理因素的总误差。通过两次飞行试验对于这些误差进行了鉴定，证明两次结果是一致的，而且和过去“民兵”多次飞行试验所观测到的不可解释的误差也是一致的。现在可以努力使测地和地球物理因素的总误差与从卫星数据得到的“阿森松”的位置误差和较高阶重力项的估值联系起来。初步分析表明，在东靶场“民兵”多次飞行所观测到的测地和地球物理因素误差可以利用最近卫星数据修正的重力模型，按照改进的目标运动方程计算出来。

“阿森松”目标位置的勘测误差似乎可以忽略不计。为了进一步检验这一结果，已经安排了民兵的一次特殊飞行，它构成了专门对“民兵”测地和地球物理因素误差的飞行试验计划的第二阶段。这次飞行试验，民兵导弹计划往“阿森松”目标区打一条高弹道，这就使靶场上的全部雷达（包括阿森松岛上的那些雷达），至少有 20 min 时间可以同时观测到民兵导弹。控制第三级关机和再入体分离，使第三级关机后提供一段稳定的飞行时间，这就可能在发动机关机后接近自由飞行时根据长时间同时提供的较好的制导数据、“米斯特拉姆（MISTRAM）”数据、“尤多普（UDOP）”和其他雷达数据进行极其精确地校准雷达误差。根据精确的雷达数据，在分析中，无须受运动方程的限制，也能够应用多种解法确定阿森松岛的位置，因此，就不会受到所熟悉的重力场任何误差的影响。

所以，这一次飞行试验能够对“阿森松”弹道上的重力测量误差和测地误差进行精确而清楚的分离。第二阶段工作迄今为止尚未完成。

（本文由作者与运载火箭研究院情报所张国瑞研究员合作，译自[X11541：598 ~ 604]，发表在国防科委情报研究所《靶场与试验技术》，1978 年第 2 期：20 ~ 23）

结构不对称性 对探空火箭飞行性能的影响

〔摘　要〕本报告通过飞行试验分析的方法，对探空火箭结构不对称性引起的火箭飞行性能的影响进行了研究。

〔关键词〕探空火箭　结构不对称性　导弹性能　飞行试验

1　引论

ERIDAN 火箭是一种两级固体推进剂探空火箭，每级靠 4 个翼面稳定，并且火箭一离开发射架，就通过自旋火箭自旋滚动。每一级长度约 3 m，直径 0. 55 m。这种火箭能够运送 ~ 450 kg 有效载荷（有效载荷高度 2 ~ 4. 2 m）达到 200 ~ 480 km 高度（见图 8 –3 –1 和图 8 –3 –2）。

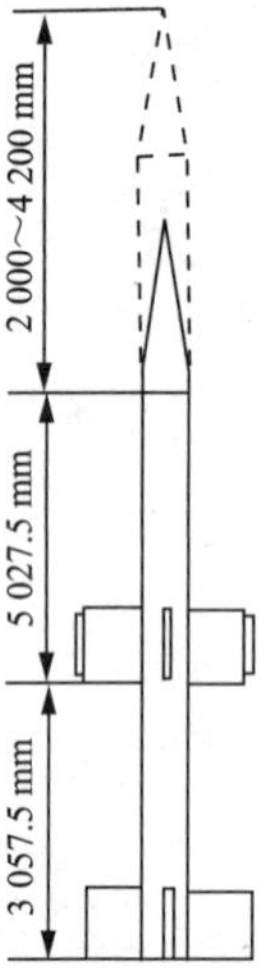

图 8 –3 –1　火箭外形

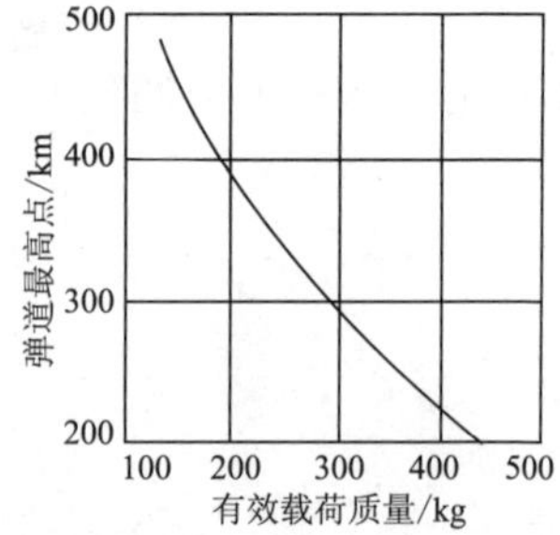

图 8 –3 –2　弹道最高点与有效载荷质量的关系

由于 ERIDAN 火箭能够把重的有效载荷送入高空，所以选用该火箭完成海上回收的复杂任务（天文学方面）。为完成这项任务，要保证良好的飞行条件，特提出下述要求：

1）限制结构不对称性的数值，使火箭在俯仰－滚动谐振过程中，不致产生过大的弹道偏差和不容许的横向载荷；

2）滚动速率有足够的精度，因为它决定了谐振时间和在飞行弹道中的姿态特性。

ERIDAN 探空火箭结构不对称性对飞行性能影响的研究使用了下述试验结果：

1）为了验证计算公式的正确性和不存在未认识的漏项，在 1968 年 9 月 26 日进行了一次试验发射；

2）为了提供详细的飞行参数信息，进行了两次技术性发射（分别在 1969 年 4 月 23 日和 8 月 22 日）。

所有这些发射都是在圭亚那宇航中心进行的。

2 结构主要不对称因素

（1）滚动不对称性

1）翼面几何不对称，如翼面不平度、扭曲和装配误差；

2）自旋火箭动作不对称，如点火时刻、推力平稳性和烧完时刻差异等。

（2）横向不对称性

1）发动机：推力线偏斜角 δ；

2）重量；重心横移量 ε；

3）几何形状：平衡状态攻角或动量系数 C_m。

（3）运载器不对称性的影响

主要有下述三种因素：

1）滚动速率偏差；

2）在脱离发射架的过程中，扰动引起的弹道偏差；

3）平均飞行攻角不等于零，导致在谐振过程中使横向载荷明显增加。

这三点下面将依次详细讨论。

3 滚动速率

3.1 概述

对滚动速率的认识和控制是解决下述问题的基础：

1）它常常决定了对火箭系统和力学性能的要求；

2）它决定了谐振时间，因此实际上决定了在给定不对称性条件下飞行中遇到的最大载荷；

3）它对火箭离开稠密大气层时的进动产生主要影响。

仅影响飞行起始阶段的自旋问题将在讨论射程偏差的章节中叙述。

3.2 翼面几何形状不对称性

滚动速度主要取决于翼面的几何形状不对称性，还有其他因素，诸如火箭发动机产生的滚动力矩、翼面变形等，但实际上这些因素都是能够控制的。对于翼面几何形状得到下列结果：

（1）不平面度

1）允差：每面 3 mm。

2）测量结果（96 个子样）：

$P \leqslant 1$ mm	6 个
1 mm $\leqslant P \leqslant 2$ mm	59 个
2 mm $\leqslant P \leqslant 3$ mm	31 个
$P \geqslant 3$ mm	0 个

因此，在制造中考虑了上述允差。

3）对滚动的影响：根据线性理论，在超音速飞行条件下，翼面不平面度对局部压力的影响是二阶小量，在这种情况下，根据活塞理论，把不平面度做为翼弦弯度处理。

4）关于工厂制造的偏差量。

最严重的谐振和稳定的滚动速率都发生在自由超音速飞行中，因此，可以保持目前的制造公差水平。

（2）扭转

1）允差：安装在同一环形断面上的四个翼面扭转的代数和必须小于3 mm（扭转是指一个矩形翼片与其他三个翼片安装平面之间的不对称）。

2）测量结果

平均值：-0.2 mm

标准偏差：0.7 mm

上述制造偏差是由于进行仔细装配而获得的。

3）对滚动的影响：这是由于翼片扭转造成等效偏斜角所致。考虑 $M=6$ 时的升力分布，弹身直径和翼展全长，等效偏斜角能够计算。假定翼根弦角 α_0 和翼中弦角 α_1 之间，翼中弦角 α_1 和翼梢弦角 α_2 之间的等效斜面曲线成线性关系，得到下列关系式

$$\alpha_{等效}=0.18\alpha_0+0.54\alpha_1+0.28\alpha_2 \tag{1}$$

引进翼片扭转（$U=\alpha_2-\alpha_0$）和大梁弯曲$\left(C=\alpha_1-\dfrac{\alpha_0+\alpha_2}{2}\right)$，得到

$$\alpha_{等效}=\alpha_1-0.05U-0.46C \tag{2}$$

4）工厂制造的偏差量。

考虑翼片扭转对等效偏斜角影响很小，所以，可以维持目前制造公差水平。

（3）偏斜角

在0.3H、0.7H到H（见图8-3-3）处，对翼弦的偏斜角进行了测量。

1）允差：对于上述每根翼弦的平均偏斜角必须等于18′±3′。

2）测量结果：15′~19.5′，均值为16.85′，标准偏差为1.1′。

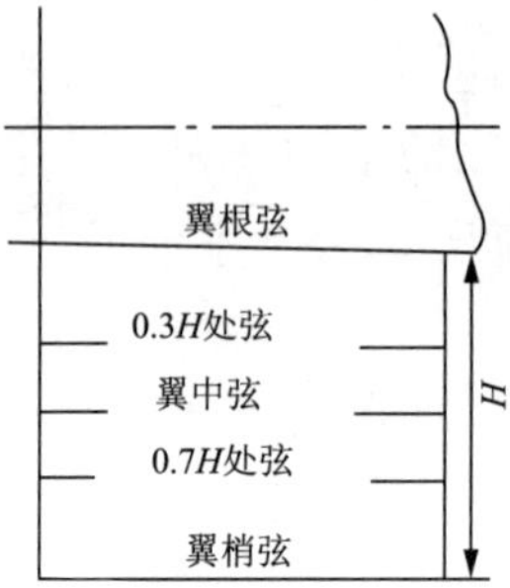

图 8－3－3

因此制造公差再度引起我们的重视。

3）对滚动的影响：每一翼弦的平均偏斜角对等效偏斜角产生直接影响，因此，瞬时滚动速率由下式计算

$$I_{R}\dot{P} = QSLCI\alpha \cdot \alpha_{等效} + QSL^{2}CI_{p} \cdot p/v \tag{3}$$

另外，从方程（1）可以看出；翼中弦的偏斜角对翼面等效偏斜角产生的影响最大。

最后，计算表明，对于一个重的有效载荷（约 400 kg），额定稳定自旋速率为 2 周/s，在允许制造公差条件下，滚动速率偏差的 3σ 期望值为 0. 17 周/s.

4）对工厂制造的要求

通过翼面装配夹具将翼中弦（0. 5H）直接装在环形隔框上。

3. 3　滚动速率偏差

（1）稳定的滚动速率

通过把飞行中获得的稳定滚动速率变换为翼面等效偏斜角的方法，可以获得稳定速率 P 与有效载荷重量之间的线性关系（见图 8－3－4）。

残差是由于像加热产生的翼面变形和箭体气动力不对称等原因造成的，但是副稳定的滚动速率的影响，预计为 0. 1 周/s（见图 8－3－4），

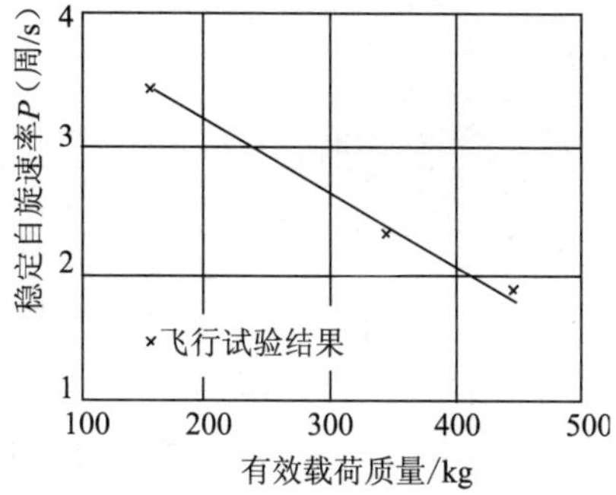

图 8-3-4　额定等效偏斜角条件下，稳定自旋速率与有效载荷之间关系

这个数据适合于 YOYO 系统和天线配置。

（2）谐振时间

俯仰-滚动谐振时间的确定取决于复现滚动速度时间历程的可能性。

利用飞行试验结果能够复现系数 SL^2CI_p 相对马赫数的关系曲线，该曲线（见图 8-3-5 和图 8-3-6）是对于不同的有效载荷长度，应用方程（3）和通过计算与风洞试验可以获得的 $SLCI\alpha$ 单值变化假设制出的。

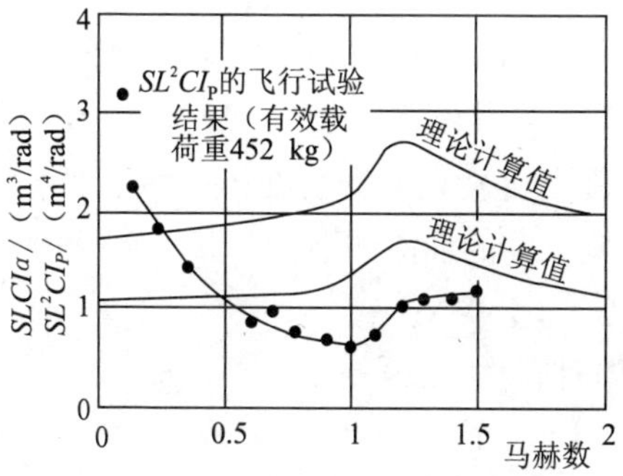

图 8-3-5　组合级 $SLCI\alpha$ 和 SL^2CI_p 与马赫数的关系

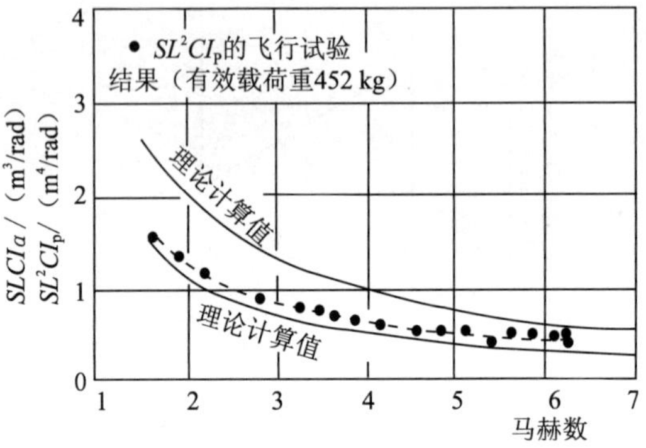

图 8-3-6　第二级 $SLCI\alpha$ 与 SL^2CI_p 与马赫数关系

复现上述数据的精度证实了忽略横向不对称性对滚动速率曲线影响的结论是可以接受的，那么，ERIDAN 火箭的谐振时间就能确切的知道。

4　弹着点散布

4.1　滚动自旋

为了使横向不对称性对命中精度的影响减至最小，对于首批 ERIDAN 探空火箭，当其刚离开发射架时，用八台固体推进剂自旋火箭强迫使其自旋。自旋火箭安装在第一级、第二级 4 个翼面的翼梢弦处。每台自旋火箭的性能如下：

1）平均推力：2 150 N；

2）有效工作时间：0.229 s；

3）力臂长：0.886 m。

自旋火箭工作后，箭体最大滚动速率约为 3.5 周/s。这一滚动速率大大减少了不对称性对射程散布的影响。当推力线偏斜角 δ = 1.37 mrad 和重心横移量 ε = 1.4 mm，对射击散布影响见表 8-3-1。

表 8-3-1

结构配置	δ 的影响/km	ε 的影响/km
8 台自旋火箭	12.5	3.7
无自旋火箭	86	25.6

4.2 脉冲火箭工作的不对称性

对用于 CENTAURE 2B 探空火箭的滚动自旋稳定火箭进行了地面试验，发现有较大的性能散布。

取 3σ 偏差时，有下列结果：

有效推力偏差　　　18.9%；

有效工作时间偏差　　13.4%；

点火时间偏差　　　0.02 s。

这些试验结果促使我们进一步研究由于自旋火箭性能偏差引起的命中散布。

（1）计算方法和依据

1）尽管 ERIDAN 火箭 5 次飞行试验得到的有效推力最大偏差为 7.8%，有效工作时间的最大偏差仅为 6%，我们仍使用 CENTAURE 2B 自旋火箭若干次地面试验得到的性能偏差数据。虽然如此，使用这一结果仍然是有充分根据的，并且对确定工厂生产所取的测量偏差也是适当的。

2）计算采用有效载荷重量为 360 kg。

3）坐标系见图 8-3-7 所示。

4）自旋火箭火药柱燃尽时，它的有效推力和有效工作时间偏差与横向加速度 $\delta_1 W$、角速度 $\delta_1 \Omega$ 和角位置 $\delta_1 \theta$ 相对应。

横向加速度增量

$$\delta_1 W_x \simeq -\frac{\Delta F}{M}\int_0^{t_N}\cos\varphi \mathrm{d}t + \frac{F_N}{M}\int_{t_N}^{t_N+\Delta t_N}\cos\varphi \mathrm{d}t$$

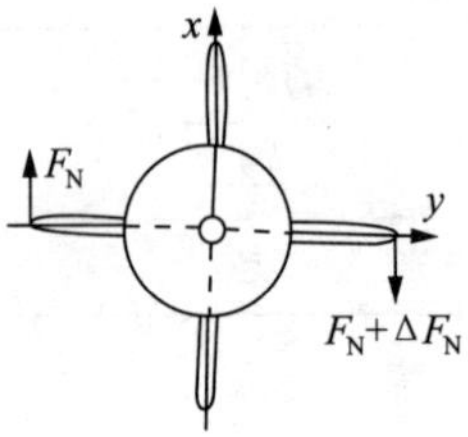

图 8 -3 -7

x—自旋火箭点火时推力方向；

z—火箭纵轴；

y—由 x、y、z 右手坐标系原则确定

$$\delta_1 W_y \simeq -\frac{\Delta F_N}{M}\int_0^{t_N①}\sin\varphi dt + \frac{F_N}{M}\int_{t_N}^{t_N+\Delta t_N}\sin\varphi dt$$

角速度增量

$$\delta_1 \Omega_x \backsimeq \frac{\Delta F_N L_T}{I_T}\int_0^{t_N}\cos\varphi dt - \frac{F_N L_T}{I_T}\int_{t_N}^{t_N+\Delta t_N}\cos\varphi dt$$

$$\delta_1 \Omega_y \backsimeq \frac{\Delta F_N L_T}{I_T}\int_0^{t_N}\sin\varphi dt - \frac{F_N L_T}{I_T}\int_{t_N}^{t_N+\Delta t_N}\sin\varphi dt$$

角位置增量

$$\delta_1 \theta_x \backsimeq \int_0^{t_N+\Delta t_N}\delta_1 \Omega_x(t)\,dt$$

$$\delta_1 \theta_y \backsimeq \int_0^{t_N+\Delta t_N}\delta_1 \Omega_y(t)\,dt$$

参数的含义和数值

F_N =2 150 N，飞行中单台脉冲火箭平均推力；

ΔF_N =0. 189F_N，F_N 的 3δ 偏差值；

t_N =0. 229 s，飞行中单台脉冲火箭的平均有效工作时间；

Δt_N =0. 134t_N =0. 031 s，t_N 的 3δ 偏差值；

---

① 原文为 F_N，应改为 t_N。—— 译者注

φ——由下式确定的火箭旋转角

$$\ddot{\varphi} = \frac{nF_N L_R}{I_R} \tag{4}$$

n——脉冲火箭台数；

I_T、I_R——俯仰和滚动转动惯量

$$I_T = 11\ 380\ \text{m}^2 \cdot \text{kg}$$

$$I_R = (156.4 + 1.85n)\ \text{m}^2 \cdot \text{kg}$$

L_T、L_R——F_N 的俯仰和滚动力臂

$L_T = 3.608$ m　　一级脉冲火箭

$L_T = 0.55$ m　　二级脉冲火箭

$L_R = 0.886$ m

$M = 2\ 182$ kg，探空火箭起飞重量影响系数

对于有效载荷重量为 360 kg，影响系数有：

$C_W = 0.33$ kg/（m/s）　　$C_\theta = 31.1$ km/（°）

$C_\Omega = 1.72$ km/（m/s）

因此，举例有

$$\Delta_1 W_x = C_W \delta_1 W_x$$

合成散布

对于单台脉冲火箭

$$\Delta x = \sqrt{(\Delta_1 W_x)^2 + (\Delta_1 \Omega_x)^2 + (\Delta_1 \theta_x)^2}$$

$$\Delta_1 y = \sqrt{(\Delta_1 W_y)^2 + (\Delta_1 \Omega_y)^2 + (\Delta_1 \theta_y)^2}$$

$$\Delta_1 R = \sqrt{(\Delta_1 x)^2 + (\Delta_1 y)^2}$$

对于 n 台脉冲火箭和给定方向来说，上述计算用于 3δ 偏差，有

$$\delta \Delta_1 R = \sqrt{\frac{n}{2}} \frac{\Delta_1 R}{3}$$

5）点火延迟一般对 $\delta_2 W$，$\delta_2 \Omega$ 和 $\delta_2 \theta$ 产生影响。对常值燃烧时间来说，在自旋火箭火药柱燃尽时，产生一个与点火时刻大小相同数值的增量，这一增量是在火箭旋转 φ 角后，在其反方向产生，这

两项增量产生命中偏差 $\Delta_2 R_{点火}$ 和 $\Delta_2 R_{关机}$，详见图 8 - 3 - 8。

点火时有

$$\delta_2 \Omega_x = \frac{F_N L_T}{I_T} \times 2.10^{-2} \qquad \delta_2 \Omega_y = 0$$

$$\delta_2 \Omega_x = \delta_2 \Omega_x \times 2.10^{-2} \quad \delta_2 \theta_y = 0$$

$$\delta_2 W_x = -\frac{F_N}{M} \times 2.10^{-2} \quad \delta_2 W_y = 0$$

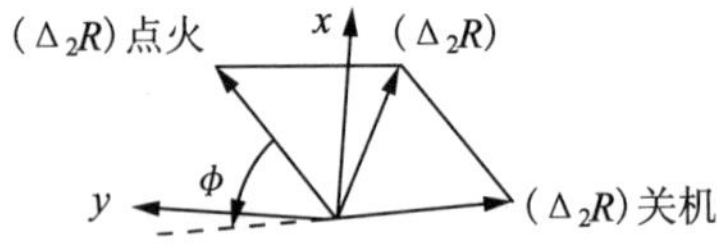

图 8 - 3 - 8

利用前述影响系数，能够计算 $\Delta_2 R_{点火}$，利用方程（4）求出 φ 角后，能够计算 $\Delta_2 R_{关机}$，然后即可算出 $\delta \Delta_2 R$。

（2）计算结果

对 8 台脉冲火箭的首批方案进行计算，然后又对第二级 4 台脉冲火箭做了计算，计算结果列入表 8 - 3 - 2。

表 8 - 3 - 2

结构配置	推力影响 $\sigma \Delta_1 R$/km	点火延迟的影响 $\sigma \Delta_2 R$/km	总计 σ/km
8 台脉冲火箭	48.5	24.7	54.2
第二级，4 台脉冲火箭	3.7	2.9	4.6

（3）工厂生产应采取的措施

从上述结果可以看出，在确保火箭离开发射架时的滚动速率，使横向不对称性对命中偏差的影响降到最最小值之后，如表 8 - 3 - 3 所示，第一级的自旋火箭应当抛掉。

表 8-3-3

结构配置	ΔR/km	
	推力线偏斜 $\delta=1.37$ mrad 的影响	重心横移 $\varepsilon=1.4$ mm 的影响
8 台脉冲火箭	12.5	3.7
第二级，4 台脉冲火箭	14.4	4.3
无脉冲火箭	86	25.6

4.3 横向不对称性

这些不对称性对命中偏差的影响，主要在火箭最初飞行段起作用。

（1）假定的设计不对称性

1）推力线偏斜角 $\sigma(\delta)=2$ mrad；

2）重心横移量 $\sigma(\varepsilon)=2$ mm（制造允差为 6 mm）；

3）空气动力不对称性。对于旋转火箭来说，不对称性的影响可以忽略不计，因此，不予考虑。

（2）运载器不对称性的鉴定

为了进一步弄清楚结构不对称性的影响，进行了若干次技术性发射。目的是发现恒定不对称值，这样，在飞行中距谐振点某一时刻所得到的平均攻角能够予以说明。发现 ERIDAN004 探空火箭有 $\delta=0.7°$，$i_0=0.5°$（从推力线偏斜角中分离出重心横移量是不可能的）。将这些不对称数值编入到一个 6 自由度弹道计算程序中，在第一级动力飞行期间，俯仰和偏航角随时间变化曲线见图 8-3-9 和图 8-3-10。从图中可以看出飞行试验结果，未发生结构不对称时的计算值，以及具有上述结构不对称的计算值。

可以看出，在起飞段，推力线偏斜角与火箭姿态是不一致的，$\delta=0.7°$显然是太大了，但是这一结论已被火箭发动机启动和关机过程的研究所证实。在启动和关机过程中，没有观测到火箭姿态有明

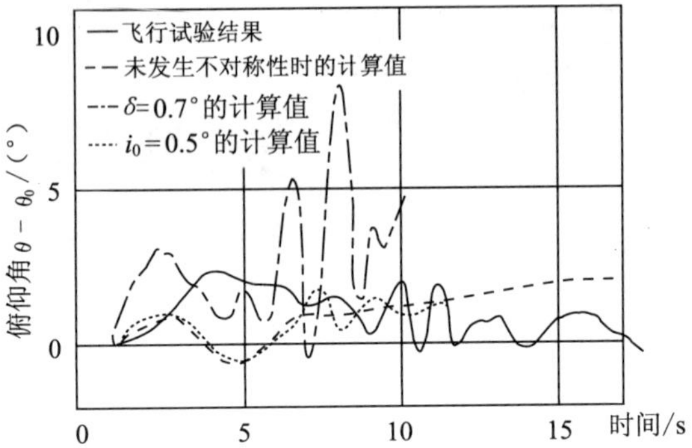

图 8－3－9　ERIDAN004 一级动力飞行段俯仰角的时间历程

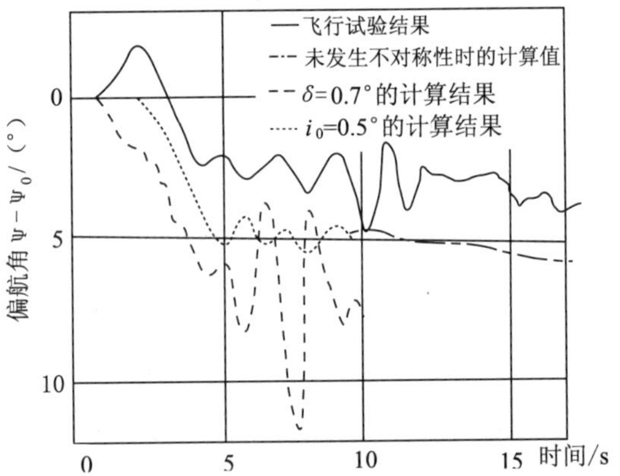

图 8－3－10　ERIDA004 火箭一级动力飞行段，偏航角的时间历程

显的、断续的变化。设计所采用的标准偏差应取计算偏差。

E004 火箭的飞行不对称性似乎主要是由空气动力造成的，因此对命中偏差没有明显的影响。

(3) 工厂生产应采取的措施

考虑对命中偏差的影响，目前的允差应当保证。

5 飞行载荷

5.1 计算的依据

在载荷的统计计算中，假定各种干扰是相互独立的，并且每一项干扰都服从由其标准偏差决定的高斯概率分布。在方案设计阶段，估计的干扰量如下：

重心横移量	$\sigma_{\varepsilon}=2$ mm
攻角不对称性	$\sigma_{i_0}=1.4$ mrad
推力线偏斜角	$\sigma_{\delta}=2$ mrad
风梯度	$\sigma_{W}=28$ m/（s/km）
阵风	$\sigma_{W}=3.4$ m/s

合成载荷的标准方差等于每一干扰所获得的载荷标准方差的总和。

对这一类中的各个火箭所做的计算表明，三维不对称的影响基本上超过大气扰动的影响。

在 ERIDAN 火箭的载荷计算中，我们取了攻角不对称值，其中考虑了推力线偏斜角和重心横移量，并给出了下列计算依据：

攻角不对称性	$\sigma_{i_0}=0.15°$
风梯度	$\sigma_{W}=28$ m/（s/km）
阵风	$\sigma_{W}=3.4$ m/s

5.2 横向加速度的理论值与飞行试验结果对比

除了 ERIDAN 探空火箭外，本文还给出了与 ERIDAN 第二级相同的 DAUPHIN 火箭所得到的结果如表 8 –3 –4 所示。

表 8－3－4

项目 / 火箭编号	头锥重量/kg	长度/m	飞行试验 $\gamma_{最大}/(m/s^2)$	3.24σ 计算值 $\gamma/(m/s^2)$
D.003	158.8	2.3	35	80
D.004	206	2.8	63	75
E.003	134	2.3	32	38.2
E.004	360	3.8	9	23.6
E.005	163	2.3	20	35
E.006	450	4.2	13.5	21
E.007	450	4.2	9	21

尽管飞行试验所得到的横向加速度比结构设计所采用的数值低（见图 8－3－11），但是，数值仍然是相当大的。在另一飞行试验中分析攻角测量时发现比预计的一倍 σ 值大得多。这对于分析相对于标准规律（攻角标准偏差 $\overline{\sigma}_{i_0}=0.15°$）的加速度扰动来说是有意义的。

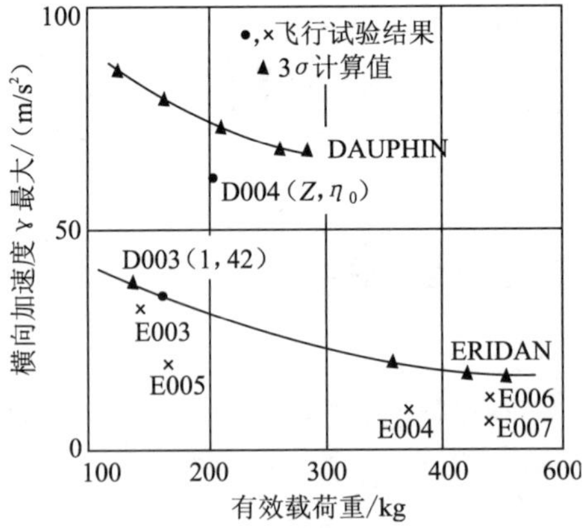

图 8－3－11　飞行横向加速度与最大理论值比较

从图 8－3－12 可以看出，标准偏差取值太低，$\bar{\sigma}_{i_0}$ 取 0.21°更为精确。

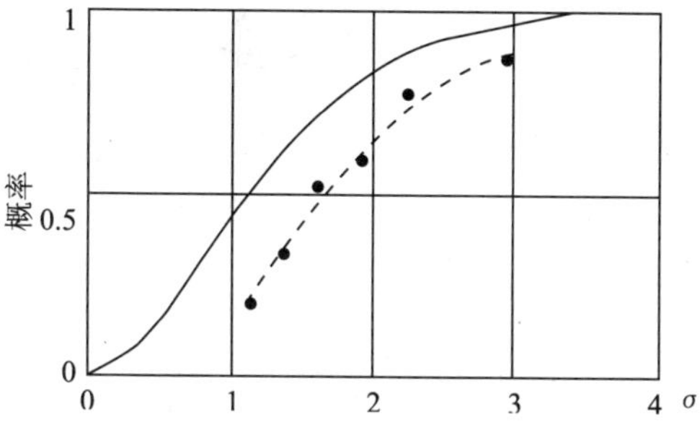

图 8－3－12　横向加速度分布

因为前面讨论过的结构不对称已经表明，空气动力的影响不应忽略不计，所以对于组合件对准公差做了专门的研究。

5.3　估算平衡状态攻角

在组合件允差基础上，估算平衡状态攻角是我们所关心的。计算方法包括写出绕重心的力矩平衡方程和建立轴向力平衡方程，由此可以解出平衡状态攻角。

有关的不对称性因素如下。

（1）对于运载器

ε_v——相对发动机轴线的火箭重心横移量；

δ——相对发动机轴线的推力线偏斜角；

α_1——连接有效载荷和运载器的环形截面不平行度；

α_2——对发动机对接面的不平行度；

α_e——翼面相对于支撑它的环形框前端面的平均偏斜角。

（2）对于有效载荷

ε_t——头锥相对于有效截荷/运载器连接框轴线的重心横移量；

α_t——头锥顶点轴线与有效载荷/运载器连接框轴线之间的夹角。

上述火箭几何参数可见图 8 –3 –13，其参考轴线为有效载荷/运载器对接面轴线和有效载荷/运载器平面内的俯仰与偏航轴线。

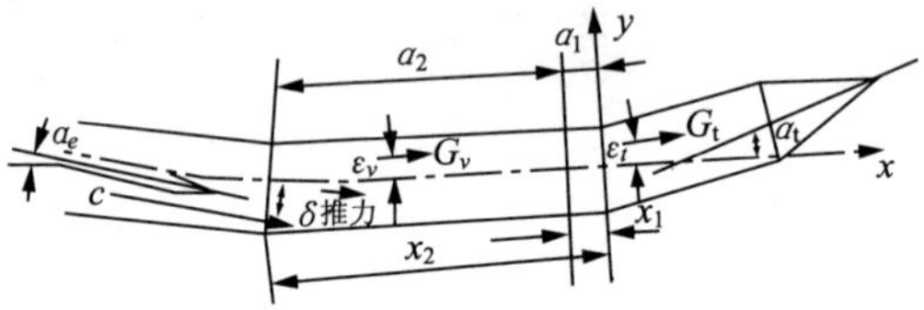

图 8 –3 –13

攻角与不对称性的关系可用方程（5）表示

$$i_0 = \frac{1}{SC_{zi}(x_G - x_F)}\Big[SC_{zt} \cdot \alpha_t(x_{Ft} - x_G) - SC_{zie}(\alpha_1 + \alpha_2 + \alpha_e) \cdot (x_{Fe} - x_G) + \frac{T}{Q}\{\alpha_1(x_G - x_1) + \alpha_2(x_C - x_2) - \delta(x_C - x_G)\} + \left(\frac{T}{Q} - SC_x\right)\frac{\varepsilon_t mt + \varepsilon_v mv + \alpha_1(x_{Gv} - x_1)mv}{mt + mv}\Big] - \frac{\varepsilon_t - \varepsilon_v - \alpha_1(x_{Gv} - x_1)}{x_{Gt} - x_{Gv}} \tag{5}$$

式中 C_x——阻力系数；

C_{zi}——每弧度的升力系数；

m——质量；

Q——动压；

S——空气动力参考面积；

T——推力；

x——横坐标。

下标说明

C——喷管临界截面；

e——翼面；

F——压心；

G——重心；

t——有效载荷；

υ——运载器。

全部采用 MKSA 单位制。上式是假定惯性纵轴通过有效载荷重心 G_t 和运载器重心 $G_υ$，由方程（5）末项予以阐明。

运载器不对称性标准偏差的估计

α_c——用于估算的允差 $\sigma(\alpha_c)=\sqrt{4'}=0.7$ mrad；

α_1，α_2——$\sigma(\alpha_1)=\sigma(\alpha_2)=0.1$ mrad；

α_i——每组为 0.1 mrad，8 组为 $\sigma(\alpha_t)=0.1\sqrt{8}=0.28$ mrad；

δ——$\sigma(\delta)=2$ mrad；

ε——$\sigma(\varepsilon)=2$ mm。

5.4 E.006 火箭试验结果的应用

根据对应于理论计算的谐振时间，用 $t=34$ s 的各值，对平衡状态攻角做了估算。

当用方程（5）计算时，飞行中 $t=34$ s 瞬间的平衡状态攻角的标准偏差可以用下式表达，显然它是不对称性的函数

$$\begin{aligned}\sigma^2(i_0)=&0.92\sigma^2(\alpha_t)+1.0\sigma^2(\alpha_1)+2.22\sigma(\alpha_2)+\\&2.43\sigma(\alpha_c)+0.0026\sigma^2(\varepsilon_t)+\\&0.28\sigma^2(\varepsilon_υ)+2.62\sigma^2(\delta)\end{aligned}\tag{6}$$

式中角度单位为 rad，长度单位为 m。从式（6）可以看出，推力线偏斜角是最重要的参数。

用上述方法计算得到的等效攻角标准偏差为

$$\sigma(i_0)=3.6\ \text{mrad}=0.20°$$

它再次证明在计算中使用 $\sigma_{i_0}=0.15°$ 太小了。

5.5 飞行中采用的理论值与试验结果的比较

图 8-3-14 给出了接近第二级滚动俯仰谐振区的滚动速率 P、俯仰频率 ω 和横向角加速度曲线。

在 $t=34.5$ s，根据 $i_0=0.20°$ 计算的横向载荷系数为 $\gamma=9.6\text{m/s}^2$。

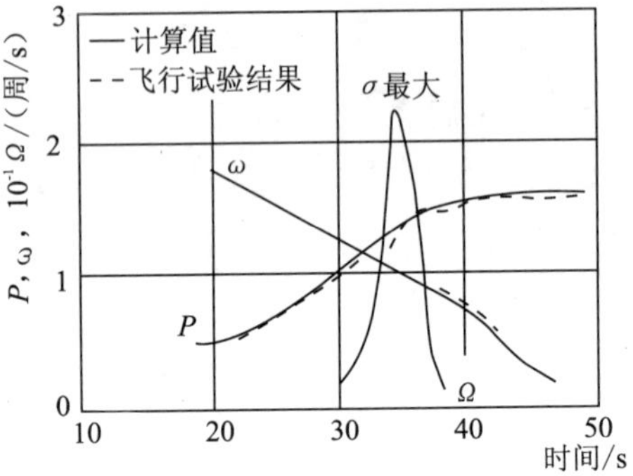

图 8－3－14　二级滚动俯仰谐振区附近的滚动速率 P、俯仰频率 ω 和横向角速度 Ω 与时间的关系曲线

因此这一结果略高于一倍 σ 计算值。在同一有效载荷条件下，ERIDAN007 的最大横向加速度为 9 m/s。

与 E006、E007 结构方案相似的后续试验使我们能够检验所采用的 σ_{i_0} 值。这些试验也只能证明在没有推力线标准偏差值时，总的不对称性影响是满意的。在发动机地面试验的测量中系统地产生了大大低于 2 mrad 的推力线偏斜角值（但是，发动机喷管冲刷变形必须考虑到）。

6　结语

通过研究 ERIDAN 火箭不对称性对飞行性能的影响，可以得出下述结论：

1）在制造工艺中需要采取措施消除产生命中偏差和飞行载荷的主要根源（当第一级不采用滚动自旋火箭时，要求组合件装配对中更为精确）；

2）除了对测量有很少的约束外，目前的制造公差水平能够满足要求。

在上述情况下：

1）滚动速率曲线能够以满意的精度预测；

2）由于运载器不对称性引起的散布是令人满意的；

3）容许的不对称性产生的总影响与最大飞行载荷的数量级令人满意地一致。

7 主要符号

C ——影响系数

CI_{α} ——滚动扰动系数

CI_{p} ——滚动阻尼系数

C_{x} ——阻力系数

C_{zi} ——每弧度升力系数

F ——一台自旋火箭推力

i ——攻角

I_{R} ——滚动转动惯量

I_{T} ——滚动转动惯量

L ——参考长度

m ——质量

M ——火箭质量

P ——滚动速率

Q——动压

R——命中范围

S——空气动力参考面积

t——时间

T——推力

x——横坐标

γ——加速度

δ——推力线偏斜

ε——重心横移量

θ——火箭的旋转角

σ——标准偏差

ω——俯仰频率

Ω——横向角速度

（本文与运载火箭技术研究院田青研究员合作完成，译自［AIAA73－283］，发表在运载火箭技术研究院《国外导弹技术》，1982年第8期：31～41）

对火箭发动机启动时有时观测到的侧向力的研究

〔**摘　要**〕采用收缩－扩散式喷管的火箭发动机，在其启动过程中，出现一个较大、瞬变的侧向力，这个问题已经被观测到了。本文简略地介绍了估算这一侧向力和随之产生的侧向冲击的方法，并且给出了用这一方法估算侦察兵火箭一、二、三级发动机启动时侧向力的结果。

〔**关键词**〕火箭发动机　启动过程　侧向力　侧向冲击

1　引言

采用收缩－扩散式喷管的火箭发动机，在其启动过程中出现一个较大的，瞬变的侧向力，这个问题在侦察兵、民兵、阿西纳、阿金纳和其他火箭飞行试验中已被偶然地发现了。在某些情况下，通过观测表明，这个侧向力使得一个或几个飞行器组件载荷超过设计值，在另一些情况下，由于侧向力的作用，使火箭在级间分离时超出标准弹道偏差允许的范围。

对于任一常规火箭发动机，在其启动期间，当排气流通过收缩－扩散式喷管向有限压力的外界大气中喷出时，喷管两端的压力比足以能在喷管喉部产生音速流，并且也足以能在喷管出口处产生分离的超音速流。如果喷流的分离是不对称的，那么就会产生相应的侧向力。

一些研究者[24-28]已经建立了边界层（冲击诱发）引流的分离模型，其中一些模型已经用来预示喷流在喷管扩散段与喷管壁分离的条件。另外，也得到一些喷管气流分离的经验模型。遗憾的是，不管是理论模型，还是经验模型，没有一个能够明确地和系统地预测分离流将是对称的还是不对称的，是稳定的还是不稳定的。

本文采用了一种用于确定喷管流动形状的经验模型，它是火箭发动机燃烧室压力对喷管出口处大气压力比的函数；采用了一个用来确定上述压力比，以及在不对称流的情况下，作用在喷管分离区的压力不平衡的计算机模型，它是火箭发动机点火后时间长短的函数；和采用了确定火箭启动过程中侧向力和相应的侧向冲击的求积计算方法。

上述组合模型用于侦察兵火箭典型弹道发射时一、二、三级发动机的启动过程。

本文结论部分给出了应用上述方法获得的计算结果，并且还与根据侦察兵火箭飞行试验动力学响应数据导出的分析结果进行了比较。这两种分析结果有着明显的相似之处和差别。

2 讨论

2.1 问题与其可能原因

一个明显的，尽管是瞬变的侧向力和伴随而产生的侧向冲击在火箭发动机启动过程中常常出现，即使在比较大的工作型火箭上，这个力的作用时间通常也仅有几十毫秒，因此，还没有报道过因这种侧向冲击作用而导致飞行失败的例子。但是，瞬时的冲击足以使制导系统过负荷，因此使火箭性能降低[1]。应当认真地考虑侧向力数值本身，因为至少有一个例子说明：这个侧向力超过了火箭发动机喷管作动杆连接销钉和（或）托架的设计载荷。很明显，在这种情况下，为了防止飞行失败，就要在设计中考虑安全因素。另外一些例子在火箭发动机启动过程中，出现过一种或几种设计载荷接近或超过其极限的情况[3]。

对所观测到的侧向力来说，其产生的几种原因已经提出来了，其中主要的几项列举如下（例如彼德森[4]）：

1）火箭发动机燃烧室和喷管瞬态充填过程；

2）火箭发动机壳体和喷管轴向不对称性（由于原有结构特性或

者载荷作用引起发动机燃烧室和喷管变形）;

3）应用流体不对称喷射进行的推力矢量控制;

4）不管排出物是固体的，液体的或者气体的，也不管它是稳定的，还是不稳定的，如果产生的冲击是可观的，就要考虑推进剂燃烧产物不对称地排出这一因素。

作者认为，在火箭发动机启动过程中，产生侧向力和随之产生侧向冲击的主要原因可能是在收缩－扩散式喷管的扩散段喷管壁上出现非对称分离流动（图8－4－1）。在任一喉部敞开式火箭发动机启动过程中，当发动机排气通过收缩－扩散式喷管向压力有限的周围大气排出时，即使喉部产生音速流，喷管两端压力比也会使排气的喷管出口上游处产生分离的超音速流。如果分离流是不对称的，就会产生相应的侧向力。

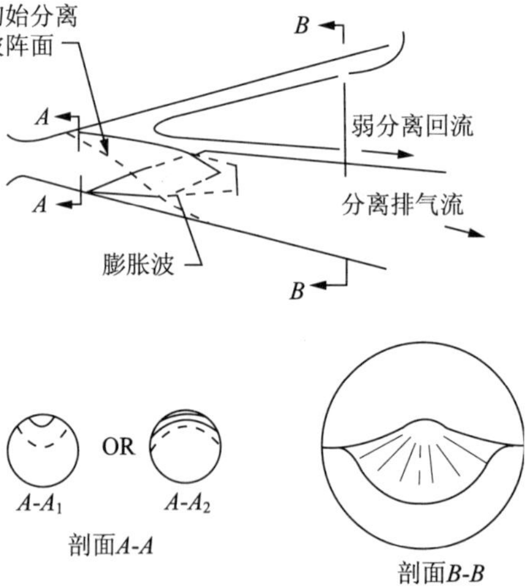

图8－4－1　在轴对称喷管中，一种典型不对称分离流的结构图

注：取自参考文献［5］图43

2.2 喷管流动分离

在一定的环境条件下，火箭发动机启动的不稳定效应可以大大改变发动机喷管中的流动性能，但是，许多研究报告指出：分离流对喷管性能的影响几乎总可以在启动那一瞬间，通过喷管的排气为准稳态流为基础进行解释。换言之，与确定喷管流动模型相关的特性时间（$t_c \leqslant 1 \sim 5$ ms）总是短于根据一般发动机启动瞬态过程确定的特性时间（$t_c \geqslant 100$ ms）。此外，许多不稳定效应，例如不稳定边界层效应，而不是稳定边界层效应，抑制向喷管分离流动发展的趋势。因此，准稳定流假设有时导出了实际分离流临出现前喷管分离流动的预计。

喷管流动分离已经成为一个主要研究课题。与本报告的分析最有关的一些研究见参考文献［4～20］，其中［5～20］中的内容已经在参考文献［4］中做了总结。

本文不准备讨论喷管流动分离的细节，有兴趣的读者请参阅文献［4，5，19］，在这些文献中，对此问题有透彻的叙述。列入表8-4-1中的内容，对于本文来讲已经足够用了。

表8-4-1　轴对称喷管中各种流动型式所用的一组数的意义

流动型式代号	流动型式的描述	燃烧室对周围环境压力比 P_t/P_a（参考文献［5］中给出，锥形扩散式喷管，半锥角为15°）
1	稳定、轴对称、分离、亚临界或略超临界流	$P_c/P_a < 2.4$
2	不稳定、过渡过程、不对称、分离超临界流	$2.4 \leqslant P_c/P_a \leqslant 3.0$
3	稳定、不对称、分离、超临界流	$2.4 \leqslant P_c \leqslant P_a \leqslant 4.0$
4	稳定、轴对称、分离或不分离、超临界流	$4.0 \leqslant P_c/P_a$

注：流动型式2可能存在或者不存在，这取决于除喷管两端压力比和半锥角以外的条件的变化。

2.3 本文采用的分析方法概述

表 8-4-1 记述了在试验收缩-扩散式轴对称喷管过程中，所观测到的各种流动型式。试验喷管为锥形扩散段，其半锥角为 15°。产生这些流动型式的燃烧室压力对喷管出口环境压力比的大概范围见表 8-4-1。从参考文献［5］提供的另一些资料看，在所有可以预期出现的流动型式中，半锥角偏离 15°不很大时对压力比范围似乎没有明显影响，半锥角 15°是收集表 8-4-1 第三栏的数据时使用的。因此，事实上侦察兵火箭第一、第二、第三级发动机喷管半锥角分别为 17°、22°36.5′和 15°25′，对于本文分析结果没有太大影响。

当能够确定根据火箭发动机燃烧室压力对喷管出口压力比预计的喷管流动型式时，在火箭发动机启动时出现侧向力的情况下，如果要估算侧向载荷大小的话，这必须确定压力比随时间的变化关系。

在本文分析中，采用了由鲍耶以前研究的计算机程序来确定压力比随时间变化关系。在参考文献［21］中十分详细地介绍了这个程序，并且在预估民兵Ⅲ2～3 级级间压力时，它的计算精度得到验证，其内容可参阅参考文献［22］。用于这个计算机程序的喷管流动分离模型与参考文献［9］提出的格林模型很相似，如果改变这一模型能够提高计算精度，那么改变这个模型也很容易。

用于侦察兵火箭分析的大部分输入数据由克赖特提供。侦察兵火箭一、二、三级发动机启动特性数据取自于参考文献［23］。

一旦把级间程序用于侦察兵火箭一、二、三级发动机启动过程，不对称喷管流动型式 2 或 3 存在的时间长短以及由此产生的作用在喷管上的压力差就能够确定。分离区在喷管上的侧向投影面积也能够近似求出。而瞬变的侧向力就等于上述压力差与分离区侧向投影面积的乘积。在预估非对称流期间的几个选定时间上进行了上述计算，相应的侧向冲击由其积分获得。

3 分析结果

3.1 供比较的第一个依据

图8－4－2、图8－4－3、图8－4－4分别给出了侦察兵火箭一、二、三级发动机启动过程中侧向力随时间的变化历程。标注“本研究”字样的曲线是采用本文讨论一节叙述的方法获得的计算结果，而标注“参考文献［1］”字样的曲线，则是由克赖特和马查拉根据侦察兵火箭在起飞和1－2级2－3级分离期间的飞行试验动力响应数据导出的结果。

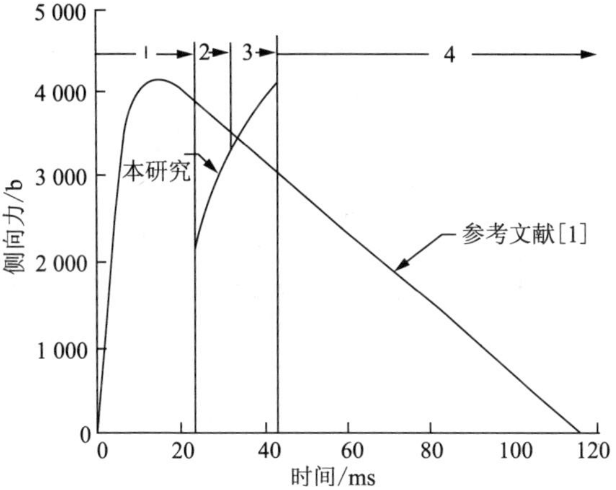

图8－4－2 侦察兵火箭一级启动动过程中侧向力随时间变化历程

1，2，3，4—表8－4－1列出的表示喷管流动型式的代号；1 b＝0. 45 kg

表8－4－2归纳了估算的各次侧向力作用时间，每次作用期间的最大侧向力，以及伴随而产生的侧向冲击。由表8－4－2可知，用两种不同方法得到的侧向力作用持续时间、最大侧向力和侧向冲击从数量级上看是一致的。但是，由图8－4－2、图8－4－3和图8－4－4似乎也可以看出，用两种方法得到的预计整个启动过程的侧向力分布基本上是不同的。

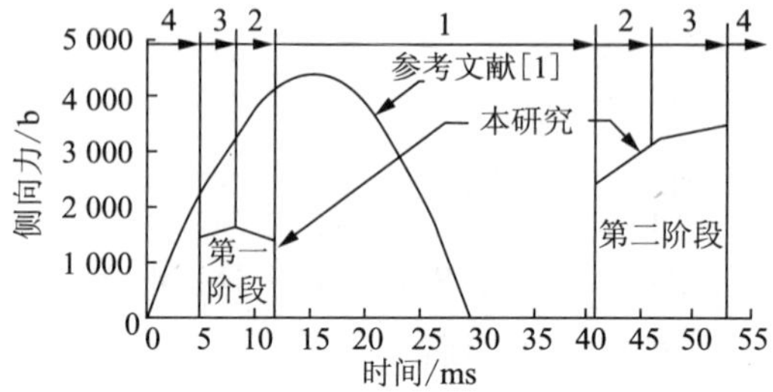

图 8－4－3　侦察兵火箭第二级启动过程中侧向力随时间变化历程

1，2，3，4—表 8－4－1 列出的表示喷管流动型式的代号

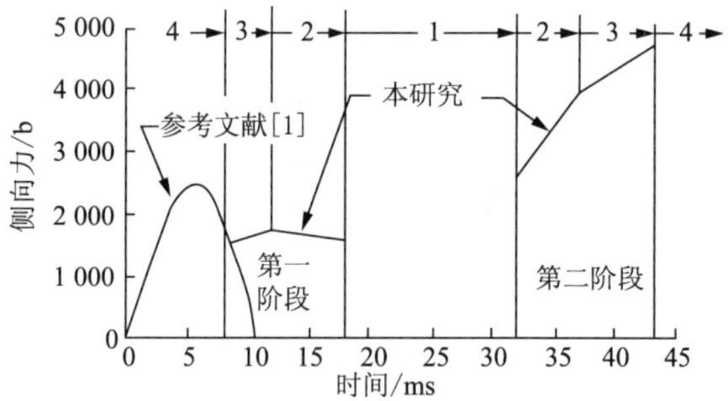

图 8－4－4　侦察兵火箭第三级启动过程中侧向力随时间变化历程

1，2，3，4—表 8－4－1 列出的表示喷管流动型式的代号

有关图 8－4－2、表 8－4－3、表 8－4－4 和表 8－4－2 的几个要点如下：

1）克赖特和马查拉的动力分析结果[1]与火箭发动机点火信号的时间是不同步的，它只是根据安装在 3～4 级级间段的仪器收集的陀螺和加速表的数据导出的在喷管轴向某位置上所要求形式的结果和扰动函数持续时间。因此，只有列入表 8－4－2 中的持续时间能够进行比较。

2）只要由动力分析导出的扰动函数是简单的（相当纯的半正弦波），在假定非对称喷管分离流动的条件下计算的侧向力函数接近于三角形和（或）方波。

3）劳伦斯实验推导准则[5]是在小尺寸喷管，准稳定流试验条件下导出的，不能认为2个准则在侦察兵火箭发动机工作状态下也是很精确的，遗憾的是，劳伦斯准则实际上是目前所用的唯一的准则。

表8-4-2　侦察兵火箭在一、二、三级启动过程中，侧向力和侧向冲击特性表

火箭发动机启动	侧向力出现时间（从点火算起）/ms		最大侧向力/b		侧向冲击/（b·s）	
	计算值	根据飞行动力参数的推算值	计算值	根据飞行动力参数的推算值	计算值	根据飞行动力参数的推算值
一级	23～43	0～120	4 175	4 200	67	264
二级	5～12 与41～53	0～30	1 654 与4 039	4 480	11.0+37.5 =48.5	90
三级	8～17 与31～43	0～11	1 802 与4 790	2 500	15.5+46.5 =62.0	18

注：1 b·s=0.454 kg·s。

4）第二、三级火箭发动机启动时，排气流喷入级间段。因为这个区域的气体要排入大气，并且周围大气压力很低，所以，不论哪一种情况火箭发动机燃烧室压力 P_c 相对喷管出口压力 P_a 之比，起初都相当大。因此，启动之初喷管流动型式为类型4是无疑的。但是，级间充满排气流之后，其间压力迅速上升，压力比 P_c/P_a 随着下降，喷管流动型式由3变为2，而后又变到型式4。在此过程中，喷流预计是非轴对称的，也就是说最初是稳定的，而后转变为过渡过程或出现闪动，因此产生侧向力。随着级间压力继续上升迅速超过发动机燃烧室压力时就会出现流动型式1，而且非轴对称流消失。实际上在这个过程中，级间壳段后面的排气孔将要打开，两级之间将要分离。最后排气流流出级间区，随着火箭发动机燃烧室压力稳定上升，使压力比 P_c/P_a 不再下降，而且开始上升。这样，非轴对称流动由型式2转变为型式3，接着转变为型式1，也就开始为过渡过程或出现闪动，而后稳定。这样侧向力随着排气流变化而产生，最终流动型式4将重新建立，产生侧向力所造成的威胁将消除。

表 8－4－3　根据标准点火扰动函数和本文介绍的方法计算得到的分析扰动函数获得的作用在 HCMM 航天器第二级和第三级上的力矩比较

作用点＼数据来源	参考文献［1］结果	本文结果
第二级		
BM47. 77	37. 562 b · in t = 0. 172 s	18. 151 b · in t = 0. 140 s
BM37. 27	28. 628 b · in t = 0. 172 s	13. 323 b · in t = 0. 141 s
BM13. 27	7. 764 b · in t = 0. 077 s	3. 500 b · in t = 0. 175 s
第三级		
BM47. 77	45. 975 b · in t = 0. 027 s	94. 833 b · in t = 0. 060 s
BM37. 27	33. 884 b · in t = 0. 027 s	66. 654 b · in t = 0. 060 s
BM13. 27	9. 370 b · in t = 0. 055 s	22. 679 b · in t = 0. 089 s

注：1 b · in = 1. 152 kg · cm。

5）最后应着重指出两点，第一，当流动型式 2 占优势时，产生非轴对称的力是不稳定的；如果它沿某个方位快速地变动，它对火箭不产生侧向干扰。但是，本文给出的结果是假定在此期间产生侧向力，并对火箭产生明显的影响。第二，资料充分证明：在从流动型式 1 变化到 2，由流动型式 2 变化到 3，由流动型式 3 变化到 4，或者其中任何一种情况的反向变化，存在一个明显的滞后现象。因此，在要求高精度估算由于非轴对称喷管流动而产生的侧向力效应之前，应当较好地确定滞后效应。

3. 2　供比较的第二个依据

预计 1978 年将用侦察兵火箭发射热容量测绘卫星（HCMM）。

HCMM 任务的有限元模型由哥达德空间飞行中心提出，并提供给 Vought[31] 使用。HCMM 模型与侦察兵火箭数学模型相结合，构成一个有 238°自由度的三维模型，并且最大航程被确定。鉴于施加在卫星三个选定轴向位置的载荷已经根据参考文献［1］提供的飞行导出扰动函数进行了计算，利用这篇论文的方法预计的扰动函数的正确性已经通过反复计算验证，其分析计算结果见表 8－4－3。比较三个预定位置的弯矩表明：在第二级点火时，由参考文献［1］标准扰动函数算得的载荷约为利用本文提供的方法预计的扰动函数计算得到的载荷两倍。而在第三级点火时，载荷之比接近二分之一。

4 几点建议

4.1 改进分析方法精度

上面介绍过的半经验方法是有用的，或者能提供一些有用的结果，但是，改进该模型的意义是很明显的。

目前的级间压力程序使用了格林喷管分离流动准则的近似法[9]，此外，更确切地说，利用一些目前更为精确的边界层分离理论来处理喷管分离流动中的专门问题，能够而且也会发展喷管分离流动的准则。

正如前面指出的，非轴对称流动型式 2 和 3 占优势时的压力比 P_c/P_a 的范围目前解释不多。实际上，适用于这类流动型式的仅有的一些定量数据是由劳伦斯[5]、穆尔[29]和西蒙[30]所提供的。但是，依据用于一系列收缩－扩散式喷管的压力比 P_c/P_a 对流动型式 2 和 3 所做的更必须的，更为精确的描述，能够通过平滑的准稳定冷流模型喷管试验获得。分离流区域的范围和形状以及在流动型式 2 的情况下，波动变化的时间和空间应当通过上述试验来确定。

4.2 消除或减轻侧向力与相应的侧向冲击的初步措施

本文介绍过的初步研究结果已经指出：喷管中非轴对称分离流动是在火箭发动机启动过程中有时产生较大的侧向力和侧向冲击的

主要原因。如果关于侧向力产生原因的这个假设是正确的话，那么可以推荐下述几种可能消除或最大程度上减轻侧向力和随之产生的侧向冲击的方法。

1）保证对称分离流动，即通过对称地产生（层流）边界层的方法实现对称分离流动（在采用流体喷射方法进行推力矢量控制的情况下，当出现不对称分离流时，对称喷射流体能起明显作用）。

2）在喷管喉部或稍前的部位装置一个爆破膜片（只有当火箭发动机燃烧室压力相对于级间或环境压力足够高时，这个膜片才破裂，以保证排气通过喷管时不致发生非轴对称分离流动）。

3）在下面级分离之前上面级发动机已启动的情况下，由于级间段内排气的积聚会导致喷管瞬时过膨胀，为此建议：

①增加上面级火箭发动机喷口出口与下面级前端面之间的间隙；

②增大级间段空间；

③在级间壳段下部开排焰孔；

④级间壳段应当用开敞式杆系结构（从最新的情况看，苏联许多多级火箭安装了开敞式级间杆系结构这一点很有意义，并且人们还推测选择这种设计方案是否是由于采用级间壳段结构在级间分离时产生较大的侧向力，或者由于某些其他原因造成的）。

参 考 文 献

[1] KREITER G W, MACHALA C F. Design Considerations for Scout Upper Stages Resulting from Using Solid Propellant Rockets. AIAA Preprint(Fall 1974).

[2] BRYAN G J. Minuteman Ⅲ Uncommanded Nozzle Motion Study. TRW Systems Group Report No. 23942 – 0769 – TU – 00, TR W Systems Group P. O. Box 1310, San Bernardino, CA(June 1974).

[3] FOOTE E B. Structures (TBC). unclassified Boeing Co. -contributed section of "Minuteman Ⅲ Pcst-Flight Review Meeting Minutes for PV M – 9(U). TR W Systems Group Report No. 26490 – 0099 – TF – 00(February, 1975).

[4] PETERSEN R E. A Brief, Preliminary Investigation of the Side Force Sometimes Associated with Rocket Motor Start-Up. Technical Document 900 – 776, Jet Propulsion

Laboratory, California Institute of Technology, Passdena, CA(February 4, 1977).

[5] LAWRENCE R A. Symmetrical and Unsymmetrical Flow Separation in Supersonic Nozzles. Research Repor No. 67 – 1, Southern Methodist University Institute of Technology, Dallas, TX 75222(April 6, 1967).

[6] MCKENNEY J D. An Investigation of Flow Separation in an Overexpanded Supersonic Nozzle. A. E. Thesis, California Institute of Technology, Pasadena, CA(1949).

[7] SUMMERFIELD M, FOSTER C R, SWAN W C. Flow Separation in Over-Expanded Supersonic Exhaust Nozzles. Jet Propulsion, 24, 319 – 321. (1954).

[8] SCHELLER K, BIERLEIN J A. Some Experiments on Flow Separation in Rocket Nozzles. ARS Journal, 23, 28 – 32, 40(Jan. – Feb. 1953).

[9] GREEN L, Jr. Flow Separation in Rocket Nozzles. ARS Journal, 23, 34 – 35 (Jan. -Feb. 1953).

[10] ROSCKE E J, MASSIER P F. Flow Separation in a Contour Nozzle. ARS Journal, 32, 1612 – 1613(October 1962).

[11] PAGE R H. Flow Separation in Nozzles. J. Aerospace Sciences, 29, 110 – 111 (January 1962).

[12] ARENS M, SPIEGLER E. Shock-Induced Boundary Layer Separation in Overexpanded Conical Exhaust Nozzles. AIAA Journal, 1, 3, 578 – 581(March 1963).

[13] ARENS M. The Shorck Position in Overexpanded Nozzles. Journal of the Royal Aero. Soc., 67, 268 – 269(April 1963).

[14] KALT S, BADAL D L. Conical Rocket Nozzle Performance under Flow-Separated Conditions. J. of Spacecraft and Rockets, 2, 3, 447 – 449. (May-June 1965).

[15] HERBERT M V, HERD R J. Boundary-Layer Separation in Supersonic Propelling Nozzles. British Ministry of Aviation A. R. C. R&M No. 3421(1996).

[16] BACK L H, MASSIER P F, CUFFEL R F. Heat-Transfer Measurements in the Shock-Induced Flow Separation Region in a Supersonic Nozzle. AIAA Journal, 6, 5, 923 – 925(May 1968).

[17] LAWRENCE R A, WEYNAND E E. Factors Affecting Flow Separation in Contoured Supersonic Nozzles. AIAA Journal, 6, 6, 1159 – 1160(June 1968).

[18] AMANN H O. Vorgange beim Start einer ebenen Reflexionsduse. Zeitschirff fur Flugwissenschaften, 19, 10, 393 – 406(Oktober 1971).

[19] SCHMUCKER R H. Status of Flow Separation Prediction. NASA TM X – 64890 (November 1974).

[20] ASHWOOD P F. A Review of the Performance of Exhaust Systems for Gas-Turbine Aero-Engines. Proc. Inst. of Mech. Engrs. ,179,129 – 158(1957).

[21] BOWYER J M,Jr. The Current Interstage Pressure Program. TB W Systems Aerothermodynamics Department Report 14089 – 7201 – RO – 00(Feb. 4,1970).

[22] BOWYER J M,Jr. A Comparison of Minuteman Ⅲ 2 – 3 Staging Flight Test Results with Corresponding Results Obtained from the Current Interstage Pressure Program(U). TRW Systems Aerothermodynamics Department Report 14089 – 7202 – R8 – 00(Confidential)(Feb. 4,1970).

[23] ANONYMOUS. Scout S – 179C Final Flight Report 2 – 16000/6R – 24. Vought Corporation,Dallas,TX 75222(September 21,1976).

[24] CROCCO L, LEES L. A Mixing Theory for the Intera ction Between Dissipative Flows and Nearly Isentropic Stream. Jour. of the Aeros. Sci. , 19, 10, 649 – 676 (October 1952).

[25] CROCCO L,PROBSTEIN R F. The Peak Pressure Rise Across an Oblique Shock Emerging from a Turbulent Boundary Layer over a Plane Surface. Princeton University Dept. of Aeronautical Engineering Report No. 254(March 1954).

[26] MAGER A. Prediction of Shock-Induced Turbulent Boundary-Layer Separation. Jour. of the Areo. Sci. ,22,2,201 – 202(March 1995).

[27] MAGER A. On the Model of the Free, Shock-Separated Turbulent Boundary Layer. Jour. of the Aero. Sci. ,23,3,181 – 184(February 1956).

[28] RESHOTKO E, TUCKER M. Effect of a Discontinuity on Turbulent Boundary-Layer-Thickness Parameters with Application to Shock-Induced Separation. NACATN 3454(May 1955).

[29] MOORE C J. An Experimental Study of Flow Separation and Instability in an Overexpanded Nozzle. M. S. Thesis,Southern Methodist University(1964).

[30] SIMON C E. Continued Study of Flow Separation and Instability in Overexpanded Nozzles. M. S. Thesis,Southern Methodist University(1964).

[31] ANONYMOUS. Vought Design Information Release 23 – DIR – 1944. HCMM Dynamic Response Analysis,(Dec. 20,1976).

（本文与运载火箭技术研究院田青研究员合作完成，译自[AIAA78 – 1045]，发表在运载火箭研究院《国外导弹技术》，1981 年第 12 期:9 ~ 16）

苏联在太平洋的火箭与导弹试验

〔摘　要〕本文在收集、分析了苏联“塔斯社”历年发布的试验公告和相关资料的基础上，对苏联自1959年到1977年年底在太平洋水域进行的火箭与导弹试验有关情况做了比较详尽的分析和介绍。

〔关键词〕苏联　太平洋水域　火箭与导弹试验　试验公告

1　概述

苏联在太平洋水域进行火箭与导弹试验，是进一步完善其运载火箭和导弹武器系统的重要步骤。在这之前，苏联充分利用国内三个主要发射场——拜科努尔发射场、卡普斯丁亚尔靶场和普列谢茨克基地，到相距为5 500~6 000 km的堪察加半岛落区（见图8-5-1），对远程导弹和运载火箭进行了大量的半程飞行试验之后，才在太平洋水域进行火箭与导弹试验。

例如：1974年苏联在太平洋水域进行了5批15枚导弹试验，是苏联历年来在太平洋水域试验最多的一年，然而就在这一年内，在国内共进行了139次洲际导弹试验。可见，从数量上看，国内试验远远超过太平洋水域的试验。

苏联使用太平洋水域进行试验，据透露是从1959年开始的，但是，公开宣布是在1960年1月。到1997年年底，已进行了37批次（约80~112枚火箭和导弹）试验。每一批次试验火箭和导弹的类型、发数，使用的水域，所用的时间都不相同，按其试验的内容和特点，大致可分为两个试验阶段。

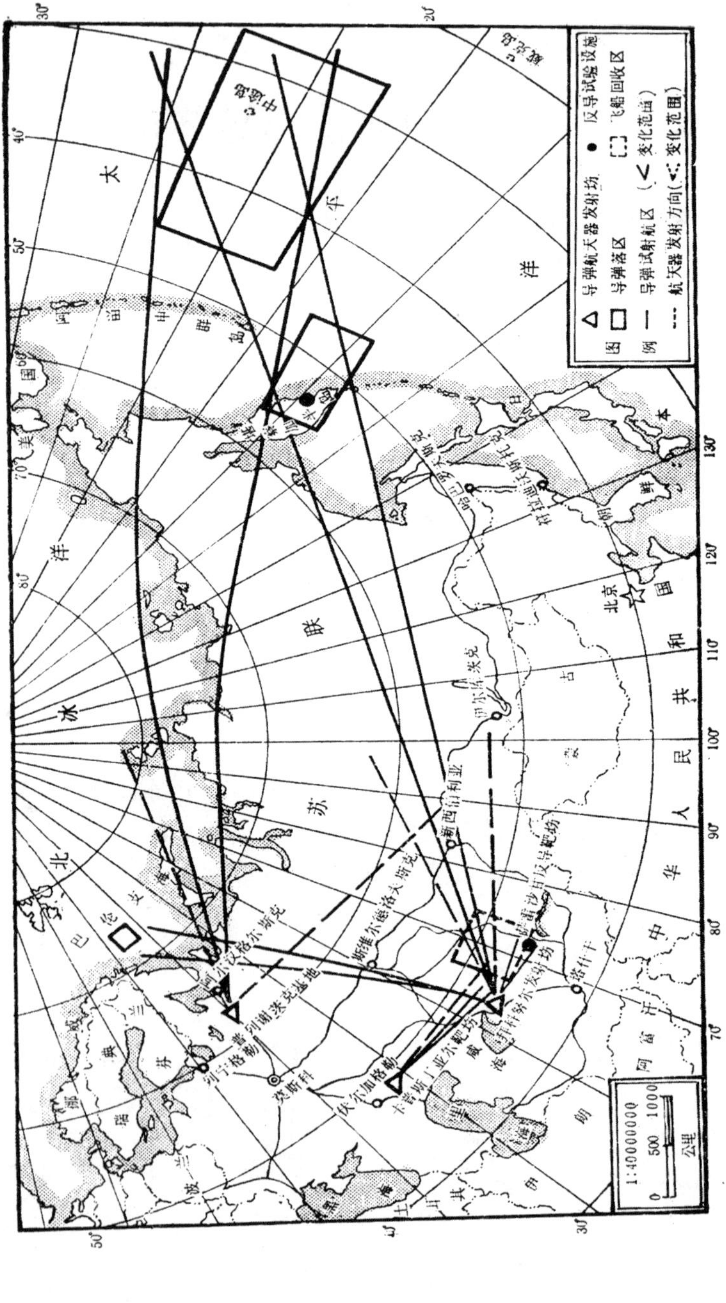

图8-5-1 苏联导弹宇宙飞行器发射场

第一阶段：从 1960 年 1 月到 1968 年 6 月，进行了 18 批，约 33 ~ 52 枚试验。射程均大于 12 000 km，试验海域在南纬 10°到北纬 20°，西经 152°到西经 180°之间的赤道附近（详见图 8 –5 –2）。这个阶段以试验液体推进剂运载火箭为主，据分析这一阶段主要是试验东方号、上升号、联盟号和质子号运载火箭（详见附表 8 –5 –1 和附图 8 –5 –1）。

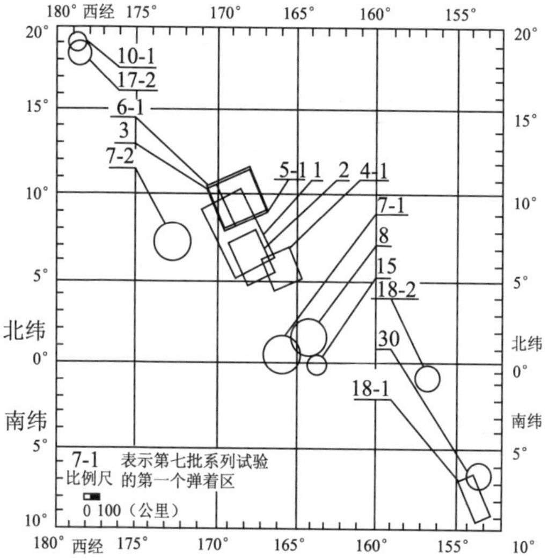

图 8 –5 –2　苏联第一阶段太平洋试验落区分布图

第二阶段：从 1969 年 4 月到 1977 年年底，共进行了 19 批，约 47 ~ 50 枚，射程 7 000 ~ 9 000 km 之间，试验海域在北纬 23°到北纬 48°，西经 170°到东经 161°之间的广阔海域（详见图 8 –5 –3）。这一阶段以试验各种类型的导弹武器为主，有 SS –9、SS –11、SS –18 可贮存液体推进剂洲际弹道导弹，SS –13、SS –16 固体推进剂洲际弹道导弹以及 SS –N –8、SS –NX –17 和 SS –NX –18 潜地弹道式导弹（详见附表 8 –5 –2 和附图 8 –5 –2）。

在通常情况下，每次太平洋试验前，苏联政府都授权塔斯社发表公告，宣布试验时间、试验水域位置与范围。试验结束后公布简要试验结果，并宣布解除试验水域的交通管制。在太平洋试验初期，

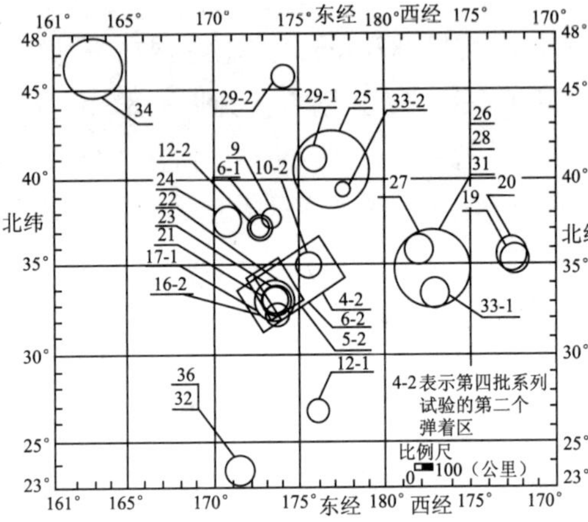

图 8－5－3　苏联第二阶段太平洋试验落区分布图

公告内容较详细，透露了试验“目的”，实际发射日期和试验结果。对再入体重返大气层的情况和命中精度也公开报导。后期试验苏联透露情况很少，连实际发射日期、试验发数和火箭类型都不报道（详见附表 8－5－3）。

2　试验目的的初步分析

第二次世界大战后，苏联采取重点发展战略导弹的方针。1946 年到 1957 年间先后研制成功 P－1、P－2、P－5 中程导弹，SS－4、远程导弹 SS－5 和洲际导弹 SS－6，1957 年 8 月正式宣布洲际导弹试验成功，使苏联在战略导弹研制初期处于领先地位。但是，在赫鲁晓夫上台以后，集中了大量人力、资源搞卫星、飞船发射，放松了战略导弹武器和空间技术的军事应用研究，这反映在苏联太平洋水域试验的第一阶段中。这一阶段主要是试验东方号、上升号、联盟号和质子号运载火箭，检验它们的可靠性和命中精度，以便与大搞卫星和飞船发射等空间活动相配合。苏联报道这些试验时，曾指出“为了发射大型卫星和实现太阳系的星际航行，试验更强大的运载火箭，……其主要目的是检验新型运载火箭的可靠性，制导系统精度，以及研究将来飞船入轨后，自动测量系统与通信系统间的联系”。苏联科学家评论这些试验时指出“最后一级模型有特殊的防护措施，它将能够突破稠密大气层，这对回收地球卫星是极为重要的试验”。1960 年 5 月 15 日，发射了装有机器人的第一艘卫星式飞船——飞船一号（即东方号飞船雏形），当飞船绕地球飞行了 4 天以后，地面发出遥控指令，令其返回地面时，由于飞船姿态控制系统故障，飞船进入了一个新的轨道，未能返回地面。此后，于同年 7 月 5 日到 7 月 31 日，苏联在太平洋水域再次试验了同一类型的运载火箭，与首批试验一起组成了同一类型运载火箭的完整试验计划。它是进一步完善运载火箭系统的重要步骤，主要目的是检验运载火箭的可靠性和制导精度，考验再入体重返地面的能力，同时检验飞船上自动测量系统和通信系统的性能。

1964 年勃列日涅夫上台后，加强了战略导弹的研制和试验。第二阶段太平洋试验充分反映出这一战略意图。它主要试验各种导弹武器系统，其特点是以多弹头导弹武器系统试验为主，接近实战状态的实验性发射增加，有多次试验是从作战型地下井或巴伦支海的导弹潜艇上发射的。其主要目的是进一步检验导弹武器系统的战术技术性能，特别是精度和可靠性，不断完善导弹武器系统（包括战斗使用文书），提高导弹武器系统的实战能力。

3 试验首区

苏联第一阶段太平洋试验，主要使用拜科努尔发射场，场区配置见图 8－5－4。这个发射场于 50 年代后期建成，位于中亚哈萨克境内，咸海以东 150 km，拜科努尔镇西南 288 km 的地方，发射场坐标为北纬 46°、东经 63°20′。重点发射载人飞船、卫星、月球探测器和行星探测器，进行各种导弹和运载火箭的飞行试验。包括苏联早期卫星，火星、金星和月球探测器，以及东方号、上升号、联盟号等载人飞船和礼炮号轨道站。试验过的导弹有 SS-5、SS-6 改进型，SS-8、SS-9、SS-11、SS-13、SS-16、SS-17、SS-18 和 SS-19 等。

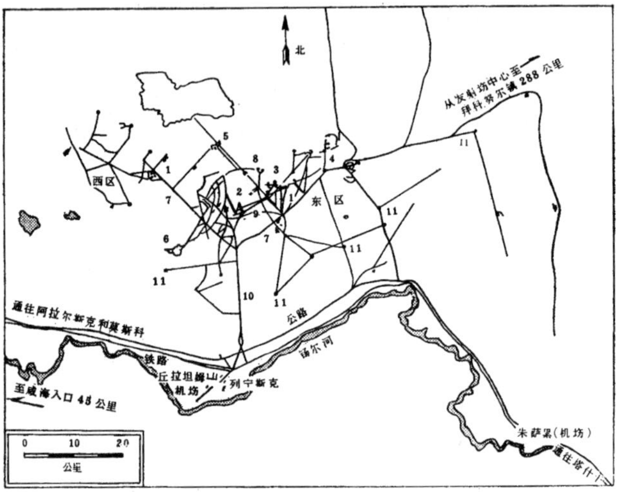

图 8-5-4　拜科努尔发射场区简图

1—发射中心控制设施；2—火箭和卫星、飞船的主要装配区；
3—载人飞船发射区；4—大型运载火箭发射台；5—大型试验设施；
6—推进剂贮存区；7—通向发射台的铁路；8—成对的发射井；
9—从各装配厂房到各个发射台去的公路和铁路；
10—丘拉坦姆到发射场区的公路和铁路；11—各种试验站、控制站

苏联第二阶段太平洋试验，除继续使用拜科努尔发射场外，还启用了普列谢茨克基地和巴伦支海水下发射区。普列谢茨克基地（参见图 8-5-5）原是一个洲际导弹基地，位于苏联欧洲部分的北部，在莫斯科通向阿尔汉格尔斯克的铁路干线上，坐标为北纬 63°，东经 41°，场区分布在北德维纳河以西，奥涅加河以东。南起普克萨，北至奥伯泽尔斯卡亚，平均海拔约 100 m，是一片辽阔的平原和沼泽地。于 1966 年初开始起用，像苏联大部分照相侦察卫星、全部电子侦察卫星、海洋监视卫星、导航卫星和气象卫星都是在这里发

射的。从普列谢茨克基地到太平洋落区的射程，和拜科努尔到太平洋落区的射程大致相同，为 8 000 ~ 14 000 km 之间。据报道苏联新型洲际导弹 SS－16 曾在这里做过地下井发射试验。

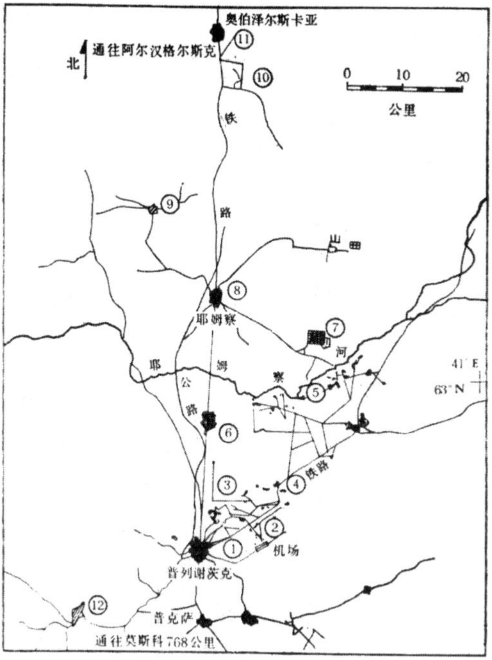

图 8－5－5　普列谢茨克基地配置简图

1—普列谢茨克市，是基地生活中心；2—机场；3—技术阵地；
4、5—火箭发射场；6—地空导弹发射阵地；7—遥测、外测和通信中心；
8—耶姆察镇；9、10—洲际导弹阵地；11—奥伯尔斯卡亚镇

巴伦支海水下发射区是苏联向太平洋水域发射潜地导弹的主要场区。据报道苏联在巴伦支海的 D 级潜艇上向北太平洋水域多次发射 SS－N－8 潜地导弹，其射程为 7 000 ~ 9 000 km。另据报道，从 1976 年年底到 1977 年年底，苏联在巴伦支海和白海的潜艇上发射过 SS－NX－18、SS－NX－17 潜地导弹。

4　试验落区

苏联在太平洋进行火箭和导弹试验主要使用两大水域。第一阶段试验水域在南纬 10°到北纬 20°，西经 152°到 180°之间，地处赤道附近，试验射程可达 12 000 ~ 15 000 km。这个海区风浪小，气象条件好，水深多在 5 km 左右。第二阶段试验水域在北纬 23°到 48°，东经 170°到西经 161°之间，试验射程在 7 000 ~ 9 000 km 之间，详见图 8 –5 –6 和图 8 –5 –7。

在海上进行火箭和导弹试验，弹着区的选择是一项很重要的工作。首先要满足火箭和导弹的试验射程要求。从附表 8 –5 –3 可以看出，苏联第一阶段太平洋试验，以液体推进剂运载火箭为主，其运载能力大，要求试验射程远。而第二阶段以试验导弹武器为主，试验射程 7 000 ~ 9 000 km 基本够用。其次要保证航区和落区的安全。美国空间试验室的 J · 弗雷德里克 · 怀特在谈到这个问题时指出：射击方位的选择要保证运载火箭的残骸不危及本国和他国的安全，即使向某一方位发射，危及本国和他国的安全的概率低至十万分之一，也可能由于某种因素而放弃这一射向。可见航区和落区的安全保障是落区选择的重要条件。在海上试验，再入弹道和落点测量，主要靠海上测量船来进行，保证测量船有较好的工作环境，是确保完成落区测量任务的重要条件。苏联初期太平洋试验是采用 5 kt 标准货船改装的简易测量船，因为船的吨位小，又是货船改装的，所以对试验海区海洋环境的要求更为苛刻，因此，初期试验在赤道附近海域。苏联前海运部航海管理局副局长华西列夫斯基总结他们第一阶段试验选择海上落区的经验时说，选择海上落区主要考虑下述因素：第一，远离人口较多的岛屿；第二，水较深，一般在 5 km 左右；第三，远离商船航线；第四，最好在赤道附近，气象条件要好；第五，远离台风发源地，风浪不宜太大。但是，随着苏联大吨位新型海上测量船的出现和战略导弹试验的发展，对海洋环境的要求放宽，保密要求显得更

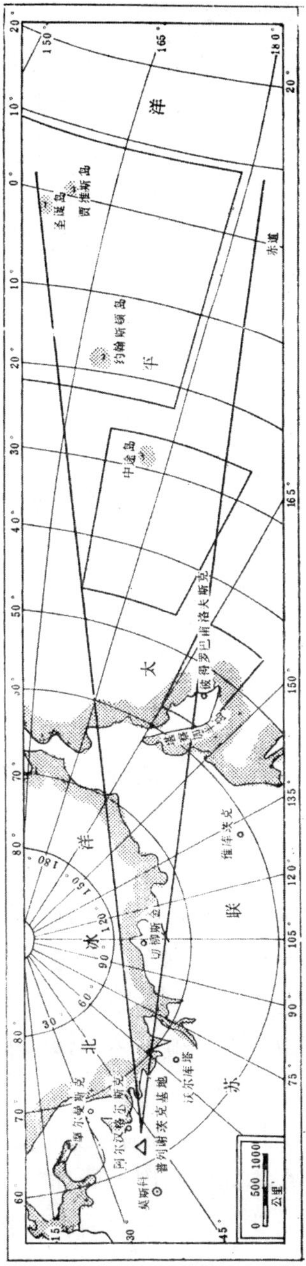

图 8－5－6　拜科努尔发射场向太平洋发射时的航区示意图

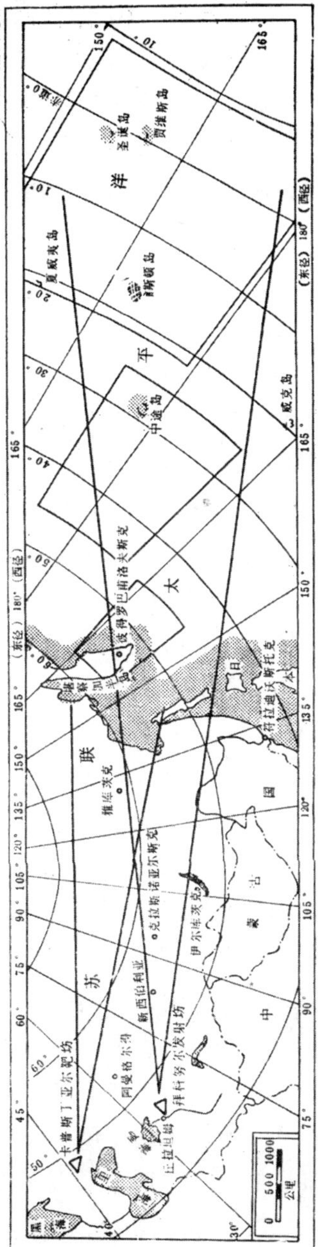

图 8－5－7　普列谢茨克基地向太平洋发射时的航区示意图

为重要，因此，试验海域逐步由赤道附近转移到北太平洋。

从第 4 批太平洋试验起，每一批次试验开始选用两个或两个以上试验海域，1976 年 11 月 29 日至 1976 年 12 月 30 日，在一个月的时间里，苏联在北太平洋同时启用了 6 个弹着区。实际上，苏联公布的弹着区，有的并没有使用。美国人在分析苏联选用多弹着区的意图时说："可能是在Ⅰ海域试验很顺利，不需要在Ⅱ海域继续试验"。从苏联后期试验频繁变化弹着区来看，也可能是进一步完善战斗使用文书的需要。

在第一阶段初期，苏联宣布的试验落区范围很大，通常是矩形或正方形水域。首批太平洋试验落区是接近 500 × 300 km 的矩形海域，第 4 批试验缩小成 210 × 210 km 的正方形海域，第 6 批试验又扩大到 330 × 310 km 和 330 × 240 km 的平行四边形海域。从第 7 批太平洋试验起，试验海域都宣布为圆形水域（除第 18 批试验的Ⅱ海域外），试验海域半径由 120 km 逐步缩小到 65 km。第二阶段太平洋试验落区都宣布为圆形水域，试验海域半径变化范围较大，从半径 240 ~ 46 km（详见附表 8 –5 –3）。

试验海域的大小，由再入试验装置（导弹弹头或飞行器再入试验装置）的散布区、最后一级运载器散布区加上最后一级运载器的散布中心到再入试验装置的理论落点之间的距离所决定的（见图 8 –5 –8）。根据靶场安全准则，火箭和导弹试验的危险区，是指在火箭和导弹正常飞行的条件下，再入试验装置与运载火箭残骸的散布区。通常取概率水平为 99. 7%（即所谓 3σ）以上的散布区为试验危险区。在研制性试验阶段，往往在纵向留有适当的余量。再入试验装置的散布由火箭和导弹的命中精度决定。影响弹体残骸散布大小的因素较多，固体推进剂运载器，在重返大气层过程中，一般是完整的，所以，其散布区域大小主要与火箭命中精度有关。但是，液体推进剂运载火箭，在重返大气层时，在不同的高度上爆炸，射程越大，爆炸高度越高，散布范围也越大，其重阻比较小的轻型弹片的散布范围主要受落区弹道风的影响。最后一级运载器的散布中心到再入试验装置落点的距离的大小，主要与再入弹道参数有关，也与再入试验装置与运载火箭的分离方案和弹道风的方向与大小有关。分析苏联太平洋试验落区的使用情况，可以清楚看出，它不仅充分考虑了上述因素，而且还考虑了试验弹头的性质（多弹头，还是单弹头；集束式多弹头，还是分导式多弹头），发射条件的不同（陆上固定场地，还是水下潜艇发射），以及型号研制阶段的不同。总之，试验海域要保证再入试验装置和最后一级运载火箭残骸不落在管制水域之外，同时要考虑试验船队布船方案的要求，并且尽可能有利于防止外国间谍船的侦察和干扰。

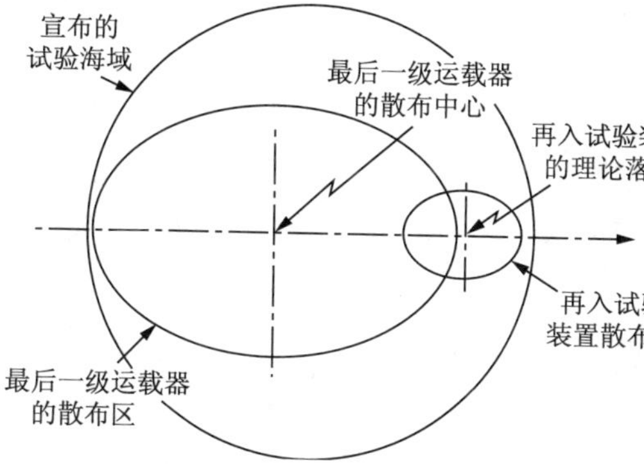

图 8－5－8　试验海域示意图

5　全程试验的测量

全程飞行试验测量的重点是落点、主动段遥测与外测、再入段遥测和外测，其次是自由飞行段的测量。随着突防技术发展和制导精度的提高，自由飞行段的测量越来越引起重视。

苏联在全程试验时主动段的遥测和外测，依靠首区的测量设备进行，据分析，外测以高精度雷达为主，光学测量为辅。自由飞行段的测量是依靠在苏联本土，沿北纬 50°线布置的卫星观测站完成。尽管这些观测站外测精度并不高，但是，如果能够获得头体分离后 200 s 到 300 s 的外测数据，就能够平滑掉测量设备的随机误差，得到相当精确的头体分离点的速度和位置矢量，因此，对精度分析是很有意义的，对弹着点预报是有效的。再入试验装置再入大气飞行段的遥测、外测和落点测量，主要靠布置在弹着区附近的专用测量船。船上高精度的光学和雷达测量设备可以显示实际再入弹道，船上遥测接收设备可以获得再入试验装置工作情况和飞行环境的各种数据，落点测量设备能够在很短时间内确定再入试验装置的实际落点。

据苏联报刊透露，在 1960 年首次太平洋试验时，布置在试验海域的测量船完成了特殊的测量任务，船上雷达、光学和声学设备跟踪了再入体，并且确定实际落点与理论落点偏差小于 2 km。还透露“倒数第二级完成任务后，返回稠密大气层时，在 80 ~ 90 km 高度上爆炸，并引起燃烧”。说明苏联在太平洋试验初期使用的测量船有比较完善的测量手段。苏联常用的十几艘测量船见附表 8 –5 –4。

6　试验弹道

苏联第一阶段太平洋试验，虽然主要是试验运载火箭，但是，试验弹道仍然是弹道式导弹的正常飞行弹道。苏国际宇宙航行奖金获得者席太斯费立得的论文中，论述 1960 年 1 月和 7 月太平洋试验的飞行弹道的主要参数，详见图 8 –5 –9 和图 8 –5 –10。

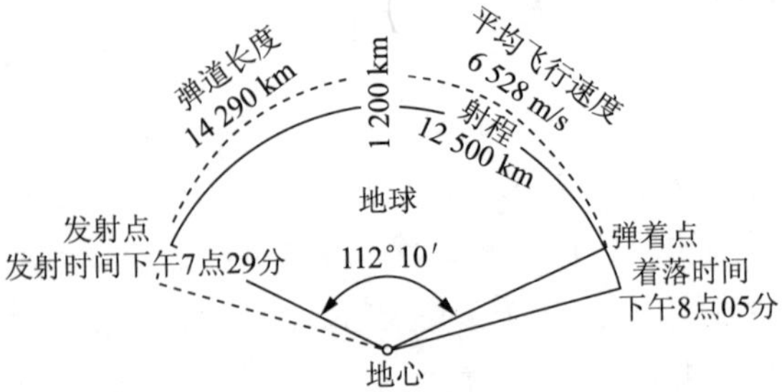

图 8 –5 –9　苏联 1960 年 1 月太平洋试验弹道示意图

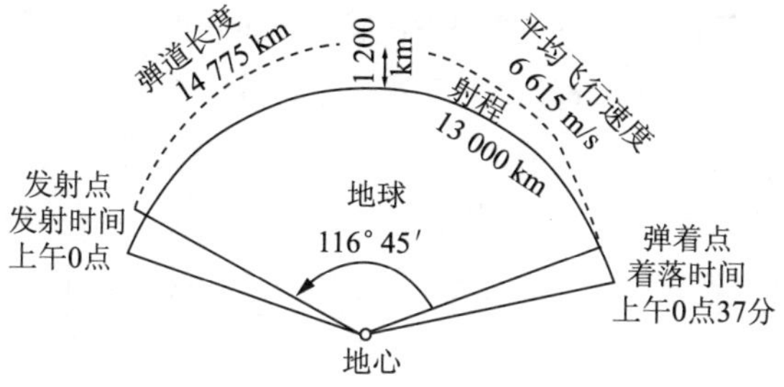

图 8 – 5 – 10　苏联 1960 年 7 月太平洋试验弹道示意图

苏联第二阶段太平洋试验，纯属导弹武器系统试验，因此，飞行弹道为弹道式导弹武器正常飞行弹道，这里不赘述。

7　试验的组织实施

苏联太平洋试验是在大量国内试验的基础上进行的，从其试验内容来分析，仍然包括研制性试验、定型试验和部队训练 3 个试验阶段。第一阶段太平洋试验是其空间计划的一部分，是处于研制性试验阶段。这类试验是在运载火箭和宇宙飞船总设计师领导下进行，由空间计划的管理部门负责组织实施。第二阶段太平洋试验是导弹武器系统研制的组成部分，以定型试验和部队训练为主。据分析，定型试验阶段在国家武器定型委员会领导下进行，设计部门与火箭司令部共同参加，协助组织实施。纯属部队训练性质的太平洋试验，由火箭司令部负责组织实施。

每次向太平洋水域发射火箭和导弹时，苏联都出动一定规模的船队，执行海上测量、护卫和勤务保障。苏联的海上测量船队名义上是由科学院管理使用，实际上是太平洋舰队的组成部分。由于试验阶段、试验海域和试验内容的不同，每次执行任务的船队组成和规模也不相同，1960 年首批太平洋试验时，出动了 3 艘 5 kt 测量船。1970 年在北太平洋两个海域试验 SS – 13 时出动了 6 艘测量船，另外还有 4 艘其他舰船在千岛群岛附近展开，配合这次试验。1971 年 4

月，苏联向太平洋上空发射礼炮号轨道站和联盟 10 号飞船时，派出 5 艘测量船、1 艘油船布置在中太平洋，进行观察测量。还派出一艘护卫舰、两艘供应船布置在日本东南海域，一艘驱逐舰和另一艘供应船布置在日本海接应。苏联后期太平洋试验派出的船队变化不大，布船方案也比较固定，一般派出一支 10 ～12 艘舰船组成的船队，其中有 5 ～6 艘测量船。

附表8－5－1　苏联在太平洋试验的运载火箭

型号	级数	总体方案						有效载荷	射程能力	精度	发射方式	开始使用时间	备注
		全长/m	直径/m	起飞质量/t	推力/t	推进剂	制导系统						
早期运载火箭	二级	32	10.3		一级 408 二级 96	液氧/煤油	无线	可把 1.327 t 卫星送入近地轨道	10 400 km		地面	1957 年 8 月 3 日试飞成功 1957 年 10 月 4 日发射第一颗人造地球卫星	据分析，未在太平洋试验过。是苏联最初的运载火箭，也是最初的洲际导弹 SS－6 的运载器。苏最早发射的 3 颗人造地球卫星都是用它发射的
东方号运载火箭	三级	38	10.3	325	一级 408 二级 109 三级 90	液氧/煤油	全惯性	可把 4.7～5 t 单人飞船送入近地轨道	太平洋试验射程为 12 500 km～15 000 km	首次太平洋试验落点偏差小于 2 km	地面	1960 年 1 月 20 日向太平洋发射成功。1960 年 5 月 15 日发射无人飞船——飞船一号。1961 年 4 月 12 日首次发射载人飞船——东方号，宇航员是加加林	在总设计师柯罗廖夫领导下，1956 年开始设计，1957 年 10 月研制成早期运载火箭，1960 年 1 月正式向太平洋试射，后经一系列改进，于 1961 年首次发射载人飞船——东方号。1967 年 5 月在法国巴黎 27 届航空展览会上公开展出

续表

型号	级数	总体方案						有效载荷	射程能力	精度	发射方式	开始使用时间	备注
		全长/m	直径/m	起飞质量/t	推力/t	推进剂	制导系统						
上升号运载火箭	三级	44	10.3		一级 408 二级 109 三级 140	一、二级 液氧/煤油 三级 液氧/煤油	全惯性	可把 5.3 ~ 5.99 t 飞船送入近地轨道	同上	基本上与东方号相同	地面	1964 年 10 月首次发射上升号载人飞船，可载 3 名宇航员	是东方号的改进型，主要改进是： 1）中心级由锥形改为圆柱形，增加了贮箱容积； 2）末级加长 6 m； 3）末级采用新式双燃烧室发动机，推力为 140 t
联盟号运载火箭	三级	48	10.3		同上升号	一、二级 液氧/煤油 三级 液氧/偏二甲肼	全惯性	可把 6.5 ~ 6.65 t 飞船送入近地轨道	同上	同上升号	地面	1967 年 4 月首次发射联盟号宇宙飞船，可载 3 名宇航员	是上升号的改进型，主要改进是第三级加长了尺寸，推进剂换成液氧/偏二甲肼
质子号运载火箭	三级 ~ 五级	43 ~ 59	10.4		一级 1500 二级 400 三级 100 ~ 105 四级 17		全惯性	三级型可把 19 ~ 20 t 航天站送入近地轨道。四级型可把 6 t 探测器送上月球，或发射 23 ~ 25 t 航天站。五级型可将 25 t 卫星送入同步轨道			地面	1965 年 7 月发射质子一号卫星	一级由 6 个捆绑助推器组成，发动机为新式补燃发动机，每个助推器推力为 250 t；二级（芯级）直径 4.2 m，高空点火，推力为 400 t；三级为所谓质子级；四级有两种形式；五级为逃逸级

附表 8-5-2 苏联在太平洋试验的远程导弹武器

型号	射程/km	精度CEP/km	发射方式	弹头		运载器方案							开始装备时间	装备*数量	备注
				质量/t	当量（万吨TNT）	起飞质量/t	直径/m	全长/m	起飞推力/t	推进剂	制导系统	级数			
SS-6	10 400		地面		500		10.3	30	510	低温液体	无线	1.5			据分析，可能未在太平洋试验过
SS-7	8 000	<2	地下井				3.1	32.5		可贮存液体	惯性	2	1961~1963年	109	
SS-8	8 000	<2	地下井	1.5	500~1 000	19	2.75	25	125	可贮存液体	惯性		1963年		将由潜地导弹代替
SS-9	14 000	<1	地下井	4	Ⅰ型2000 Ⅱ型2500 Ⅲ3×500	200	3	36		可贮存液体	惯性	2	1965年	238	Ⅲ型为部分轨道轰炸系统。据报道，尚未装备部队
SS-11	10 200	<1	地下井		Ⅰ型100 Ⅱ型100~200 Ⅲ型3×30		1.82	19.5		可贮存液体	惯性	2	1966年	830	
SS-13	9 300	1.3	地下井	0.43	100	38.6	1.65	20	100	固体	惯性	2	1968年	60	
SS-16	9 300	0.5~0.6	地下井或陆地机动	0.86			2.1	20		固体	惯性	3	1975年		将取代SS-13
SS-17	9 300	<0.56	地下井冷发射	2	4×100		2.1	23		可贮存液体	惯性	2	1975年	40	将取代SS-11

续表

型号	射程/km	精度 CEP/km	发射方式	弹头		运载器方案							开始装备时间	装备*数量	备注
				质量/t	当量（万吨 TNT）	起飞质量/t	直径/m	全长/m	起飞推力/t	推进剂	制导系统	级数			
SS－18	12 900	0.46	地下井冷发射	7	Ⅰ、Ⅲ型 2500 Ⅱ 8×200		3.4	36		可贮存液体	惯性	2	1975 年	50	将取代 SS－9
SS－19	11 200	<0.4	地下井	3	6×100		2.8	27		可贮存液体	惯性	2	1975 年	150	将取代 SS－11
SS－N－8	>7 800	1.3	潜艇		1×100					可贮存液体	惯性	2	1973		装备在 D 级潜艇上
SS－NX－17			潜艇	分导式						固体	惯性				处于飞行试验阶段，是苏第一种固体推进剂潜地导弹，将装备在 Y 级核潜艇上
SS－NX－18	>7 400		潜艇	分导式						可贮存液体	惯性				处于飞行试验阶段，装备分导式多弹头，用来取代 SS－N－8

* 至 1997 年年底。

附表 8–5–3　苏联在太平洋火箭与导弹试验情况总表

试验阶段	试验批次	通告时间	计划时间	试验简况				试验落区		试验结果	附注
				试验时间	型号与射程	发数	结束日期	坐标	范围大小		
I	1	60. 1. 8	60. 1. 15 ~ 60. 2. 15	第 1 枚 1. 20 第 2 枚 1. 31	多级运载火箭 12 500 km	2	60. 2. 2	北纬 9°06′、10°22′、6°16′、5°03′； 西经 170°47′168°22′、166°16′、168°40′	500 km × 300 km	倒数第二级火箭和最后一级鼻锥一起沿预定弹道，以 26 000 km/h 速度再入大气层，准确命中弹着区，布置在落区附近的测量船跟踪了再入体，测得实际落点偏差小于 2 km 倒数第二级返回稠密大气层后，后 80 ~ 90 km 高度上爆炸，并起火燃烧	据分析是东方号原型飞船的运载火箭，这次试验成功后 3 个月，于 5 月 15 日发射了第一艘无人飞船——飞船一号
	2	60. 6. 29	60. 7. 5 ~ 7. 31	第 1 枚 7. 5 第 2 枚 7. 7	新型多级运载火箭 13 000 km	2	60. 7. 8	北纬 7°05′、7°53′ 5°26′、4°38′； 西经 169°09′ 167°33′、166°15′ 167°51′	320 km × 190 km	与第 1 批一起构成了同一运载火箭的完整试验计划，随着这两批火箭的试验成功，开始了苏联发射无人和载人飞船的新阶段	试验火箭与第 1 批相同。用同一火箭于 5 月 15 日发射的无人飞船，因姿态系统故障绕地球飞行 4 天后，未能按预定计划返回地面，因而接着安排了这次试验 美国两架巡逻机跟踪了这批试验，没看清再入体是否破坏

续表

试验阶段	试验批次	通告时间	计划时间	试验简况				试验落区		试验结果	附注
				试验时间	型号与射程	发数	结束日期	坐标	范围大小		
I	3	61.9.11	61.9.13～10.15	第1枚 9.13 第2枚 9.17 第3枚 9.21	改进型多级运载火箭 多级运载火箭 运载火箭	8	61.10.30	北纬10°20′、9°10′、11°30′、8°05′	290 km×320 km	第1枚实际落点偏差小于1 km 第2枚弹着总在第1枚附近 其他几枚试验结果未报道	10月7日发射的第4枚火箭装有“新型制导系统”，据分析就是赫鲁晓夫所吹嘘的“环球火箭”试验
	3		（61年10月14日宣布试验时间延长到10月30日）	第4枚 10.7 第5枚 10.12 第6枚 10.15 第7枚 10.22 第8枚 10.28	新型多级运载火箭 多级运载火箭 多级运载火箭 多级运载火箭 多级运载火箭 除第3枚射程未知外，均超过12 000 km	8		西经170°30′、166°45′、167°55′、169°20′			
	4	62.10.16	62.10.16～11.30	第1枚 10.16 第2枚 10.17 其他未透露	新方案多级运载火箭 超过12 000 km	2枚以上	62.10.18	海域Ⅰ 北纬6°52′、5°10′、4°21.5′、6°07′ 西经165°25′、164°36.5′、166°16.5′、167°18′ 海域Ⅱ 北纬36°38′、33°40′、31°28′、34°25′ 东经175°50′、171°10′、173°03′、177°45′	210 km×210 km 600 km×300 km	塔斯社10月28日宣布：在10月16日和17日，成功地发射了一种新方案多级运载火箭，试验射程超过12 000 km。同时宣布海域Ⅰ解除海上和空中交通管制。但未提及海域Ⅰ	苏第一次使用两个试验海域 Ⅱ海域可能未使用。其原因可能是Ⅰ海域试验顺利，取消了Ⅱ海域试验；也可能是向Ⅱ海域发射失败

续表

试验阶段	试验批次	通告时间	计划时间	试验简况				试验落区		试验结果	附注
				试验时间	型号与射程	发数	结束日期	坐标	范围大小		
I	5	63. 5. 12	62. 5. 15 ~ 7. 15	第 1 枚 5. 18 第 2 枚 5. 25 第 3 枚 6 月 第 4 枚 7 月	改进型运载火箭 1，2 枚超过 12 000 km 3，4 枚超过 8 000 km	4 枚以上	63. 7. 11	海域 I 北纬11°41′、9°03′、8°03′、10°41′ 西经167°49′、166°34′、168°45′、170° 海域 II 北纬35°23′、35°10′、32°08′、34°21′ 东经173°52′、175°24′、173°56′、172°23′	320 km × 260 km 320 km × 200 km	5 月 29 日塔斯社宣布：5 月 18 日和 25 日在海域 I 进行了试验，射程超过 12 000 km 7 月 11 日塔斯社宣布：6 月、7 月在海域 II 进行了试验，从 7 月 11 日起，海域 II 重新开放交通	
	6	63. 11. 29	62. 12. 2 ~ 64. 1. 25	未透露	新的改进型运载火箭	1 枚以上	64. 1. 24	海域 I 北纬10°25′、11°42′、9°14′、8° 西经171°31′、167°52′、166°42′、169°21′ 海域 II 北纬35°20′、33°02′、32°02′、34°20′ 东经173°40′、175°40′、173°52′、171°52′	330 km × 310 km 330 km × 240 km	64 年 1 月 24 日塔斯社宣布：新的改进型运载火箭试验已经结束，火箭各级工作正常，最后一级鼻锥以很高精度命中预定弹着区	

续表

试验阶段	试验批次	通告时间	计划时间	试验简况				试验落区		试验结果	附注
				试验时间	型号与射程	发数	结束日期	坐标	范围大小		
I	7	64. 8. 1	海域 I 64. 8. 4 ~ 11. 1 海域 II 64. 10. 1 ~ 12. 30	未透露	新型运载火箭	1枚以上	64. 12. 30	海域 I 北纬 0° 37′，西经 165° 40′为中心，半径 120 km 圆形水域 海域 II 北纬 7° 15′、西经 172° 35′为中心，半径 120 km 圆形水域	R120 km R120 km	塔斯社宣布：试验海域管制时间为每天中午 12 点到半夜 12 点，其他情况未透露	首次使用圆形试验海域 据分析是试验质子号运载火箭
	8	65. 1. 10	65. 1. 10 ~ 3. 1	1. 30 开始试验	新型运载火箭 13 000 km	1枚以上	65. 2. 2	北纬 1° 35′，西经 164° 01′为中心，半径 120 km 圆形海域	R120 km	试验火箭在飞越了 13 000 km 距离以后，最后一级模型以很高精度命中预定海域	
	9		65. 7. 28 ~ 10. 15		新型空间运载火箭	1枚以上	65. 10. 13	北纬 37° 39′，东经 173° 25′为中心，半径 64 km 圆形水域	R64 km		运载火箭的进一试验
	10		65. 10. 31 ~ 12. 31	海域 I 10. 31 ~ 12. 30 海域 II 11. 1 ~ 12. 31	运载火箭		65. 12. 31	海域 I 中心为： 北纬 19°08′ 西经 178°46′ 海域 II 中心为： 北纬 35°05′ 东经 175°43′	R64 km		为进一步探索外层空间，积累试验资料

续表

试验阶段	试验批次	通告时间	计划时间	试验简况				试验落区		试验结果	附注
				试验时间	型号与射程	发数	结束日期	坐标	范围大小		
I	11		65. 12. 16 ~ 66. 6. 1		运载火箭			夏威夷和阿留申群岛之间			试验空间飞行器着陆系统
	12		66. 4. 24 ~ 7. 31		新的改进型运载火箭		66. 7. 4	海域Ⅰ中心为： 北纬 26°50′ 东经 176°10′ 海域Ⅱ中心为： 北纬 37°14′ 东经 172°49′	*R*64 km		试验改进型运载火箭和新的空间飞行器系统
	13		66. 8. 26 ~ 10. 25	海域Ⅰ 8. 26 ~ 9. 6 海域Ⅱ 9. 26 ~ 10. 25	运载火箭	2枚以上	66. 10. 25	海域Ⅰ 威克岛和中途岛之间 海域Ⅱ 中途岛北			试验分两个阶段进行
	14		66. 11. 19 ~ 12. 30		运载火箭		66. 12. 15				
	15		67. 5. 30 ~ 6. 29		用于空间任务的运载火箭			海域中心为： 南纬 0°03′ 西经 163°30′	*R*64 km		为进一步探索外层空间，积累试验数据
	16		67. 9. 3 ~ 10. 30	海域Ⅰ 9. 3 ~ 9. 11 海域Ⅱ 9. 3 ~ 10. 30	绕月飞行用的运载火箭	2枚以上	67. 10. 30	海域Ⅰ中心为： 北纬 37°18′ 东经 172°45′ 海域Ⅱ中心为： 北纬 32°30′ 东经 173°45′	*R*64 km		

续表

试验阶段	试验批次	通告时间	计划时间	试验简况				试验落区		试验结果	附注
				试验时间	型号与射程	发数	结束日期	坐标	范围大小		
I	17		67.11.28 ~ 12.30		运载火箭			海域Ⅰ中心为： 北纬 32°15′ 东经 173°42′ 海域Ⅱ中心为： 北纬 18°25′ 西经 178°30′	R74 km		
I	18		68.5.20 ~ 6.30		运载火箭		68.5.27	海域Ⅰ为： 南纬 0°52′，西经 156°40′为中心圆形水域 海域Ⅱ为： 南纬6°45′，6°20′，8°52′，9°18′ 西经154°40′，153°42′，152°36′，153°31′ 包围的接近矩形海域	R74 km 320 km × 120 km		进一步试验空间飞行器着陆系统，这是第七批太平洋试验以后，唯一选用了非圆形试验落区的一次试验
Ⅱ	19		60.4.17 ~ 6.15		SS－9 8 000 km		69.5.23	海域中心为： 北纬 35°23′ 西经 172°24′	R88 km		据美国人宣布，苏联 SS－9 导弹首次延伸射程试验，带三个集束式弹头
Ⅱ	20		70.3.21 ~ 4.10		SS－9 8 000 km	2发以上	70.3.31	海域中心为： 北纬 35°43′ 西经 172°38′	R100 km		是三弹头 SS－9 试验。美国跟踪了两次三弹头试验

续表

试验阶段	试验批次	通告时间	计划时间	试验简况				试验落区		试验结果	附注
				试验时间	型号与射程	发数	结束日期	坐标	范围大小		
Ⅱ	21		70.7.25 ~ 8.25		SS-11 SS-13 7 500 km	5	70.8.21	海域中心为： 北纬33°0′ 东经173°37′	R74 km	试验了两枚SS-11，两三弹头SS-11和一枚SS-13	SS-13首次向太平洋水域发射
	22		70.10.28 ~ 11.30	第1枚11.25 第2枚11.28	SS-13 7 500 km	2	70.11.30	海域中心为： 北纬33°0′ 东经173°30′	R129 km（有资料报导R258 km）	两次试验间隔3天	
	23		72.10.13 ~ 10.30	第1枚10.13 第2枚10.18	SS-11	2	72.10.18	海域中心为： 北纬33°10′ 东经173°50′	R74 km		
	24		72.11.27 ~ 12.31	第1枚11.27 第2、3枚12.31	SS-N-8 7 200 km	3	72.12.31	海域中心为： 北纬37°15′ 东经170°50′	R93 km		SS-N-8首次向太平洋发射
	25		74.1.25 ~2.10	第1枚1.26 第2枚1.27	SS-X-19 8 300 km	2	74.1.27	海域中心为： 北纬40°37′ 东经176°57′	R240 km		首次在太平洋试验分导式多弹头和SS-19导弹
	26	74.2.18	74.2.19 ~ 3.10	第1枚2.19 第2枚2.20 第3枚2.23 第4枚2.26 第5枚2.27 第6枚2.28 第7枚3.1	SS-18 4 200 km SS-18 4 200 km SS-18 4 200 km SS-X-17 9 250 km SS-X-19 9 250 km SS-X-17 9 250 km SS-X-16 7 400 km	7	74.3.1	除第7枚落区在堪察加半岛附近外，海域中心为： 北纬34°49′ 西经177°14′	R240 km	SS-18的第一、三枚为分导式多弹头试验，第二枚为单弹头试验 SS-X-17为单弹头、分导式多弹头各一枚试验 SS-X-19为分导式多弹头试验 SS-X-16为单弹头试验	

续表

试验阶段	试验批次	通告时间	计划时间	试验简况				试验落区		试验结果	附注
				试验时间	型号与射程	发数	结束日期	坐标	范围大小		
Ⅱ	27		74.9.25～10.5		SS－N－8 7 400 km	2	74.10.2	海域中心为： 北纬36°03′ 西经178°12′	*R*93 km	从巴伦支海的D级潜水艇上发射的	
	28		74.10.20～10.30	第1枚10.21 第2枚10.23	SS－X－17	2	74.10.23	海域中心为： 北纬34°49′ 西经177°14′	*R*240 km		从拜科努尔发射，据分析是分导式多弹头SS－X－17导弹
	29		74.12.12～12.30	12月12日	SS－16 8 400 km	2	74.12.12	海域Ⅰ中心为： 北纬41°10′ 东经175°50′ 海域Ⅱ中心为： 北纬45°40′ 东经174°10′	*R*74 km	美国东部时间12月12日下午7点30分，11点30分先后发射，据美国测量船公布的资料，实际落点偏于公告禁区的极南部	SS－16首次全程试验
	30	75.3.14	75.3.17～3.31	第1枚3.18 第2枚3.20	SS－18 14 800 km	2	75.3.20	海域中心为： 南纬6°30′ 西经153°15′	*R*74 km	拜科努尔当地时间3月18日上午7时58分，3月20日上午7时20分先后发射	SS－18首次全程试验，单弹头试验
	31		75.6.3～6.30	第1枚6.3 第2枚6.7	SS－18 9 200 km	2	75.6.7	海域中心为： 北纬34°49′ 西经177°14′	*R*240 km		SS－18分导式多弹头试验 美国"范登堡"号测量船在落区附近侦察，一块弹片落在测量船上

续表

试验阶段	试验批次	通告时间	计划时间	试验简况				试验落区		试验结果	附注
				试验时间	型号与射程	发数	结束日期	坐标	范围大小		
Ⅱ	32		76.11.29～12.30	11.29	SS－N－8 9 000 km	1	76.12.4	海域中心为： 北纬 23°25′ 东经 171°26′	R93 km		从巴伦支海的 D 级潜艇上发射的
	33	76.12.10	76.12.13～12.30	第 1 枚 12.13 第 2、3 枚 12.15		3	76.12.16	海域Ⅰ中心为： 北纬 33°30′ 西经 177°07′ 海域Ⅱ中心为： 北纬 39°27′ 东经 177°24′	R93 km R47 km	10 月 13 日从拜科努尔发射了一枚单弹头洲际导弹 10 月 15 日从拜科努尔发射了二枚单弹头洲际导弹	
	34		76.12.20～12.30	12.11	可能是 SS－N－8 或 SS－NX－17、 SS－NX－18	2		海域中心为： 北纬 46° 东经 164°	R185 km		从巴伦支海潜艇上发射
	35		76.12		可能是 SS－N－8 或 SS－NX－17、 SS－NX－18	2					从巴伦支海潜艇上发射。至 12 月底，结束了从 11 月 29 日开始的 4 个批次，6 个试验海域的试验
	36		77.3.18～3.31		运载火箭			海域中心为： 北纬 23°25′ 东经 171°26′	R93 km		塔斯社公告要求其他国家船只和飞机不要在试验期间每天当地时间 8 时至 16 时进入这一水域及其上空

续表

试验阶段	试验批次	通告时间	计划时间	试验简况				试验落区		试验结果	附注
				试验时间	型号与射程	发数	结束日期	坐标	范围大小		
Ⅱ	37		77.12		SS－NX－18 7 400 km	4枚以上		太平洋北部地区			美国人报道：在俄国北部白海的潜艇上发射的，是两个弹头导弹试验。有关人士说：这是苏联在30天内发射的第4枚SS－NX－18导弹

附表 8－5－4　苏联的主要海上测量船

船级	项目 / 船名	性能					改建前船的类型	开始使用时间	备注
		航速/kn	船长/m	船宽/m	吃水/m	满载排水量/t			
西比尔级	西比尔号 沙长林号 苏坎号 朱柯特长号	11.5	108	15	6.6	5 000	货船	1960 年	跟踪测量远程导弹和卫星
德斯纳级	恰兹纳号 朱米坎号	14	140	18	8	14 000	货船	1963 年	跟踪测量远程导弹、卫星和飞船
波罗维奇级	波罗维奇号 索弗尔号 莫尔祖维茨号 凯果斯特罗夫号	14	122	16.7	7	5 300	运输船	1967 年	跟踪卫星等
	柯玛洛夫号	17	156	23	9	17 500	货船	1967 年	跟踪测量卫星、联盟号载人飞船等
	克雷洛夫号	17	182	25		22 000	新建	1971 年	跟踪测量卫星、联盟号飞船和礼炮号航天站等
	加加林号	18	230	31		53 500	新建	1971 年 12 月	跟踪测量载人飞船、月球飞行器和深空探测器等

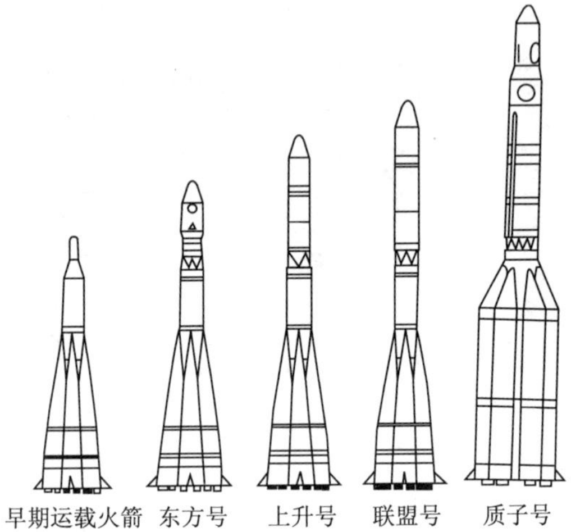

附图 8－5－1　苏联在太平洋试验的运载火箭

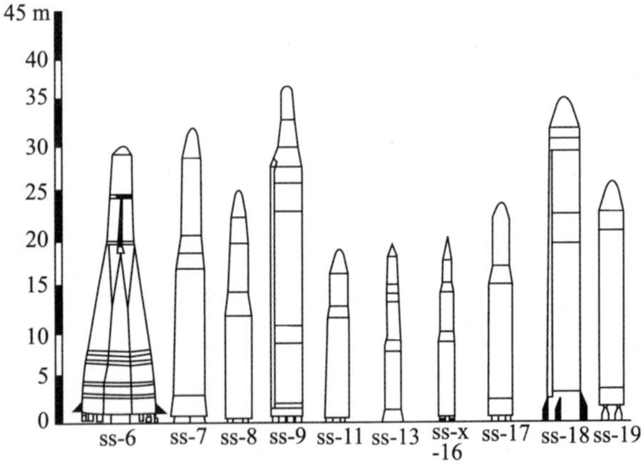

附图 8－5－2　苏联在太平洋试验的弹道式导弹（未含潜地导弹）

参考文献

[1] HRUBIAK W. Soviet Launch-Vehicle Tests in The Pacific Ocean. AD－626845.
[2] 苏修的导弹航天器发射场及有关设施. 国防科委情报资料所，专题参考资料（77）－9,1977.7.25.
[3] J Frederick White. Flight Performance handfook for Powered flight Operations. 1963.
[4] 美、苏洲际弹道式导弹飞行试验概况. 国防科委情报研究所,专题参考资料（78）－5,1978.4.
[5] 东方号运载火箭. 国外情报,1972,11.
[6] 拉夫尔,吉本斯. 苏联航天运载火箭的分类. 国外尖端技术资料,1977,6.
[7] 爱德华,康斯坦丁. 苏联的联盟号——礼炮号计划. 国外尖端技术资料,1977,2.
[8] 道格·理查森. 苏联的战略核火箭. 国外尖端技术资料,1977,4.
[9] 钱振业. 美苏战略导弹发展概况. 火箭与导弹,1978,1.
[10] 苏联潜地弹道导弹力量. 国外导弹动态,1978,7,24.
[11] 苏联导弹宇航年鉴. 导弹与宇航,1978,5.
[12] DRUCHER A N. Calibration of the Impact Errors due to G&G Uncertainties in the Minuteman R&D Test Program at the Eastern Test Range. X11541:598－604.

（本文由作者完成，发表在国防科委情报研究所《靶场与试验技术》，1979 年第 2 期：21 ~ 41）

后　记

在人类刚刚进入21世纪的第一年，钱学森明确指出："我是从搞工程技术走向科学论的，技术科学的特点就是理论联系实际。"① 我认真地思考钱老这一重要谈话的深刻内涵，得到启示，自2001年12月起，选择了到北京大学"现代科学与哲学研究中心"进修、补课的征途，9年来有些收获。但是，回顾在导弹与航天技术领域总体论证与总体设计的岗位上工作了40年，总应当对年轻一代有个交代，于是就写了《导弹与航天技术导论》和《工程系统分析与探索研究》两本书，算是在导弹与航天领域工作了多年的一个老战士的交代吧。

由于导弹与航天技术工作的特殊性，大量论证报告、总体分析报告以及系统探索研究成果目前还不能公开发表，这应当是本文集的一个缺憾。因此，本文集只是记述了一个导弹与航天技术领域总体论证与总体设计工作者的部分工作。一个有作为的工程总体论证与设计工作者应当有更为广阔的施展才能的天地。

20世纪中叶，随着科学技术的发展，特别是航空兵器、导弹核武器等复杂工程系统的出现，工程系统的开发由简单机械、设备研制进入了系统开发的新时代。1948年，钱学森发表了《工程与工程科学》的论文，明确地指出："当代的科学与技术研究已经不再是没有计划的个人活动，任何一个大国的政府都已经认识到，这种研究是增强国力和国民福利的关键所在，因此，必须严密地加以组织。"他认为现代工程技术发展需要以一种新的理论方法和体制进行严密的组织，这种新的理论方法就是系统工程，新的体制就是以总体设

① 姚诗煌、江世亮，以人为主发展大成智慧工程，文汇报，2001－3－20，第1版。

计部为代表的系统开发的组织管理机制。总体设计部工作的出发点和归宿点都是获得总体优化的目标工程系统，设计系统的“总体”，即运筹、谋划系统的总体方案，优化系统开发的技术途径，对相关分系统提出必须实现、又可能实现的合理的研制要求，并通过方案、初样和试样研制落实到研制任务的始终，成为工程系统研制全过程的技术运筹与质量控制中心，这种新型的技术运筹、管理机制在我国航天工程系统研制工作中发挥了举足轻重、不可替代的作用。钱老指出：“总体设计部的实践，体现了一种科学方法，这种科学方法就是系统工程。”①

从第一部分“总论”到第七部分“钱学森科学思想研究”，贯穿的主线就是系统工程的理论方法与工程实践，应用“组织管理系统的规划、研究、设计、制造、试验和使用的科学方法”进行系统的发展研究、系统分析、系统优化与系统的综合集成工作。恩格斯说过：“一个民族要站在科学的最高峰，就一刻也不能没有理论思维。”在开创我国航天科技事业的长征中，钱学森院士提出了一系列有创见的理论思维，把理论创新、技术创新、体制创新和管理机制创新有机地结合起来。在周总理与聂帅的直接领导下，在钱学森院士现代工程科学技术理念的指导下，国防部五院（包括后来的七机部）领导集体明智、坚定、有效地强化了总体设计部在研制全过程、全局性谋划与系统综合集成中的技术运筹、协调和管理机制，有效地调动了系统总体论证和总体设计人员从总体上运筹、思考和解决系统开发复杂性问题的积极性和创造性，推进了两条指挥线分工明确、协调配合的组织管理机制，实施了航天发展宏观谋划“三步棋”指导、航天产品“三阶段”研制程序管理、航天产品开发三个层次分级决策的管理机制，并且大力推广了系统工程的理论和方法，使我国用最少的投入，比西方发达国家短得多的周期，走向了世界航天大国的道路，创造了人类科技发展的奇迹，这是中国老一代航天

① 钱学森著，论系统工程（新世纪版），上海交通大学出版社，2007，第3页。

人留给年轻一代的宝贵财富，值得我们珍惜。从钱老的科学技术探索与实践历程中我们可以得到启示和鼓舞，对正在从事或准备从事工程系统研究与实践，有志于献身科学事业的朋友们，不要停步于工程开发与实践的探索层次上，应当向钱老学习，坚定地走一条从工程技术到科学论的正确道路，为国家和人民作出更大的贡献，这也是作者对年轻一代的热切期望。

作　者

2010 年 6 月